小动物骨科手术

——常见骨折处理方案

（西）胡安·巴勃罗·赛拉·波洛　编著
（Juan Pablo Zaera Polo）

董海聚　译
潘庆山　主审

北方联合出版传媒（集团）股份有限公司
辽宁科学技术出版社
沈　阳

图书在版编目（CIP）数据

小动物骨科手术：常见骨折处理方案/（西）胡安·巴勃罗·赛拉·波洛编著；董海聚译. —沈阳：辽宁科学技术出版社，2022.6

ISBN 978-7-5591-2318-3

Ⅰ. ①小… Ⅱ. ①胡… ②董… Ⅲ. ①动物疾病—骨科学—外科手术 Ⅳ. ①S857.16

中国版本图书馆CIP数据核字（2021）第209374号

出版发行：辽宁科学技术出版社
（地址：沈阳市和平区十一纬路 25 号　邮编：110003）
印 刷 者：辽宁新华印务有限公司
经 销 者：各地新华书店
幅面尺寸：210mm × 285mm
印　　张：15
插　　页：4
字　　数：280千字
出版时间：2022年 6月第 1 版
印刷时间：2022年 6月第 1 次印刷
责任编辑：陈广鹏
特邀编辑：高晓刚
封面设计：颖　溢
责任校对：王玉宝

书　　号：ISBN 978-7-5591-2318-3
定　　价：180.00元

联系电话：024-23280036
邮购热线：024-23284502
http://www.lnkj.com.cn

感谢Silvia，

感谢她允许我抚养她。

致谢

感谢所有为培养我做出贡献的人，无论兽医外科医生还是其他医生，毫无疑问，没有他们的帮助，我永远不会在动物的肌肉骨骼手术领域成为一个优秀外科医生；还有很多人，没有他们的帮助，这本书也不可能完成。

向所有帮助我进行手术摄影的工作人员致谢，没有拉斯帕尔马斯大学（西班牙）兽医学院的学生和兽医外科医生，没有塞拉马德里兽医院（西班牙）的外科和实习医生，我也不会获得这本书中的图片资源。

感谢塞拉马德里兽医院提供了大量高清的CT断层扫描和3D图像。

特别感谢Silvia Pinol Brussotto和Oliver Rodriguez Lozano在许多病例的诊断、手术和随访中给予的协助。

以下兽医外科医生和他们的转诊中心提供了罕见骨折的图片：Indautxu兽医中心（毕尔巴赫，西班牙）的Ángel Rubio、Somaza-Pérez兽医诊所（费罗尔，西班牙）的Andrés Somaza和Raspeig动物医院（阿利坎特，西班牙）的Javier Tabar。

作者

胡安·巴勃罗·赛拉·波洛（Juan Pablo Zaera Polo）

1988年获得西班牙马德里孔普卢坦斯大学兽医科学学位，作为德国学术交流协会实习生于1989—1990年在汉诺威服务。1993年，获得了马德里孔普卢斯大学的博士学位，并担任讲师。曾在慕尼黑大学的外科诊所和美国密歇根大学的骨科实习。

作为GEVO和兽医AO科学委员会的成员，参与编写了多部著作，并在相关期刊发表了多篇论文，也在国内和国际会议、课程交流和讲习班上作了多场学术报告。

目前，就职于大卡纳里亚拉斯帕尔马斯大学（西班牙ULPGC）兽医科学学院，担任外科教授，同时也是马德里塞拉马德里兽医医院（HVSM，西班牙）的创伤科、关节镜、脊柱外科和肌肉骨骼计算机体层摄影（肌肉骨骼）部门的负责人。

前言

在我获得学位25周年之际，同时也是接受了24年半的骨外科、整形外科和脊柱外科理论与实践学习后，我决定把老师辛辛苦苦传授给我的所有知识都组织起来。我希望将我的个人经验传递给那些像我一样喜欢尝试小动物肌肉骨骼系统“修复”的兽医，也希望我的想法对他们有所帮助。

我的整个职业生涯都在大学教学和校外临床活动之间交替，没有这些经历，我认为我完全不可能激发学生的热情或帮助同事——我决定编写本书。通过本书，我试图以一种非常形象的方式传递一些知识，这些知识可以为那些想要在骨科手术中开始自己的学习以及那些想要提高“骨愈合艺术”的兽医外科医生打下坚实的基础。

由于篇幅有限，不可能涵盖所有可能影响骨骼的骨折，在本书的最后增加了一系列不常见的骨折处理案例，在这些案例中列出应用了哪种治疗方法，并描述了选择该治疗方法的原因。

我希望本书对我的同事和我们的患者都有一定价值。

Juan Pablo Zaera Polo

序

本书是对骨科文献和骨固定知识的杰出贡献。

本书的结构清晰，共分为两部分，第一部分简单介绍了骨组织的特点以及基本的骨固定技术。每个骨固定系统都有大量经过精心挑选和设计的图片，这些图片与真实的术中图片相结合，完美地阐释了正确使用和应用每种技术的操作基础和步骤。除了经典技术之外，也包含了一些新的技术。

致力于每一种固定系统存在的问题研究可能更有利于我们如何避免这些问题并进行改正。经仔细挑选的X线片素材，可使读者在视觉上了解每种情况下可以或应该使用哪种固定系统或植入物。

第二部分集中对每个骨的特点进行深入研究，重点放在骨的解剖和生物力学方面。从一开始，就用简单而且具有实践意义的方式，将每个病例可能会应用的固定方法与正确选择这些方法的影响因素结合起来进行考虑和分析。通过评估骨的特点及骨的位置，对各种类型的骨折进行处理，同时考虑其他可能使医生选择最合适固定方法的因素。这一部分的图片材料也使其所呈现的内容更易理解。

总之，该书的内容结构、图片材料、流畅的文字以及突出的实践重点将对兽医专业学生和骨科专科医生给予很大的帮助。他们肯定会利用本书来简化他们在日常工作中对遇到的骨科病例的决策。

Kostlin教授，博士

德国慕尼黑，2013年7月9日

译者序

近年来，随着人们生活水平的不断提高，宠物已经越来越多地走进千家万户，成为家庭的重要成员，为家人带来了很多欢乐和陪伴。宠物在享受快乐生活的同时，难免会受到各种疾病的困扰，对其生活甚至生命造成一定的威胁。骨折作为一种临床常见的外科疾病，在宠物临床实践中极为常见，大多会引起跛行等机能障碍，影响宠物的生活质量。当前，骨折发生后可采取保守治疗和手术治疗两种方式进行处理，尤其是手术治疗效果更加明显，但是大多数兽医师对宠物骨科手术的基本原则和不同固定系统的适用范围及方法技巧等不太熟悉或操作不规范，《小动物骨科手术——常见骨折处理方案》将为大家揭开这个神秘面纱。

本书图文并茂，言简意赅，很适合读者进行自学和应用。该书共三个部分，第一部分主要介绍需要学习和理解的基本概念，通过该部分的学习可使大家掌握每种骨折需要用什么方法进行固定和治疗；第二部分讲述了每一个骨可能发生的骨折类型、治疗方法以及适合的各种固定系统；第三部分主要分享了临床中并不常见的骨折病例的治疗情况。

在本书的翻译过程中，我们力求把原文的意思表达精准，但是由于本书内容专业，实际涉及的知识面很广，而且在学习过程中会遇到同一个问题有多种描述方式的情况，因此，翻译过程中难免有很多不当之处，如有发现，恳请及时反馈给译者或出版社，以便我们改进。我相信该书一定会给大家带来不一样的收获。

该书的出版得到了辽宁科学技术出版社多位老师的关心和帮助，同时也得到了河南农业大学动物医学院领导和临床兽医系各位老师的关心、支持与帮助，在此一并感谢。

董海聚

于河南农业大学

目录

总论

4 骨刺激

5 骨固定系统和生物力学

6 骨愈合的并发症

骨折

7 头部骨折

8 前肢骨折

9 后肢骨折

10 不常见的骨折临床病例

骨组织 1

总论

在开始较深入学习骨折及其固定系统之前，理解所涉及的组织类型非常重要。

第一，必须考虑骨组织是一种活的物质，换言之，不应该单纯把它看作“一块木头”，因为人们经常拿骨组织与木头进行对比，事实上，那是非常错误的。第二，“一定不能再将骨科手术专家看作是木匠，他们是对待骨的根基特别细心的园丁，周围软组织的活力主要依靠这些根基。

功能

骨组织在动物体中承担了多种功能：

- 物理支持：这是主要功能。因为骨具有一定的硬度，它可支撑动物体并形成坚固的支架。另外，经由肌肉收缩转化为关节活动，骨可使肢体末端产生运动。
- 保护作用：骨组织坚强的抗性可用于保护重要结构不受外界侵害。器官对于生命越重要，它需要骨组织的保护也就越多。比如，脑完全被颅骨环绕，心脏和肺脏由肋骨保护。对于生命重要的血管组织往往在扁平骨骨骺下和内腔中。
- 存储离子：从骨科的视角来看，这个作用不太重要，骨具有存储离子和维持离子平衡的作用，主要是钙离子和磷离子。这种平衡主要由甲状旁腺素和钙调蛋白所决定，这些激素可升高或降低骨的活力，将钙离子间接释放到血液循环当中。

存储离子的功能在骨科手术中非常重要，因为它与骨组织自身的硬度一样，可能会影响骨愈合过程。

结构

骨组织是连接组织的一种特殊形式，这种组织由细胞及钙化的细胞外物质构成，它形成了骨基质。

非细胞性连接组织由非骨性基质形成，这种基质形成了上述组织的35%。同时，这种基质由90%的胶原和10%的蛋白、脂质和蛋白聚糖构成。非细胞性连接组织剩余的65%由矿物质组成，基本上都是羟基磷灰石钙，主要分布于骨性基质中，用来形成骨的硬度。

形成骨组织的细胞主要有三种：

- **骨细胞**：这些细胞存在于基质内部的腔隙内或缺损处。
- **成骨细胞**：基质中有机部分的形成细胞。
- **破骨细胞**：对骨组织进行重吸收的巨大的、可运动的多核细胞，参与骨重塑期的活动。

> 骨细胞大部分用于骨愈合，主要通过一期愈合产生。

骨的组成部分

从解剖学角度来分，长骨可分为不同的部分（图1–1）。

- **骨骺**：骨的末端部分。每个骨都有两个骨骺，一个在近端（更靠近动物躯干的部分），一个在远端。

- **骨干**：长骨占比最大的中间部分，这部分最容易发生骨折。
- **干骺端**：骨干和骨骺的连接部分。幼龄动物在该处使用骨板会影响骨骼的纵向生长。

根据它们的受力，每个骨组成部分由不同类型的骨构成（图1–1）。

- **外骨膜**：环绕骨干区域的一层连接组织膜。随着年龄的增长，其厚度逐渐变小，它决定着骨干直径的生长。该膜高度血管化并含有大量的多能干细胞，这些细胞能够将自身分化为机体需要的破骨细胞和成骨细胞。因此，外骨膜在骨愈合的前几周发挥的作用非常重要。
- **内骨膜**：与外骨膜相似但相关性不大的一层膜，覆盖于骨髓腔内面。
- **滋养孔**：可见于骨干的中间部分，它是营养动脉和静脉的进出点，负责骨髓内的血供。

骨的类型

基本有两个类型，即皮质骨和松质骨。

- **皮质骨**：这种骨在有机体中所占比例最大，其结构主要用于中轴支撑，这也是它在长骨骨干中作为主要组成部分的原因。

在整个皮质骨的宽度范围内，骨组织沿着纵轴方向彼此依附排列，形成了一个管状的内部结构，叫骨髓腔。这样的结构抗性很强，而且很轻。在骨干处，骨板在其外周、内部和外部以及中间形成了哈佛斯系统。每一个哈佛斯系统都由一个长的柱状物形成，柱状物与骨干平行，而且由4～20个同轴的骨板形成。哈佛斯系统通过横向或斜向的管道使骨髓腔和骨外表面建立联系，这些管道就是我们所说的横过骨板的沃克曼氏管。哈佛斯管和沃克曼氏管就构成了骨内的血管网络。

- **松质骨**：这种骨主要存在于长骨的骨骺和扁平骨的内部。它的结构看起来杂乱无章，像海绵一样（见图1–1）。但是，骨小梁的线排列形成了较多的拱形，这与教堂和桥梁上看到的拱形结构比较相似。不像骨干的受力通常与骨长轴平行，骨骺部的受力是可变化的。

关节髁所承受力的方向变化取决于关节屈曲的严重程度，因此，骨的结构也在发生变化，以便能承受这种负荷的变化（图1–2）。松质骨也是保护造血细胞的区域。

血供

作为活的组织，骨组织需要血液供应（图1–3）。骨组织与其他组织之间的最大区别在于其血供不稳定，而且受损后恢复缓慢。

骨组织有不同的血供途径：

- **骨髓腔内血供**：来自滋养动脉，通过滋养孔进入骨干。动脉立即分为两个分支：升支和降支。当发生骨干骨折时，这个血供就会中断，大约需要一周才能自我恢复。在此过程中，血供必须通过其他来源获得。
- **骨外血供**：这种血供主要通过骨外周组织获得，可分为两类：
  - 骨膜血供：骨膜血供是骨通过骨膜形成的骨膜丛获得。上述骨膜丛由来自滋养骨膜的肌肉附着点的小动脉网所形成。其他供给皮质骨维持骨内血供的血管也起源于这些骨膜丛。

    保护骨折部位周围软组织对于骨折的修复非常重要。在最初几周和骨髓腔内血管供应再修复的过程中，所有的营养都是通过这些骨膜丛获得的。在手术处理过程中，所有的肌肉附着处都应该予以保护，尤其对于那些完全游离的骨片上的附着点。
  - 骨骺血供：骨骺可通过骨骺和干骺端血管网络

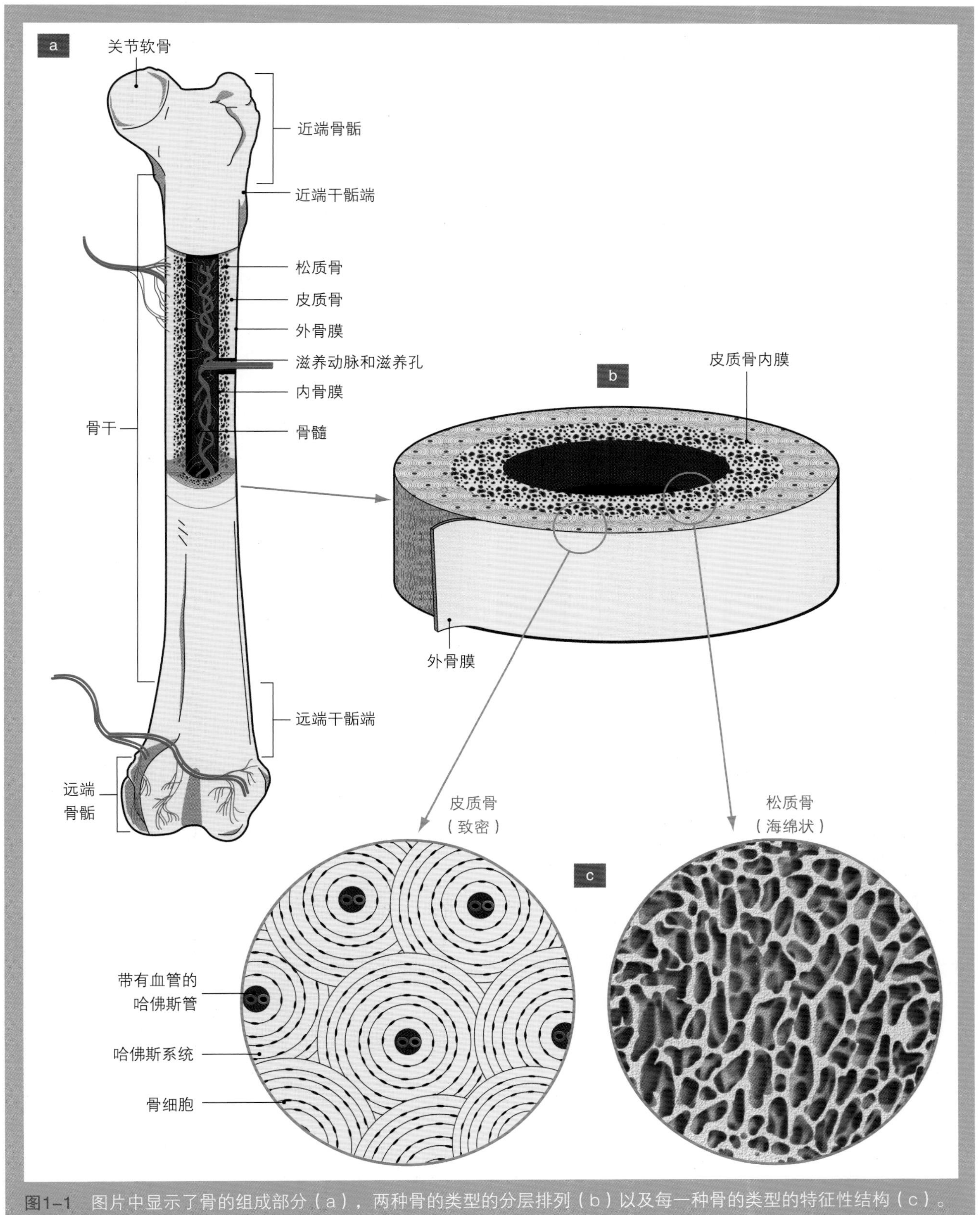

图1-1　图片中显示了骨的组成部分（a），两种骨的类型的分层排列（b）以及每一种骨的类型的特征性结构（c）。

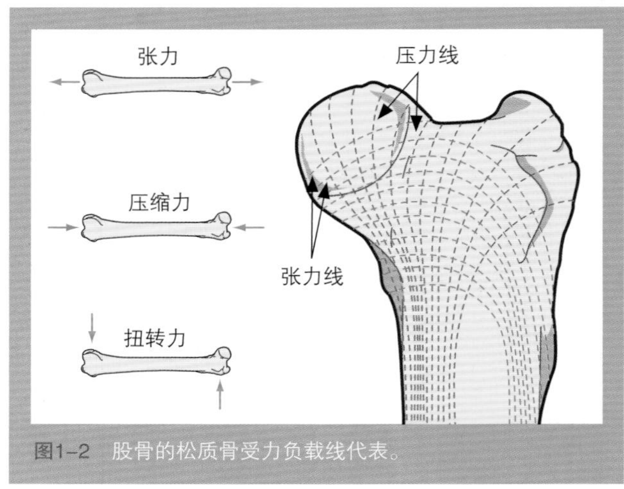

图1-2　股骨的松质骨受力负载线代表。

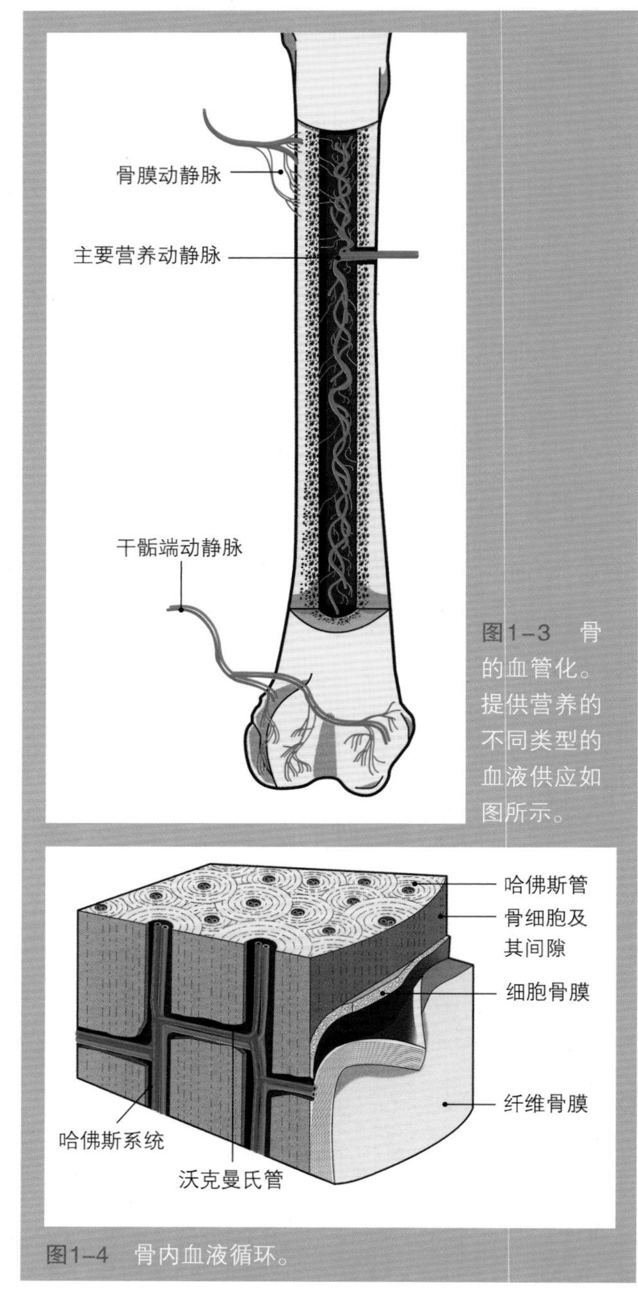

图1-3　骨的血管化。提供营养的不同类型的血液供应如图所示。

图1-4　骨内血液循环。

获取血供，这些血管网络替代了骨膜的供给。血管渗透至松质骨内；每个骨小梁都有自身的一套血管系统。每个骨小梁之间会形成吻合，直到它们终止于髓内静脉。换言之，松质骨从功能上来说可被看作一个大的血管。这就是为什么造血细胞可从骨骺和扁平骨产生，并被释放到血液中。正是因为这个原因，在某些情况下，松质骨可作为血管系统的液体供给部位。记住骨外和髓内血管网络是密切相关的，这一点非常重要，换言之，血液经由骨小梁在骨内从一个网络流到另一网络。

- **骨内血供：**骨内血供主要集中于皮质骨较厚的区域。主要由哈佛斯管和沃克曼氏管形成的管道吻合在一起形成了一个网络，可为分布在哈佛斯管空白区的骨细胞提供营养（见图1-4）。

骨细胞在骨的愈合过程中起着重要作用，尤其对于一期愈合的骨折。骨折发生时，如果髓内动脉破裂，则骨细胞的活力主要依靠骨内网络的血供，反过来说，这些血供网络也通过骨膜从完全来自骨膜。正是因为这个原因，一定要记住尽可能不要破坏骨折部位周围的软组织，这一点非常重要。

骨的生长与愈合 2

骨的生长

动物出生时，大部分骨以软骨组织的形式存在，后来就逐渐被骨组织取代。一个组织被另一组织取代是从被激活的软骨组织中发现的部位开始，将其自身转变为骨组织。这些部位叫骨化核（图2–1）。

每个骨都有一个位于骨干中央的中央核。这个核叫原始骨化核，在出生时被激活。它主要负责将骨中央部分转变为骨干。骨化从这里向周围延展。次级骨化核在骨的末端，于出生后被激活，主要负责骨骺部位的骨化。不同骨次级骨化核的数量是可变的。有些长骨在骨骺的一端或两端都没有次级骨化核，例如，掌骨仅在其近端骨骺有一个次级骨化核。对于其他骨如胫骨，其近端骨骺就有两个次级骨化核，同时在其远端部分只有一个次级骨化核。

在原始骨化核和次级骨化核之间有一薄层叫生长板或生长软骨，主要负责骨的纵向生长（图2–2）。同样，在次级骨化核之间也有软骨残留物，它们有时还持续保持活力用于相应骨骺的矫正。

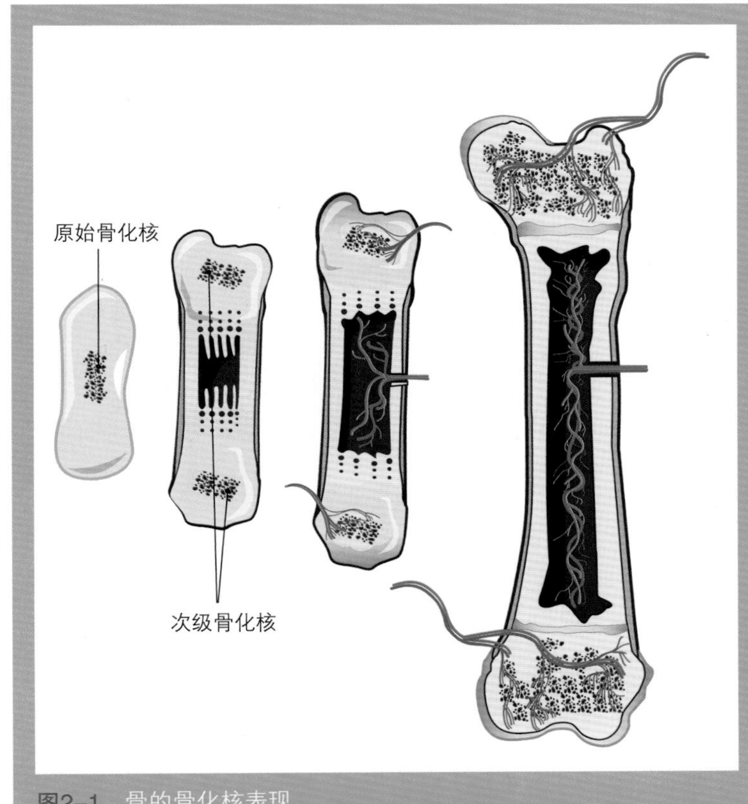

图2–1 骨的骨化核表现。

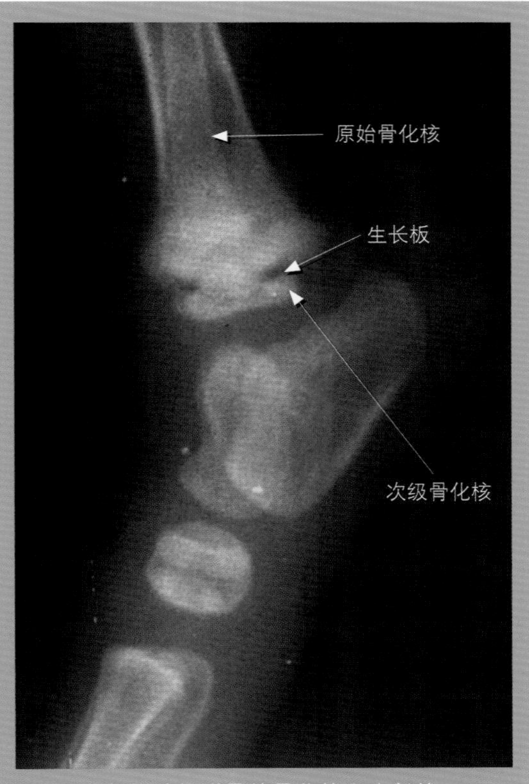

图2–2 年轻动物跗骨的骨化核和生长线。

> 理解每个骨的特点很重要，可以避免骨折时与生长板可透射X线的影像相混淆。

软骨转化为骨的过程称为软骨内骨化。这一点类似于骨折愈合过程中原始骨痂转化为成熟骨的过程。

首先，必须考虑未成熟骨的骨骺和干骺端与成熟骨相比拥有不同的营养供给能力。对于生长中的骨来说，骨骺和骨干可从两个独立的点获得营养供给。这两个供给点被生长板分开（图2-3）。尽管骨骺有非常复杂的血管网络，但生长板的营养供给很少，主要通过血管的渗透和软骨基质的扩散获取。任何影响这种营养来源的因素均可导致生长板生长活力和增殖能力的下降，换言之，影响了骨的纵向发育。干骺端通过其松质骨获取营养同样复杂。血管在浅表处进入软骨，有利于软骨组织转变为骨。任何影响干骺端营养供给的因素都会影响生长板，从而减缓或阻碍软骨内骨化。

生长板的结构

生长板被分为不同的层，且这些层以平行方式排列。不同层发生的过程见图2-4：储备层、增殖层、肥大层、骨化层和干骺层。

- **储备层**：这一层与骨骺紧密连接，由少量的软骨细胞形成，软骨细胞被软骨基质包裹。这些细胞没有有丝分裂能力，其功能是储存营养。起始于骨骺的血管通过储备层像树枝一样分布于增殖层。储备层的局部氧压很低，一般认为其营养需求也比较低。
- **增殖层**：这是细胞真正生长的地方。人们已经发现，该层软骨细胞的氧需求量很大，用于其强有力的有丝分裂。生殖细胞形成了很多列的软骨细胞，这些软骨细胞的排列方向与骨纵轴相平行。生殖细胞分泌大量的蛋白聚糖和胶原蛋白，用于形成分割不同列软骨细胞的隔膜。纵向生长是活化细胞分裂和基质生长的结果。
- **肥大层**：在肥大层最高的区域，软骨细胞拥有有丝分裂的能力，然而，基质的生长量非常低。软骨细胞的尺寸变得很大，用于储存钙和脂质。随着它们的生长，细胞间越来越紧密，缩小了隔膜的厚度。由于氧和营养必须通过肥大区的毛细血管获取，因此，该区域的氧压很低。

先前储存的氧气由于软骨细胞的能量需求而被消耗，储存的钙的代谢和保存所需的能量也相应减少。当肥大层厚度增加时，营养的传递也在减少，这样就会导致营养缺乏。当用于细胞的能量不足时，细胞必须释放沉积在其内部的钙。最后的结果是，细胞膜开始退化，细胞质内出现空泡。溶酶体酶被释放入细胞周围，并开始溶解基质。在该层最重要的区域，蛋白聚糖开始失去它们的聚合力。同时，钙沉积在基质中，附着在以前被软骨细胞占据的区域上。大部分的矿化作用发生在纵向的隔膜上，也就是细胞之间。细胞间的横向隔膜未发生矿化。在发生矿化的区域，血液供应部分丧失，最终会引起软骨细胞死亡。

- **骨化层**：肥大层基质的矿化对于骨的精准形成非常重要。矿化作用刺激产生来自干骺端的新生血管，并逐渐形成一个毛细血管网，可以侵入以前被软骨细胞占据的腔隙，这个腔隙是破骨细胞和成骨细胞到达的区域。通过酶的释放，血管周围的细胞可破坏腔隙和隔膜。破骨细胞重新吸附在纵轴方向的隔膜上，并开始分泌由蛋白聚糖和胶原蛋白（类骨质）形成的基质，它们沉积在矿化软骨的残留物中。类骨质的矿化是因钙盐沉积，

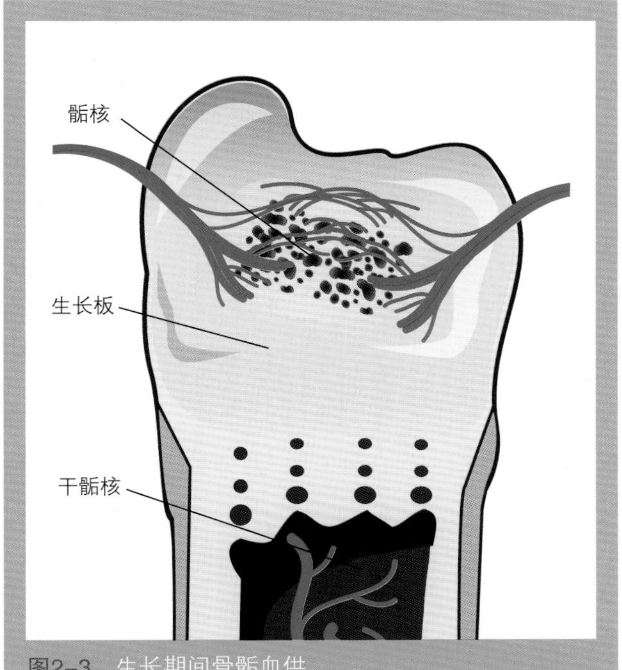

图2-3　生长期间骨骺血供。

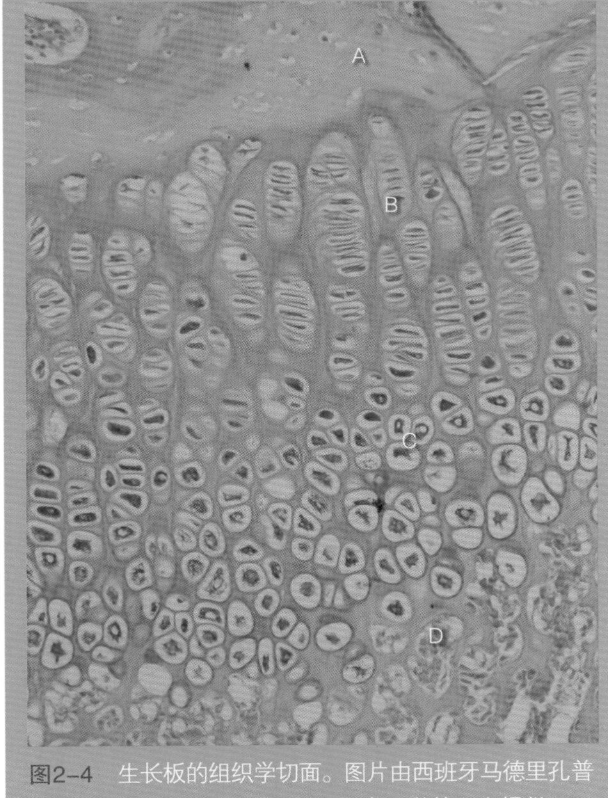

图2-4　生长板的组织学切面。图片由西班牙马德里孔普卢斯大学（uCM）的组织和解剖病理学教研室提供。
A. 储备层　　C. 肥大层
B. 增殖层　　D. 骨化层

而钙盐以羟基磷灰石形式形成了较大的聚合物。矿化的软骨残留物被新骨包围，形成了原发性松质骨。之后，破骨细胞将会破坏原发性松质骨形成次级松质骨。

- **干骺层**：骨化层和干骺层没有明显的界限。干骺层的特点是位于原始松质骨和次级松质骨发生塑型的部位。次级松质骨通过吞噬作用被破骨细胞重新吸附。随后，成骨细胞就形成了板层骨，并产生哈佛斯管。

大部分长骨的发育从生长板开始。然而，未成熟动物的骨骺还有部分用于长骨发育的另一生长板。覆盖于骨骺的软骨分为两层，靠外的一层主要是保护关节，靠内的一层与过渡层一致，用于骨骺的发育。放射层含有柱形软骨细胞，这些细胞与干骺端生长线的增殖层和肥大层的细胞相类似。放射层最深的部分是钙化层，这里是初级松质骨和次级松质骨重塑过程发生的位置。

总之，骨从生长板的发育是基于纵向的有丝分裂过程。新形成的组织可因缺氧和钙化而经历死亡过程，后期就成了皮质骨形成的基础。但是，关节骨骺大小的发育是在多层软骨下骨的一层中以类似的方式进行的。

骨的愈合

为了选择用于骨折的最佳固定系统，除了必须要考虑骨折的类型外，也要考虑各个患病动物的特点、生活环境或主人的类型。在骨组织愈合前对骨折部位发生的一些现象进行简单了解十分重要。了解上述情况及其对骨折愈合过程的影响对于选择正确处理方法来讲同样重要。首先，必须考虑有机体遵循“最小努力原则”，这样就应该采取愈合过程中能量消耗最小的可能方式。一般来讲，有机体是根据自己的需要形成和准备骨组织，主要依据某一部位受力的方向和强度而定。最明显的一个例子是有机体在身体的不同部位形成了不同类型的骨组织。负重即纵向压力的大小，要求股骨必须是中空的坚实组织，这样才能强有力地支撑纵向压力。然而，承受没有特殊方向力量的部位，如骨骺，是由弹性较大的组织构成（松质骨）。一般认为骨的愈合是骨折愈合过程中涉及的一系列过程。所有的愈合包含三个过程：炎性反应期、恢复期和重塑期。

炎性反应期

骨折发生时，骨及周围的软组织一样都会受到损伤。在细胞水平上，骨细胞和坏死软组织细胞的溶解会使骨折部位释放一些物质，用于吸引“清除”所有坏死物质的炎性细胞和巨噬细胞（图2-5）。首先，在骨折部位先形成血凝块。尽管不同的专家对血凝块的形成持有不同见解，但其对于骨折部位新生血管的形成至关重要。

恢复期

根据骨折愈合过程中骨痂形成的多少可将该期分为两种愈合类型：少量骨痂形成的一期愈合和大量骨痂形成的二期愈合。新形成组织的量主要根据骨折部位存在的活动而定。下面就两种愈合类型进行描述，以临床出现较多的情况开始。

二期愈合

二期愈合是骨折愈合最常见的情况和类型。它包含了骨片通过骨痂愈合的过程，这些骨痂后期要经过塑型过程。

在下列情况下可出现二期愈合：

- 延期治疗
- 骨片复位不良或存在骨片缺失
- 血供不良
- 感染
- 缺少压缩力

当骨折边缘存在部分错位或固定系统不能提供充分稳定性时就会出现二期愈合。简言之，该愈合类型是骨折断端以不同方式连接起来的基础，用于暂时性固定骨折部位以利于后期的完全骨愈合。最先产生的组织非常类似于多细胞的软骨组织。它是适应性最强的组织，假如骨折片段存在轻度错位时，其极好的弹性可承受骨折部位的变形（图2-6）。但是，它又具有一定的强度可避免骨折部位过度错位。之后，通过软骨内骨化过程，这些组织将转变为骨组织。最初，与骨折边缘邻近的坏死骨组织被重吸收。被吸收组织的量非常重要，因为它可增加骨折断端之间的间隙。必须考虑到骨折发生后的早期阶段，其血供主要来自骨膜，并且，如果需要手术，应该尽可能地对骨周围的所有软组织予以保护。

移行到骨折部位的细胞迅速形成骨痂。这些组织由纤维组织、软骨和未成熟的纤维骨所形成。组织的主要类型受不同因子的影响，如骨折部位的稳定性、受力情况以及局部氧分压情况。在氧压较低的环境中，以软骨组织或纤维组织形成为主，然而在高氧压环境中，以骨组织形成为主；因此，保护周围软组织至关重要。

当骨折固定良好和血供充足时，新形成的软骨会通过类似于软骨内骨化的方式逐渐被骨组织所替代（图2–7）。在过程结束时，骨的末端会被梭形团块包围，这就是所谓的骨痂，类似于伤口二期愈合时皮肤上的疤痕（图2–8）。

这就是所谓的临床愈合，骨折片段牢固结合，骨能够承受功能性负载。

这会达到已知的临床愈合，即骨折断端牢固结合，同时骨骼能承受肢体的功能性活动。

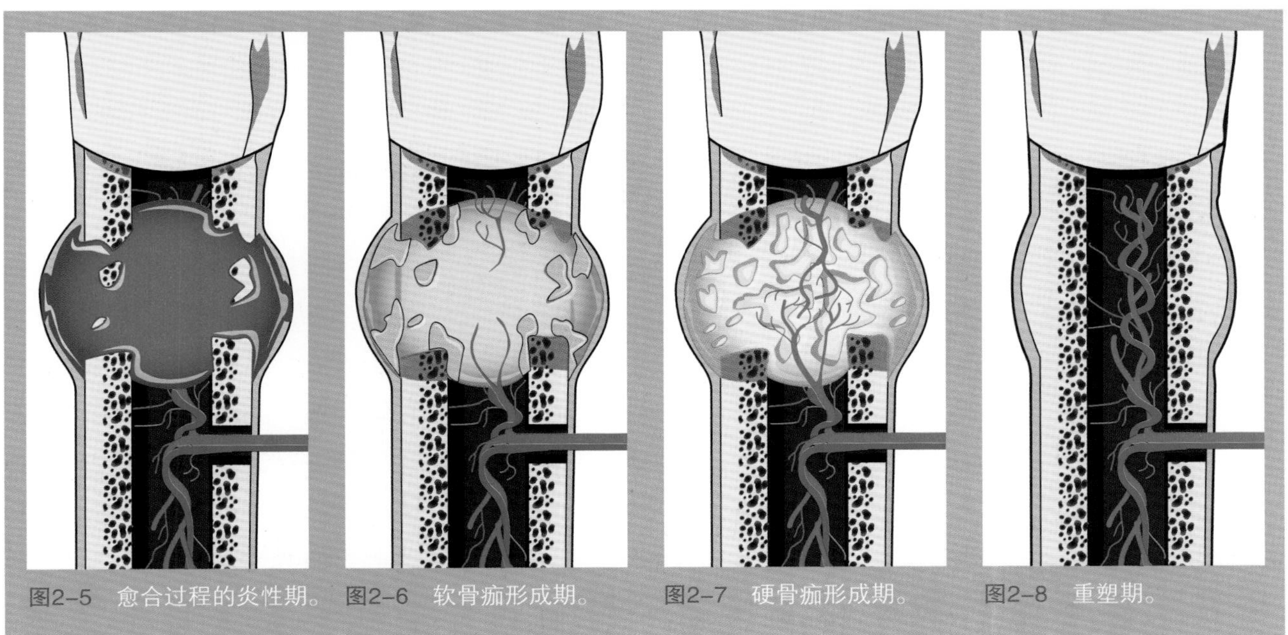

图2–5　愈合过程的炎性期。图2–6　软骨痂形成期。图2–7　硬骨痂形成期。图2–8　重塑期。

骨痂的类型

根据形成骨痂的组织不同和骨折发生的部位不同，骨痂也存在不同的类型：

- **骨髓骨痂**：形成于骨髓腔的细胞和起源于骨内膜的成骨细胞。这是发生于骨折部位最早的连接，通过X线检查往往很难看到。来自骨髓腔的血管为其供给营养。
- **骨膜骨痂**：它的形成开始于骨折线邻近处，在骨折边缘坏死组织的后方。它用于固定骨折片段，其大小与骨折片段的活动性有关。在活动过于剧烈的骨折部位，骨痂会慢慢消退，造成骨折不愈合。其血供依靠骨膜血管和周围组织，后期的血供通过骨内循环完成。
- **皮质间骨痂**：其大小根据骨折边缘坏死组织分离和重吸收的多少而有所不同。骨形成的特点是可变的，其营养供给来源于骨髓腔和外周血液循环。

一期愈合

一期愈合是指在骨折线没有骨痂形成的一种骨组织直接愈合方式。这种愈合方式只有在以下情况下才可发生：

- 立即固定
- 良好的血供
- 骨折片段完美复位（可复位的骨折）
- 骨折线位置不存在细微的活动
- 骨折片段之间的压缩（Roux定律）：减少骨片间的细微活动，加速愈合。可通过以下几种方式完成：
  - 动物走动时自体负重。
  - 应用压缩骨折线的骨固定系统进行固定。
  - 放置可重新分配负重的骨固定系统。
- 没有感染。

血供不能过度破坏，尤其是骨内血供，这是非常重要的。

在此愈合类型中，对于骨化过程，可根据骨折线处存在的空间将其分为两种愈合亚型：

- **直接骨愈合**：这种类型的愈合发生在骨折边缘已经紧密对合的部位。在此情况下，来自沃克曼氏管的骨单位直接穿过骨折线，直到它接触位于其他骨折片段的健康沃克曼氏管为止。一个骨单位基本上是一群固定在能够穿过骨组织的破骨细胞前线的骨细胞，紧随其后的是一排可产生骨组织的成骨细胞。可将其比作用于铺设长的火车隧道的推土机。这种愈合发生在没有骨痂生成的部位，换言之，没有骨痂形成（图2-9）。
- **有间隙的一期愈合**：这种愈合方式发生于接触较少的部位。尽管有一定大小的间隙，紧密接触相邻的区域可阻止微小的运动。这些存在的间隙可由骨组织重新填充。根据骨折片段之间的距离，可直接形成板层骨，或形成未成熟骨，之后再转变为板层骨。骨胶原纤维的方向最初与骨折线平行。随后，密质骨的结构重塑形成了新的哈弗斯

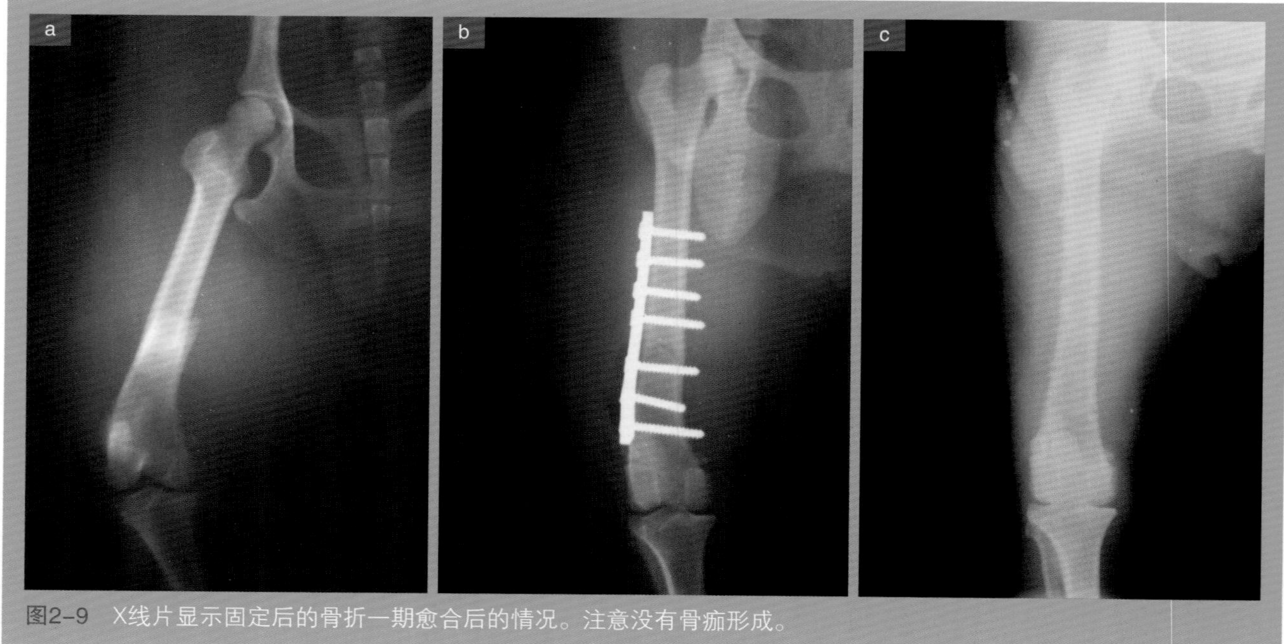

图2–9 X线片显示固定后的骨折一期愈合后的情况。注意没有骨痂形成。

管，其方向与骨干的纵轴方向相一致。

一期愈合的骨化比二期愈合的骨化快得多。但是，最初，一期愈合不像二期愈合那么稳定。这是由于没有骨痂提供的额外支持，而且骨的初始方向不是正常生理性的方向。

重塑期

这一阶段的特点是重吸收多余或错位的骨组织。也就是说，机体消除了所有不需要承受压力的骨组织（图2-8）。这种控制原理是压电过程的结果。在受到牵引的骨骼区域，会产生正电荷的累积，而受到压力的区域则带负电。在正电荷累积区域破骨细胞活性增强，而在负电荷累积区域成骨细胞占优势（图2-10）。

必须强调的是这两种愈合方法没有哪一种更好。它们只是一个过程，这个过程与骨折的内在条件、所用的骨固定系统、患病动物的年龄，甚至术后的休息时间有关。最终的结果是对骨折的加固，这在此两种情况下都能实现。

骨化定律

从有关骨折固定的研究开始，我们就试图通过可参考的定律来解释在评估骨问题时应考虑的一些概念。所有这些概念可以总结为以下核心原则：如果涉及骨的力学条件发生改变，那么将使用尽可能少的能量使骨适应新的环境。

经典的定律有三个：Roux、Hueter-Volkmann和Wolf定律。Roux定律描述了外力(压力、剪切力或牵引力)对骨折线的影响。必须考虑到，根据骨弯曲的方向，骨折部位可受到压力、牵引力和剪切力。这种情况导致在骨折部位会形成一种或另一种组织，这取决于作用于该部位的优势力。这在剪切力存在的情况下尤为重要，剪切力可使一个骨折边缘与另一骨折边缘发生移位，这样就会诱导机体用假性软骨组织对其进行覆盖，从而形

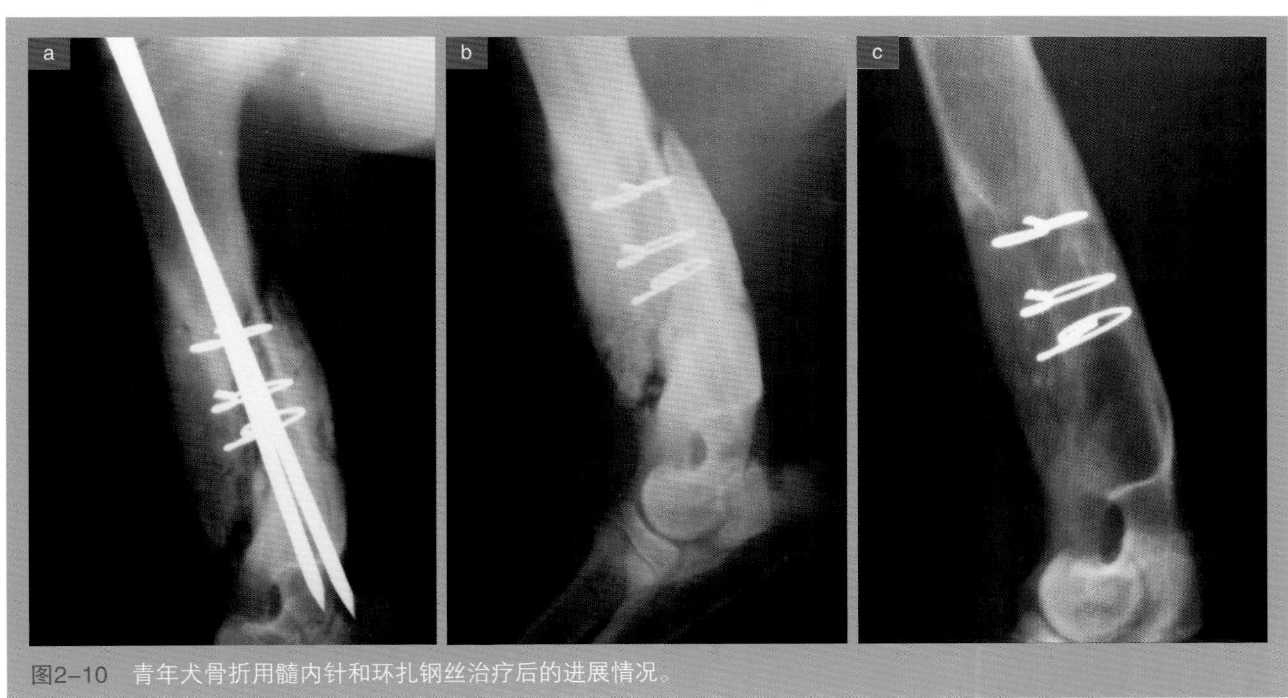

图2-10 青年犬骨折用髓内针和环扎钢丝治疗后的进展情况。

成假关节（图2-11）。

另一方面，Hueter-Volkmann定律描述了力对生长软骨的影响。当涉及生长软骨时，生长板的大小并不总是一个严重问题，除非它影响了骨的长度或其他骨生长，如桡骨和尺骨（桡骨弯曲，图2-12）。当作用于生长板的牵引力和压力不对称时，会出现一些问题。在这种情况下，骨就会产生类似于图2-13所示的弯曲。关于Wolf定律，它们的假设与骨的重塑期有关。如前所述，这一阶段的特点是重吸收多余或错位的骨组织。也就是说，机体清除了所有不需要承受压力的骨组织（图2-14）。

Roux定律

Roux定律描述了外力（压力、剪切力或牵引力）对骨折线的影响。

- **压力**：在骨折线的垂直方向施加的重量有利于骨愈合。这是骨折治疗中骨片间压缩的基础。机体形成的骨是对外部因素作用的一种反应。
- **剪切力**：使骨折边缘产生位移的运动诱导机体用假的软骨组织将位移部位覆盖，形成所谓的假关节。在这种情况下，机体通过形成一种(假)关节来保护局部不进行屈曲运动。
- **牵引力**：这种试图分离骨折断端的力可诱导形成连接两个骨断端的纤维组织。机体尽力避免骨断端的分离，并试图通过肌腱（纤维组织）将它们连接起来。

Hueter-Volkmann定律

这些定律描述了力对生长软骨的影响。

- **压力**：垂直于生长板施加的重量会抑制生长，甚至会阻碍骨的生长。机体会优先加固这个软骨区域，而不是增强其生长功能，这就导致其在骨化之前就已经骨化。
- **牵引力**：试图分离两个骨化核的力量可增加软骨的生长速度，在这种情况下，机体会对外部的需求做出相应的反应。

Wolf定律

作用于骨膜的力。

- **缺乏压力**：不负重的骨膜区域容易脱钙，造成骨质流失。机体不需要在没有必要获取支持的区域提供支持(能量守恒定律)。
- **压力**：负重的骨膜区域生长更快，因此，在此部位骨会进行自我加固。机体会向张力强度较大的密质骨增加骨量。

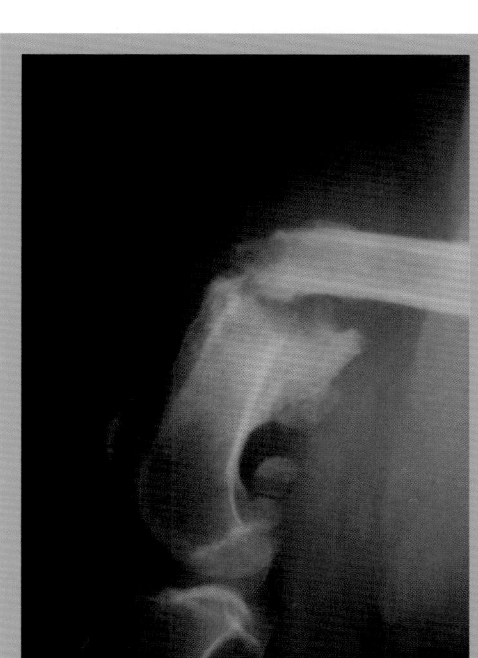

图2-11　假关节。注意骨折边缘的形状，试图作为一个关节。

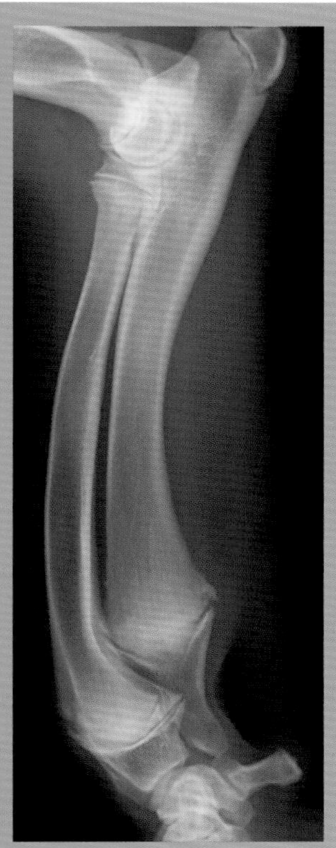

图2-12　尺骨远端骨骺"烛光样"闭合导致桡骨弯曲。

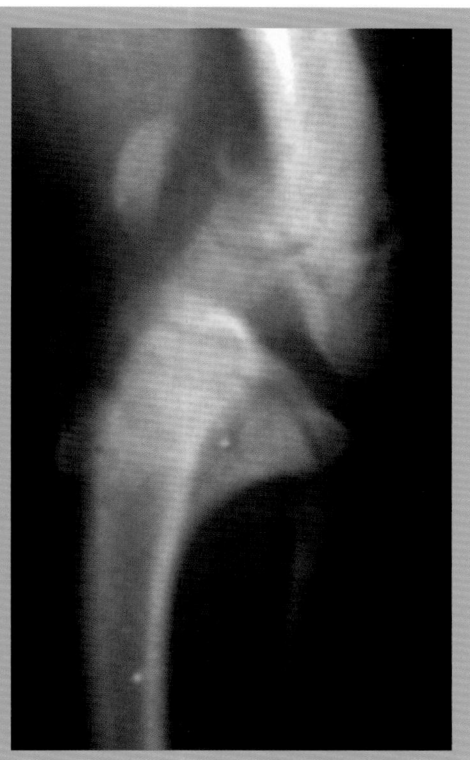

图2-13　因髌骨内侧脱位使远端生长板内外侧承受压力不对称，最后导致股骨弯曲。

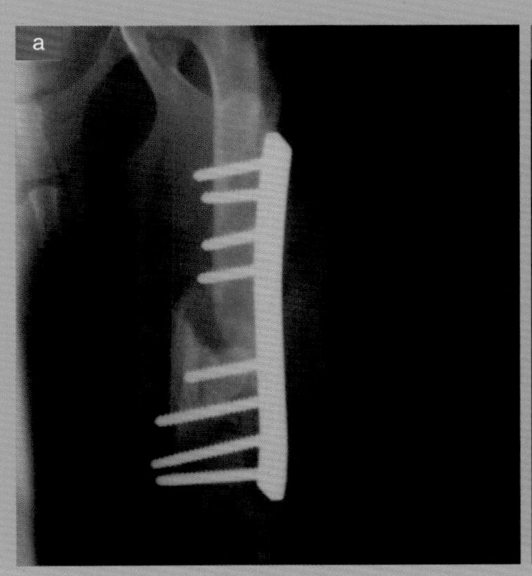

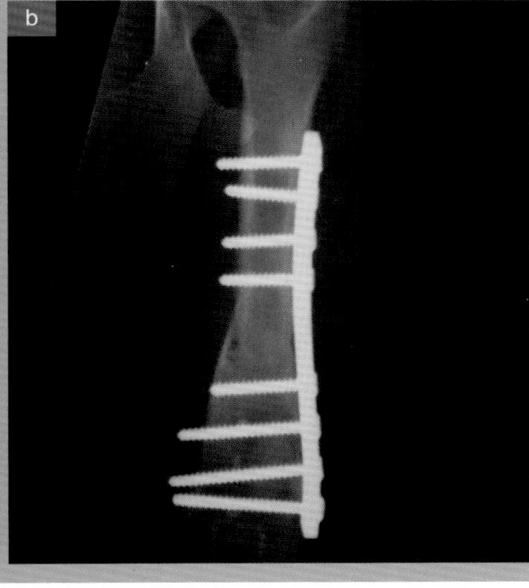

图2-14　利用中立骨板对假关节进行骨的重塑手术（a）及重塑手术后一年的X线片（b）。

3 骨折的分类

目前还没有一种理想的骨折分类系统，因为可以从不同的方面进行分类，每一个方面都可提供应用一种或另一种治疗方法时相关的信息。

最完整的分类系统可能是一个由一群AO（德语Arbeitsgemeinschaft für Osteosynthesefragen的首字母缩写，意为内固定）骨科专家提出的，在这个分类系统中，使用字母数字系统提供了大量有关被影响骨的信息，并且，作为最相关的一点，关于治疗难点的主观评价也包含其中。

上述分类系统包含如下内容：

- 每个骨有一个编号：
  - 肱骨：1
  - 桡骨/尺骨：2
  - 股骨：3
  - 胫骨/腓骨：4
- 紧接着，用另一个数字标记对应的骨折发生部位。
  - 近端：1
  - 中三分之一：2
  - 远端：3
- 最后，用一个字母来描述骨折的类型
  - 单纯骨折：A
  - 多处骨折：B
  - 粉碎性骨折：C

根据治疗的难度，又将每个组分为三个亚组：从简单到复杂分别用1～3表示（图3-1）。通过这种方法，股骨横骨折将被划分为32A3，而如果是远端骨折，且难以治疗，则为33C3。

当发生骨骺骨折时，这种分类方法就变得更为复杂。

- 关节外骨折：A
- 部分关节骨折：B
- 复杂关节骨折：C

下面列出了一系列的骨折分类系统，这些分类系统可能有用，因为每个分类系统都提供了有关可能处理方法的一些有意义的特征。

软组织受损

根据软组织被影响或受损情况，骨折可分为以下几类：

闭合性骨折

骨和外界没有接触，也就是说皮肤是完整的。这是最常见的骨折类型。它们被认为是无菌的，通常不会出现有关血管新生的其他问题。

开放性骨折

一个或多个骨片段可能与外界有接触，也可能没有接触。皮肤已经从外或从内部受损。这种类型的骨折按严重程度分为三级：

- Ⅰ级：一个或多个碎骨片(不可见)已经穿透皮肤，使其从内部撕裂。
- Ⅱ级：一个或多个碎骨片轻微暴露于外面（图3-2）。
- Ⅲ级：骨折部位完全可见，软组织丢失，而且可能有碎骨片的丢失（图3-3）。

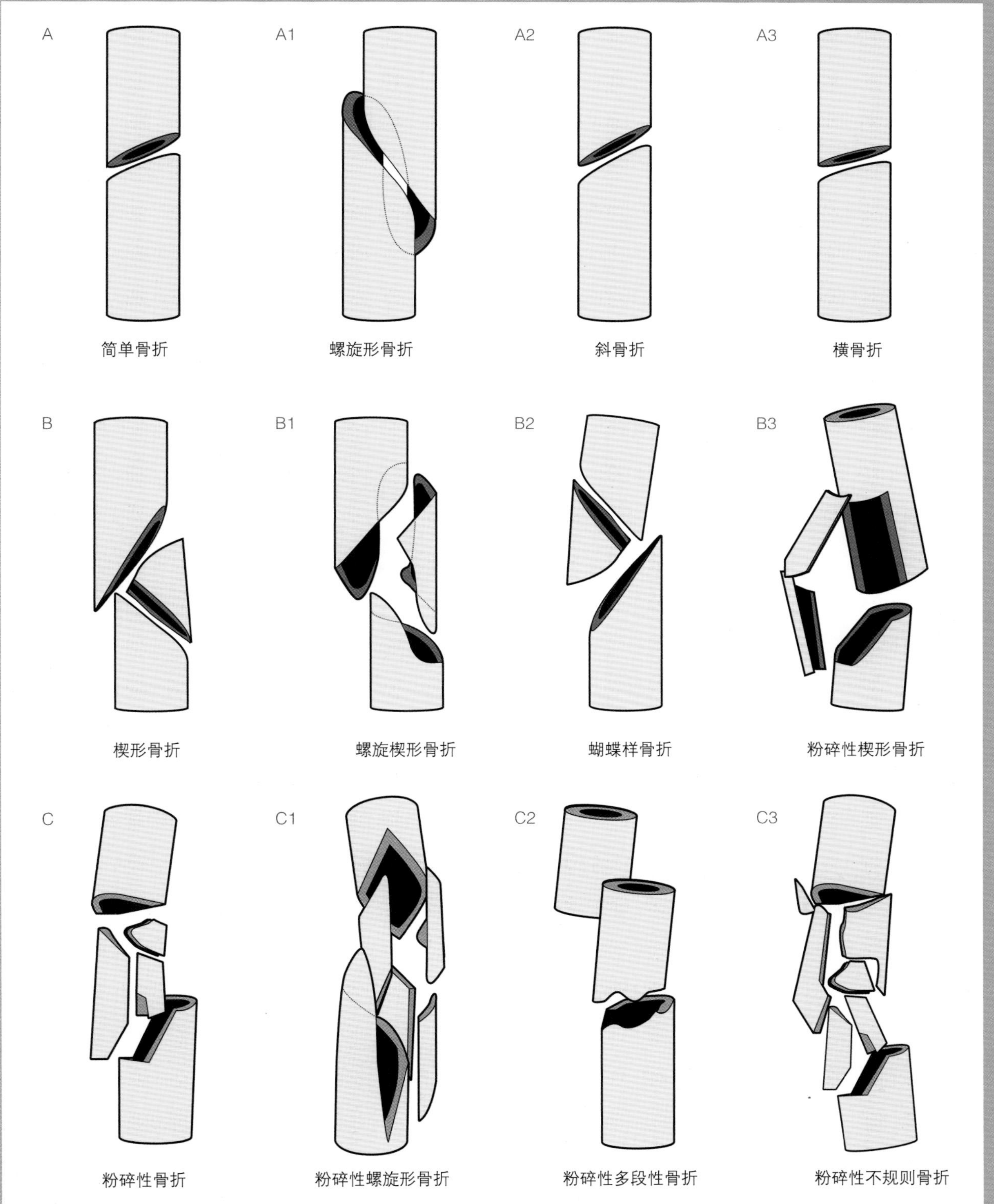

图3–1　根据骨折的复杂程度和类型来命名和分类。

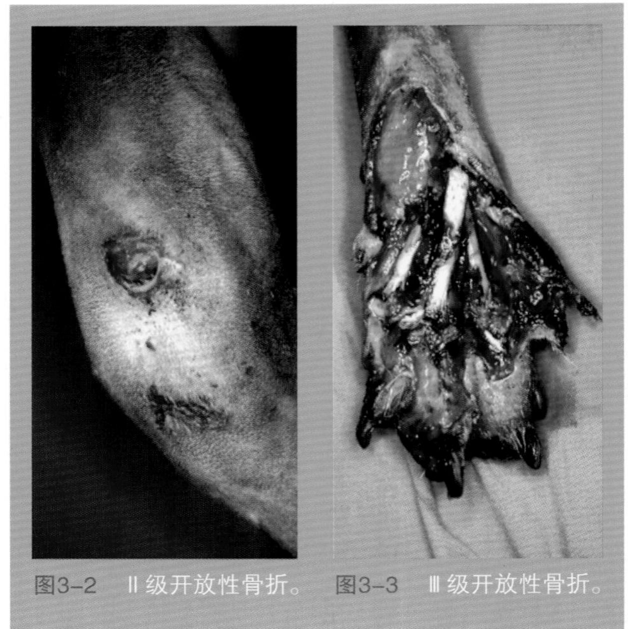
图3-2　Ⅱ级开放性骨折。　图3-3　Ⅲ级开放性骨折。

在软组织受损的开放性骨折中，血液供应受到影响，愈合过程变慢。很明显，当组织过多暴露在外时，这种情况要引起重视。

当软组织丢失严重时，软组织可能不足以完全覆盖骨组织（图3-4和图3-5）。然而，鉴于骨膜在骨愈合的第一阶段起着重要的作用，应该努力用软组织覆盖骨膜以维持其血液供应。

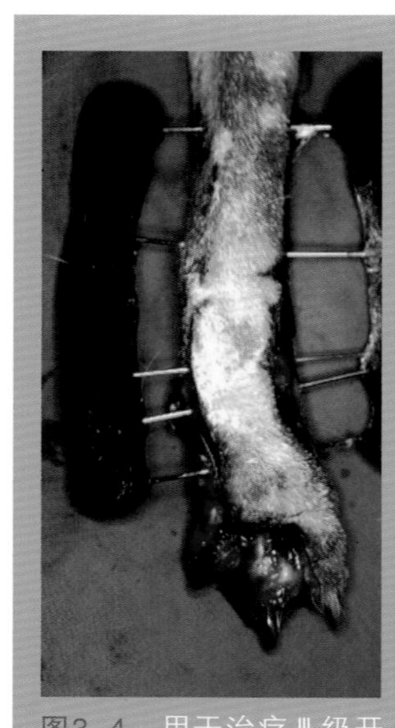
图3-4　用于治疗Ⅲ级开放性骨折的皮瓣。

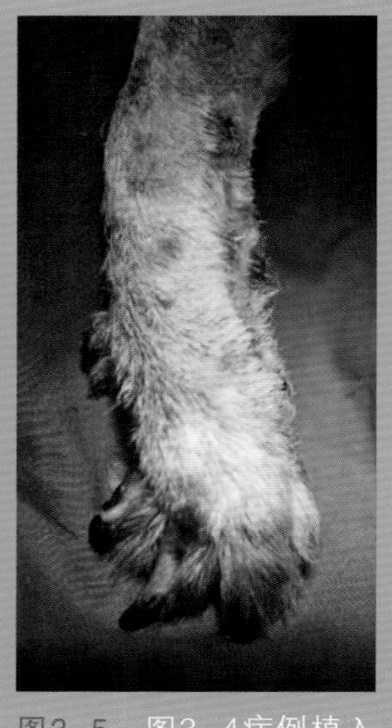
图3-5　图3-4病例植入皮瓣后的结果。

另一方面，在开放性骨折中，由于皮肤发生损伤，骨会受到污染或感染。根据结构的感染程度，开放性骨折可分为：

- Ⅰ级：因为骨暴露得很少，骨折被认为是无菌的。
- Ⅱ级和Ⅲ级：这些骨折被认为是感染的。应该采用特殊的方法以减少细菌的数量。

在Ⅱ级和Ⅲ级开放性骨折中使用的特殊干预措施

- 采集样品进行药敏试验，选择更有效的抗生素进行治疗
- 用等渗溶液对伤部广泛冲洗（冲洗效果）
- 松质骨移植
- 实现植入物在骨折部位的绝对稳定性，或选择不干扰骨折部位的骨固定系统。

骨折片段的数量

从这个角度来看，必须考虑骨折片段的数量，骨折断端复位后其稳定性的获得将取决于此，是否进行加压处理也决定于此。根据片段的数量，骨折可分为三大类：

单纯骨折

骨被分成两个片段（图3-6）。这是一种典型的骨折，只有一个骨折面。这些骨折的预后通常是良好的，愈合简单，理论上来讲，容易治疗。由于只有一个断面，所以通常可以对骨折线进行人为加压。所获得的稳定性一般是良好的，因此植入物在骨愈合之前不会受到过大的力。

多处骨折

骨折片段至少有3个，2个主要的，另1个或多

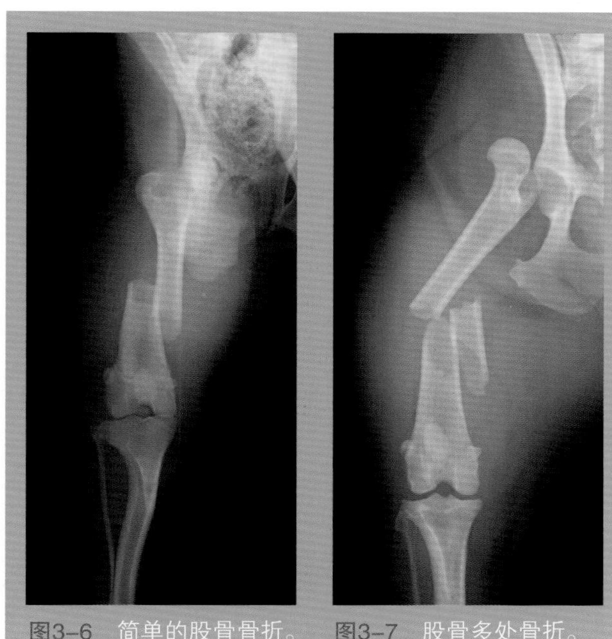
图3-6　简单的股骨骨折。　图3-7　股骨多处骨折。

个是独立的（图3-7）。在这些情况下，尽可能保留这些片段的肌肉附着点，因为在最初几周的血供和组织存活主要依靠它们。另一方面，可将骨折片段复位，也就是说将其放置在各自原来的位置并固定起来。

可以通过“拼图”的方式将其重新拼在一起，并用相应的骨固定系统保持其正确位置用于负重。如果所有的片段都能复位，整个骨干就可以重建，因此，不会存在骨的错误排列。同样，当能够重建骨干时，即可部分地通过密质骨传递力量。站立时，肢体的负重可转化为压缩力加速骨愈合。由于植入物不需要承担所有的负重，其必须中和的力量强度就会减弱，因此，固定系统松脱或弯曲的风险就会降低。

粉碎性骨折

骨断裂成不同的碎片，但与多处骨折不同的是，由于其尺寸和形状较小，在解剖位置上无法得到适当的稳定（图3-8）。与多处骨折一样，肌腱的附着点必须予以保护，以保持血液供应。在这些情况下，骨轴的方向是通过骨突起作为解剖学参考的，关节的方向可通过屈曲和伸展关节得以确定。

由于骨干密质骨的连续性受到破坏，力不能直接从远端骨片传递到近端骨片。力可通过骨固定系统进行传递，一直到骨折部位骨化。这意味着必须选择能够承受较大折弯力的抗性更强的植入物或外固定支架进行固定。后路骨折较前路骨折更易发生。

骨折面的方向

骨折面的方向很重要，因为它决定了负重是否会以较大或较小的强度从来自骨折部位的一个方向或另一方向形成错位。对于完全不稳定的粉碎性骨折，骨折线的方向不用考虑。在多处骨折中，骨折线的方向也是完全不稳定的，但如果优先考虑复位骨折片段，则必须考虑骨折线的方向。根据骨折线的方向，骨折可分为：

横骨折

骨折面的走向或多或少与骨的纵轴垂直（图3-9）。这种骨折可与由两个圆柱体构成的圆柱相比较。当骨折复位时，也就是说，当一个圆柱体压在另一个圆柱体上时，它可以很容易地从骨的纵轴支撑平行方向的压力。虽然这种骨折可以承受极限的折弯力，但在对抗折弯力方面仍然不是一个特别稳定的结构。最大的问题是它不能抵抗旋转力。当发生旋转时，骨折线的边缘会相互滑动，使愈合更加困难。

斜骨折

骨折面相对于骨纵轴形成一个或大或小的闭合角（图3-10）。根据上述角度的大小，可分为：

- 短斜骨折，角度趋于垂直（图3-11）。
- 长斜骨折：斜面倾向于与骨的纵轴平行（图3-12）。

关于斜骨折的解决方案，可以将其比作一个斜面。一旦骨折复位(在有压力的情况下，例如平行于纵轴的力)，两个断端就会像“游乐场滑梯”一样滑动。移位除了破坏复位的稳定性外，还会影响愈合。在这种情况下，骨折线越靠近骨的纵轴，越容易移位；相反，越像横骨折的断面(短斜骨折)，就越稳定。在抗旋转运动方面，斜骨折比横向骨折稍稳定。

螺旋形骨折

螺旋形骨折与长斜骨折相似，但骨折线环绕皮质骨形成螺旋状（图3-13）。对于幼犬而言，这种骨折非常典型，因为它们的皮质骨很薄。该骨折由轴向负重下的旋转力所引起，这种活动对于幼犬非常常见。

由于骨折线与长斜骨折线相似，其在轴向负重作用下的表现也很相似。另一方面，当肢体受到旋转力作用时，其螺旋因素会使骨折不稳定。

> 骨折线越靠近骨的纵轴，骨断端之间越容易相互滑动。相反，当骨折线与骨纵轴垂直时，沿纵轴的旋转运动造成移位的可能性较大。

干骺端和骨骺骨折

尽管大多数骨折发生于骨干，但也有很多干骺端和骨骺骨折，这种骨折主要发生于正在发育的动物，由于可能会影响生长板，过程比较复杂。这一组有不同的分类，可以快速识别骨折的特征。

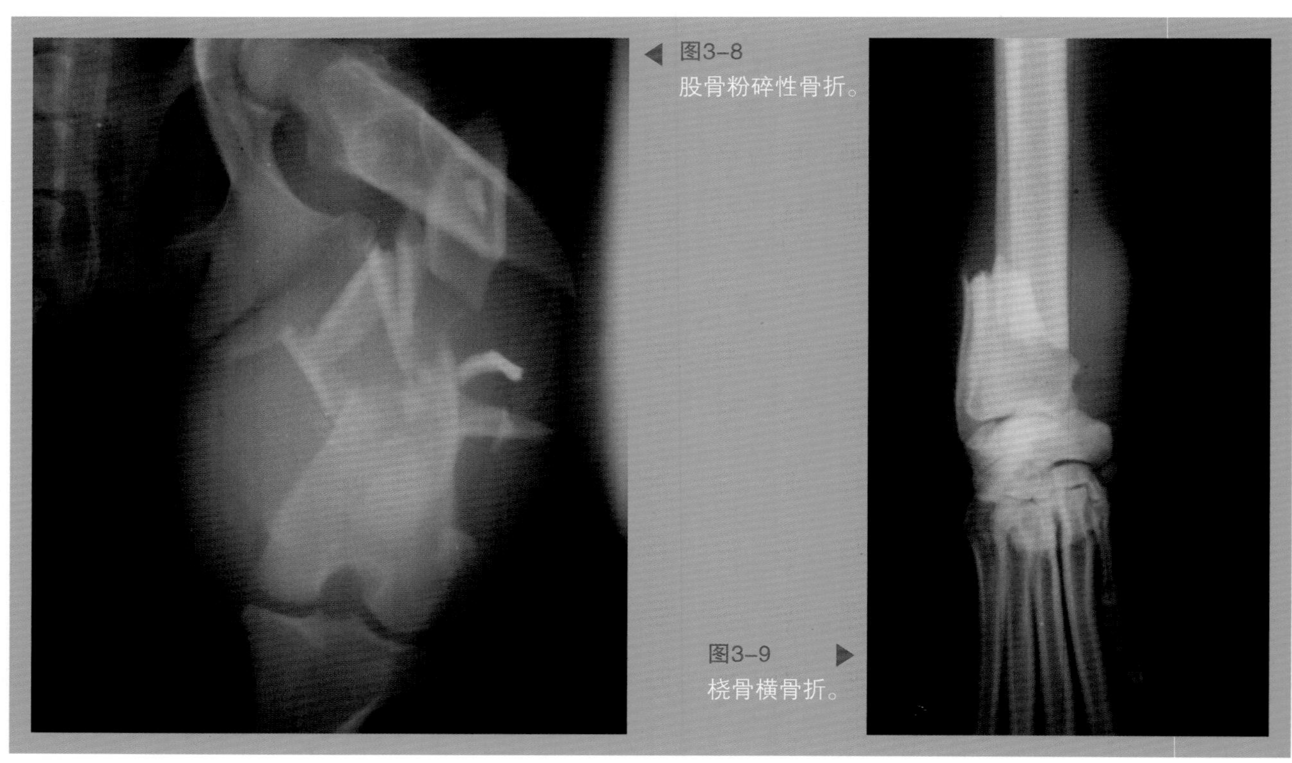

图3-8
股骨粉碎性骨折。

图3-9
桡骨横骨折。

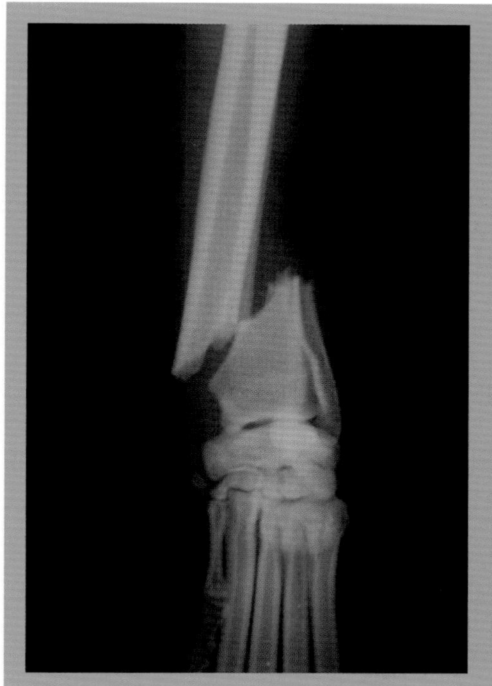

图3-10 桡骨斜骨折。

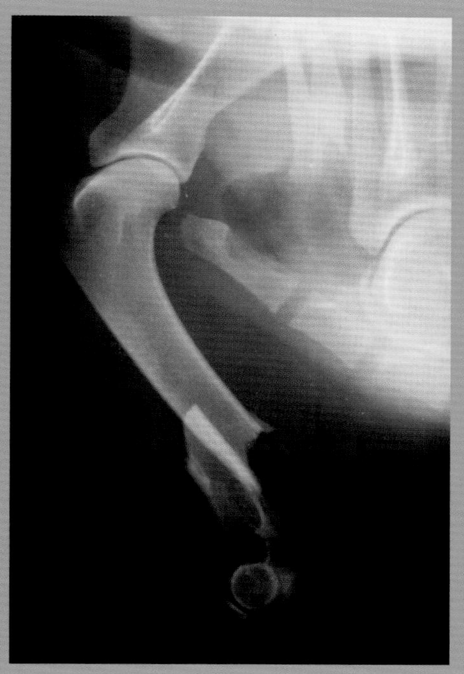
图3-11 肱骨短斜骨折。

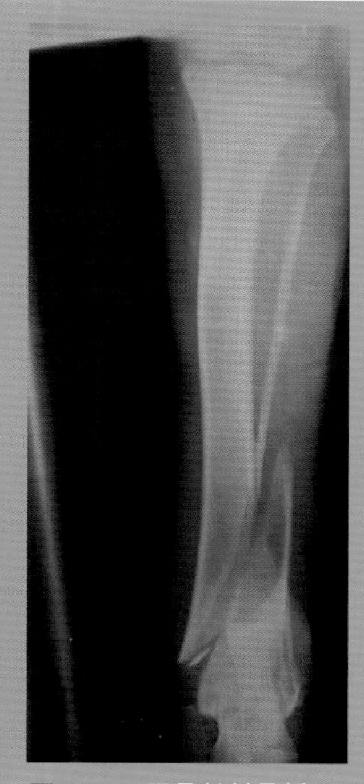
图3-12 胫骨长斜骨折。

Salter-Harris分类法

这是一个由Salter和Harris创建的人类医学分类系统，也适用于兽医学中青年患病动物生长板骨折的分类。有5种类型：

- **Ⅰ型**：这种骨折完全沿着生长板发生，影响了最弱的肥大层。因此，这种骨折是骨骺和干骺端的完全分离（图3-14）。它多见于桡骨远端、股骨和肱骨头。增殖层的生殖细胞停留在骨骺的碎片中，其生长潜力未受到过度破坏。在许多情况下，骨骺的移位很难被注意到，因为骨膜纤维是完整的。如果生殖细胞没有被破坏，而且增殖层的血供保持完整，那么这种骨折预后良好。

肌腱或韧带从附着点撕裂时所产生的牵引力是这些骨折发生的主要原因。

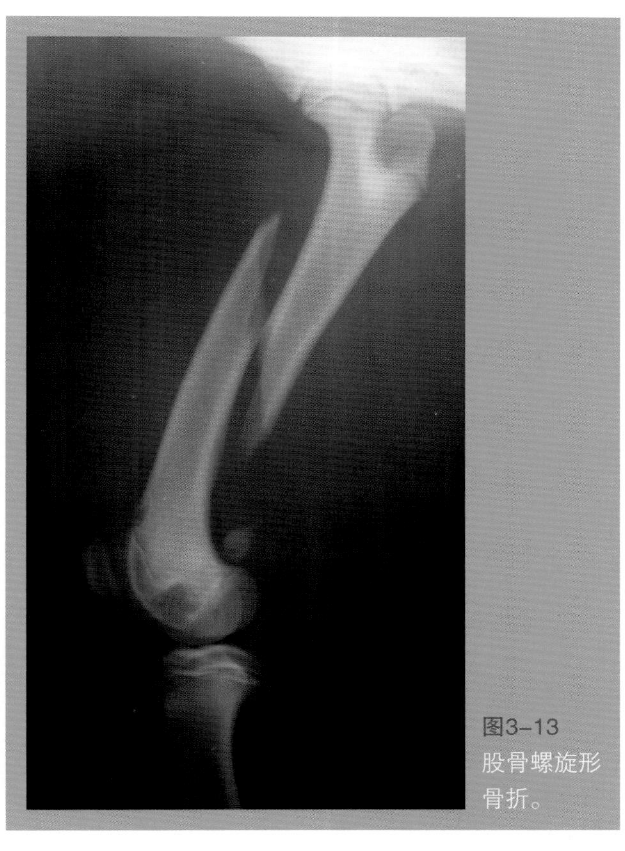
图3-13 股骨螺旋形骨折。

- **Ⅱ型**：这种骨折穿过了生长板的肥大层，并伴有干骺端的骨折（图3–15）。这是宠物最常见的骨折，主要见于股骨远端骨骺。尽管这种骨折的预后根据生殖细胞和干骺端血管供给的完整性不同而有所不同，但其预后与Ⅰ型骨折相似。
- **Ⅲ型**：这种骨折部分影响生长板，但与前面的情况不同，它没有向干骺端延伸，而是向关节面延伸（图3–16）。罕见于兽医临床，主要见于猫的股骨远端骨骺和一些桡骨远端骨骺骨折。因为这是一种关节内和骨骺骨折，其预后比前面两种类型更为严重。其愈合主要取决于反应时间、是否能够复位以及生殖细胞受损的严重程度。由于骨骺的营养供给受到了影响，因此，可能会出现生长线过早闭合。
- **Ⅳ型**：这种骨折实际上并不发生于生长板，而是从关节表面延伸到干骺端区域（图3–17）。主要发生于肱骨远端骨骺的外侧髁。从逻辑上讲，这是一种关节内骨折，其预后取决于关节表面的解剖复位和血供损伤的程度。由于与Ⅲ型骨折相同的原因，生长板可能会过早闭合。
- **Ⅴ型**：严格来讲，这种“骨折”并不是真正的骨折，而是影响生长板结构的一组微骨折。这种骨折可使受损区域的生长能力减弱甚至丧失。虽然所有生长板都可能发生这种损伤，但通常发生于桡骨和尺骨远端（图3–18）。这是因为损伤通常发生于骨纵轴方向受到强烈撞击时，当动物从高处坠落时前肢易受影响。该骨折发生的另一原因是肌肉力量的偏移，这种偏移增加了对生长板某个局部的压力，比如严重的膝关节脱位。

这种骨折常伴有生殖细胞和骨骺血管供应的破坏。其预后取决于受损的程度和受伤时间的长短。必须记住，在这种骨折中，患肢通常能够复位。

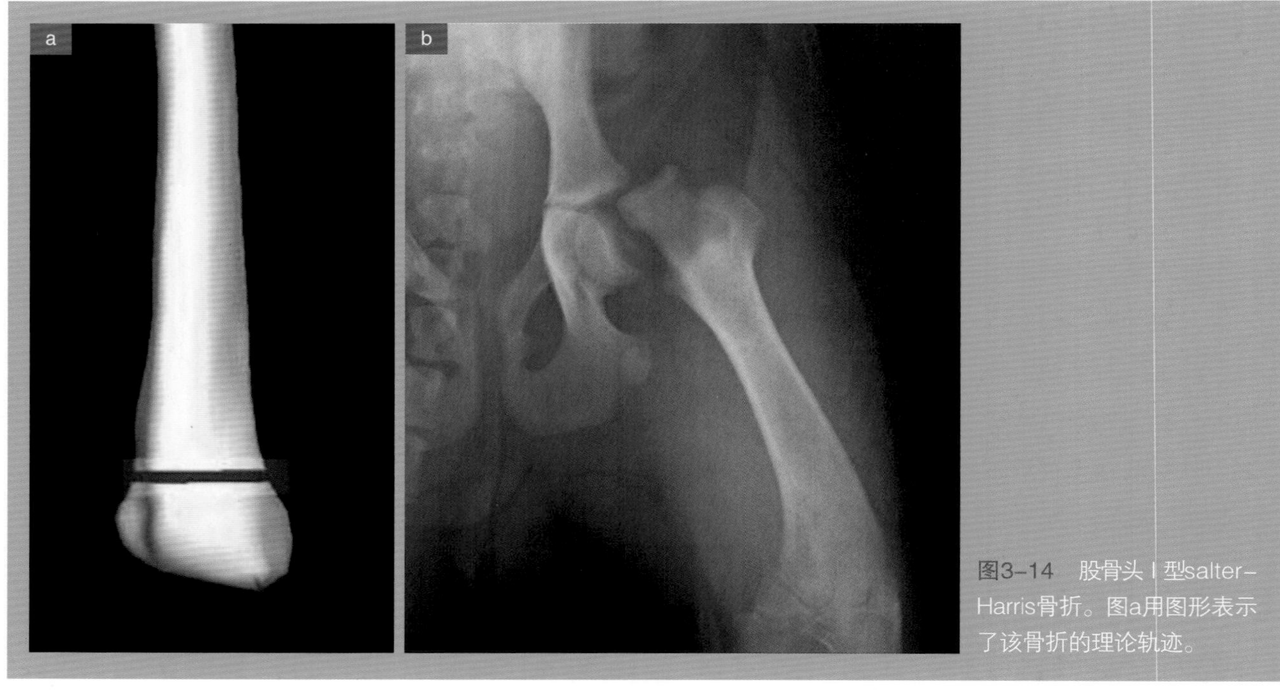

图3–14　股骨头Ⅰ型salter–Harris骨折。图a用图形表示了该骨折的理论轨迹。

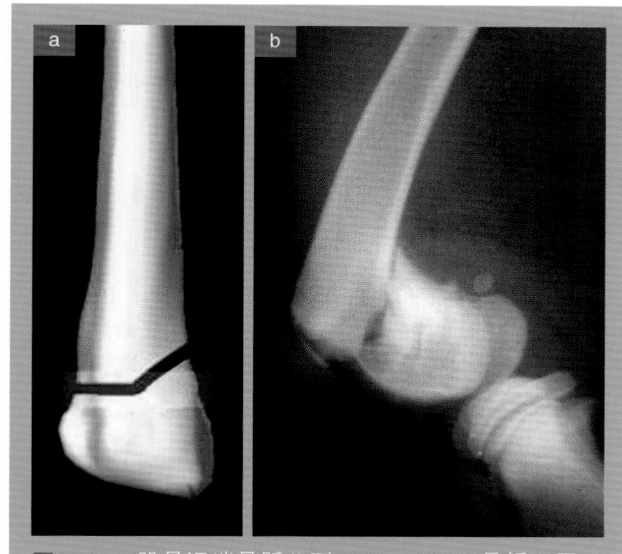

图3-15 股骨远端骨骺Ⅱ型salter-Harris骨折。用于分类该骨折的骨折线如图a所示。

Ⅴ型Salter-Harris骨折的一个最严重后果是生长板的非对称性中断。这不仅会引起肢体变短，而且肢体会沿着纵轴发生弯曲，同时伴发关节面上的不同反应（图3-19）。

Ⅴ型Salter-Harris骨折，和偶发的Ⅲ型和Ⅳ型Salter-Harris骨折，意味着生长板的血供发生了改变，这可能是受损肢体变短的原因。

- **T和Y型骨折**：由于这种骨折在人医临床的发生率较低，因此未包含于人类分类系统之中。然而，在兽医临床中并不少见。实际上是双髁骨折，主要发生于肱骨远端骨骺，偶尔也发生于股骨远端骨骺。该骨折是Ⅲ型和Ⅳ型骨折的组合，其名称来自对受影响的骨骺进行前后位X线检查时骨折线所形成的图像。两个并列的Ⅲ型Salter-Harris骨折形成一个T型（图3-20），而两个Ⅳ型Salter-Harris骨折形成一个Y型（图3-21）。

尽管对年轻的患病动物并不都是这样，但Salter-Harris分类系统已被推广并运用到其他骨折的分类上，如果骨折线与前面描述的任何一个模型

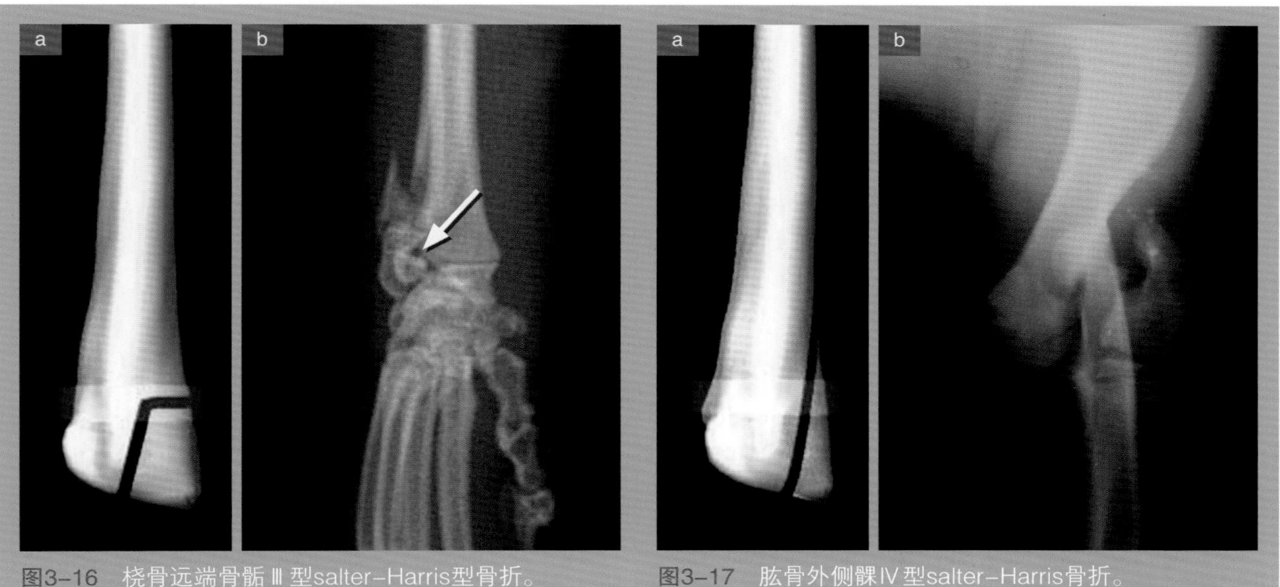

图3-16 桡骨远端骨骺Ⅲ型salter-Harris型骨折。

图3-17 肱骨外侧髁Ⅳ型salter-Harris骨折。

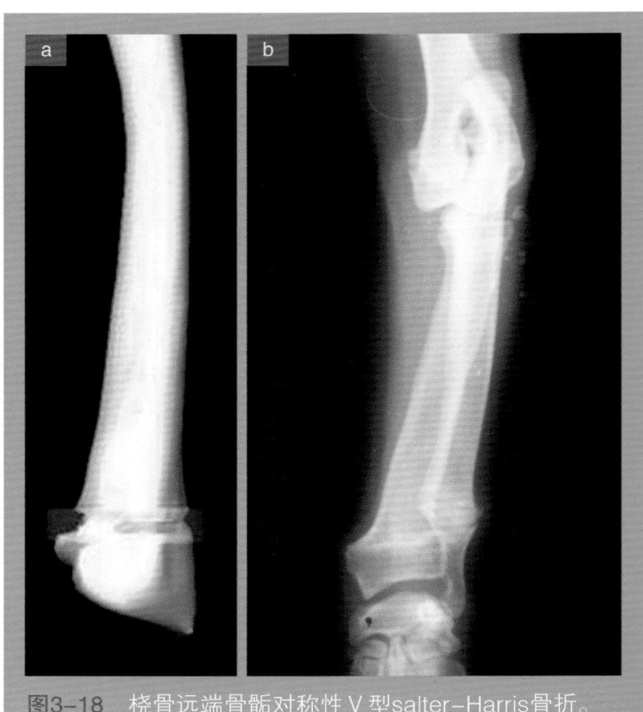

图3-18　桡骨远端骨骺对称性Ⅴ型salter-Harris骨折。

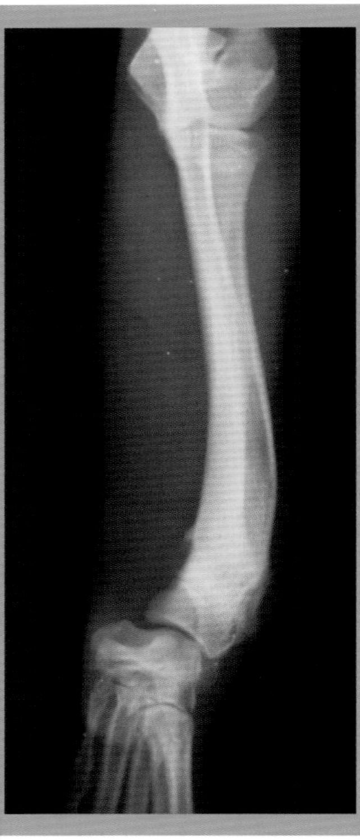

图3-19　桡骨远端骨骺Ⅴ型salter-Harris骨折。注意相对于图3-18所示的骨纵轴的弯曲，是由于骨折的不对称造成的。

相吻合，就可以用相应的名字进行命名。

根据关节面有无受损分

也可根据关节面是否受损区分影响干骺端-骨骺的骨折。

按照这个标准，骨折分为两种类型：

- **未影响关节的骨折**：这种骨折虽然是关节内骨折，但也不会影响关节面。由于存在微小的骨碎片，这些骨折很难复位，因为这些碎片不能用任何类型的植入物进行固定。Ⅰ型骨折、Ⅱ型骨折、髁上骨折及大部分撕脱性骨折均属该型。
- **Ⅰ型、Ⅱ型Salter骨折**：前面已描述。
- **髁上骨折**：髁上骨折位于髁的正上方（图3-22）。从病因学上来讲，它们实际上是干骺端骨折，如果患病动物处于发育当中，有可能会发展成为Ⅰ

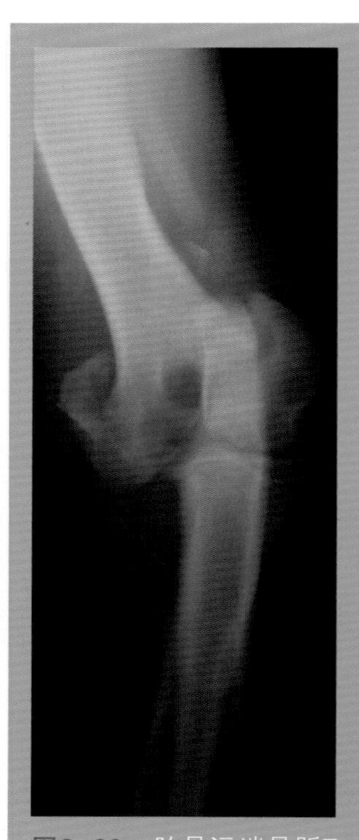
图3-20　肱骨远端骨骺T型骨折。

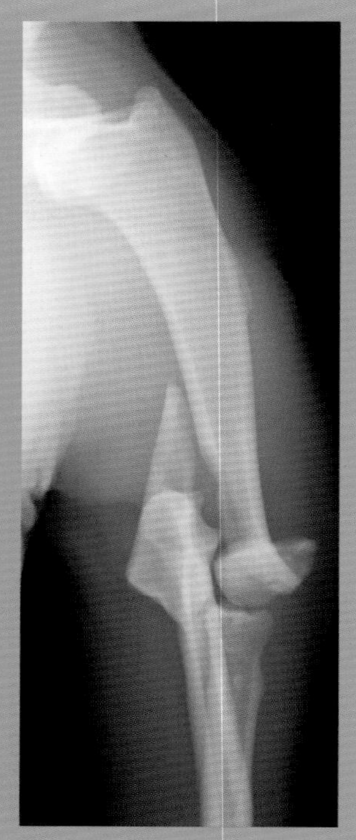
图3-21　肱骨远端骨骺Y型骨折。

型或Ⅱ型Salter–Harris骨折。复位此类骨折最大问题是在不影响关节活动的情况下缺乏足够的空间恰当地放置植入物以便进行充分的固定。

治疗关节骨折的主要困难是在不影响关节活动的情况下正确复位关节面。

撕脱性骨折

这种骨折在论述Ⅰ型Salter–Harris骨折时已经提及。因为它有一系列特殊的特征，无法与其他类型的骨折进行比较，所以分类较为复杂。

在撕脱性骨折中，骨折线往往会自我分离（与大多数骨折不同，在大多数骨折中，当肢体负重时，骨折部位通常会发生塌陷，即骨折片段会靠得更近）。

这是因为该骨折是韧带或肌腱附着点处突然受到牵拉所致。Ⅰ型Salter–Harris骨折最为常见，因为大多数作为肌腱附着点的骨突起起源于次级骨化核。在肌腱突然牵拉附着点时，碎片更有可能从相应生长板上剩余的干骺端残存物上分离出来。形成生长板的软骨组织的力学阻力低于肌腱和韧带的纤维组织的力学阻力。

最常见的撕脱性骨折发生于胫骨嵴、髌腱附着点（图3–23）和肱三头肌肌腱的鹰嘴突。

成年患病动物由于没有生长软骨，骨折发生在骨最脆弱的部位，很少发生胫骨嵴损伤。然而，尺骨鹰嘴通常在尺骨半月切迹(滑车切迹)的最窄处断裂（图3–24）。在这些病例中，除了撕脱骨折外，还有关节骨折的问题。

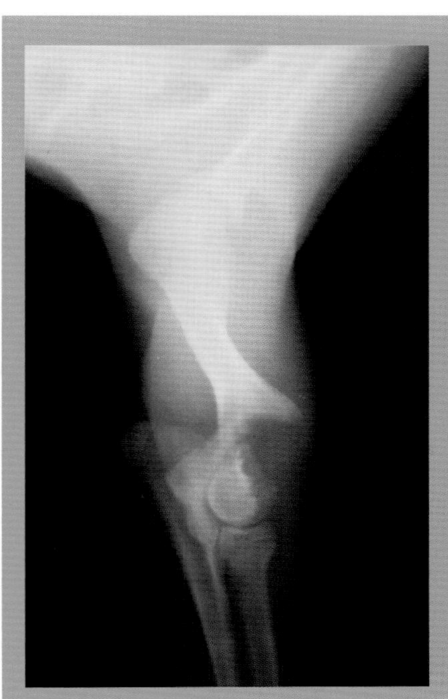

图3–22　肱骨远端骨骺髁上骨折。

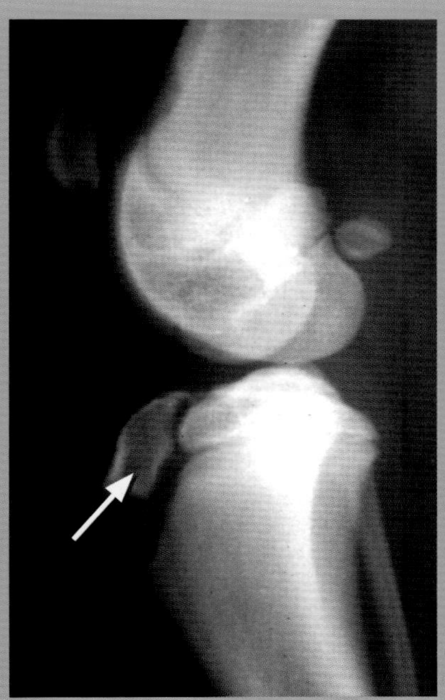

图3–23　胫骨嵴撕脱性骨折。注意片段是如何分离的。

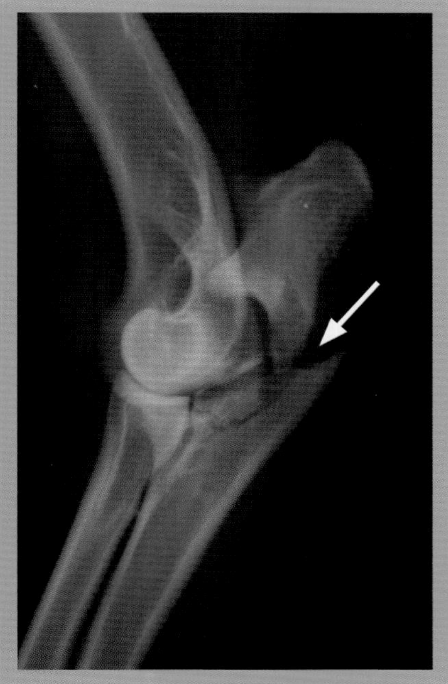

图3–24　成年动物鹰嘴撕脱性骨折。

关节骨折

幸运的是，在小动物的骨科手术中，关节骨折并不常见。犬在生长过程中，肱骨远端外侧髁骨折可能是最常见的。

当发生关节骨折时，外科医生不仅要面对所有骨折都存在的问题，还将面对以下一系列新的困难：

- 软骨愈合困难。理论上讲，这种骨折影响软骨组织覆盖的关节表面。软骨组织具有独特的特点，在确定治疗方案时应加以考虑。软骨组织本身没有愈合能力。软骨没有血管，其营养依赖于软骨下骨和滑膜液。如果在关节软骨表面进行切割，而没有接触到软骨下骨，那么几个月后再次打开关节，会发现受损部位仍然保持切割的状态。

  软骨的愈合基本上取决于软骨下组织的细胞。也就是说，软骨损伤的修复通常是二期愈合。在此过程中，损伤边缘的细胞用纤维结缔组织覆盖缺损（图3-25）。纤维结缔组织依靠其所受到的压力可转变为纤维-软骨组织，最后纤维-软骨组织又逐渐转变为富含细胞的软骨组织（它不是真正的软骨组织，但它是完全有功能的）。

  与所有通过二期愈合修复的损伤一样，修复的速度取决于受损的大小。对于软骨组织，2毫米(直径)左右的损伤大约需要3个月才能被功能性组织覆盖。对于软骨这种特殊组织，在结缔组织向功能性关节组织转化的过程中，软骨所承受的压力起着重要的作用。承压区域的病变部位被富含细胞的假软骨组织所覆盖，而未承压区域的病变被致密的结缔组织所覆盖，这些组织几乎没有生理性功能。换句话说，为了使软骨损伤愈合良好，其表面应该承受一定的压力。
- 关节面的最佳复位是必不可少的。解决关节骨折的另一个新问题是需要对关节面进行完美复位，特别是在与相邻骨表面接触的区域。如果骨折复位不足，在骨折部位会形成一定的不协调（图3-26）。当关节活动时，这种不协调会导致其他骨表面的异常磨损，长期下来会引起继发性关节退行性问题。
- 其他可使治疗复杂化并导致更严重并发症的原因：
  - 骨折片段体积小，使骨折部位的稳定更加困难。
  - 需要足够的稳定性来尽快适应关节的运动。

与骨干骨折相比，这种骨折至少有一个优点，那就是关节骨折基本上都发生在由松质骨构成的区

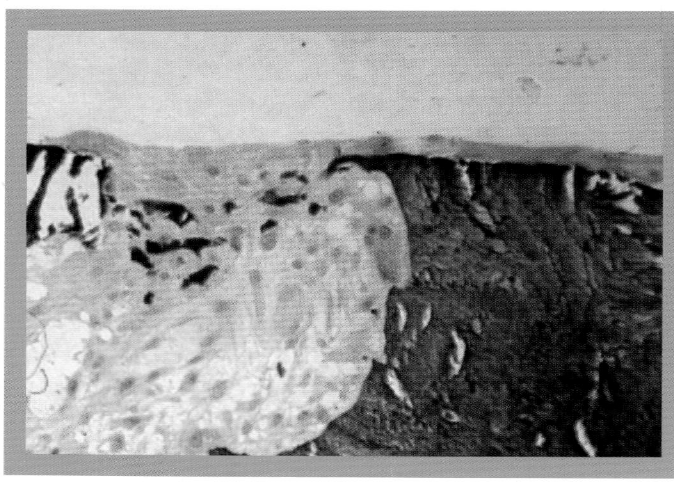

图3-25 由邻近关节软骨纤维组织覆盖的骨组织。

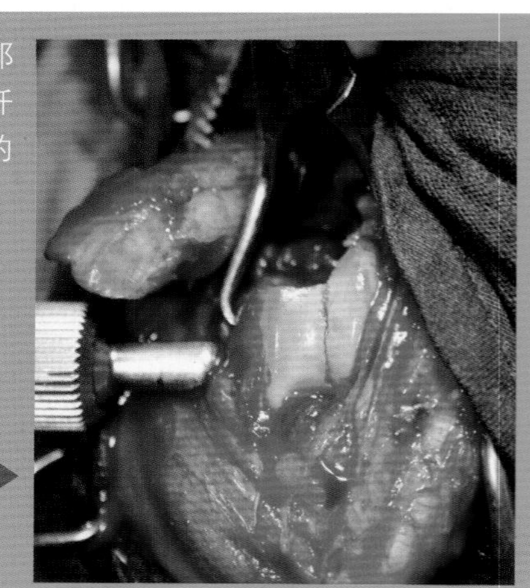

图3-26 关节骨折的正确复位。

域。正如在相应的章节中提到的，这种类型的骨愈合要比密质骨快得多。综上所述，软骨组织的所有这些特性都意味着在计划进行关节骨折治疗时必须考虑其某些特殊性。

关节骨折必须作为紧急手术处理，因为手术的延误可能会影响关节面的完美复位。

首先，为了实现关节功能的完美恢复，必须将这些骨折当作紧急手术处理。治疗的延迟意味着很难完美恢复。特别要考虑的是骨骺由松质骨组成，其愈合过程开始得很快。

为了及时进行治疗，必须立即对关节骨折进行诊断。在大多数情况下，这种骨折很容易通过常规X线检查进行确诊。然而，由于骨折线方向的问题或存在骨折线可能会与其他关节结构重叠的情况，有些骨折线可能很难识别。当有疑问时，应进行应力性X线检查，迫使韧带结构与骨折片段错位，从而使病变在X线检查时可见。在其他情况下，必须采用特殊的X线投照，以使骨折线可见（图3-27）。CT扫描可能同样有意义，因为它在任何必要的方向上都有横断面。

治疗

大多数关节骨折的治疗基本上都包括关节面复位和加压螺钉固定。在某些情况下，骨折发生时，可能会产生太小而无法稳定的骨碎片，可以直接移除这些骨碎片，这样就会减少固定好的骨碎片松动和关节内血液循环不良的风险。

建议去除不能固定的小的骨碎片，以避免它们在关节内随意移动，从而导致继发性关节变性。

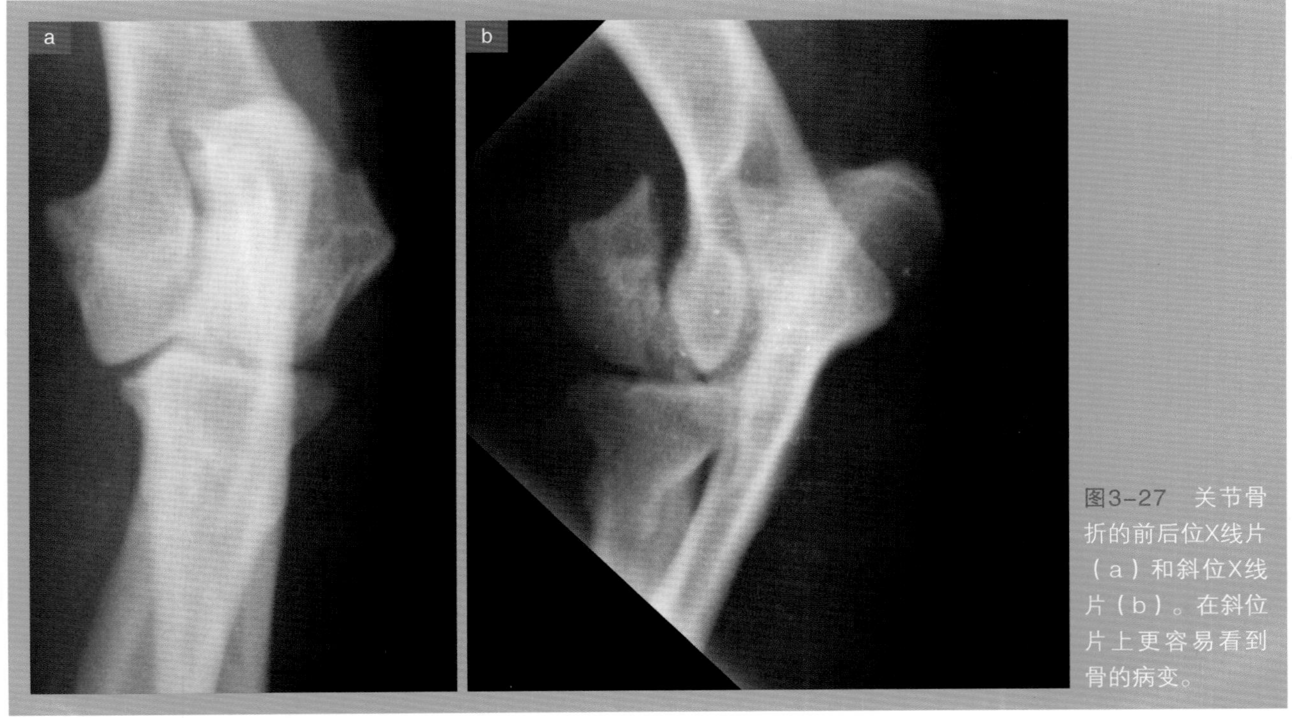

图3-27 关节骨折的前后位X线片（a）和斜位X线片（b）。在斜位片上更容易看到骨的病变。

当必须移除某些骨碎片时，临床医生可能会面临主要的骨碎片不能完美地连接在一起的情况。如果出现这种情况，最好保留关节的整体解剖形状，放弃软骨表面的完美复位（图3-28）。去除骨碎片的缺损可进行二期愈合，并且会被功能性假性软骨组织所覆盖。

另一方面，手术后尽早进行关节活动，这是避免所谓的“关节疾病”的基础。关节长时间不活动可导致其活动范围的逐渐丧失。这种结果由关节周围组织失去弹性引起，是不可逆的。在这些情况下，关节可能会丧失部分功能，患病动物的生活质量也会受到一定的影响。

同样，从滑液中获得最佳的营养供给对于保持软骨组织本身的弹性是必要的。要想做到这一点，必须保证滑膜液的关节内循环没有问题，这主要取决于关节的活动。

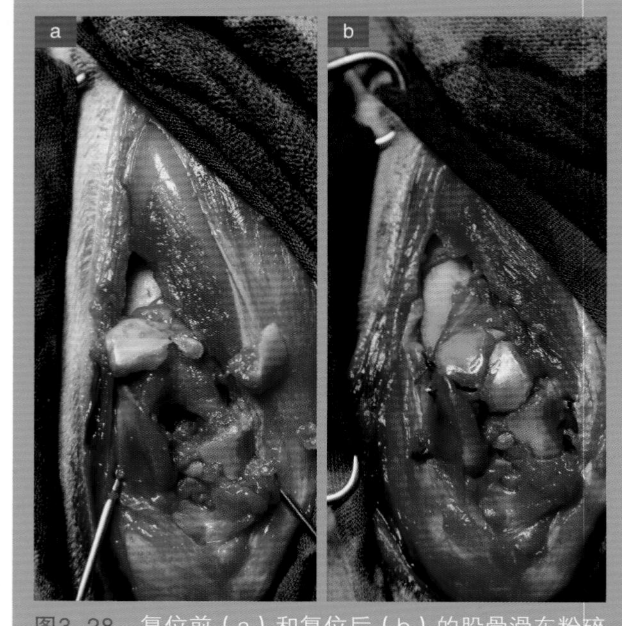

图3-28　复位前（a）和复位后（b）的股骨滑车粉碎性骨折。尽管存在骨片缺失，但仍试图保持其解剖形态。

在一些关节骨折中，可能需要采用一些微型骨固定系统对小的骨碎片进行固定，但并不保证其合适的稳定性。在这些情况下，必须要增加一个辅助稳定系统来保护植入物。根据骨折部位的不同，需要使用外固定绷带或跨关节的临时固定系统进行辅助。当然，这些固定系统必须尽快移除，此时通常要考虑获得的稳定性、骨折的复杂性和患病动物的年龄。一般情况下，关节绝对制动的时间不应超过3周，因为这样可能会因为关节不能活动而造成关节僵硬。

骨刺激 4

本章将研究在骨折延迟或骨化缺失时通过刺激正常的骨化来改善骨折治疗的技术。用富血小板血浆（PRP）或刺激骨形态发生蛋白（BMP）的物质进行骨移植和骨刺激的目的是更快地形成骨组织，加速骨折愈合。

骨移植

骨移植是指从供体到受体的骨组织移植。移植物可以用供体动物的骨组织，这叫同种异体骨移植，或者使用自己的骨组织，这叫自体骨移植。

骨移植的作用

骨移植有三种功能：骨生成、骨诱导和骨传导。

骨生成

这个过程是从移植过程中存活下来的细胞成分中形成新骨。在进行自体移植后，大约95%的细胞被破坏。在这种情况下，存活的细胞在成骨细胞中分化，成骨细胞大约在8天内形成新骨，随后出现破坏新骨的单核细胞浸润。但是，在那个阶段，骨折部位的新生血管已经形成，新的骨基质也已形成，很快就会形成新骨。

骨诱导

这一过程是通过一系列发现于移植骨中的物质刺激骨折部位组织的多能细胞，使其转化为成骨前体细胞。这些物质是骨形态发生蛋白，被称为BMP。骨诱导效应的发生范围仅限于半径等于或小于150微米的移植组织内。这意味着，当进行松质骨移植时，应尽力将移植物分布在将发生骨化的所有区域。所有松质骨不应集中在单个点上。

移植物的骨诱导效应范围仅局限于半径150微米的区域，因此，移植物必须分布在所有骨化的区域。

骨传导

在这个过程中，移植物充当了形成的新组织结构的向导。它也是新生血管的被动支撑来源。在骨传导中，破骨细胞开始在移植物中形成隧道，形成Howship陷窝。随后，这些陷窝被新生血管侵入，成骨细胞通过这些血管到达陷窝。除了在动脉存在的最中央部位之外，新形成的骨是以同心圆的方式层状沉积，破坏破骨细胞所形成的隧道。这样，就形成了骨板。所有的移植骨都将被新骨替代，这个过程要持续数年。据统计，移植一年后，大约60%的骨移植物会被替代。此时，骨将获得几乎正常的力学水平。译者注：Howship陷窝：指在骨组织周边的陷窝，在其中常常见有破骨细胞。该陷窝可认为是相当于破骨细胞吸收破坏骨组织的部位。

骨移植的类型

考虑到被移植骨的类型，骨移植也有两种类型：

- 松质骨移植。
- 密质骨移植。

松质骨移植

它的功能是刺激新骨形成。这是通过向骨折部位提供成骨细胞以及刺激骨形成的蛋白（BMP）来实现的。即其功能包括骨生成和骨诱导。

如前所述，松质骨富含未分化的间充质细胞，具有较高的生存能力，可诱导新生血管的形成。这种骨材料来源于骨小梁区（扁骨和长骨干骺端）。获取松质骨最具有代表性的区域是肱骨大结节和髂嵴，这些区域便于取样，而且可取的松质骨量较大（图4-1和图4-2）。在某些情况下，已经进行了骨折的治疗，为了与其通路相一致，可以从股骨大转子和胫骨近端干骺端获得少量松质骨。

当考虑移植松质骨时，一定要记住，像前面描述的一样，它是一个活的组织。这个事实强加了两个条件：首先，组织的获得必须在严格无菌条件下进行；第二，必须保持细胞的活力。理想情况下，取出松质骨后直接将其移植到骨折部位（图4-3a）。如果不易操作，那么移植物必须尽可能短时间地保存在体外，用湿润的无菌纱布包裹起来，纱布可用等渗液体浸湿。一个好的替代方法是使用浸在患病动物自己血液中的纱布（图4-3b）。

松质骨移植适用于：

- 骨折不愈合。
- 关节固定术。
- 粉碎性骨折。

密质骨移植

密质骨移植的作用是作为结构基础和引导骨愈合过程。此外，移植为骨固定系统提供了稳定的支持，防止骨折部位的活动。主要功能为骨传导和机械连接。根据移植物的来源，是自体骨（来自同一患病动物）还是异体骨（来自其他供体动物），可将密质骨移植分为两种基本类型。

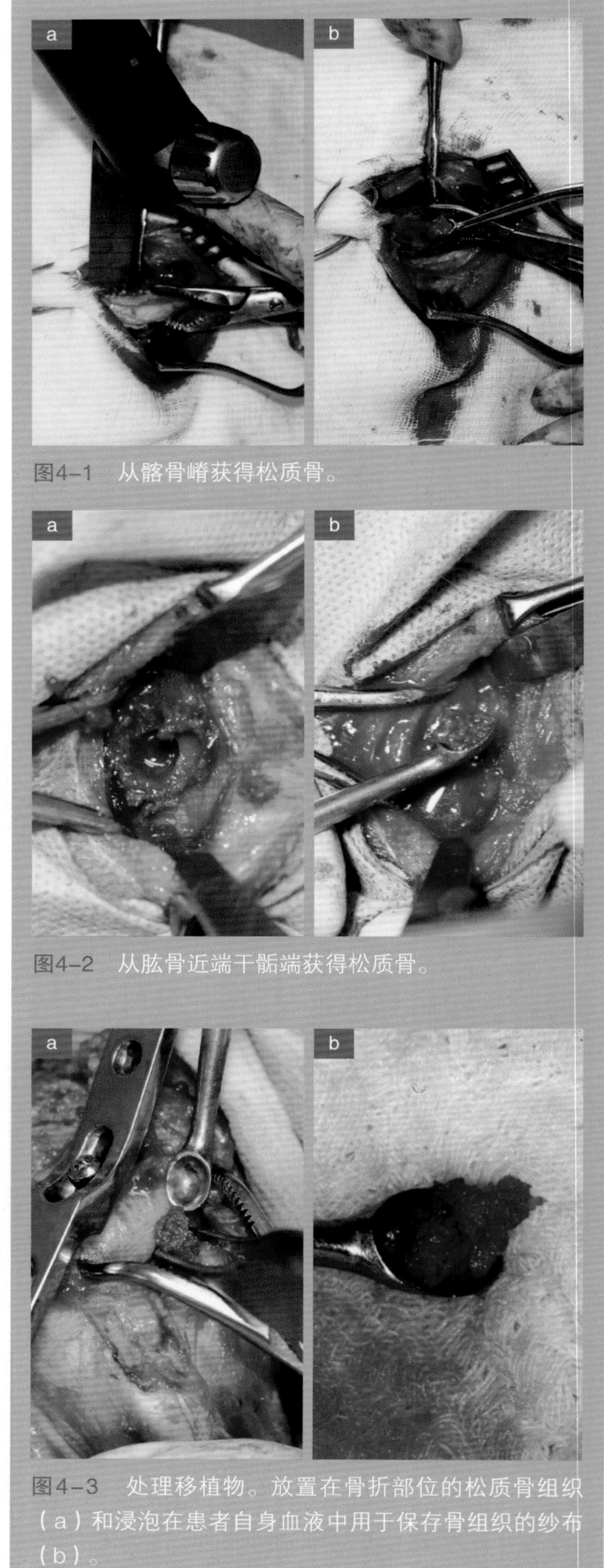

图4-1　从髂骨嵴获得松质骨。

图4-2　从肱骨近端干骺端获得松质骨。

图4-3　处理移植物。放置在骨折部位的松质骨组织（a）和浸泡在患者自身血液中用于保存骨组织的纱布（b）。

自体移植

从逻辑上讲，自体移植物必须从不会对动物造成任何伤害或不适的地方获取。因此，它们通常取自尺骨（图4–4）、髂骨嵴（图4–5）或患病动物的肋骨。在进行这种类型的移植时，由于提供了免疫相容的活细胞，也存在一定的骨诱导作用。

异体移植

考虑到出现排斥反应的可能性，这种移植的效果较差。在获取移植物时必须严格无菌操作。从随后要实施安乐死的动物身上获取的骨碎片，通常取自将被移植的受体骨的同一块骨。考虑到捐赠者并不总是那么容易获得，一个解决问题的办法就是建立一个骨库。一旦以上述方法获得骨材料，必须将所有黏附的软组织与骨膜一起去除。处理干净的骨必须放在无菌的塑料袋中，一直储存到使用前。最常用的存储系统之一是冷冻，因为它并不昂贵。

> 提取正确的骨可以在-20℃下保存至少半年。

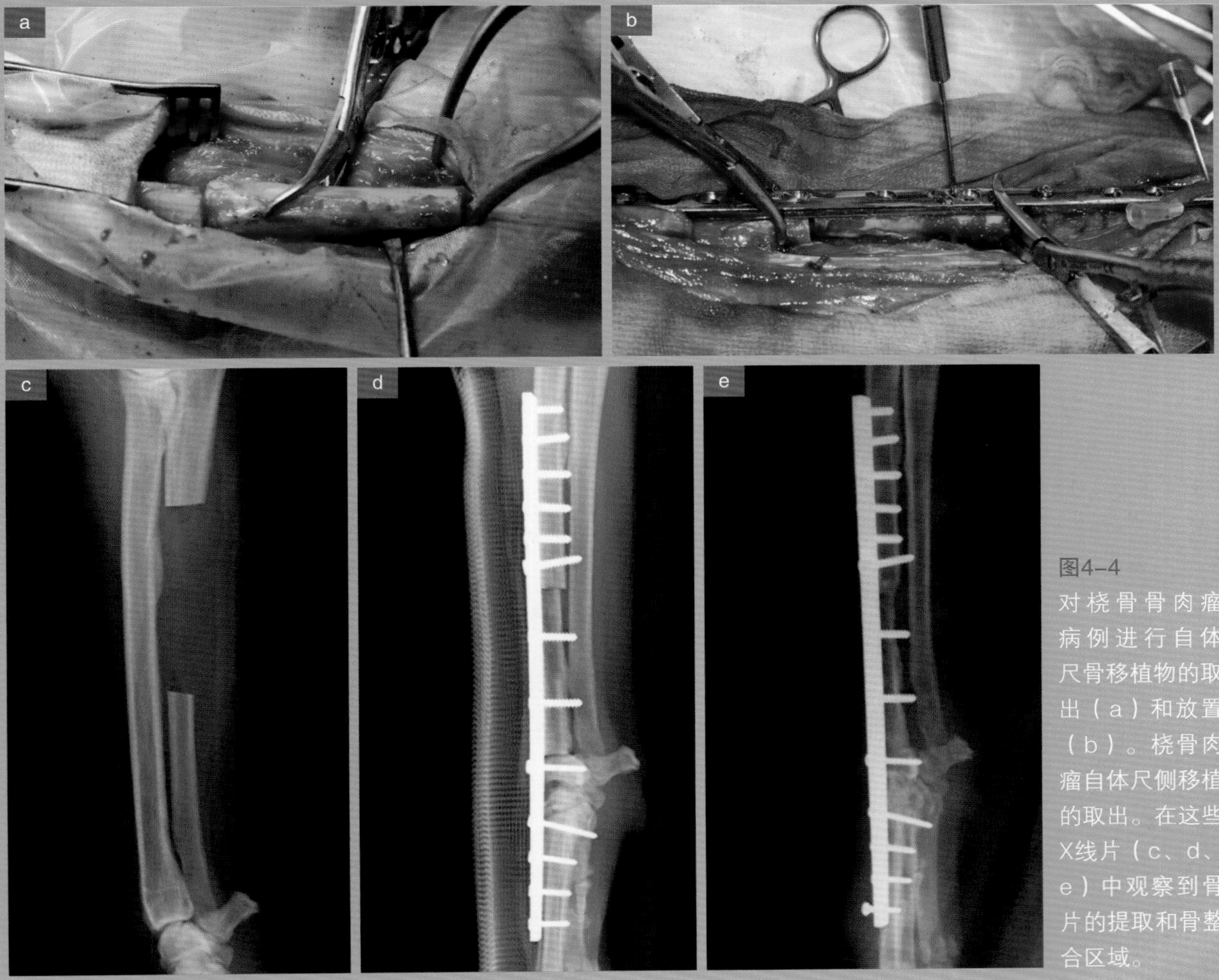

a b c d e

图4–4
对桡骨骨肉瘤病例进行自体尺骨移植物的取出（a）和放置（b）。桡骨肉瘤自体尺侧移植的取出。在这些X线片（c、d、e）中观察到骨片的提取和骨整合区域。

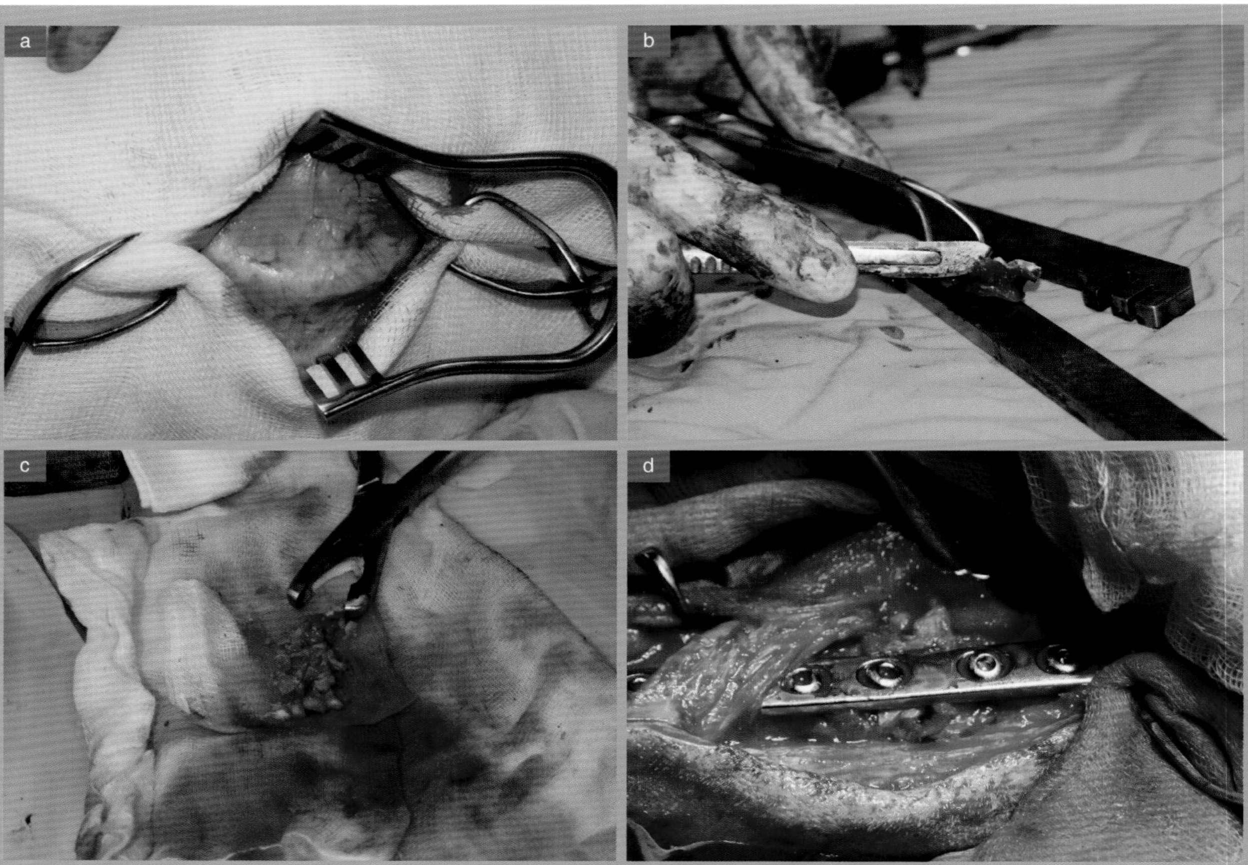

图4-5 来自髂骨嵴的自体移植物放置。髂骨翼手术通路（a），去除髂骨翼远端的肌肉残块和骨碎片（b和c）。放置在骨折部位的移植物（d）。

市场上还有另一种类型的异种密质骨，是由不同大小的小骨片做成的，经过商业化后可用于骨缺损。它们被称为“骨芯片”（图4-6），通常与松质骨混合使用，以增加“填充”材料的体积，并充当新血管生成的支撑（骨传导功能，图4-7）。

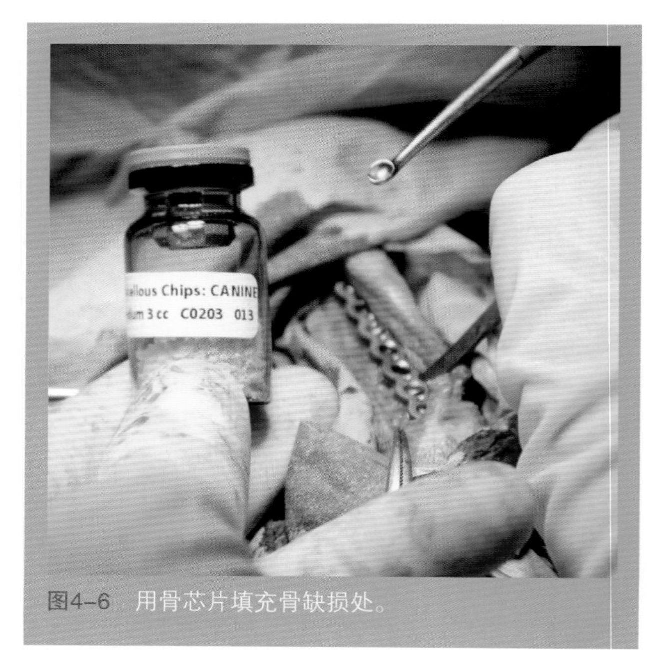

图4-6 用骨芯片填充骨缺损处。

它们的用途仅限于：

a. 替换一块密质骨碎片（用于支撑和保持骨的方向）。

b. 使用骨芯片填充缺损（作为引导）。

由于这种类型的移植物缺乏成骨功能，通常必须在骨片边缘移植松质骨。同样，适当的固定也

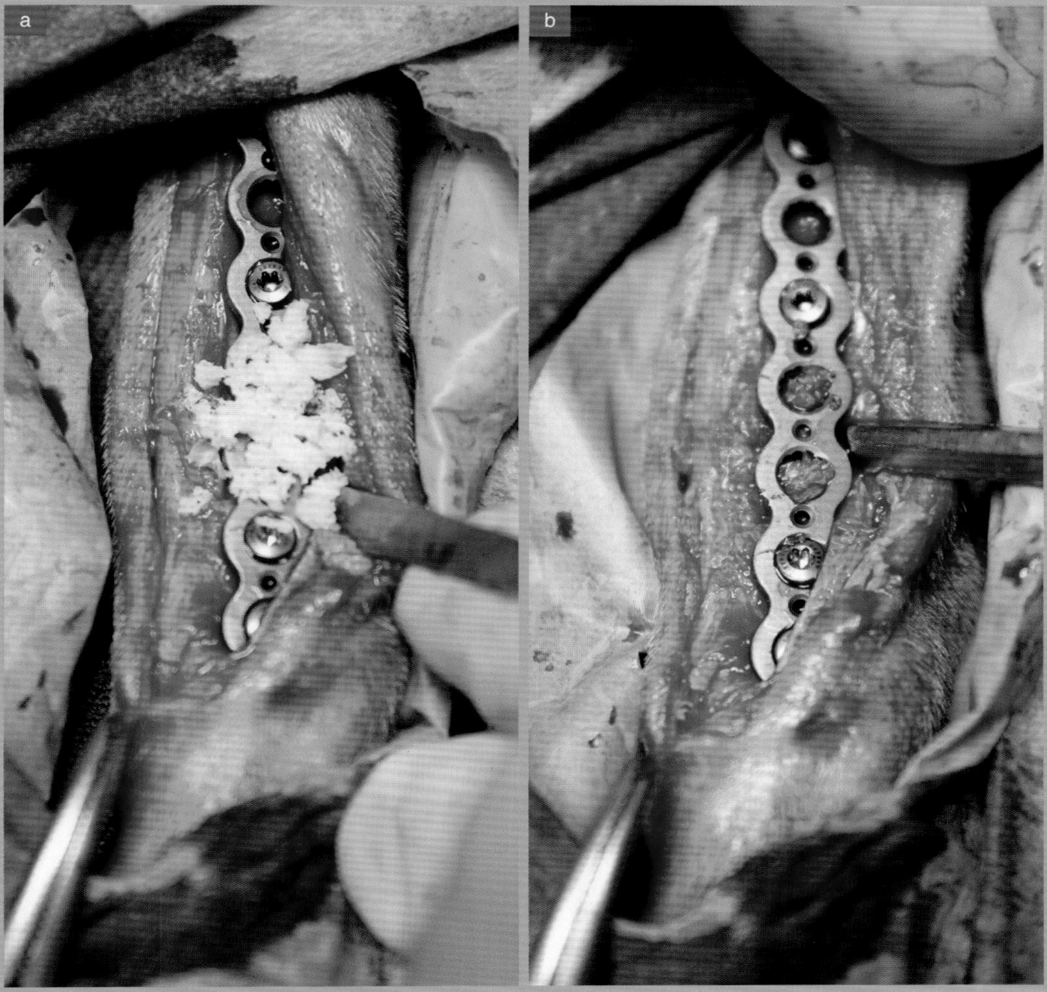

图4-7　将骨芯片堆积在骨折部位上方，一旦放置骨板（a），就将它们与松质骨混合（b）。

必不可少。考虑到移植物的边缘会经历重吸收过程，在处理无血管组织时更为明显，避免微动至关重要。因此，通常应该从健康的骨向密质骨移植片两端进行轴向压缩，这个过程可通过动态压缩板（DCP）实现。

BMP或PRP移植

也被称为人工骨诱导，指的是一种通过应用模拟BMP的物质（rhBMP-2）来进行骨巩固的刺激技术。这种物质在兽医骨科手术中的应用很新，其作用是促进骨愈合。rhBMP-2可用于骨不连或作为粉碎性骨折处理的一种预防措施，以加速骨折的愈合。它是一种液体，一旦渗入类似于敷布的物质中，就可以被放置在主要骨髓片的边缘（图4-8）。BMP能加速愈合过程，因此可加速骨的形成（图4-9）。

> 不能在受感染的骨折部位使用这些物质，因为它们不会有任何作用。

加速愈合过程的另一种可能是在骨折部位沉积PRP（图4-10）。据观察，富含血小板的血液提取物中拥有促进组织血管再生和激活愈合现象的物

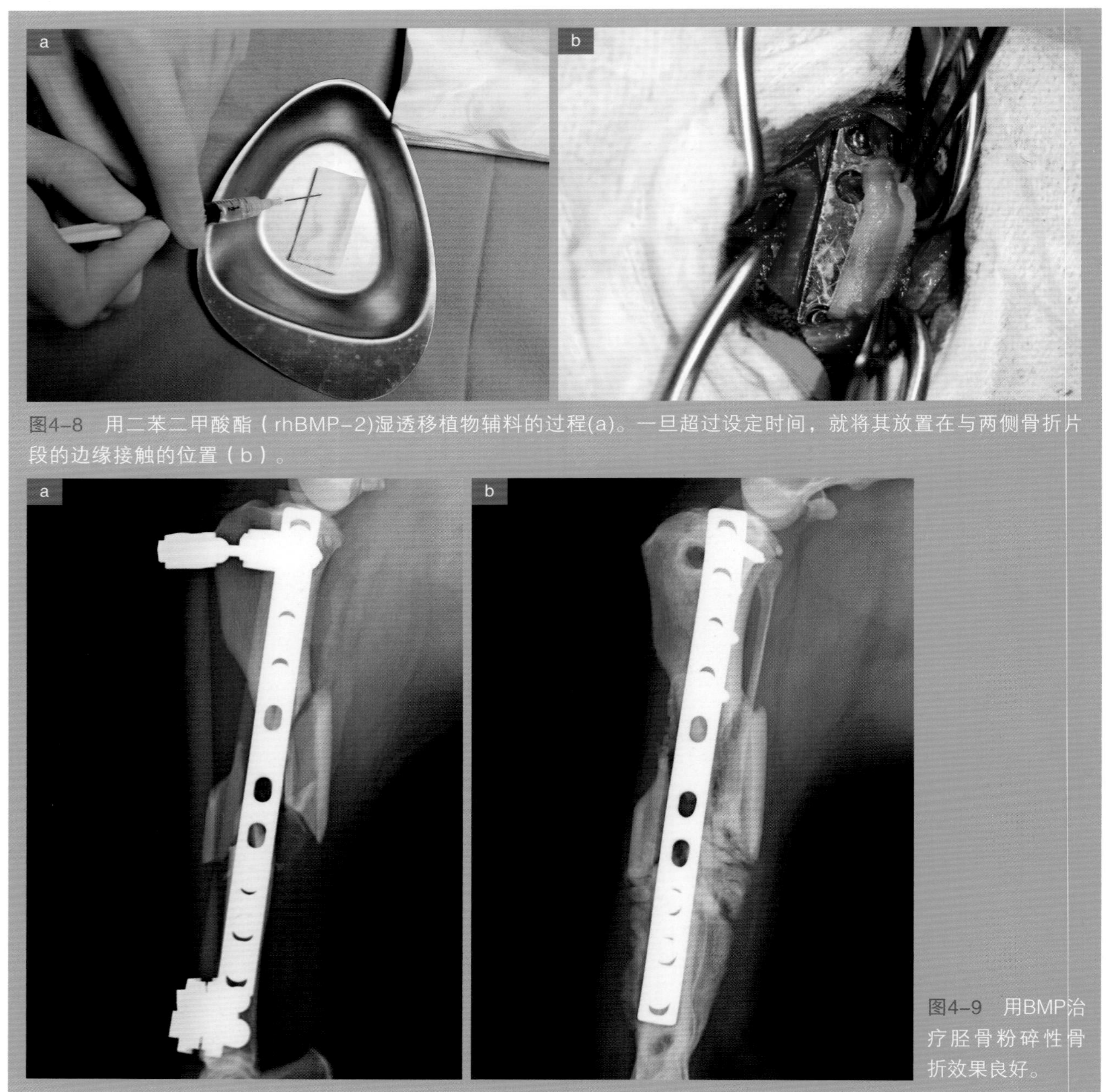

图4-8　用二苯二甲酸酯（rhBMP-2)湿透移植物辅料的过程(a)。一旦超过设定时间，就将其放置在与两侧骨折片段的边缘接触的位置（b）。

图4-9　用BMP治疗胫骨粉碎性骨折效果良好。

质。当这些物质沉积在骨折部位时，愈合现象就会加速（图4-11）。PRP可与松质骨混合，以预防粉碎性骨折固有的可能并发症，即使骨折部位受到感染也可以使用。在延迟愈合的情况下，它们也可以通过皮肤进行植入而不必再次影响动物。

PRP和BMP的作用并不意味着骨折部位不需要稳定的固定系统。

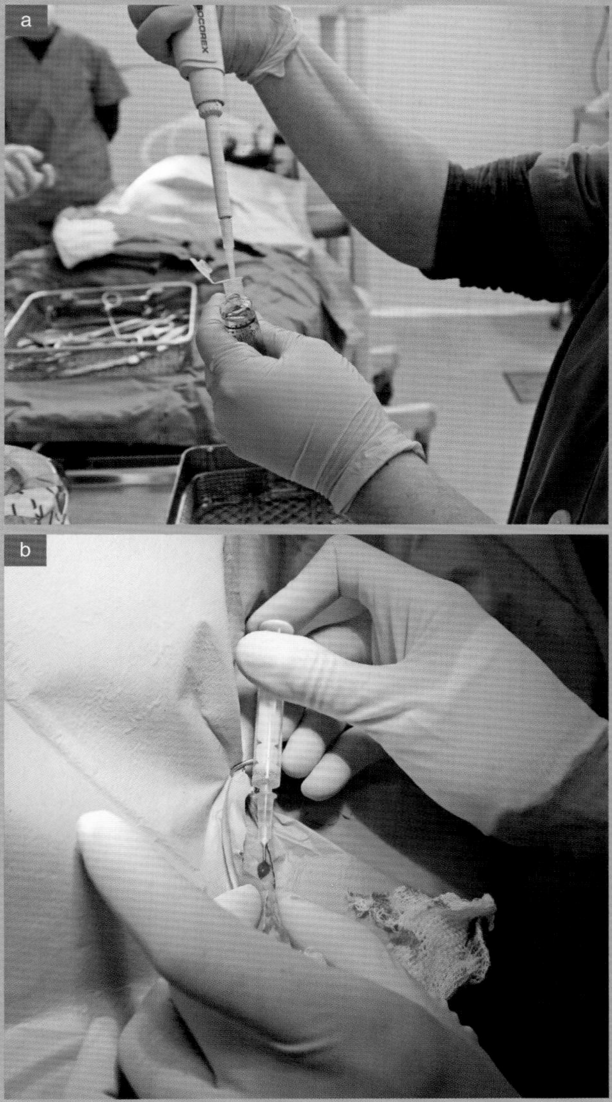

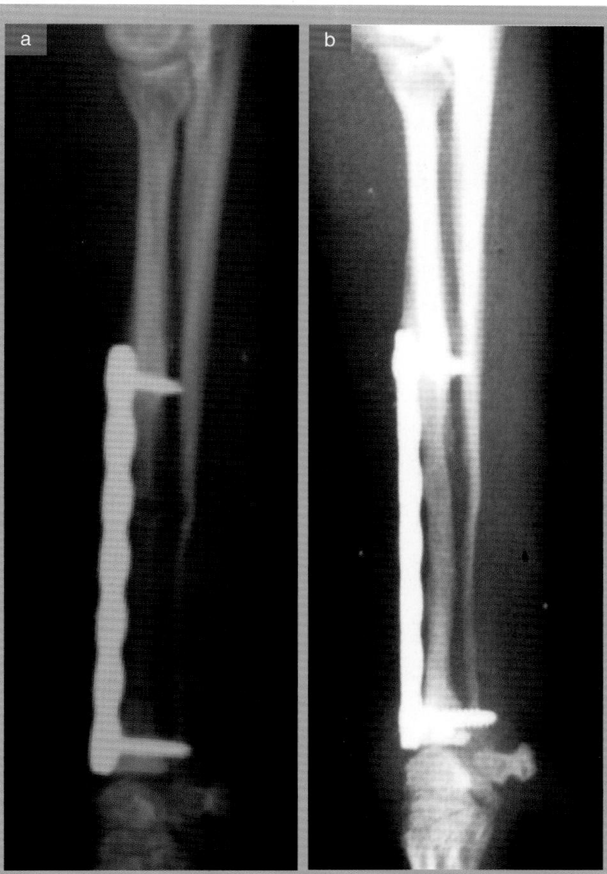

图4–11　治疗前（a）和治疗后（b）的既往病例。注意移植物下骨密度的增加。

◀ 图4–10　用碳酸氢钙激活PRP（a）和经皮注射在因移植物过度保护（保护应激）引起的骨密度缺失区域（b）。

5 骨固定系统和生物力学

生物力学及其在不同骨固定系统中的应用

髓内针

髓内针固定系统是最早用于治疗骨折的内固定系统。一般来说，这个系统是将一个金属棒打入骨折骨的骨髓腔用以阻碍骨折部位发生任何过多的活动。换言之，用一定的时间通过特定的愈合过程在骨折周围形成骨组织。

髓内固定系统可用钉或针来完成。两种植入物都是由外科金属棒（不锈钢或钛）制作而成，它们唯一不同的是直径（图5-1）。直径超过2毫米的针称为施氏针，直径小于2毫米的称为克氏针。

这种类型植入物所提供的固定主要是抗折弯力（图5-2）。换言之，当患肢承重时，只要骨所承受的折弯力不超过植入物的折弯力，植入物就可以发挥自身的功能（图5-3）。这是一个动态系统，因为它可以允许骨出现一些折弯运动。根据植入物弯曲的方向不同，施加于骨折部位的力也有所不同。

图5-1　不同直径的钢针。

> 髓内针的抗力直接与其直径成正比。选择最大直径的髓内针是最好的选择（只要骨髓腔能够容纳）。

髓内针的抗力直接与其直径成正比，随着直径的增加抗力也潜在地增加。因此，尽可能选择最大号的髓内针（只要骨髓腔能够容纳）是最好的。

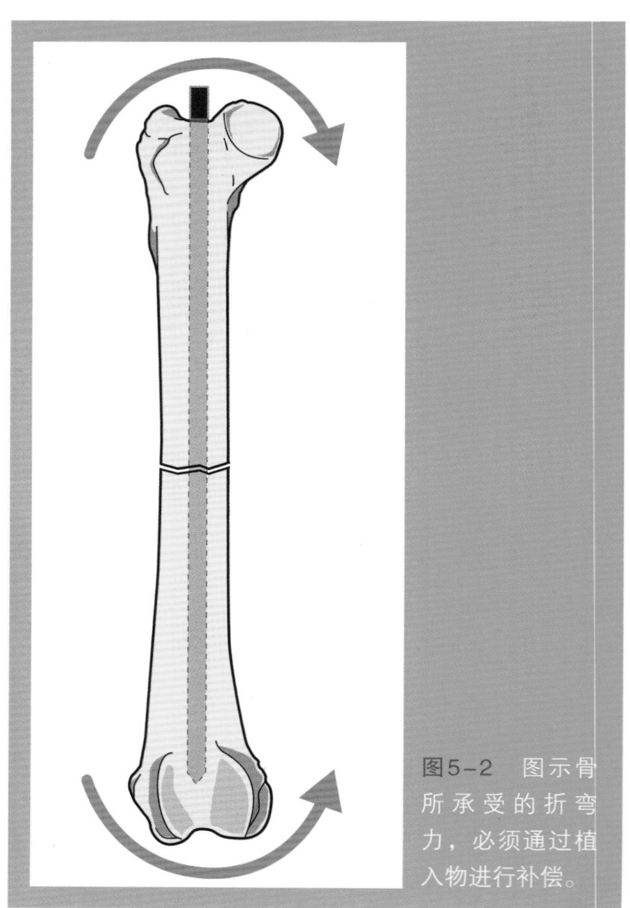

图5-2　图示骨所承受的折弯力，必须通过植入物进行补偿。

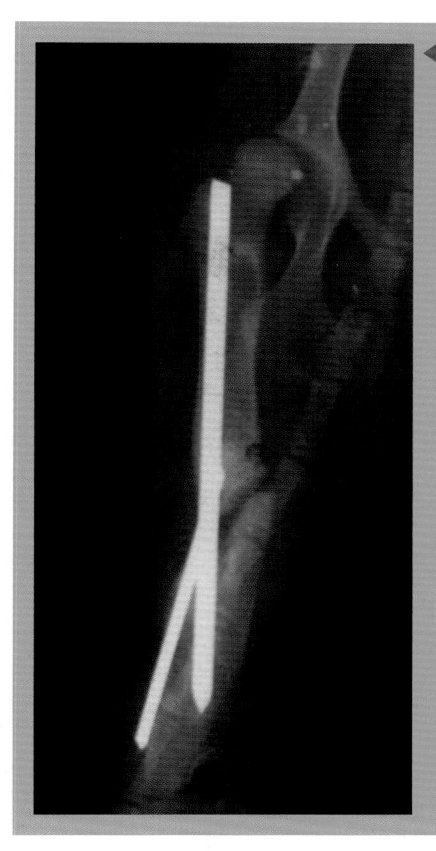

图5-3　植入物因折弯力而发生弯曲的X线片。植入物太细。

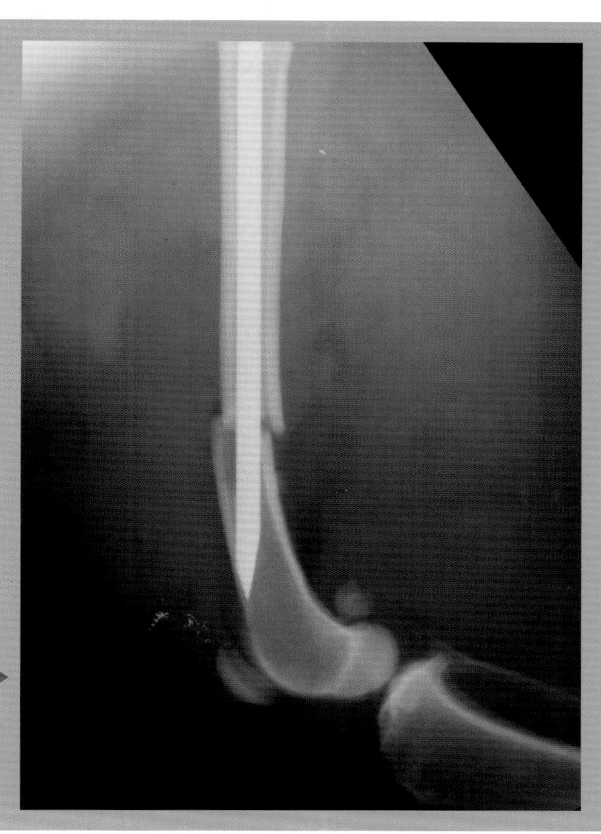

图5-4　钢针与与密质骨接触防止了产生剪切运动。

只要骨髓腔没有完全被植入物填充，应该不用考虑会影响骨髓腔内的血液供应。有研究表明即使骨髓腔的95%被填充，新生血管仍然能够很好地出现。

髓内针可以阻碍骨折部位的剪切运动，换言之，确实地控制了两个主要骨折片段的侧向移位。将植入物插入两个骨折片段的密质骨内时，髓内针就像一个障碍物一样控制了这种剪切运动（图5-4）。髓内针固定系统中和这种移位的能力大小主要依赖于髓内针直径与骨髓腔直径之间的关系。它们之间的腔隙越小，骨折片段的侧向移位控制得越好，但是它们对抗移位的能力相对较弱。

这种固定系统的主要问题在于其完全没有能力控制轴向运动和主要骨折片段之间的接近分离的状态，如图5-5所示。两个密质骨部分如果发生平行式移位（一个在另一个上方），则会延迟愈合过程（图5-6）。

可以用一根以上的髓内针插入骨髓腔内以稳定其自身旋转。必须重申，尽管该技术能部分避免旋转效应，但不能保证控制了旋转运动就能进行良好的固定。

同样，拿门的铰链做比喻，两个碎片之间的分离与将门抬起来去掉是一样的道理。

事实上，髓内针不能对抗骨折线处所承受的牵引力。由于同样原因，它也不能对抗轴向负重，并且在这种情况下，如果骨折部位的稳定不足以对抗压缩力，这种固定系统也会失败（图5-7）。

当骨折部位出现折弯运动时，位于折弯处密质骨部位的骨折线承受着压缩力，另一侧承受着牵引力。这种运动可以发生于所有方向。由于髓内针固

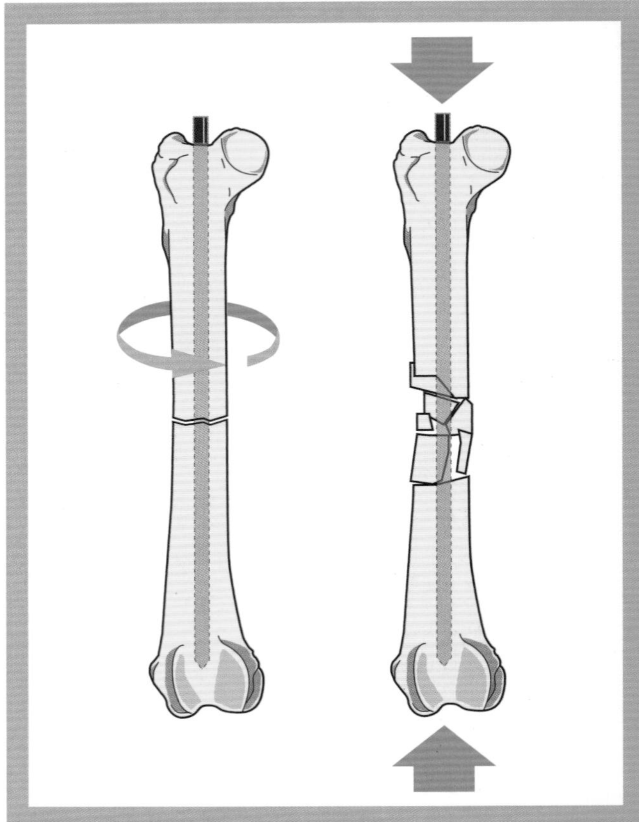

图5-5　骨折的骨可能发生的旋转运动和塌陷。骨髓腔内的植入物就像“管子”里的“棍棒”，两个骨折片段都可以像门的铰链一样自由转动。

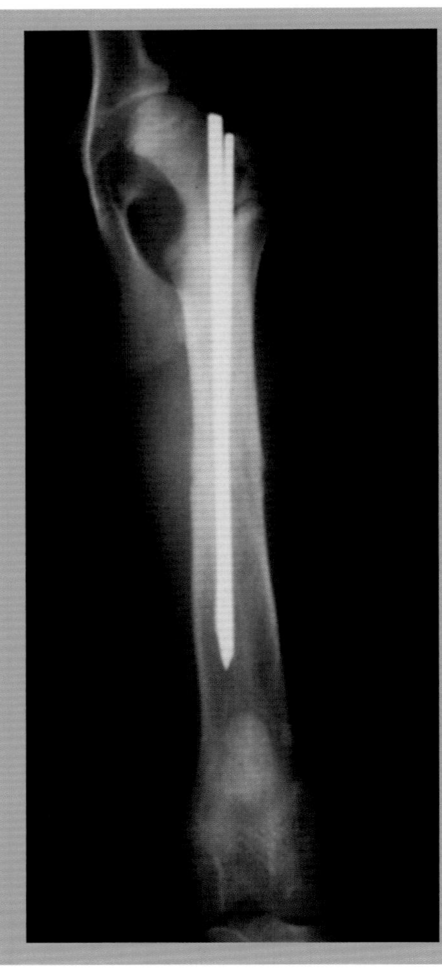

图5-6　用髓内植入物固定的骨折X线片。尽管与轴相关的旋转运动造成不稳定，但股骨已经愈合。

定系统不能完全固定骨折片段，形成的骨痂会呈现陀螺形，越不稳定的地方膨出得越多（图5-8）。

这种折弯运动会慢慢地逐步将髓内针向外推出。如果这种运动强度超过了髓内针施加于骨组织的固定力，固定系统将会松动，髓内针就会沿着与插入相反的方向移动。这就是所谓的植入物移行。当这种情况发生时，所有的固定都将失效（图5-9）。

这种固定系统产生的稳定性也依赖于主要骨折片段的长度。当骨折片段比较短时，插入髓内腔的植入物可能难以提供需要控制骨折片段移位的稳定性。骨折片段越短，侧向运动越难以控制，这样髓内针移位的可能性就越大。特别靠近远端的骨折绝对不能用髓内针固定系统进行固定（图5-10）。

非常靠近骨骺的骨干骨折不能单独用髓内针固定系统进行固定。

必须考虑髓内针通常会从插入的一端向外移行。考虑要从一端拉出髓内针，会影响和损害相应的关节，因此，限制了可用髓内针固定系统固定的骨的数量。例如，这种情况可能发生于桡骨的近端和远端骨骺以及股骨的远端骨骺（图5-11）。

植入物被锚定的地方，也就是将其固定在骨髓

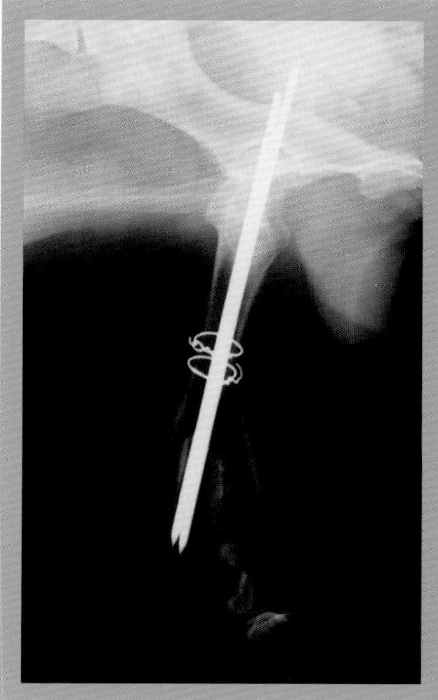

图5-7　X线片显示塌陷骨折部位，髓内固定治疗不当。

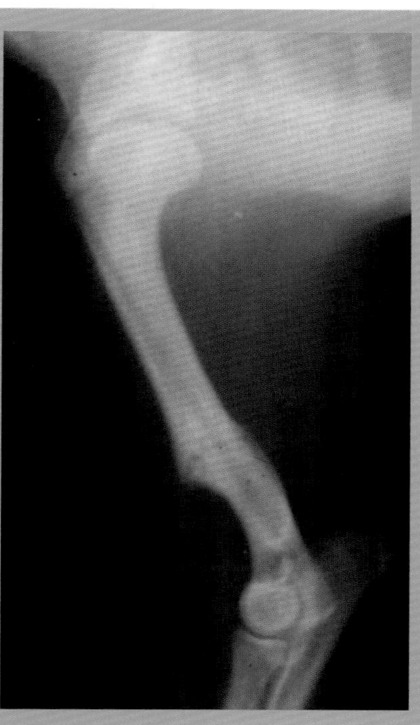

图5-8　X线片显示了骨痂，骨痂主要是由植入髓内针后所受的折弯力所引起。

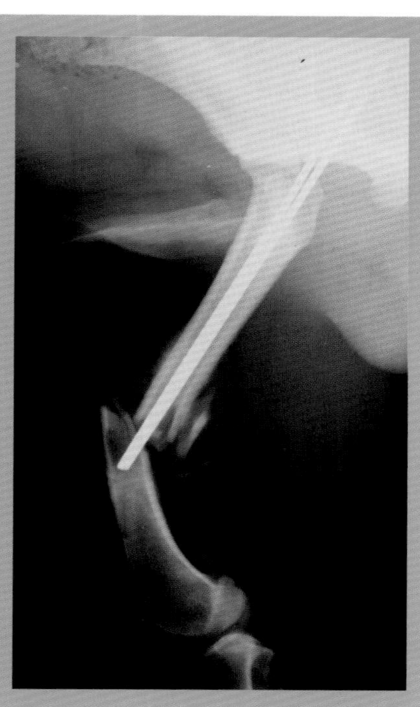

图5-9　X线片显示植入物的移动和稳定的丧失。注意植入物如何从近端移出。

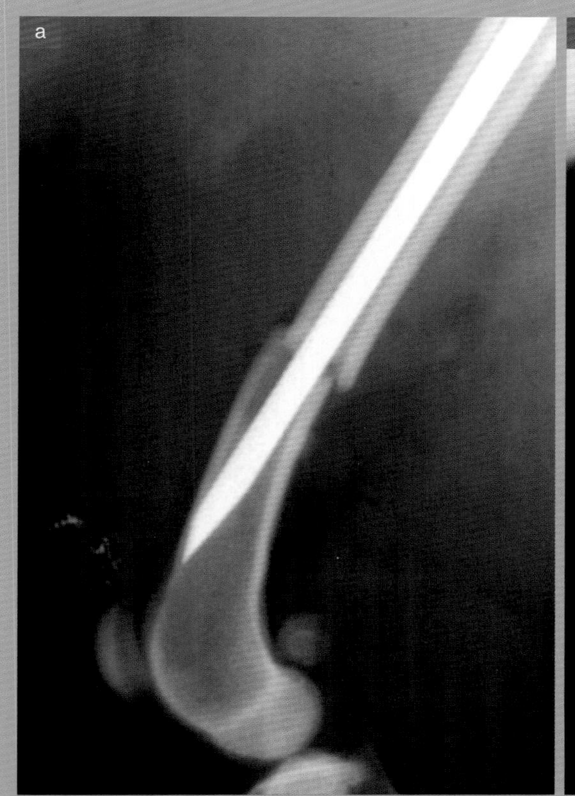

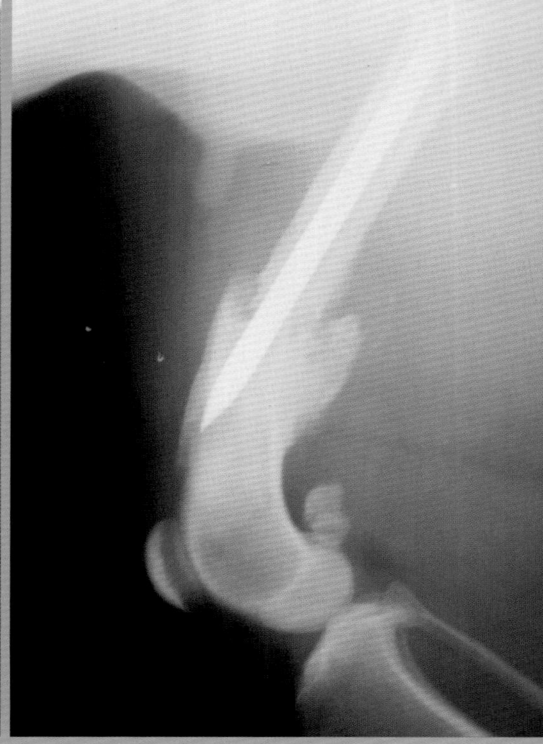

图5-10　X线片显示一动物经历了髓内针的移位和固定失败。

腔内的部位，恰恰是它将要穿出的骨骺区。植入物与密质骨之间的摩擦指数是指植入物能为骨折提供稳定性的多少。摩擦系数取决于密质骨的厚度、骨硬度、髓内针直径，甚至选择植入的系统。髓内针的植入有两种不同的方法：

a. 顺向植入：从骨的一端向骨折部位插入髓内针，通过对侧骨片的骨髓腔，直到与髓内干骺端接触为止（图5-12）。

b. 逆向植入：先从骨折处向骨骺方向插入髓内针，此时不会引起任何的关节损伤。一直将将髓内针的末端推到与骨折线相平齐的位置为止。对骨折断端进行复位，将髓内针从伸出的一端向另一侧干骺端打入，直到与干骺端接触为止（图5-13）。

顺向植入系统相对比较简单，但临床医生必须掌握大量的解剖学知识，才能成功地将植入物从其中一个骨骺引入并正确地进入另一个骨片段的髓腔内。然而，从好的方面来说，顺向植入固定得更结实，因为植入物仅通过皮质骨一次，这样愈合得会更快。关于逆向植入，髓内针穿过骨骺两次，一次在打出时，一次在重新插入时。在这种情况下，髓内针嵌合得不太牢固，很可能会出现移位。

避免髓内针移出的一种可能的方法是将突出于骨表面的髓内针尖端折弯。当折弯时，尖端穿透与其相接触软组织的可能性就比较小。这

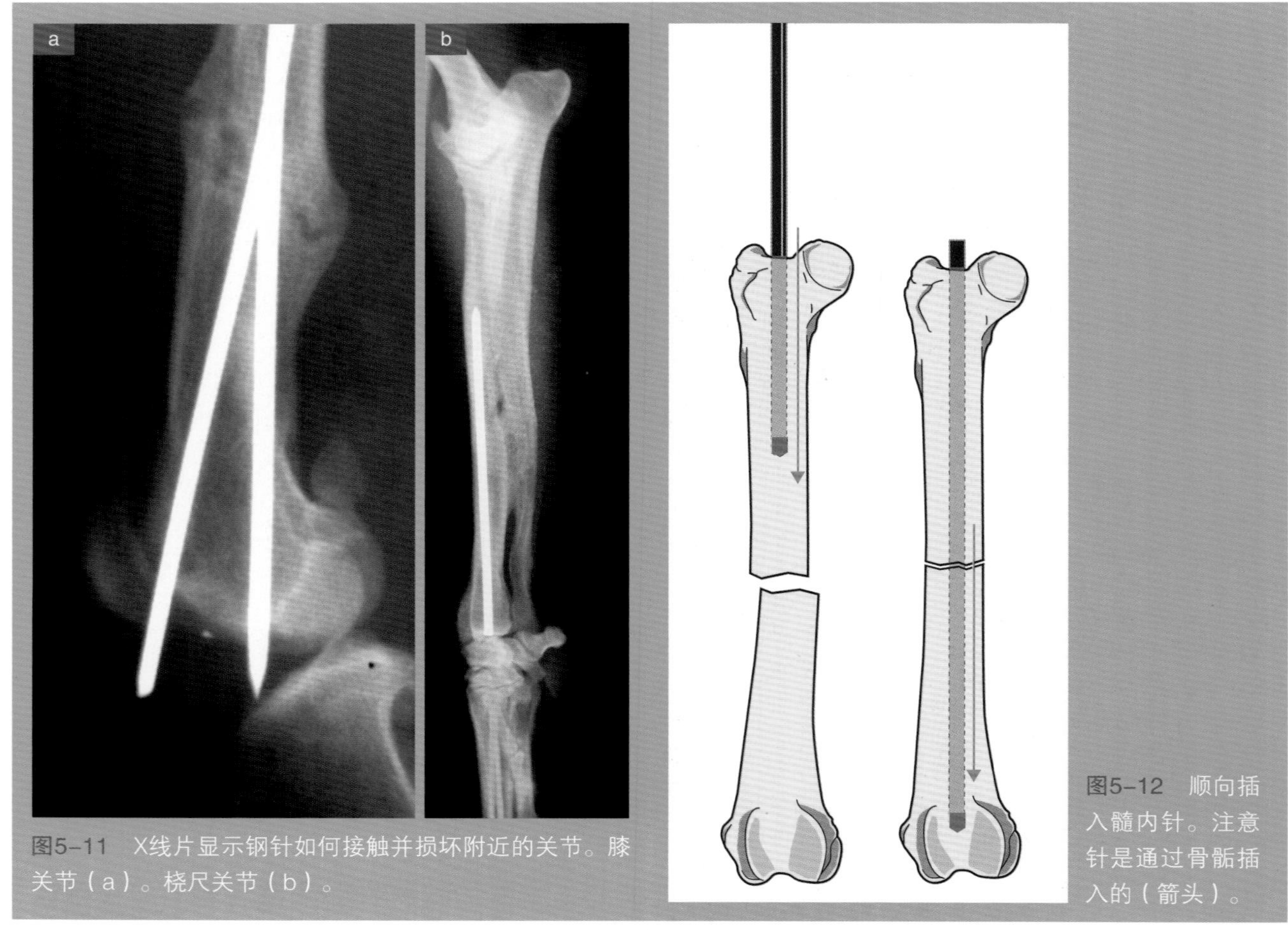

图5-11　X线片显示钢针如何接触并损坏附近的关节。膝关节（a）。桡尺关节（b）。

图5-12　顺向插入髓内针。注意针是通过骨骺插入的（箭头）。

样，这些软组织也会阻碍其运动（图5-14）。如果临床医生想要拔掉髓内针，也会更容易。如果需要植入一根以上的髓内针，第一根可以逆向植入，其他的以第一根为引导进行顺向植入。综上所述，该固定系统通常不是单独使用的最佳手术选择。它通常与其他植入物（环扎钢丝、外固定支架或骨板）联合使用，以抵消其缺陷。

冲针

冲针是髓内针固定系统中的一种。它们实际上位于髓内固定系统和其他类型的固定系统之间。

它们本身都是髓内针，但随着骨固定系统的发展，目前被归为这个名称（冲针与用髓内针进行固定的系统一样）。

> 冲针是唯一一个能够稳定固定生长板骨折的固定系统。

该系统是目前存在的唯一可能固定发生于生长板部位骨折的固定方法。如前所述，这种类型的骨折具有的特点是，不能用刚性桥接系统对其进行固定。

也就是说，它们必须在不影响骨纵向生长过程的情况下得到固定。另一方面，这些骨折总是位于干骺端，意味着其中的一个片段总是很小。通常在

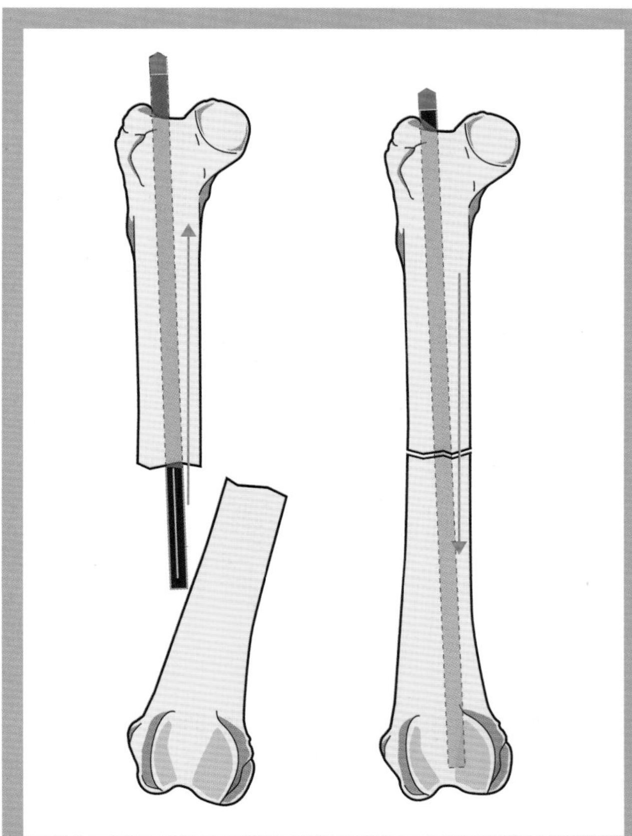

图5-13　逆向插入髓内针。注意针是通过骨折部位引入的（箭头）。

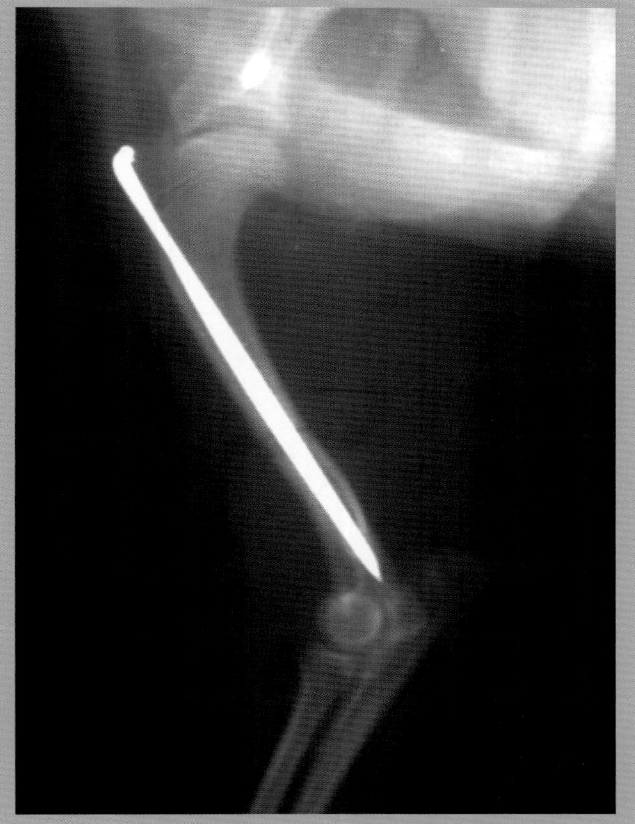

图5-14　X线片显示折弯钢针的近端头部，防止发生移动和损伤周围的组织。

它附近都有关节。

显然，骨固定材料绝不能侵入关节区域，这个区域直接与相邻骨的软骨面接触。植入物通常位于关节内部，但不应放置在可能影响关节活动的位置。当碰到这些情况时，唯一的可能是稳定较小的碎片，即骨骺，用钢针在与生长线垂直的方向进行交叉固定。直径小于2毫米的髓内针垂直于生长板植入不会明显影响生长板的发育。

在过去，冲针的直径小于2毫米，其尖端类似于滑雪板的前部（图5–15）。一旦骨折断端复位，使用钻沿合适的角度将髓内针（钢针进入骨髓腔之后）在骨髓腔的内腔上滑动。随后，当针尖从髓腔内部施加压力时，固定的针就被引入了（图5–16）。

当骨变长时，髓内针在骨髓腔的骨内膜上滑行。这样，它们就能在不影响骨骼生长的情况下保持稳定功能。

克氏针

目前，冲针几乎没有被商业化。克氏针现在用在需要使用冲针的地方（图5–17）。插入后，用折弯器折弯克氏针伸出的末端，形成一个“钩”作为杠杆，在骨生长的过程中牵拉克氏针（图5–18）。

最好将“钩”打入并埋置在密质骨中，以避免损伤关节，同时尽可能避免移动（图5–19）。生长潜能随患者年龄的变化而变化，患者越年轻，受到的影响越少。由于冲针没有牢固地固定在骨干碎

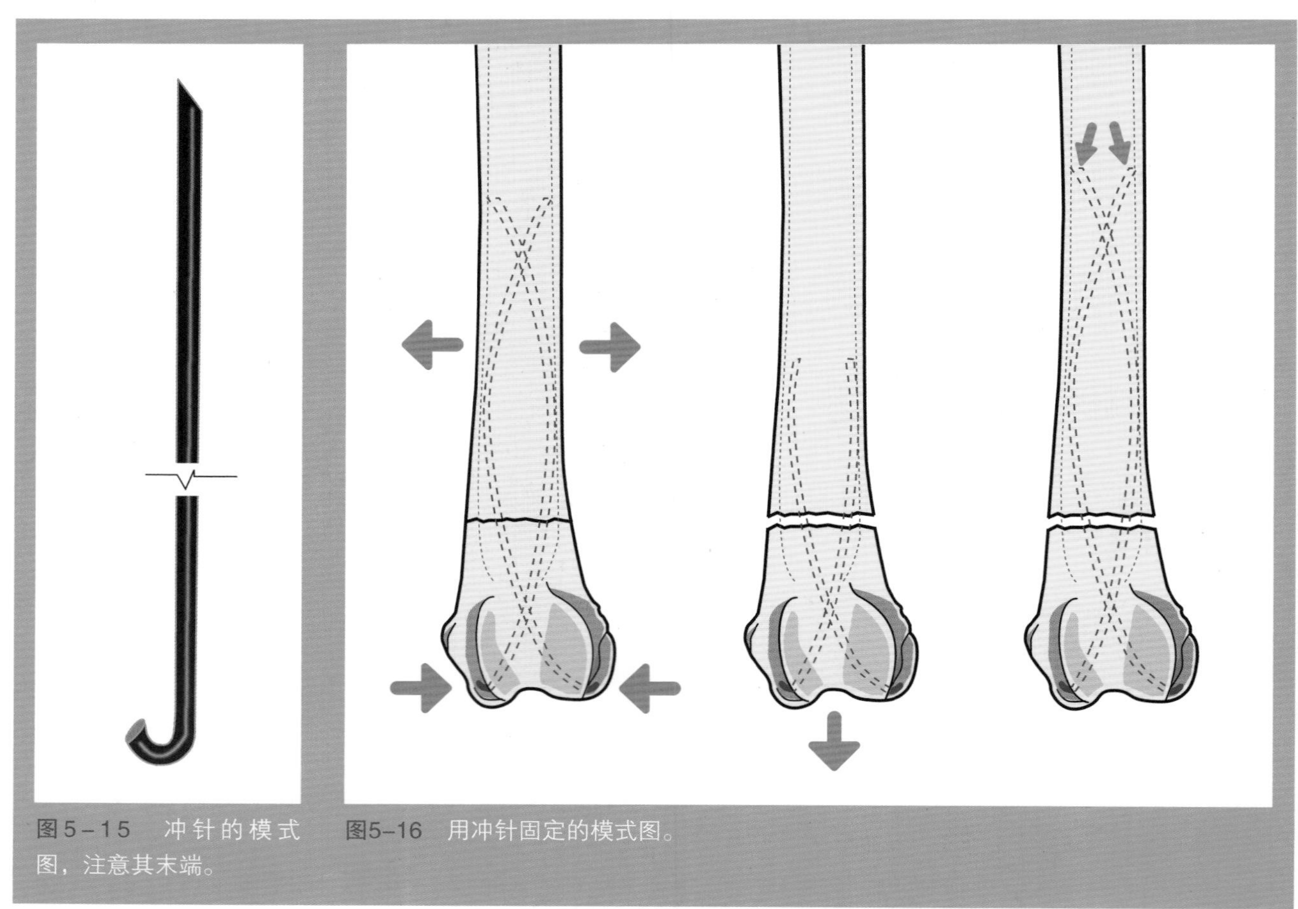

图5–15　冲针的模式图，注意其末端。

图5–16　用冲针固定的模式图。

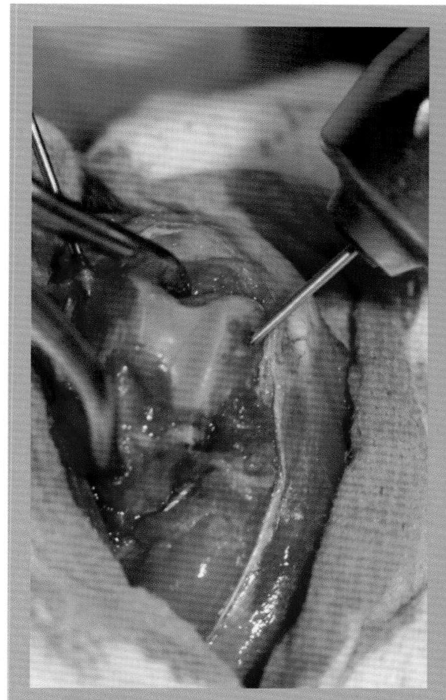

图5-17　骨折的复位和冲针的植入。

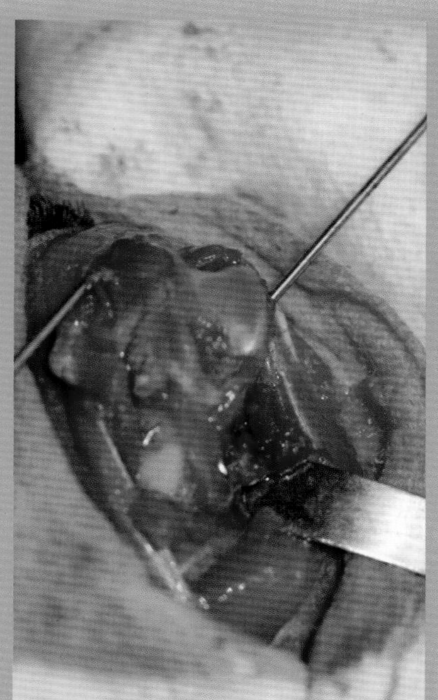
图5-18　折弯钢针。

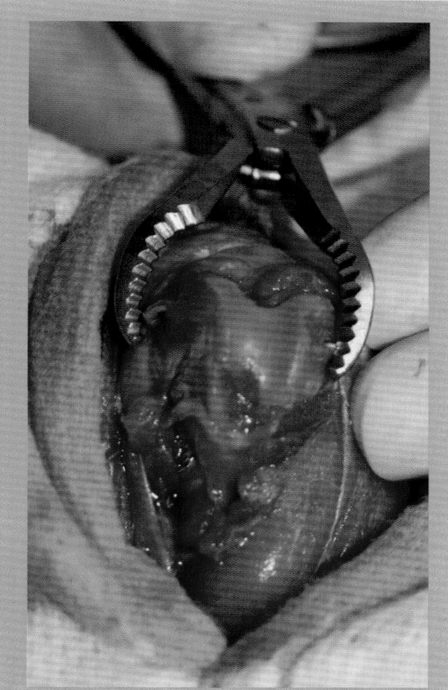
图5-19　剪断钢针并使其适应骨表面。

克氏针

在插入克氏针之前，应该将它们剪成一样的长度，以便以其中一个作为参考，知道第一根钢针插入的深度（以相同的方向放置在密质骨外面）。当插入第二根针时，以第一根钢针伸出的部分作为参考。

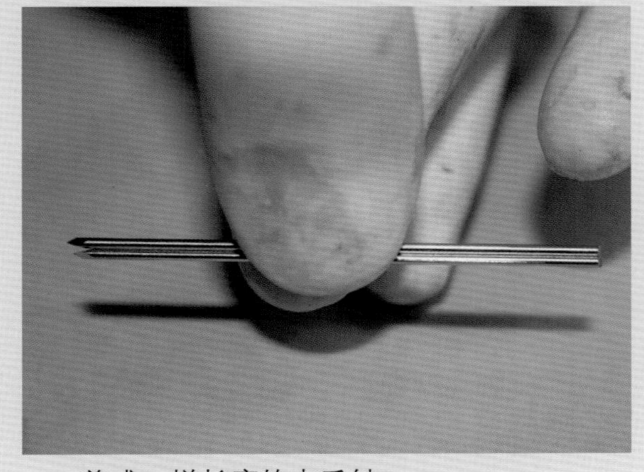
剪成一样长度的克氏针。

片中，其稳定性很大程度上取决于骨折部位的初始平衡。如果插入克氏针的尖端方向稍微接近垂直于骨的纵轴方向，钢针就会穿过干骺端。这样可获得更好的稳定性，但会影响骨的生长（图5-20）。

有另一种可选的方法，这种方法操作稍有难度，也不能用于所有的骨折，即从干骺端插入钢针（图5-21）。以直接垂直于生长板的方向插入钢针，当然也不能影响关节。将钢针平行放置（图5-22），不会影响骨的生长。至于植入钢针的过程，主要取决于患者的年龄（理论上来讲，动物越年轻，生长板受到的影响就越少）和骨折的稳定性，当然，也取决于外科医生的技能和喜好。

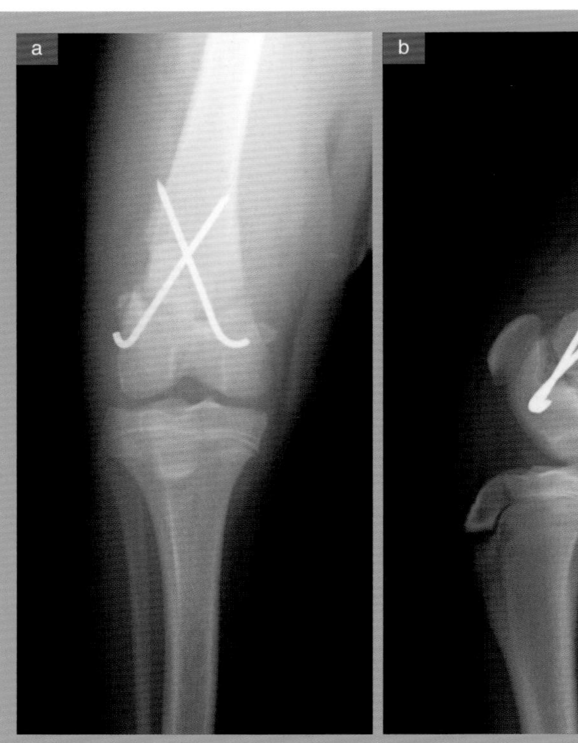

图5-20　X线片显示折弯钢针远端避免发生位移。前后位X线片（a），侧位X线片（b）。

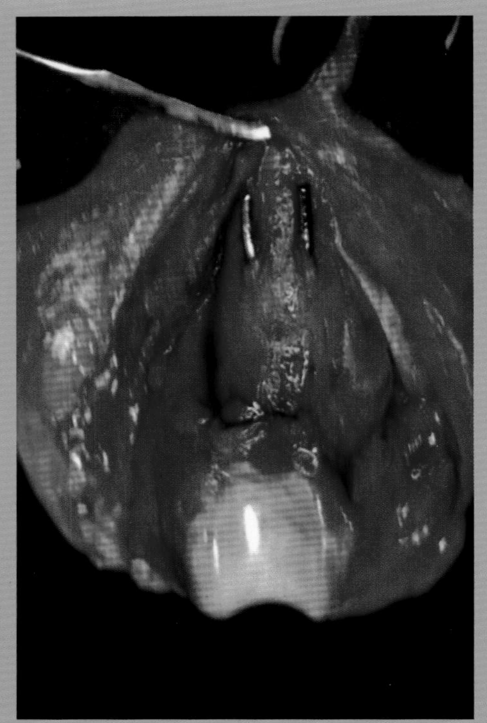

图5-21　股骨Ⅱ型salter-harris骨折，通过干骺端引入钢针进行固定。

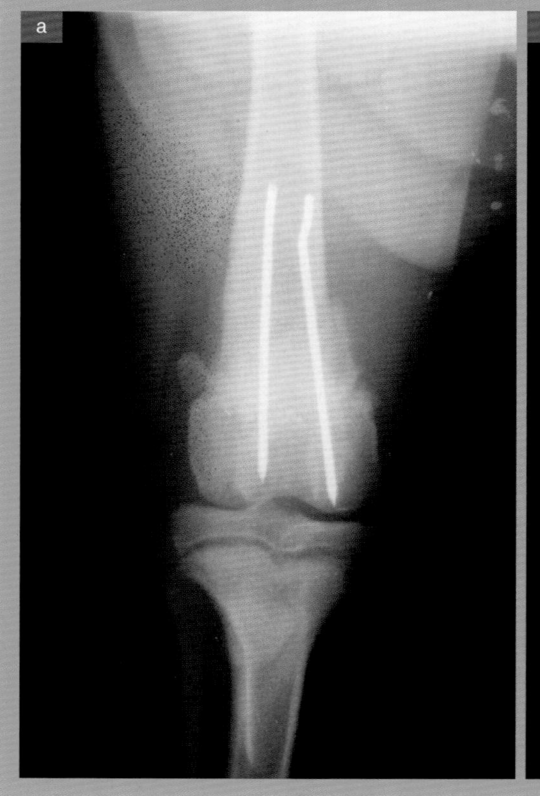

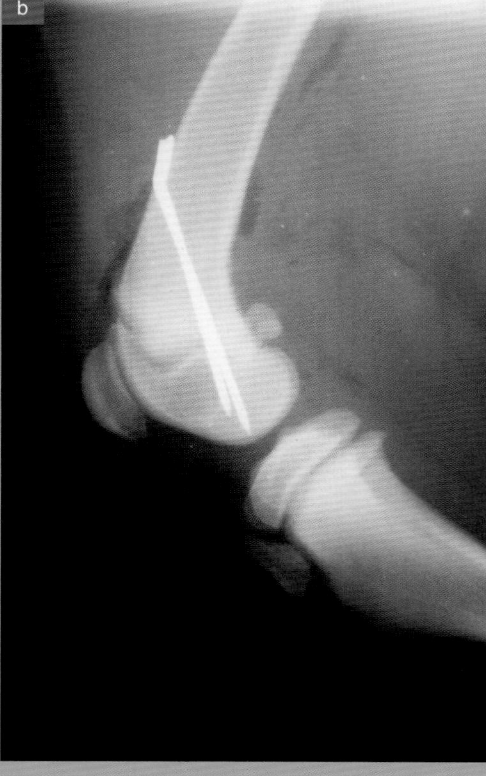

图5-22　膝关节X线片。注意以平行方式放置钢针。前后位X线片（a），侧位X线片（b）。

环扎钢丝

环扎钢丝

环扎钢丝是一种钢制手术钢丝，通常用于长骨骨干周围，以稳定和压缩骨折线（图5–23）。这个系统的功能就像环绕木桶的环，当木条被压在一起时，可保持它们的横向位置，形成一个管状物。

当应用于骨折的处理时，通过缩短钢丝的周长，它在密质骨向心方向施力，将所有碎片挤压并保持在一起（图5–24）。

最重要的是要记住，当单独使用环扎钢丝时，这种固定系统不能稳定骨折。这是一个间歇压缩系统，必须始终与其他固定系统相配合。

> 当单独使用时，永远不能将环扎钢丝固定视为能够稳定骨折的系统。该系统始终要与其他固定系统相配合。

在应用环扎钢丝前，首先要做的是将骨折断端复位。如前所述，这个系统要求骨折片段完美复位。如果没有完美复位，当一个片段挤压另一片段即可出现移位。必须将所有的骨折片段完美地放置在各自的位置，而且必须能够使其重建骨的完整筒状结构。否则，当收紧钢丝时，碎片将趋于骨髓腔的中心，导致骨折部位塌陷。如果我们移除组成木桶的一根板条，也会出现同样的问题（图5–25）。

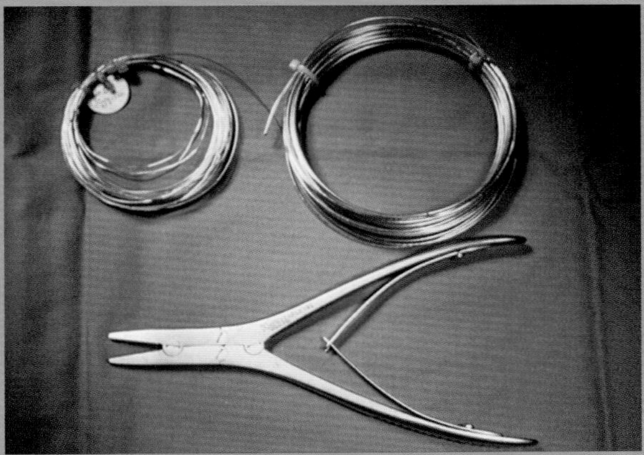

图5–23　用于插入钢丝的钳子和不同直径的环扎钢丝。

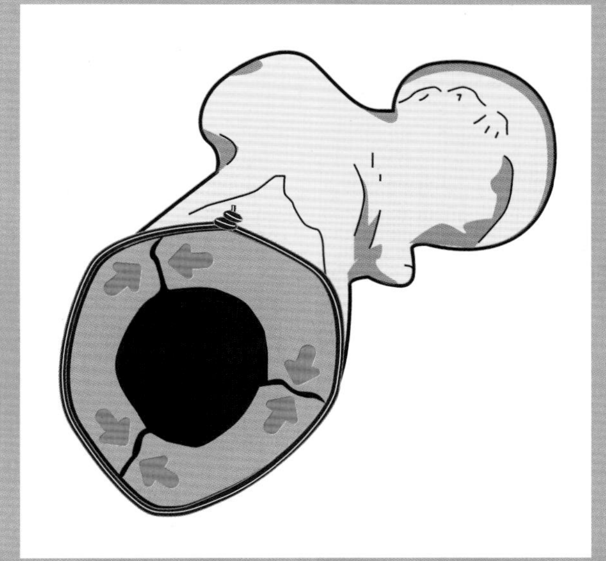

图5–24　用于固定骨折片段的环扎钢丝的原理。

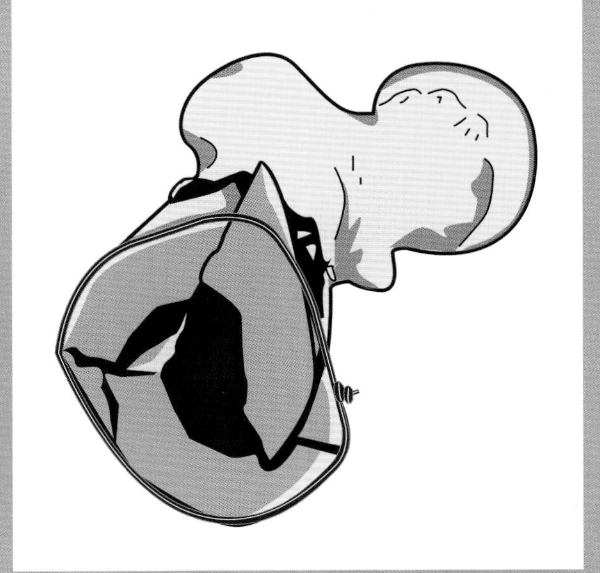

图5–25　复位不充分导致骨折部位塌陷。

总之，如果骨折线不能完美复位，或者密质骨的圆周不能完美重建，则不能使用环扎钢丝（图5-26）。

> 如果骨折线不能完美复位，或者密质骨的圆周不能完美重建，则不能使用环扎钢丝固定，否则骨髓腔会发生塌陷。

钢丝直径的选择取决于骨的直径、患病动物的体重和植入物可能必须要抵消的力。通常，1.2毫米的环扎钢丝用于体重超过30千克的动物，1.0毫米的环扎钢丝用于体重在10～30千克的动物，0.8毫米的环扎钢丝用于体重小于10千克的动物。一般来说，钢丝拧得越紧，就越难适应骨的形状。这样，钢丝就可能会拧得太松，无法发挥作用。

金属材料、聚合线或其他类型的非金属缝线不能用作环扎钢丝，除非它们是专门为上述用途设计的。这些材料没有足够的抵抗力，由于它们具有弹性，很快就会失去张力（图5-27）。目前有模仿固定电缆的塑料夹子用于环扎。

环扎术是解决圆形断面骨骨干长斜骨折的理想固定方法。必须对骨折进行彻底评估，因为该方法通常不用于长度小于骨直径两倍的骨折（图5-28）。

一旦复位，必须用复位钳对骨折片段进行暂时固定，以保持稳定，直到环扎钢丝收紧。最好的选择是在骨折的位置使用两点复位钳，即形成一条假想线，通过垂直骨折面连接两点。这样，复位钳施加的力就在这个方向上传递，避免发生位移（图5-29）。

当暂时性复位时，由于看不到另一个密质骨表面，只能观察到骨的一侧。因此，当收紧环扎钢丝时，位于骨折线和皮质骨之间的结构（血管、神经等）可能会受损，这一点十分重要。

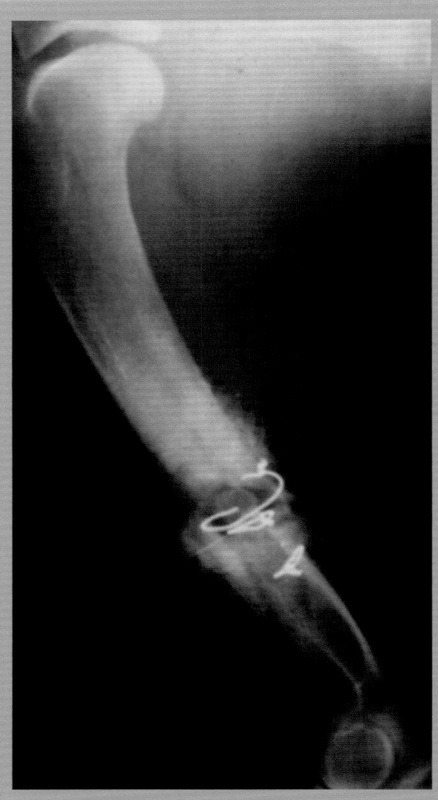

图5-26　一旦移除与环扎钢丝相配合的植入物，必须测试环扎钢丝固定的稳定性。如果它们可以移动，即使是轻微的移动，也必须进行替换，或者，如果可能，可以将其移除。

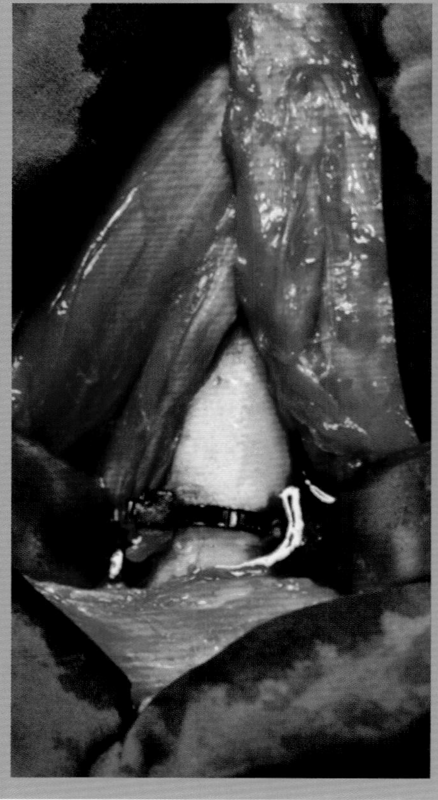

图5-27　使用不合适的材料进行环扎术可导致固定过早松动。请注意在这里用了塑料管进行固定。

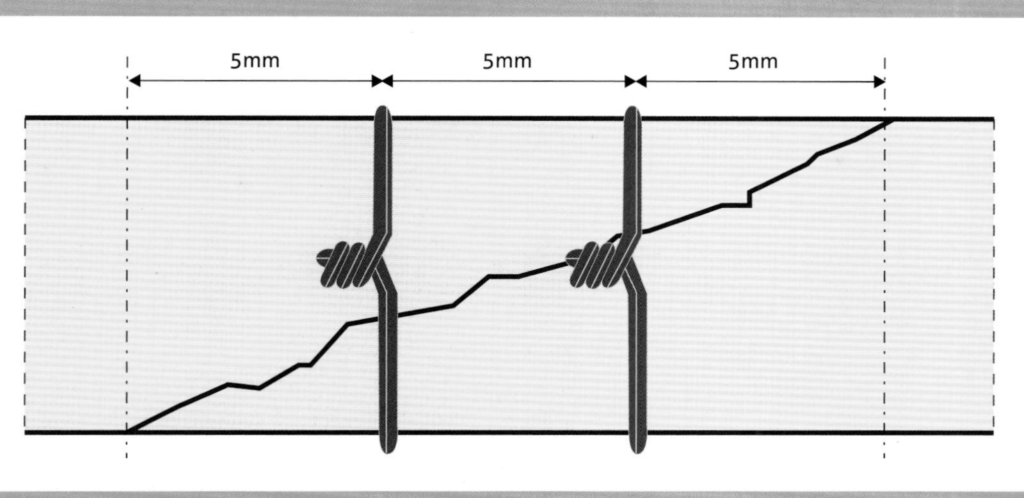

图5-28　插入环扎钢丝时应考虑钢丝的长度和安全边界。

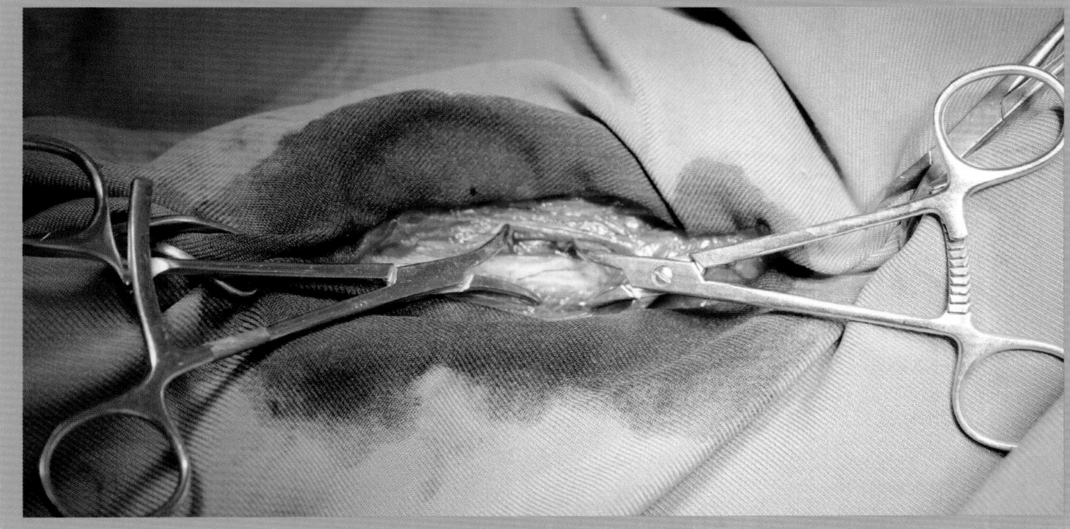

图5-29　使用两点复位钳固定斜骨折。

钢丝引入器

钢丝引入器一般是一个薄的弯管，管的尖端有一个斜面，尖端最突出的部分位于管的凹面。

如何使用钢丝引入器

将引入器插入将要放置环扎钢丝的位置，通过按压皮质骨使其尖端滑动。由于其具有刚性，尖端会“抬起”软组织，这样就避免了由钢丝引起的损伤。当引入器的尖端到达骨的另一侧时，就可以将环扎钢丝放在引入器内。一旦将钢丝放进引入器内，就可以移除引入器，收紧环扎钢丝。

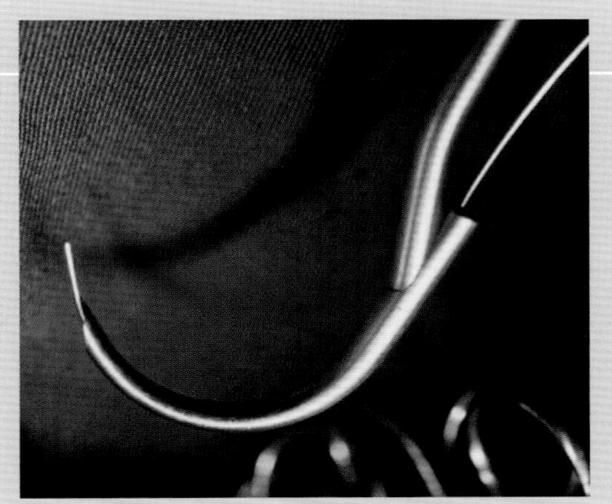

钢丝引入器

为了避免这个问题，可以使用上面描述的钢丝引入器和其他可能的方法：

应用环扎术的方法

a. 利用钢丝引入器。

b. 将环扎钢丝弯曲成钩形（图5-30）并插入，同时注意引入器尖端如何滑过皮质骨。

c. 在骨下面放一个弯头止血钳。夹住环扎钢丝的尖端，在牵引止血钳的同时，从另一侧拉出钢丝。

d. 在骨折断端复位之前，将环扎钢丝放置到位。

一旦环扎钢丝放置到位，剩下唯一要做的工作就是将两端拧在一起，以缩小形成线环的直径，同时会产生转化为压缩力的向心力。进行此操作最简单的方法是用老虎钳或持针钳夹住并扭转钢丝两端。也有用于拧紧钢丝的特殊工具。

用钳子收紧环扎钢丝

为了充分发挥环扎钢丝的功能，一端应与另一端彼此缠绕，就像香槟的起盖器一样。如果只有一端缠绕另一端，就会形成一个活结，一旦骨折片段开始移动，骨片的松动会使环扎钢丝失去作用（图5-31）。

为了拧成好的钢丝结，在拧紧钢丝时，必须同时牵拉两个头端，并保持张力（图5-32a）。

必须将一个手指放在骨面上，以免朝着牵引方向发生骨片的位移（图5-32b）。

另一个常见的错误是向错误的方向牵拉。为避免这种情况，钳子必须放置在与假想线一致的方向，该假想线将环扎钢丝形成的圆周分成了两个相等的部分。

一旦尽可能地收紧环扎钢丝，应剪断拧转的末端，留下至少3个拧距；然后将其向皮质骨表面折转，以避免伤害软组织（图5-32）。

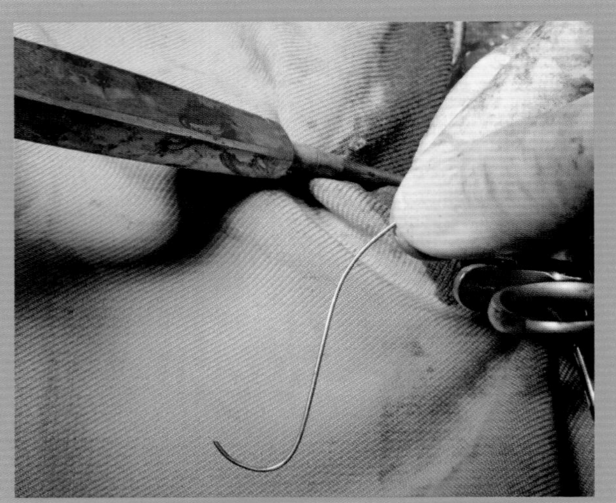

图5-30　注意正确放置环扎钢丝所需的弯曲度。

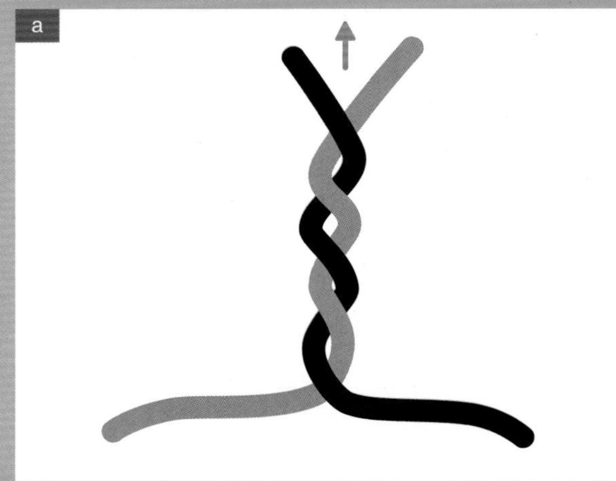

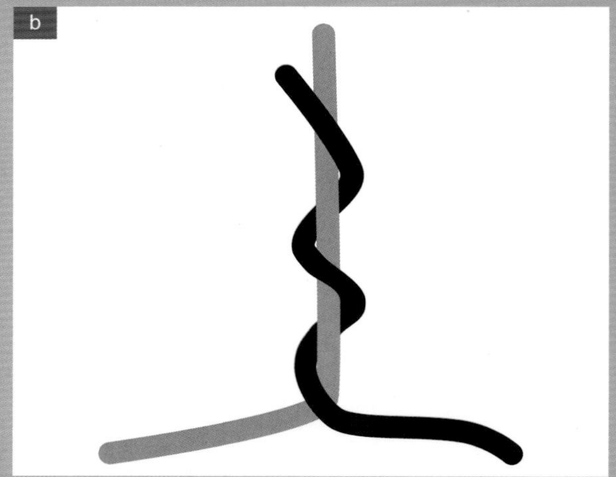

图5-31　正确的环扎钢丝的拧紧方式。两端必须拧在一起（a）。不正确的拧紧方式。如果只有一个末端缠绕另一个末端，就会形成一个不稳定的活结（b）。

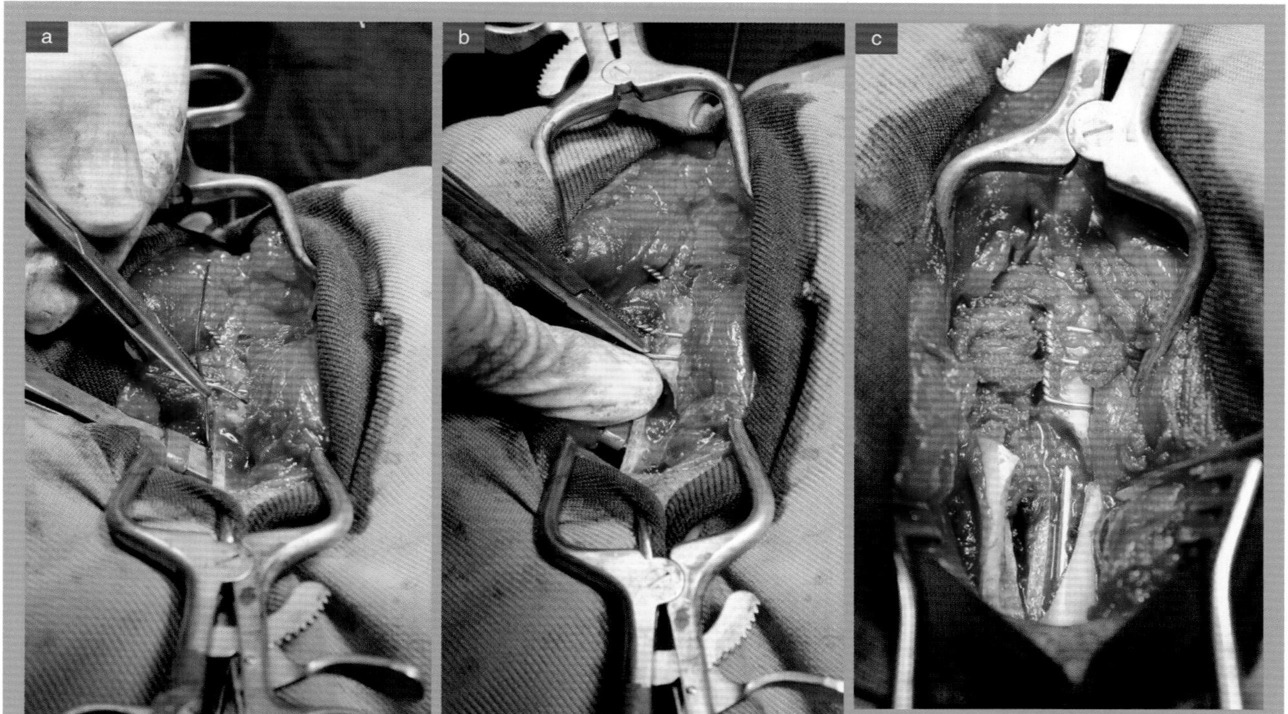

图5-32　环扎钢丝放置的正确程序。当扭转夹钳时要同时牵引钢丝的两端，并保持张力（a）。为了避免环扎术收紧时骨折片段移动，应用手指将其固定（b）。剪下钢丝末端，留下3个拧距，折弯末端使其紧贴骨面（c）。

为了避免在折弯末端时钢丝失去张力，在皮质骨表面折弯的同时应沿着原来拧紧钢丝的方向旋转。

如果环扎钢丝的末端向环扎处折弯，而不是垂直于环扎线，环扎会更稳定。然而，环扎钢丝的松动几乎不取决于折弯的方向，而是取决于拧紧的技术。

使用环扎钢丝收紧器拧紧

环扎术固定的主要问题之一是环扎钢丝收紧不充分，现在已有特定的收紧工具用于收紧钢丝。有不同的型号可供选择，然而，最常用的是类似于老式开罐器钥匙一样的型号，非常简单（图5-33）。

该收紧器使用的是一端带有孔眼的环扎钢丝。带孔眼的环扎钢丝很容易制作，也可以购买商品化的。必须在钢丝的一端拧成一个直径2毫米左右的小环圈，特别注意尽可能拧紧它，也就是使螺旋尽可能紧凑（图5-34）。

一旦将钢丝缠绕在骨上，即可将钢丝的自由端插入孔眼，用手牵拉一端，直到它与皮质骨接触。接下来，将环扎钢丝的自由端插入收紧器的尖部，并从其上部拉出。在进行环扎时，必须考虑在收紧器末端留出几厘米的长度。

将钢丝末端插入钥匙孔，然后向下移动钥匙，直到它装到收紧器内为止（图5-35a）。然后转动钥匙，扭转钢丝的自由端，牵拉钢丝。这个过程会使环绕骨体的环扎钢丝收紧，并压缩骨折片段（图5-35b）。当施加足够大的张力时，在不松开钥匙的情况下，在孔眼上方折弯钢丝，这样就会形成一个防止松开的钩（图5-35c）。然后，向相反的方向转动钥匙，充分分离环扎钢丝收紧器以便切断钢丝，最后将钢丝调整到皮质骨表面（图5-35d）。

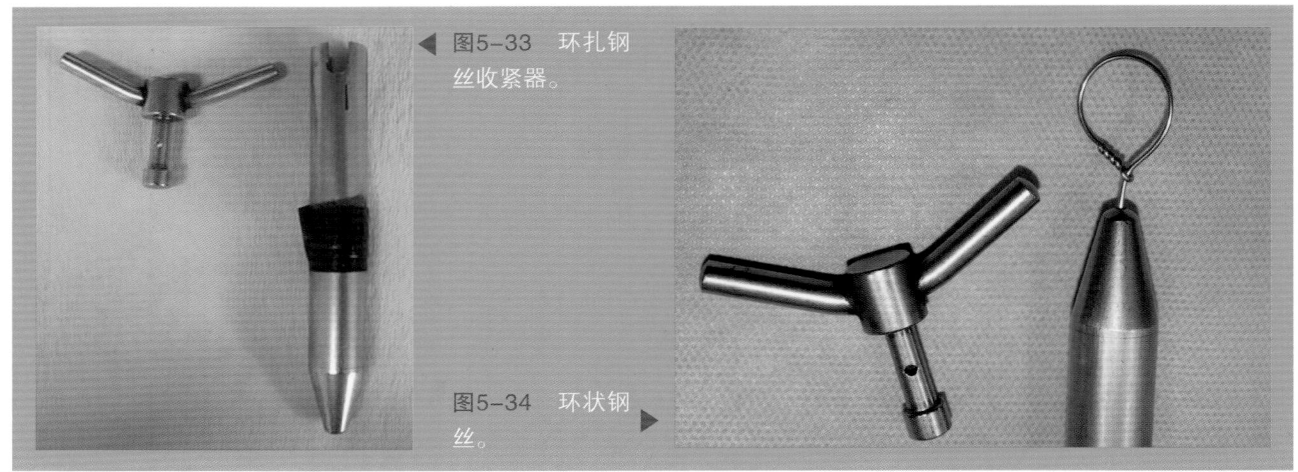

图5-33　环扎钢丝收紧器。

图5-34　环状钢丝。

由于能够施加压力，带有孔眼的环扎钢丝是最稳定的类型。与传统的环扎系统不同，这种方法不依赖于外科医生的经验或技术。

一旦环扎钢丝和配合的骨固定系统放置到位，在结束治疗之前，应测试其稳定性。使用钳子或持针钳牵拉钢丝结，试图向各个方向移动。如果发现任何不稳定，都应将其替换或移除。另一种处理的可能方法是再次拧紧，但不太推荐这种解决方案，因为它可能会对材料造成压力。

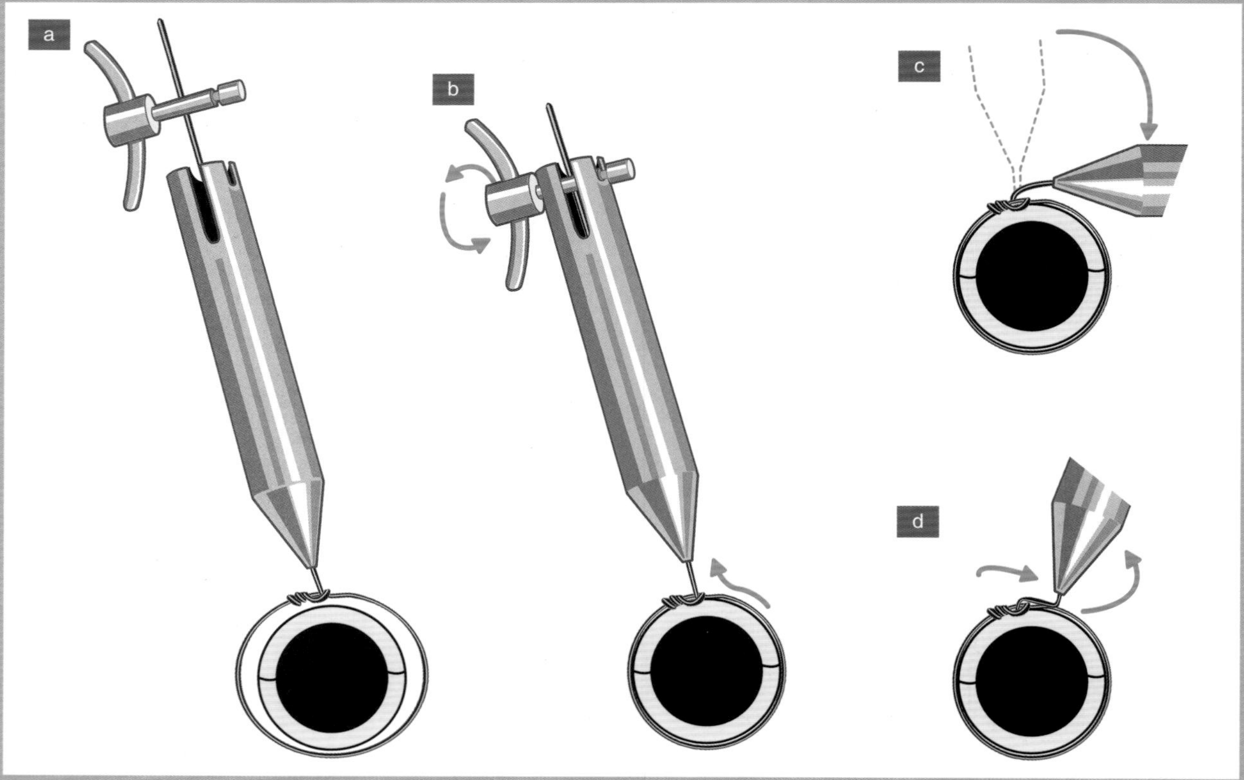

a b c d

图5-35　借助环扎钢丝收紧器收紧环扎钢丝的流程。

插入环扎钢丝以及可能引起治疗失败的常见错误

无论使用何种收紧系统，在放置环扎钢丝时必须牢记以下几点：

- 环扎钢丝必须放置在骨周长最小的区域，否则可能会移向最窄的区域，从而失去稳定能力（图5-36）。避免钢丝移位的一种可能方法是在放置钢丝的皮质骨上做一切口。
- 环扎钢丝应该垂直于骨的纵轴放置。如果稍微有点偏斜，一个小的位移会给它足够的额外空间影响骨折的正确稳定（图5-37）。

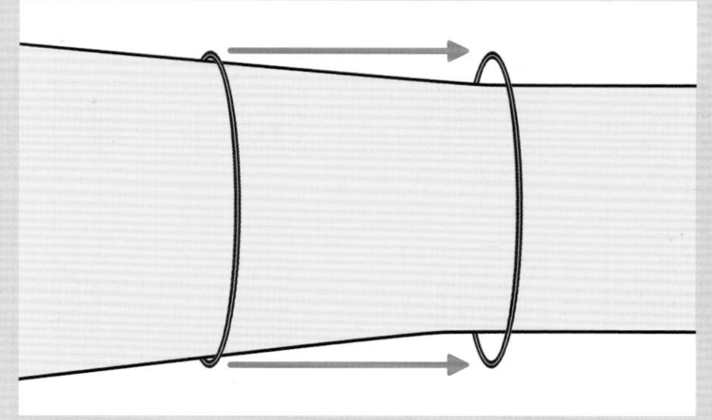

图5-36　由于在骨比较粗的部位已经拧紧钢丝，因此移向较窄区域后环扎钢丝的直径大于骨的直径。

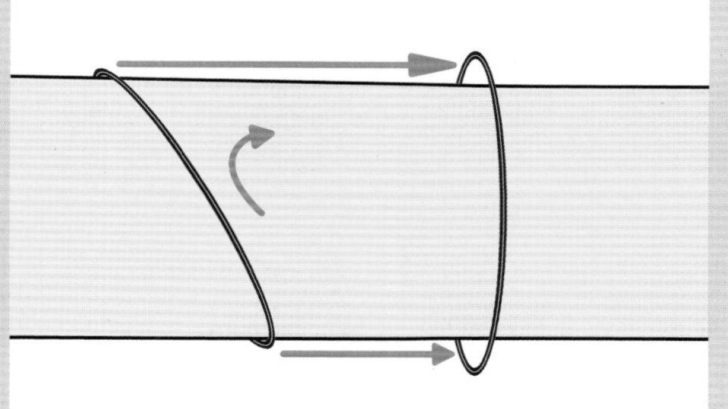

图5-37　如图所示，如果环扎钢丝是对角放置的，很容易失去张力。

如果骨折线足够长，应该使用两个分开的环扎钢丝，它们之间至少有0.5cm的间距。这样，可获得更大的稳定性，并能避免平行于骨折面的活动。

与其他骨固定系统的结合

髓内针

如前所述，单独使用环扎钢丝不能稳定骨折。兽医骨外科手术中最常用的组合之一是髓内针与环扎钢丝的配合。如前所述，这种组合避免了髓内固定的一个重要问题：骨折部位的旋转。当环扎钢丝压缩骨折线时，会将其完美复位，从而避免了骨折部位的旋转和移位。抵抗弯曲力的髓内针用来稳定骨折部位，从而使骨愈合（图5-38）。当然，在选择这种治疗方案时，必须考虑这两种方法各自的适用原则。

骨板

环扎钢丝与骨板固定系统可以很好地对骨面产生压力，同时也会产生中和力。考虑到必须将其放置在骨周围才能发挥功能，因此必须始终放在骨板下方，而不能放在骨板上方（图5-39）。

应该提醒一下，被其他特殊骨板（如用于双侧髋骨截骨术的骨板）替代的例外，但是，在这种情况下，环扎术不作为压缩系统，而仅仅作为额外的加强固定，使骨不与骨板分离（图5-40）。一些外科医生将环扎钢丝作为临时稳定系统，骨板制模和植入后，可将其移除。

其他应用

尽管这些应用不太常见，但除了它们与髓内针或骨板的组合之外，环扎钢丝或手术钢丝也可以用

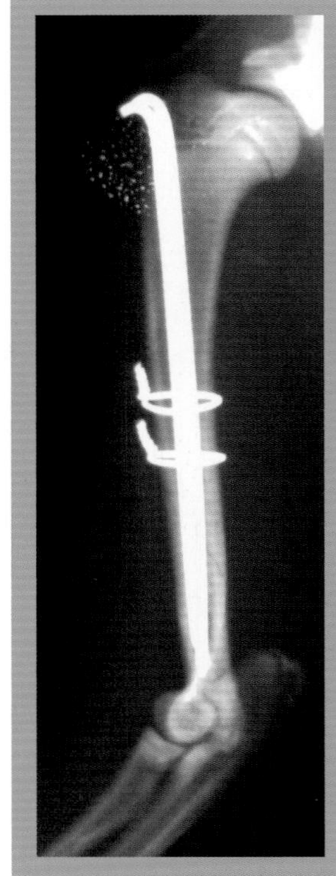

图5-38　环扎钢丝和髓内针联合治疗股骨骨折。

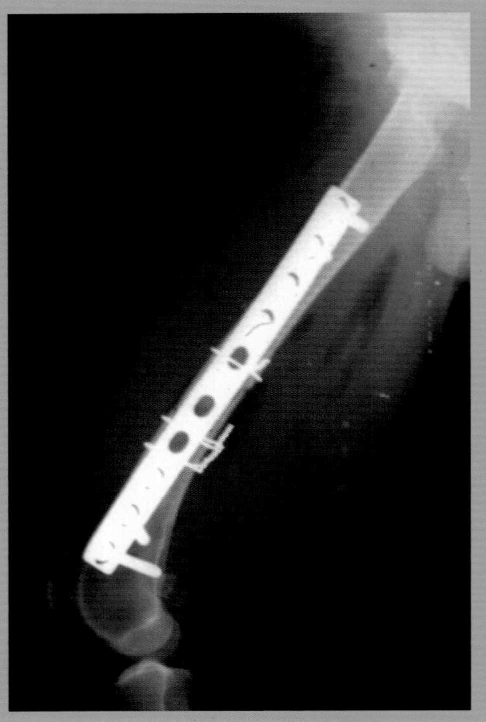

图5-39　用环扎钢丝和中立骨板治疗股骨斜骨折。注意环扎钢丝是如何放在骨板下方的。

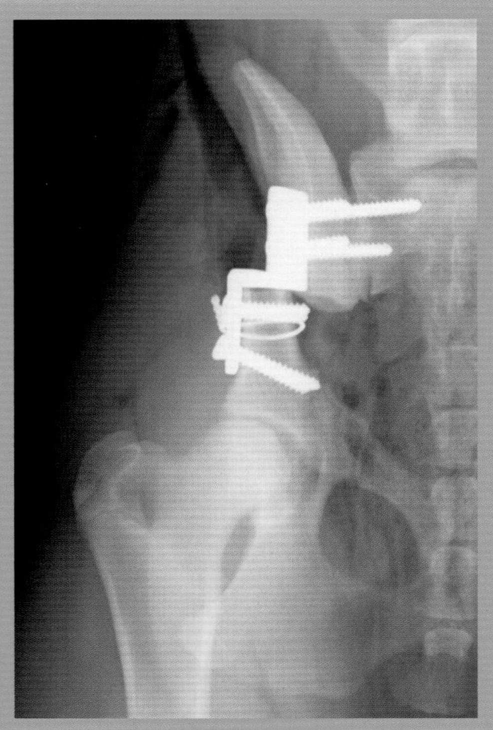

图5-40　双侧盆骨截骨术。注意环扎钢丝如何在骨板外固定。

于其他目的，叫作带张力带的髓内针，将在另一个临床相关章节中讨论。

手术钢丝的其他可能用途包括：

肌腱和韧带的临时替代

当重要的肌腱受伤时，如髌腱，必须使用抵抗强大牵引力的结构进行临时替代。必须考虑到的是，当使用金属线这样的材料时，在必须有柔性带存在的地方，金属线将经受不断的弯曲循环，这样将逐渐导致金属线结构的应变，最后的结果是发生断裂。根据金属线的直径和关节的活动性，断裂通常在固定后4～5周内发生（图5-41）。为了延迟金属线的断裂，通常使用另一种固定系统来暂时限制关节运动，例如外固定或暂时性的跨关节外固定

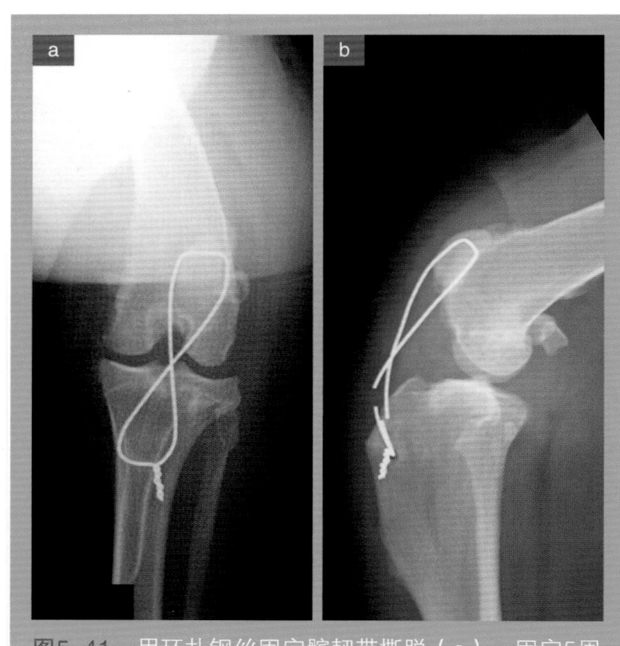

图5-41　用环扎钢丝固定髌韧带撕脱（a）。固定5周后钢丝由于受的张力过大发生断裂。

支架固定。

在这些情况下，可通过骨上的钻孔或使用螺钉或骨锚在相关肌腱或韧带的插入点植入环扎钢丝。

当环扎钢丝抵抗张力时，损伤就有时间愈合。

目前有一些柔性缝线可以抵抗强大的牵引力，因此，具有更长的半衰期。它们正在逐步取代环扎钢丝。

在一些矫形外科技术中用的张力带

在这一组环扎钢丝的应用中，最常见的是：

- 前十字韧带断裂的治疗。多年来，甚至今天，某些外科医生已经使用环扎钢丝作为囊外固定系统来治疗前十字韧带断裂。可将环扎钢丝穿过胫骨嵴，直至到达外侧籽骨后的区域，形成一个阻止胫骨前移的条带（图5-42）。新技术的出现降低了这种技术的使用频率。
- 环扎钢丝也作为髋关节脱位治疗的固定材料。该技术包括创建张力带使股骨向内侧旋转，直至达到相对稳定的位置，防止反复脱位。这样就将环扎钢丝放置在股骨大转子与股直肌附着点处髂骨体的钻孔之间（图5-43）。

与上面描述的一样，现在柔性缝合材料的使用寿命比手术钢丝的使用寿命更长，使手术钢丝的使用越来越少。

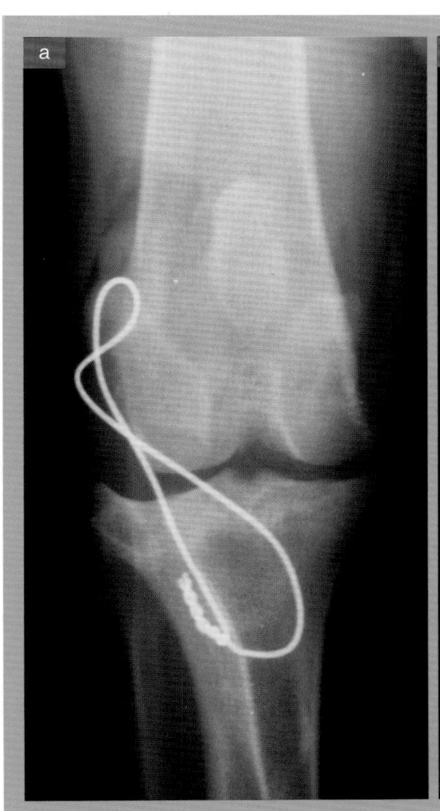

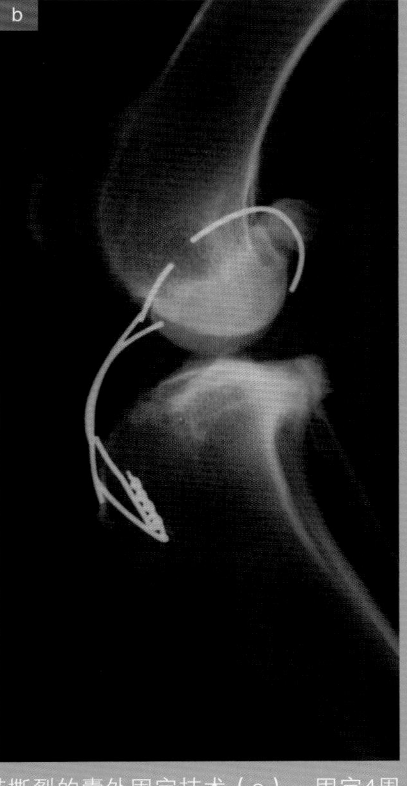

图5-42　使用环扎钢丝治疗前十字韧带撕裂的囊外固定技术（a）。固定4周后X线片。注意由于钢丝上的张力影响，环扎钢丝已经断裂（b）。

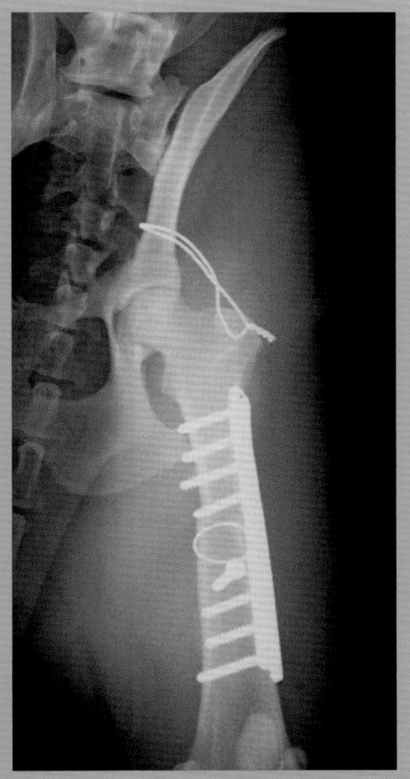

图5-43　用环扎钢丝进行髂骨关节固定术，这样可以使股骨向内侧旋转，直至达到一个合适的位置，可降低髋关节脱位复发的可能性。

张力带钢针系统

这项技术是由钢针与环扎钢丝共同配合完成的。钢针用于稳定移位和旋转运动，环扎钢丝用于中和牵引力。

大部分植入物是通过抑制可能发生于骨折部位的不良活动，并进行利于骨折修复的活动而发挥功能的。与其他植入物不同的是，张力带钢针的特点是通过将其转化为压缩力来重新定位骨折部位的受力。这种效果是由张力带原理所产生的，这与用在建筑中的起重机的原理是一样的，在与承重侧相对的位置有一个重梁。

当起重机举起重物时，平衡物改变重力，由于杠杆梁的作用，重力会使起重机倾斜，并将其转换成另一种通过其结构垂直向地面传输的力（图5-44）。张力带钢针用于固定撕脱性骨折，换言之，当动物使用患肢时，一个小的骨片段与骨产生分离。正常情况下，这些部位是肌腱或韧带的附着点，通过对骨片段施加牵引力来传递肌肉收缩力（图5-45）。撕脱性骨折导致小的骨片段形成，这些小的骨片通常不能用大的骨固定系统进行处理。因此，唯一可能稳定这类骨折方法是使用钢针。也就是说，正如前面所提到的，作为一种骨固定系统使用的钢针对撕裂的承受力几乎没有抵抗。另一方面，必须使用小直径的钢针，它们不能抵抗在某些肌腱附着点产生的旋转力。尤其是在考虑将钢针以一定角度插入肌腱时，这更是一种事实。因此，利用金属本身对伸长力产生的机械阻力，这些骨碎片上由肌腱施加的力可以用环扎术来中和。

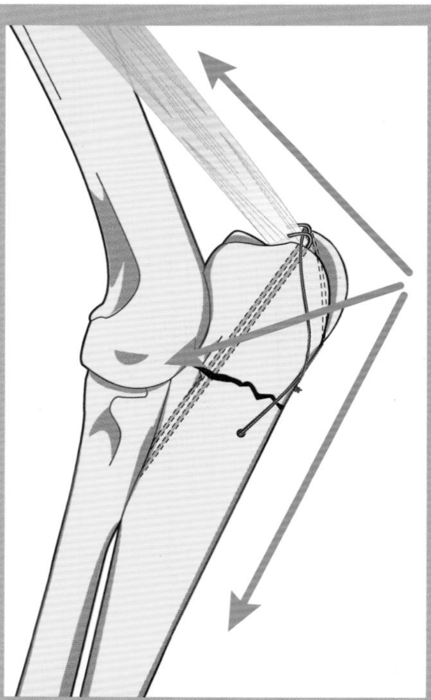

图44　张力带原理图。注意骨折中力的再定位。

放置方法

该技术包括骨折复位和使用两根钢针固定骨折断端。插入两根钢针可以完美地稳定骨折片段的旋转运动（图5-46）。可以顺向或逆向插入钢针（见38页）。在这种情况下，植入物的稳定性没有明显的增加。这与使用髓内针的情况不同，髓内针固定系统只是由金属与骨的摩擦系数决定的，在使用张力带钢针的特殊情况下，必须增加由侧向牵引力所带来的稳定性。如果固定合适，由于肌腱的周期性牵拉所产生的左右移动，最后会导致钢针的移出。在骨折线之间如果接触不良，要么是存在较多的骨碎片，要么未进行充分的固定，这种移出将会更严重。

关于钢针的放置，一种方法是先将一根钢针逆向打入，之后以第一根钢针为引导顺向打入第二根钢针（图5-47，图5-48）。这样，更容易正确地将钢针的尖端穿过骨折部位，而不会因为与植入物的摩擦而失去稳定性。

随后，放置张力带。可将钢丝在骨折线两侧进行8字形缠绕固定。第一个固定点位于突出的钢针末端，第二个固定点是在大的骨折片段上钻的孔，钻孔的位置与骨折线有一定的距离（图5-49）。

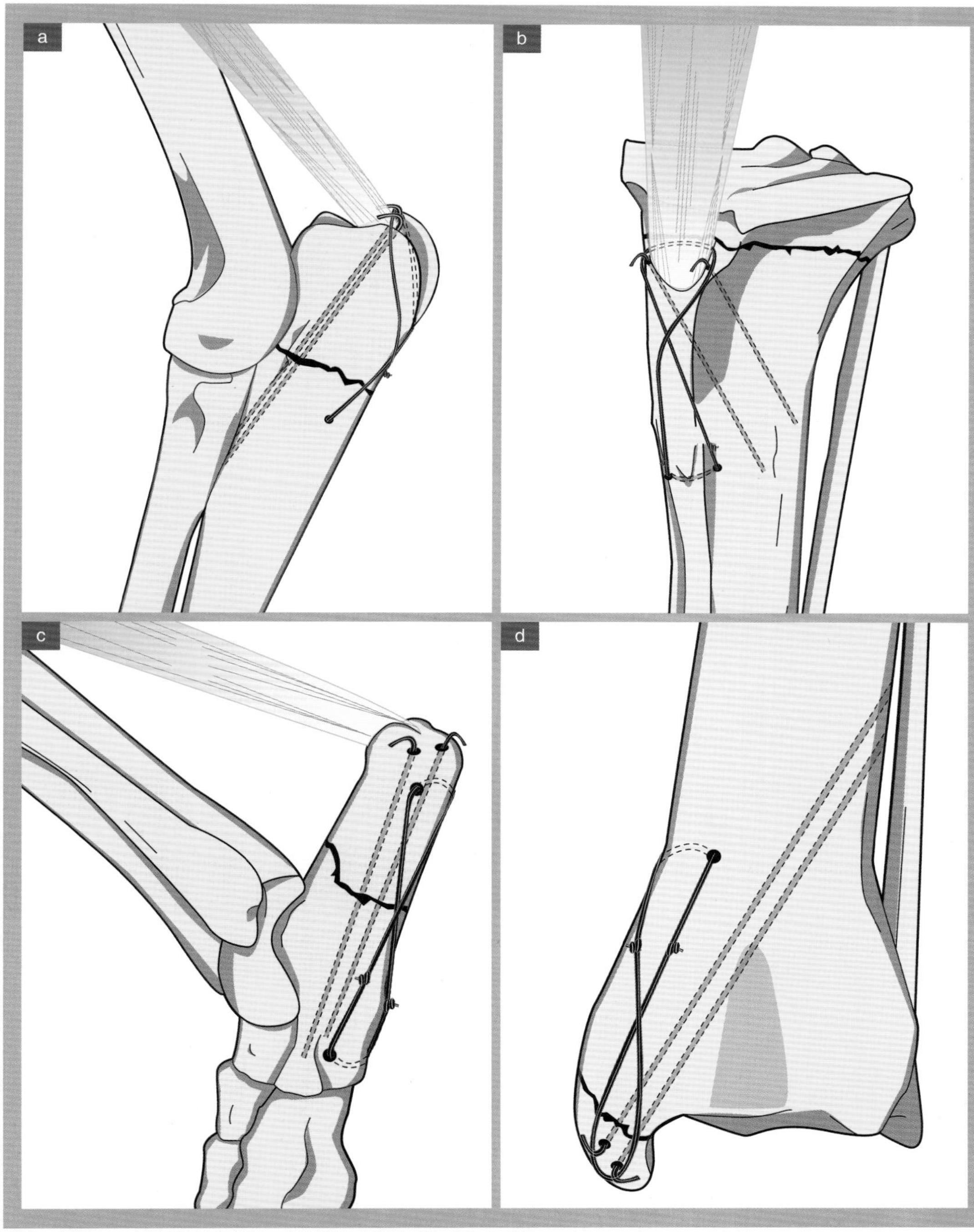

图5-45　张力带钢针系统在撕脱性骨折中的不同应用。

钻孔点距离骨折线越近，牵引力的方向和产生的效果越好。

但是，由于钢丝的粗细、肌腱牵引力的潜力以及骨的结实度不同，应该对一些最小安全极限进行评估。在这种情况下，必须考虑当肢体末端承重时，牵引力可通过钢丝进行传递，会在距离骨折线最近的钢针所处区域产生骨软症。如果没有重视这些安全极限，将会出现骨折线附近的密质骨发生断

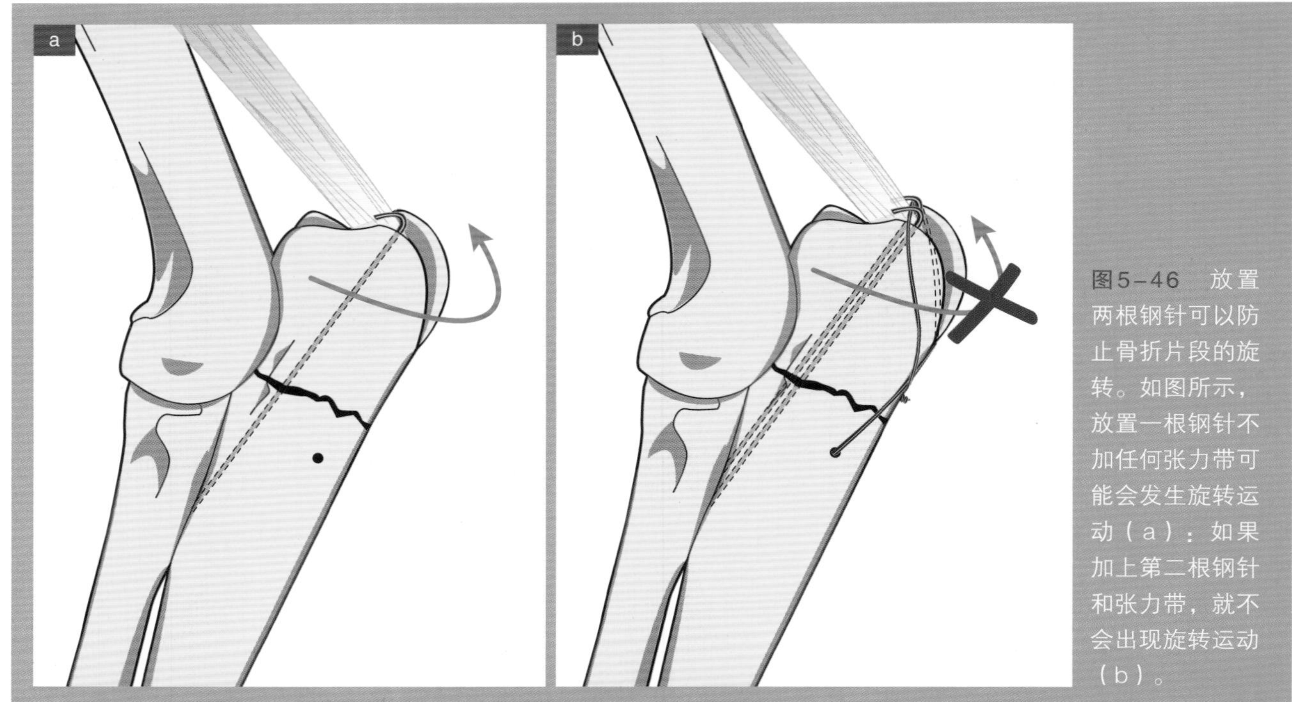

图5-46 放置两根钢针可以防止骨折片段的旋转。如图所示，放置一根钢针不加任何张力带可能会发生旋转运动（a）；如果加上第二根钢针和张力带，就不会出现旋转运动（b）。

裂的风险，这样会导致张力带功能的丧失。同样的道理，钢针也不能在距离密质骨尾侧太近的部位穿出。

钢丝应该放置在骨张力面。通常情况下，钢丝必须放在这个张力面，这样可以对抗因肌肉收缩在骨折位置所产生的撕脱力（图5-44）。一旦放置好环扎钢丝，在张力面将钢丝的末端彼此拧紧，避免钢丝从上述表面脱离（图5-50）。为了使张力带达到更好的效果，利用拧紧环扎钢丝的方法拧紧钢丝末端，以缩短钢丝长度。

> 为了达到理想的方向和牵引效果，最好的选择是在钻孔时尽可能靠近张力面的皮质骨，但是必须留有安全边界。

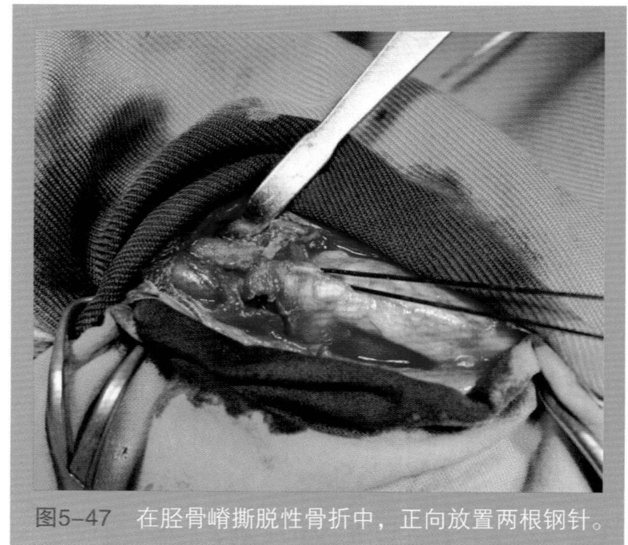

图5-47 在胫骨嵴撕脱性骨折中，正向放置两根钢针。

张力带的放置有两种可能的方法：

a. **单环**：这是拧紧环扎钢丝最常见的方法。

拧紧钢丝，同时向钢丝与骨表面附着点相反的方向牵拉钢丝（图5-51）。一旦充分拧紧钢丝，结应该位于钢针折弯的一侧（结应尽

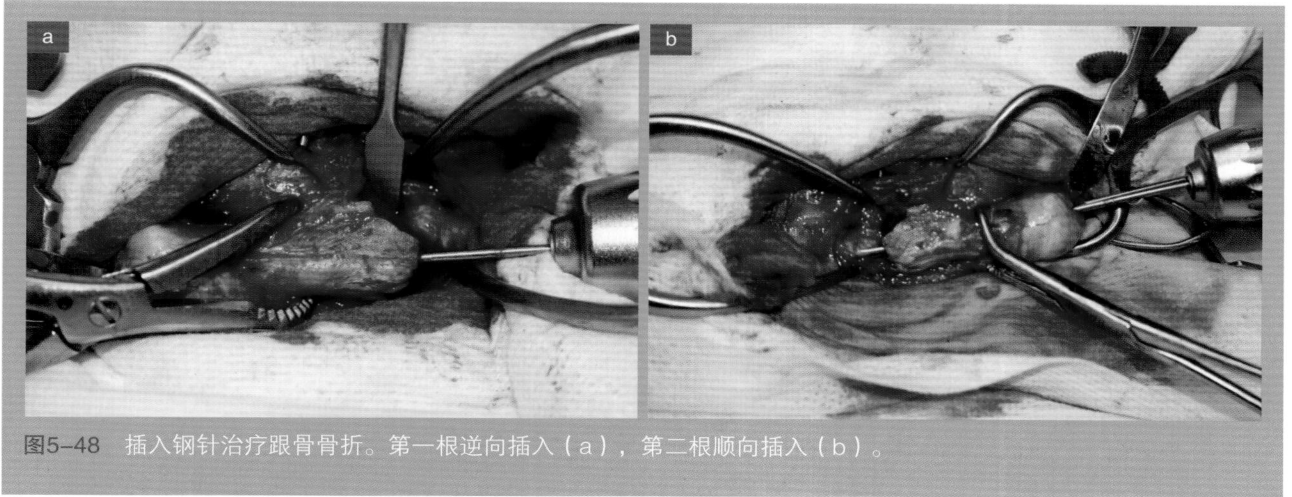

图5-48　插入钢针治疗跟骨骨折。第一根逆向插入（a），第二根顺向插入（b）。

可能靠近钢针穿出的位置）（图5-52）。这样的话，如果需要移除植入物，比较容易发现钢丝结，而且手术时需要的切口也比较小。该方法的缺点是钢丝结部位的钢丝一端通常会比较紧，同时另一端不会完全与骨接触。因此，当肌腱产生收缩力时，环扎钢丝会一点一点适应，这样就会失去其原有的张力。

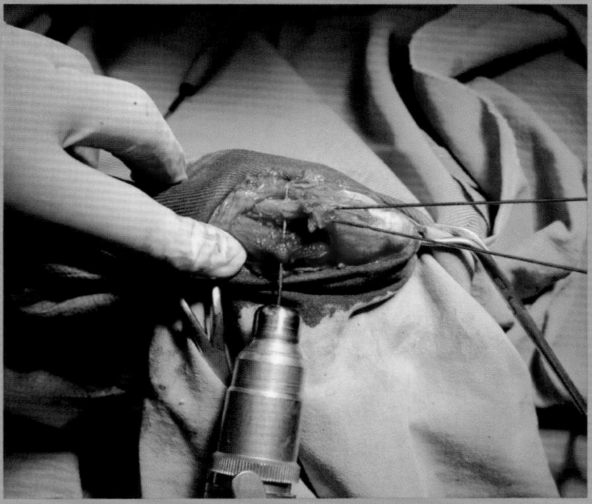

图5-49　在主要骨片上钻孔。应该注意钻孔位置距离骨片边缘的最小安全距离是5mm，以免发生骨皮质裂开。

为了尽可能减少这种问题的发生，在收紧前，应将钢丝从穿出的孔两侧紧贴骨面。使用复位钳或老虎钳很容易完成这种操作，将钢丝的一端紧靠另一端（图5-53）。

b. **双环：**这个过程包括同时各自收紧每个线环。

两个结都必须拧紧，结分别位于钢针两侧。这样，每个结负责收紧每一侧线环的末端，而且张力可均匀分布，最终使线环自身能良好地与骨面相适应（图5-54）。一旦收紧环扎钢丝，要将钢丝的末端剪去并折弯，至少保留三个拧距，这样可防止其松动，折弯的方向应朝向骨面，以免伤及周围的软组织（图5-55）

紧接着，剪断钢针并将剩余部分折弯成钩状，确保张力带不松脱（图5-56）。理论上来讲，折弯的方向应该与张力带牵拉的方向相反（图5-57）。缝合软组织和正确锚定钢针之前，建议使用锤子轻轻敲击钢针，使折弯部分尽可能与骨面相贴。确定环扎钢丝与肌腱的位置关系非常重要。如果钢针放置位置不当，当收紧钢丝时可能会切断肌腱。

有时候为了避免这种情况的发生，可选择将环

图5-50　用钻导作指引便于将钢丝插入钻孔。但是必须注意钻孔后不能移动钻导。

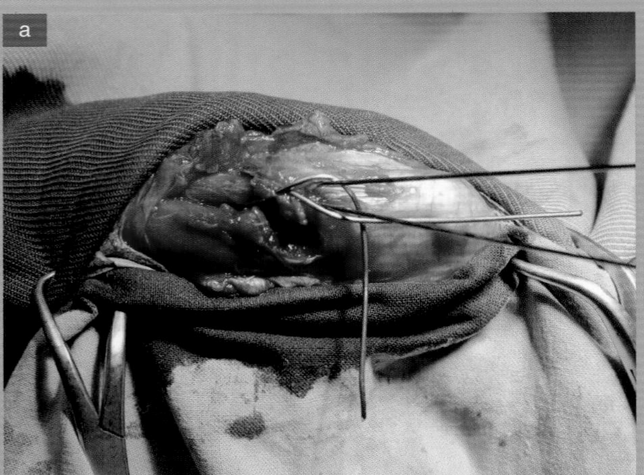

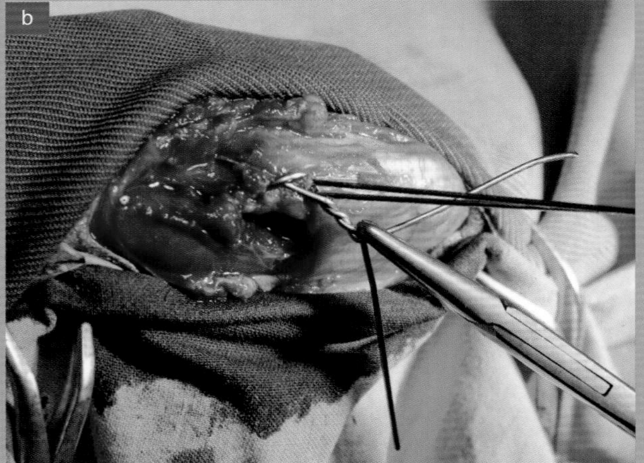

图5-51　用单环拧紧钢丝。

图5-52　注意钢针附近钢丝结的位置。

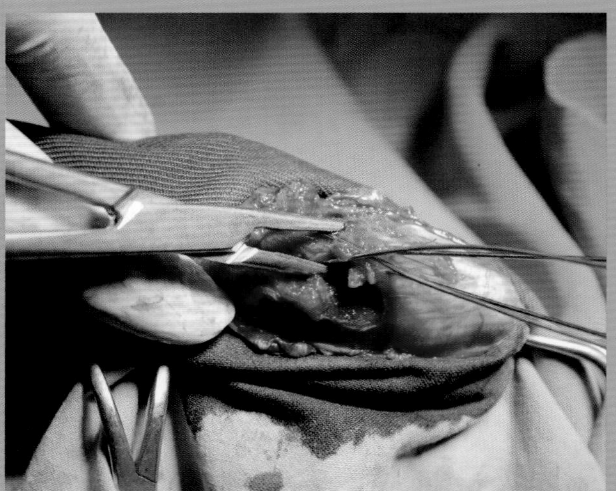

图5-53　拧紧钢丝之前调整环扎钢丝的操作。即用复位钳或老虎钳将钢丝紧贴骨面。

扎钢丝穿过撕脱性骨折断片上的钻孔来替代绕过钢针末端进行的固定（图5–58）。

一般认为张力带钢针仅在环扎钢丝下的骨折部位产生压缩力。根据张力带原则，这种观点是完全错误的（见52页）。每次在分离的骨折片段受到肌腱韧带的牵拉时，可通过钢丝自身延长所产生的阻力进行抵消。

此外，这些力部分被重新定向到钢丝放置一侧（张力面）骨的对侧皮质骨。也就是说，在与植入物放置部位相对的皮质骨上产生了压缩力。这有利于骨化作用的产生（力矢量中的位移产生）。在这种情况下，钢针只承受肌腱牵引方向的弯曲力。因此，将对侧皮质骨设为钢丝放置部位非常重要。相反，钢针会弯曲甚至断裂（图5–59）。

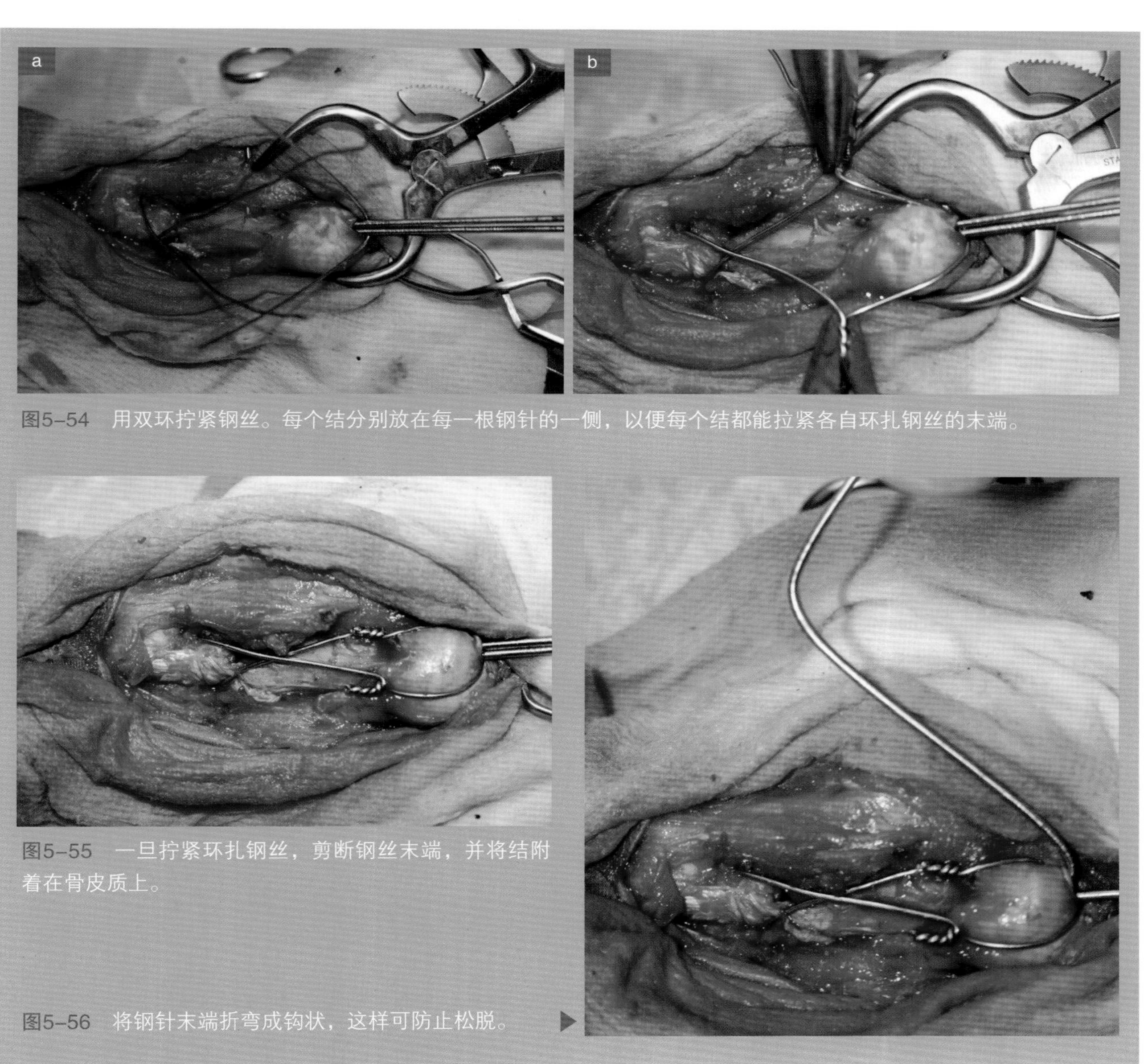

图5–54　用双环拧紧钢丝。每个结分别放在每一根钢针的一侧，以便每个结都能拉紧各自环扎钢丝的末端。

图5–55　一旦拧紧环扎钢丝，剪断钢丝末端，并将结附着在骨皮质上。

图5–56　将钢针末端折弯成钩状，这样可防止松脱。

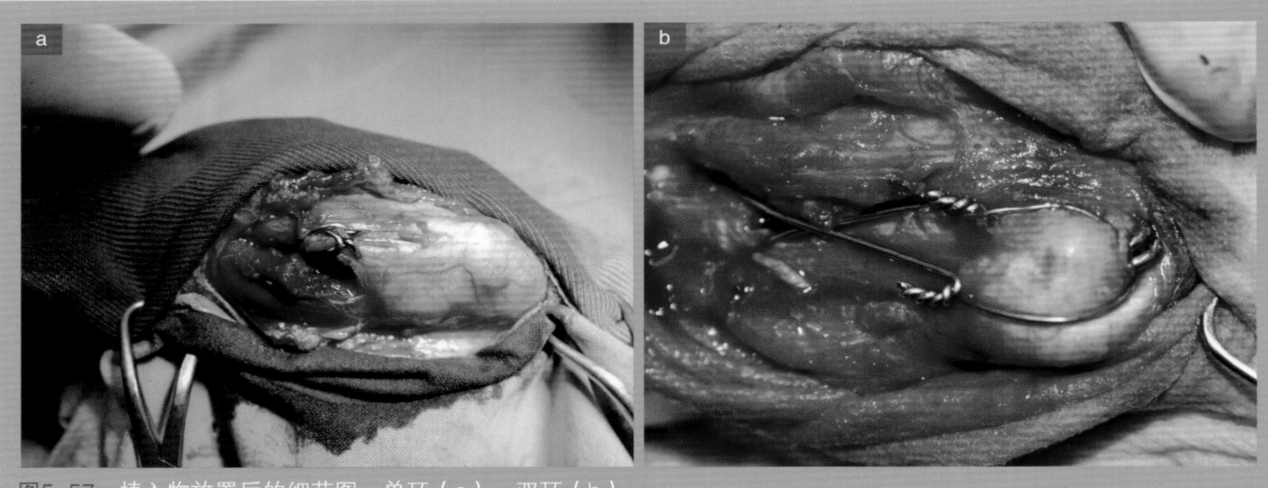

图5-57 植入物放置后的细节图：单环（a）；双环（b）。

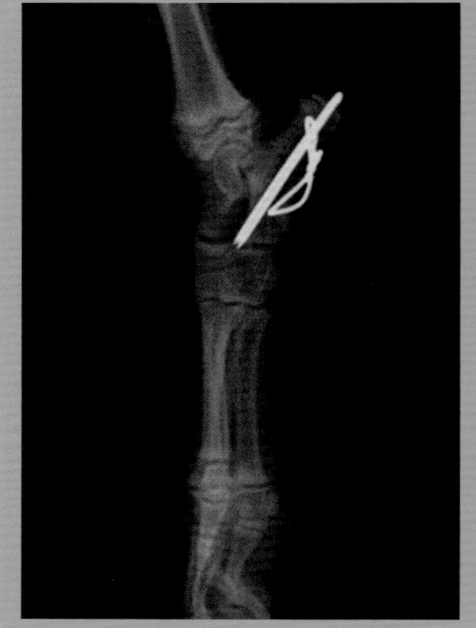

图5-58 通过两个钻孔在跗骨放置张力带钢丝后的侧位X线片。

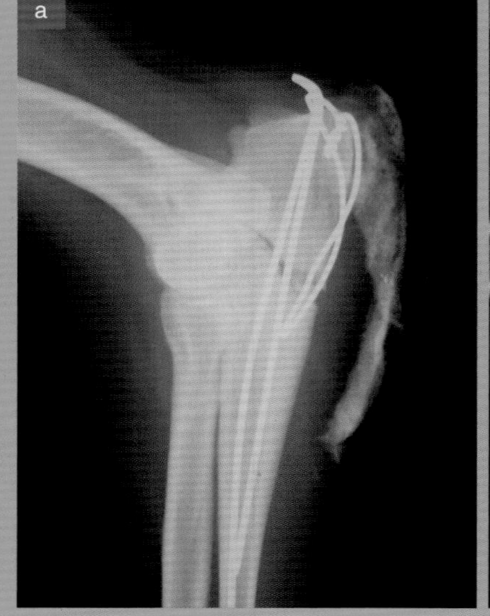

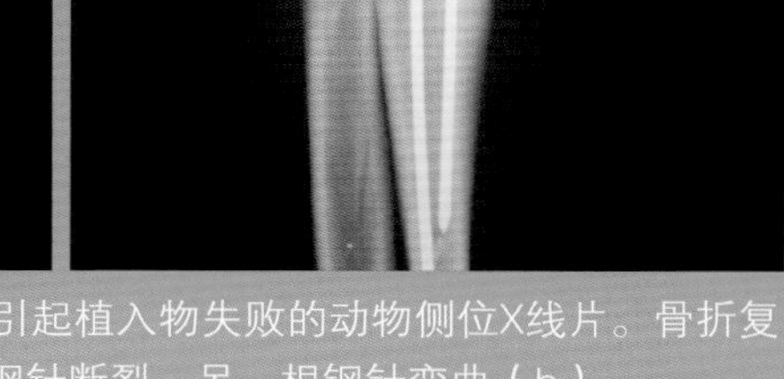

图5-59 由于骨折部位不充分复位引起植入物失败的动物侧位X线片。骨折复位后的X线片（a）。注意其中一根钢针断裂，另一根钢针弯曲（b）。

外固定支架

外固定支架包含了一系列的骨固定系统，其共同特点是，在体外为骨折固定提供稳定的系统。

这一固定系统的原理与之前研究过的其他系统不同，但后面章节会学到的锁定钢板，其功能就像一个外固定支架。

前面描述的植入物基本上以一种刚性的方式稳定碎片，以阻碍骨折部位的任何运动。然而，该系统力图将骨折部位的不良运动最小化，并在可能的情况下允许有利于骨愈合的运动。也就是说，它阻止了旋转和剪切的运动，但是当骨折部位负重时允许其存在类似的运动。患肢每次负重时，两个主要的骨片就会向骨折线靠近，这样就会使垂直的钢针轻度折弯，因此需要在骨折线部位留出一定的空间。当负重消失时，它的正常弹性会将两个片段返回到起始点。这种与骨骼纵轴方向相同的“手风琴效应”有利于愈合。

所以，使用这种骨固定系统时，骨折部位的愈合与其他固定系统相比更依赖于患肢的使用和负重，记住这一点是很重要的。

组成

一般来说，一套外固定支架系统包括下列部件：

- **经皮钢针：**穿过两侧皮质骨的钉或钢针。根据外科医生的需要，一个或两个钢针末端要从皮肤中伸出来。

  为了在皮质骨中实现最佳的锚定，有时这些固定针有螺纹，最好是阳螺纹，要么在末端，要么在中间（图5-60）。使用阳螺纹，也就是比植入物其他部分直径更大的螺纹，可以减少力的集中，部分避免了对固定针造成张力，从而避免了破坏固定针的风险（图5-61）。

  固定针通常从最远端向最近端编号。

- **连接装置：**位于皮肤外部的连接杆，将经皮钢针固定在正确的位置。这些结构主要负责承受固定支架的载荷。尽管它们通常是由钢或碳纤维材料制成的，但它们可以由不同的材料制作（图5-62）。

  这些结构，在某些情况下，是环形的，被称为Ilizarov固定支架（图5-63），或者有更复杂的装置，可以实现固定针的分离和延长等（图5-64）。

- **连接夹：**建立钢针和连接杆的连接。它们基本上是由两块金属组成的，当它们互相挤压时，会将固定杆和经皮钢针连接在一起，直到完全固定。在兽医临床上，最常用的是Maynard夹，因为它们成本很低（图5-65）。还有另一种类型的连

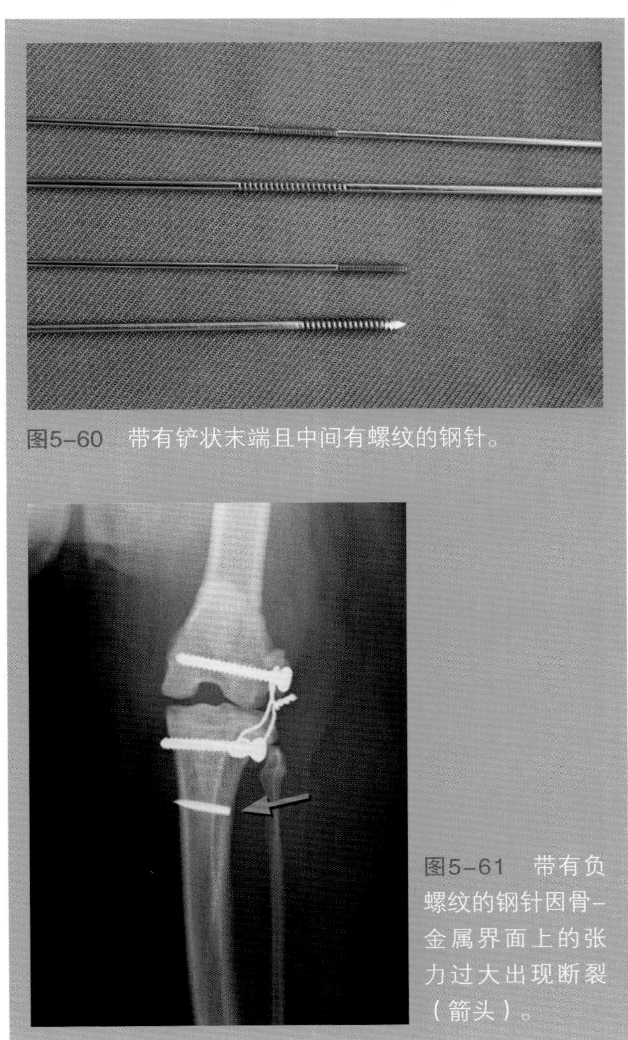

图5-60　带有铲状末端且中间有螺纹的钢针。

图5-61　带有负螺纹的钢针因骨-金属界面上的张力过大出现断裂（箭头）。

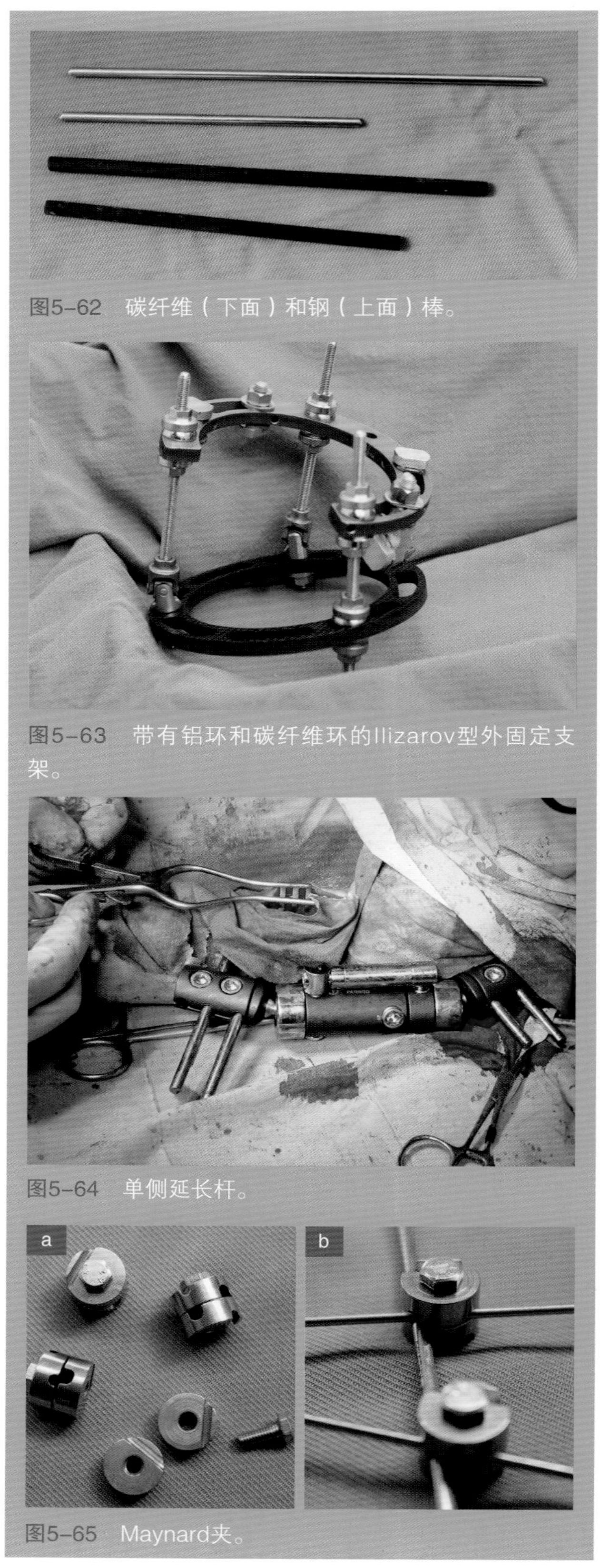

图5-62　碳纤维（下面）和钢（上面）棒。

图5-63　带有铝环和碳纤维环的Ilizarov型外固定支架。

图5-64　单侧延长杆。

图5-65　Maynard夹。

接夹，成本要高得多，但稳定性更好，尽管每个制造商都进行了自己的改造（图5-66），通常被称为K-E型连接夹。

- **关节**：建立连接杆中间的连接。它们不常使用，其作用是为三维或混合固定支架提供旋转稳定性。

甲基丙烯酸甲酯外固定支架

连接夹和连接杆都可以用甲基丙烯酸甲酯代替。这些聚合物能很好地附着在钢针上，其刚性能使钢针十分稳定（图5-67）。

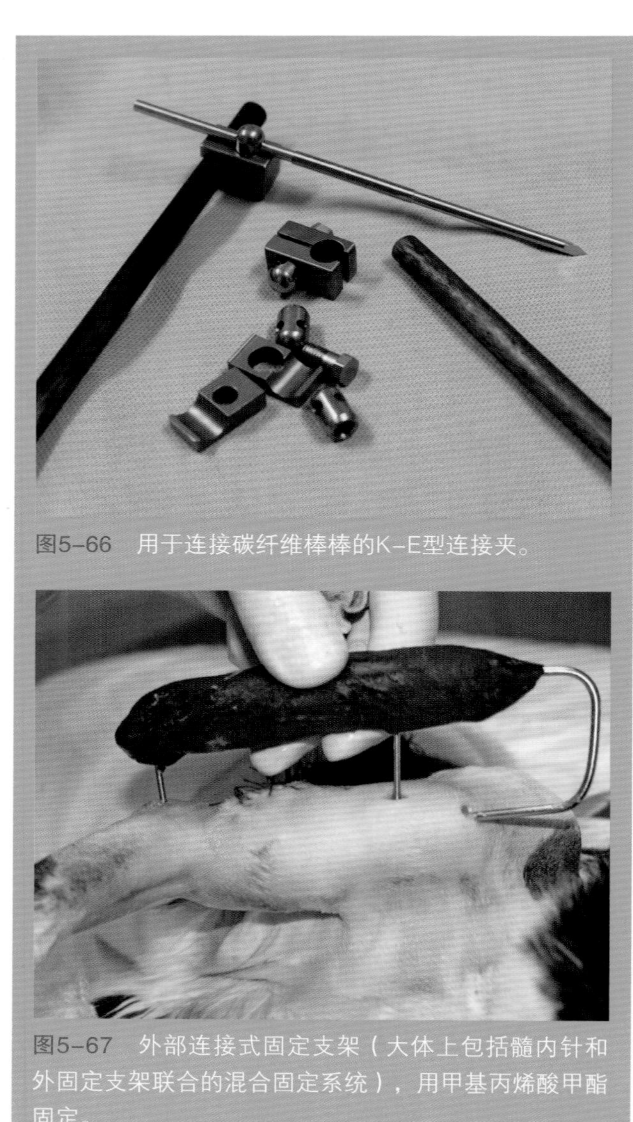

图5-66　用于连接碳纤维棒棒的K-E型连接夹。

图5-67　外部连接式固定支架（大体上包括髓内针和外固定支架联合的混合固定系统），用甲基丙烯酸甲酯固定。

该系统具有一些优点，在某些情况下会有很大作用。首先，由于没有连接夹和连接杆，系统的总重量会下降，这对于小动物非常有用，主要用于异宠。在这些情况下，带有碳纤维固定材料的固定支架也很有用。

甲基丙烯酸甲酯外固定支架是由可塑材料制成的，不像传统固定支架的连杆是直的（刚性的），它具有可塑性。如果外固定支架用于暂时固定关节，或进行下颌骨骨折固定，这种特殊的特点可能有用（图5-68）。如果固定材料是钢制的，这种结构也可以通过弯曲连接杆来实现（图5-69）。在使用碳纤维棒的情况下，这种选择是不可行的；也不推荐使用钛棒。

甲基丙烯酸甲酯外固定支架的另一优点是可以使用不同直径的经皮钢针。当它们设计用于特定的针-杆组合时，利用连接夹是不可行的。在一些K-E型连接夹系统中，这个问题不太重要，因为某些钢针直径的变化是可以接受的，但是并不包括Maynard夹。

最后，经皮钢针穿出后使用甲基丙烯酸甲酯形成一个单一平面并不是强制性的要求；这是固定连接杆时的必要条件。在这种情况下，由于这种材料很轻，所以可将其制作成一个足够厚的圆柱体完全包住固定针的两端。

外固定支架的类型

外固定支架的类型多种多样，主要取决于钢针、连接杆的数量或固定支架的外形。

单面单侧外固定支架（Ⅰ型）

也被称为单侧外固定支架。针穿过骨的两个皮质骨表面，但仅穿透一侧皮肤。连接杆仅放在骨的一侧（图5-70）。

对于那些因为解剖学因素不能在肢体（主要是肱骨和股骨）另一侧放置连接杆的位置，这种固定支架是治疗骨折的最佳选择。髓内针通常用于这些部位的骨折。这种支架对下颌骨或盆骨骨折的治疗也有作用。

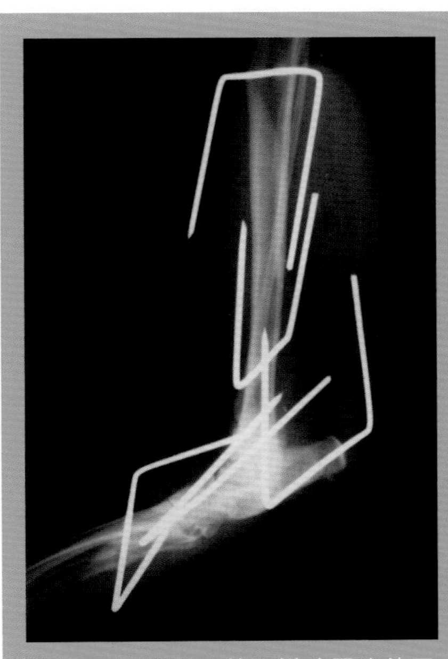

图5-68　使用甲基丙烯酸甲酯外固定支架在跗骨的功能位置暂时稳定跗关节。

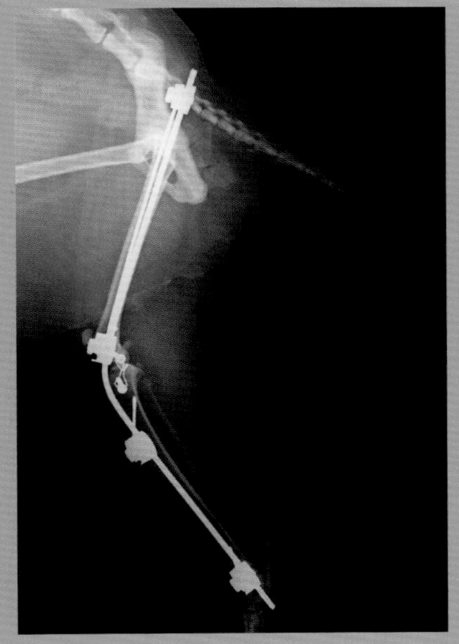

图5-69　通过弯曲连接杆在膝关节的功能位置上对其暂时固定。

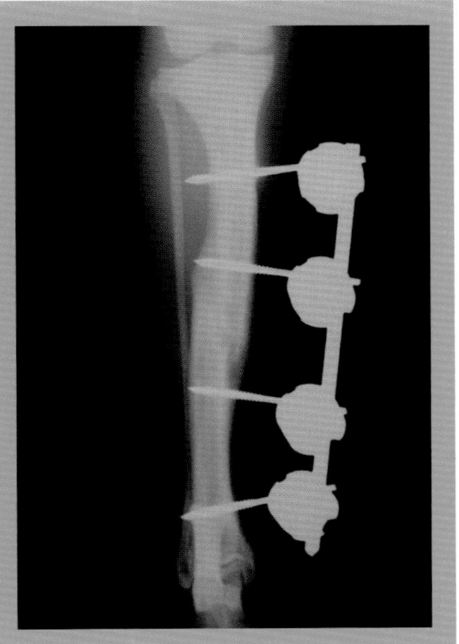

图5-70　胫骨的单面单侧外固定支架。

考虑到这种固定支架的相对稳定性，应该使用直径最大的钢针，如果可能的话，使用带阳螺纹的钢针来增加对骨的固定强度。当应用没有螺纹的经皮钢针时，可以按照一定的角度插入钢针以免松动，尽管很难达到最佳固定，但一般两根钢针的角度应该大于60°（图5–71）。

单面双侧外固定支架（Ⅱ型）

也被称为双侧固定支架。固定针穿过两个皮质骨表面和两侧皮肤表面。连接杆被放置在患肢的两侧（图5–72）。

这种类型的固定支架大部分用于桡骨和胫骨骨折。考虑到其轴向力仅能使固定针产生轻微弯曲，因此，该类型比Ⅰ型固定支架更稳定。负载在两个连接杆之间对称分布，当钢针像轮式车辆中用于悬挂的钢板弹簧一样折弯时，这种负载会被其吸收。

三维外固定支架（Ⅲ型）

又称“帐篷顶”固定支架。它由前两种固定支架垂直放置组合而成。连接杆用其他通过关节连接的连接杆固定在一起（图5–73）。

该系统具有良好的刚性，因此常用于不稳定骨折或需要很长时间才能骨化的骨折。它的三维结构阻止了侧向移位或“抽屉样”活动，这些运动在使用其他类型固定支架时更可能发生。同样，由Ⅱ型固定支架产生的“弯曲”运动也能得到稳定。

双面单侧或双面外固定支架

该固定支架由两个接近相互垂直放置的Ⅱ型外固定架组合而成，要使用次级连接杆和关节连接进行固定。这种结构更好地减少了各种运动，同时也减少了结构的重量。当将连接杆以90° 角放置时，它们的尺寸会缩小，这样就可以放置在不能使用Ⅱ型和Ⅲ型固定支架固定的骨上（适用于单侧外固定支架不能提供足够稳定性的骨折）。

混合式支架

外固定支架允许多个支架进行组合，但要考虑其结构是否适合手术人员的需求。最常见的配置之一是搭接。

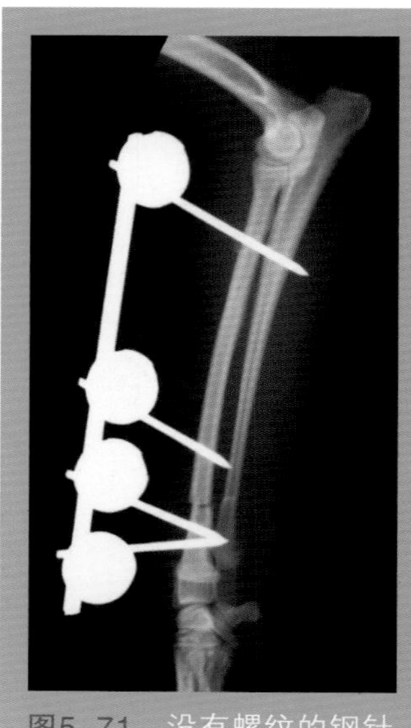

图5–71　没有螺纹的钢针不应该相互平行放置，以避免系统过早松动。

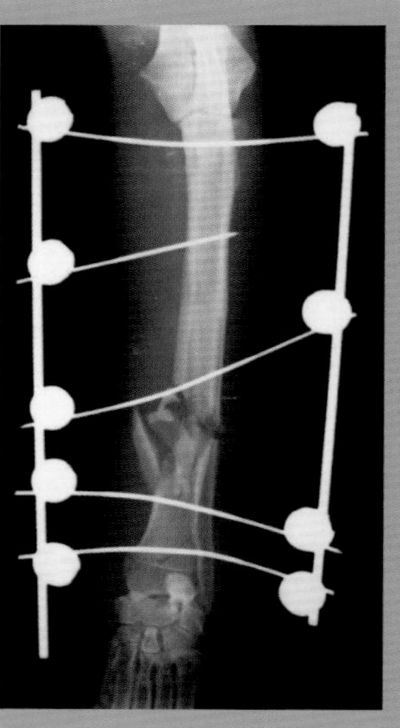

图5–72　固定桡骨的单面双侧外固定支架。

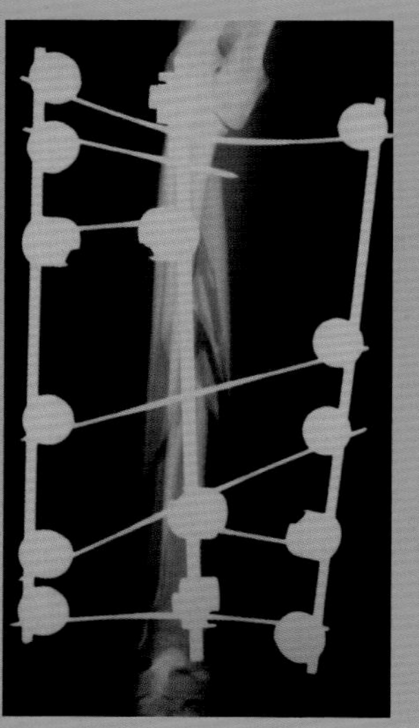

图5–73　固定桡骨的三维外固定支架。

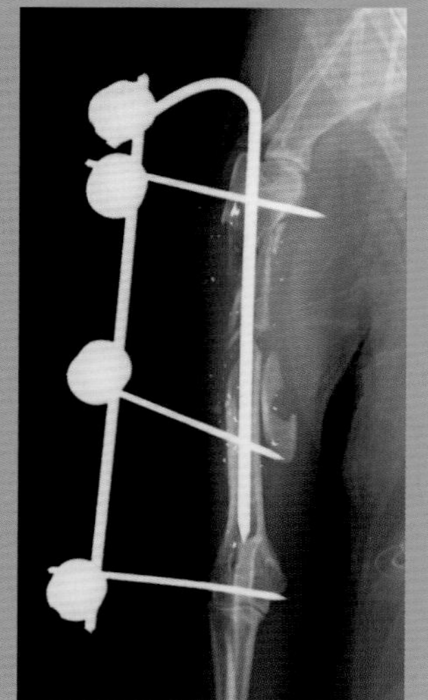

图5–74　连接式外固定支架。请注意，髓内针和连接杆构成了一个单一元件。

该系统主要包括髓内针与单面单侧外固定支架的联合。其特点是髓内针可与连接杆进行连接。这种组合类似于双侧单面固定支架，其中一根连接杆被引入了骨髓腔。只要经皮钢针穿透皮质骨，就可避免髓内固定系统的移位（图5–74）。

在某些情况下，主要是在处理肱骨或股骨骨折时，因为这些骨的特殊解剖结构，可根据骨折的稳定性，添加连接杆以提供更大的稳定性。用这种方法也可组成混合式支架（图5–75）。

外固定支架应用的技术

所有外固定支架的使用要求在每个主要骨碎片上必须至少有两根钢针。如果只使用一根钢针，外固定支架就会像一个铰链，骨会发生旋转，这将导致固定缺乏稳定性。如果能将外固定支架与阻止上述运动的补充系统相结合就可以解决这个问题。最典型的例子是髓内针与单侧外固定架的联合使用。

首先，将针插入离骨折部位最远的位置（近端和远端），即把4根经皮钢针中的1号和4号分别插入最远的位置（图5–76）。为了使固定支架达到最稳定的状态，这两根固定针应尽可能靠近骨骺，这样固定支架会覆盖尽可能长的骨体。

当把经皮钢针钻入合适位置时，注意不能牵拉周围的软组织。因此，在放置前，用手术刀在皮肤上做一个小切口，直接分开组织到骨。

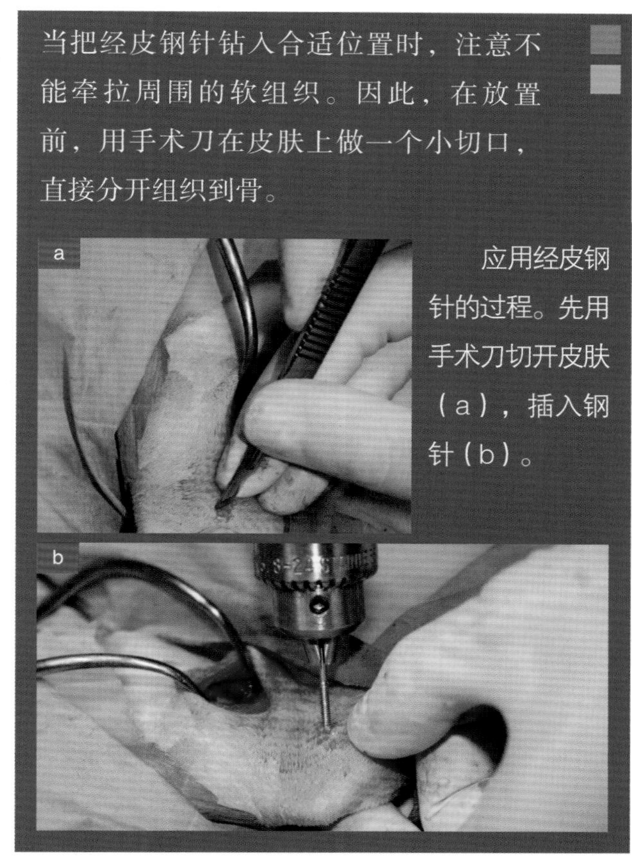

应用经皮钢针的过程。先用手术刀切开皮肤（a），插入钢针（b）。

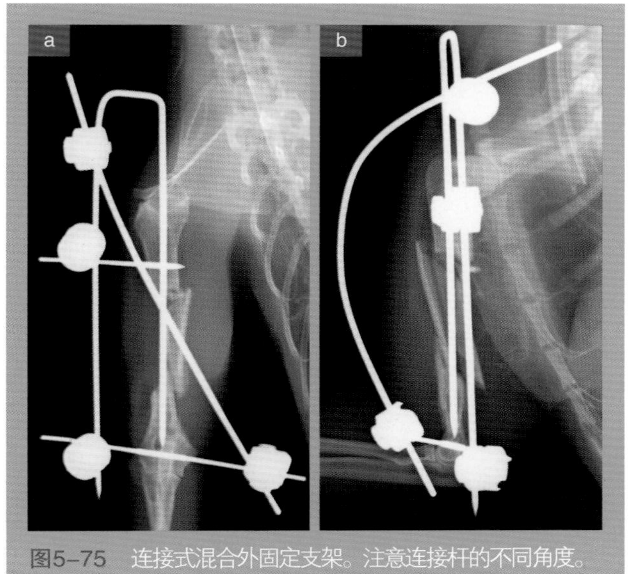

图5–75　连接式混合外固定支架。注意连接杆的不同角度。

一旦将钢针固定在骨的两端，就必须用连接夹将其固定在连接杆上（图5–77）。连接夹放置在连接杆的内侧或外侧，即连接杆与皮肤之间，或固定系统的外侧，对外固定支架发挥正常功能不起决定作用。然而，将Maynard夹放置在连接杆外可提供更好的稳定性，K–E型连接夹应放置在连接杆与皮肤之间。

一般来说，钳夹与皮肤之间应保持1厘米的距离，以避免皮肤结痂，特别要考虑术后患肢大多会出现炎症反应。

一旦组装好第一个结构，在使用Ⅱ型固定支架时，这种结构就像一个框架，此时，可以适当移动骨折断端的位置以便正确复位。可在向两侧牵引经皮钢针的同时移动主要骨折片段来完成复位。

为了将这个结构处于最佳位置，有两种方法可供选择：

a. 开放性复位时可直接观察；

b. 闭合性复位时，以骨突起的位置和关节运动的正确方向为参考。

一旦确定了固定支架放置的具体位置，剩下的经皮钢针就很容易放置（图5-78）。为了便于操作，可以在连接杆上使用一些连接夹，作为支撑点并引导打入其余的经皮钢针。

插入钢针时，必须要考虑到，当穿透皮质骨时，植入物的尖端与骨之间的摩擦会产生热量。如果温度上升超过某一温度点，就会导致该区域周围的骨组织因过热而坏死。这种现象称为热坏死（图5-79）。当骨细胞死亡时，骨会变脆甚至会引起植入物周围的骨坏死，从而使骨固定系统提前松动，患肢负重时就会疼痛。

放置外固定支架时必须考虑的一些基本要求：

- 一般来说，所有经皮钢针必须拧进骨内，如果两边都突出于皮肤外，则需要钢针的中间有螺纹，如果仅刺穿一侧皮肤，螺纹应该在前端。
- 尽管钢针不穿透两侧皮肤，但植入物必须穿透两侧的皮质骨；否则稳定性较弱，会出现侧向移动。这是由于没有螺纹的钢针或钉的抓力取决于骨-金属界面的摩擦系数。当肢体承重时，在皮质骨和钢针之间接触的点上产生的摩擦力就会被吸收。这将导致钢针周围的骨质逐渐减少，慢慢地扩大孔洞，最终导致钢针松动。如果钢针过早松脱，动物在承受四肢的重量时就会感到疼痛，因此就不会产生有利于骨化的负荷。另一方面，

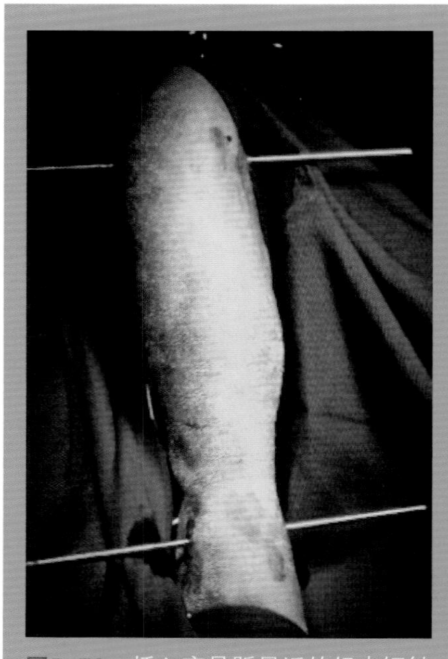

图5-76　插入离骨骺最近的经皮钢针1和4。

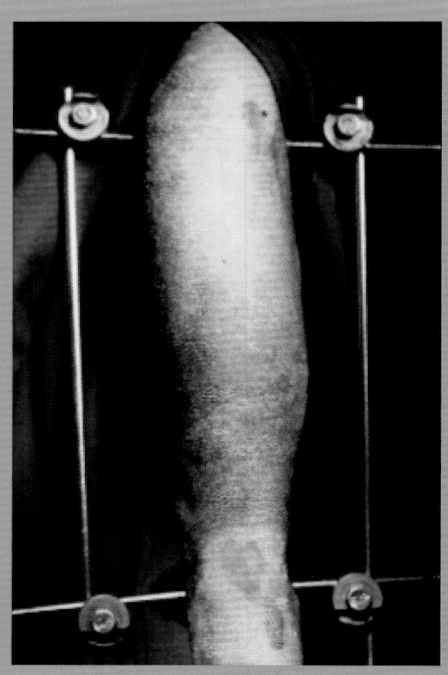

图5-77　将钢针1和4固定在连接杆上。

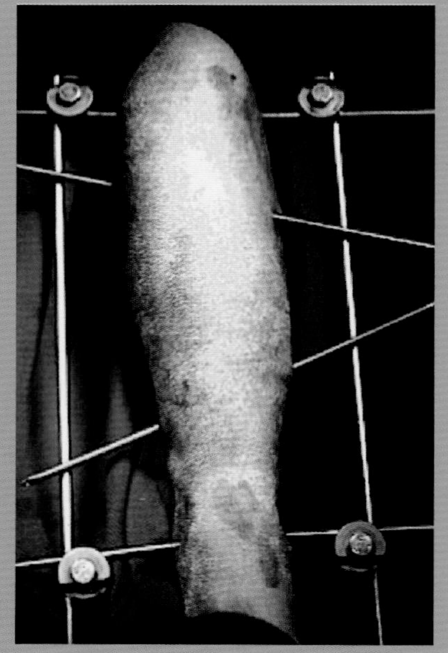

图5-78　放置由连接杆支撑的钢针2和3。

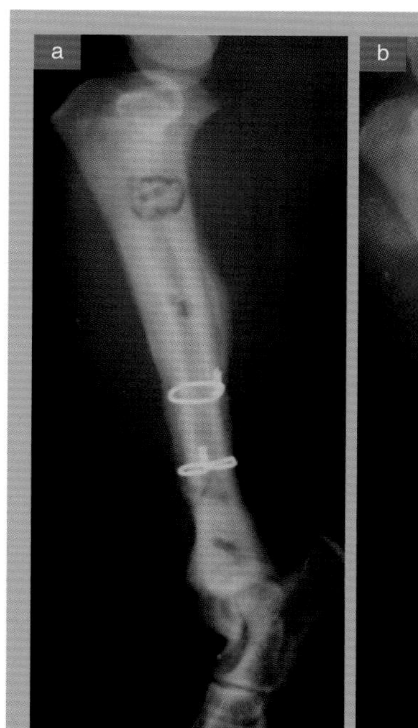

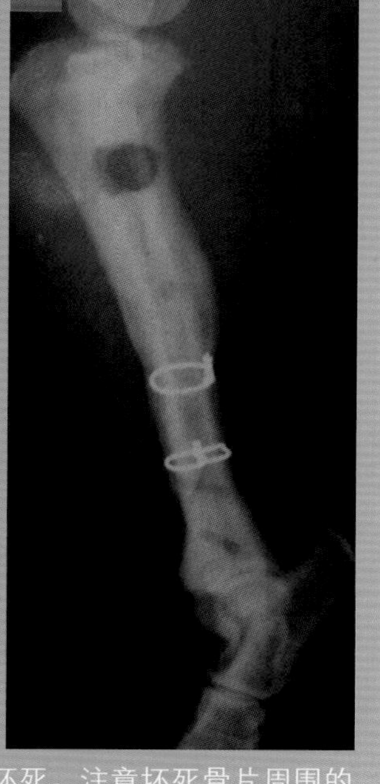

图5-79 骨过热引起的热坏死。注意坏死骨片周围的射线可透性（a）。去除腐骨片后的X线片图像（b）。

过热取决于多种因素：

- **钢针的直径**：直径越大摩擦力越大。在插入钢针之前，建议先用直径较小的钻头在骨上穿孔。这种操作主要是在钢针直径超过1.5毫米时使用。
- **钻孔速度**：速度越大，摩擦越大。钻孔速度不应超过150转/分。用于骨固定术的钻头通常不会超过这个转数。但是，在使用其他改装的钻时需要谨慎。
- **摩擦时间**：时间越长，发热越多。当植入物尖端对骨施加较大压力时，钻孔速度会加快，摩擦时间就会减少。
- **钻头类型**：有些钻头会减少过度产热。
- **骨的硬度**：骨越硬钻孔时产生的热量就越多。在对成年动物进行手术或经皮钢针植入骨干时应进行防范。干骺区和骨骺区是由被一层非常薄的皮质骨覆盖的松质骨形成的，因此，这些区域不容易产热过多。

当经皮钢针松动时，整个固定支架可能会侧移，即外固定支架的“抽屉样”移动（图5-80）。

- 虽然我们之前已经讨论过使用带螺纹钢针的优点，在每个主要的骨折片段上至少使用一个，如果使用光滑的钢针，不应该以平行方式排列。也就是说，在使用4个经皮钢针的Ⅱ型固定支架时，为了防止钢针发生侧向移位，1号和2号固定针之间需要保持一定的角度，同样3号和4号固定针之间也要保持一定的角度。但是，2号和4号固定针可以平行放置，因为它们将被固定在不同的骨折片段上。
- 另一个重要方面是钢针在骨长轴上的分布。如前所述，固定支架应覆盖尽可能多的骨长，即两端的钢针应放置在骨骺或干骺端。
- 出于同样的目的，离骨折部位最近的钢针应该放置在离骨折线近的地方（越近越好）。当然，在经皮钢针与骨折边缘之间要留有一定的安全空间（至少3～5毫米），以便在穿入皮质骨时不会形成新的骨折线。
- 如果外科医生选择进行开放式复位，应注意不要将钢针放置在手术切口区域，因为这会导致愈合延迟。

一旦所有的钢针都安装到位，就用相应的连接夹将它们固定在连接杆上，并尽可能拧紧。

如果此时认为有必要，可以进行X线检查评估手术结果。如果满意，可将经皮钢针的两端剪断并

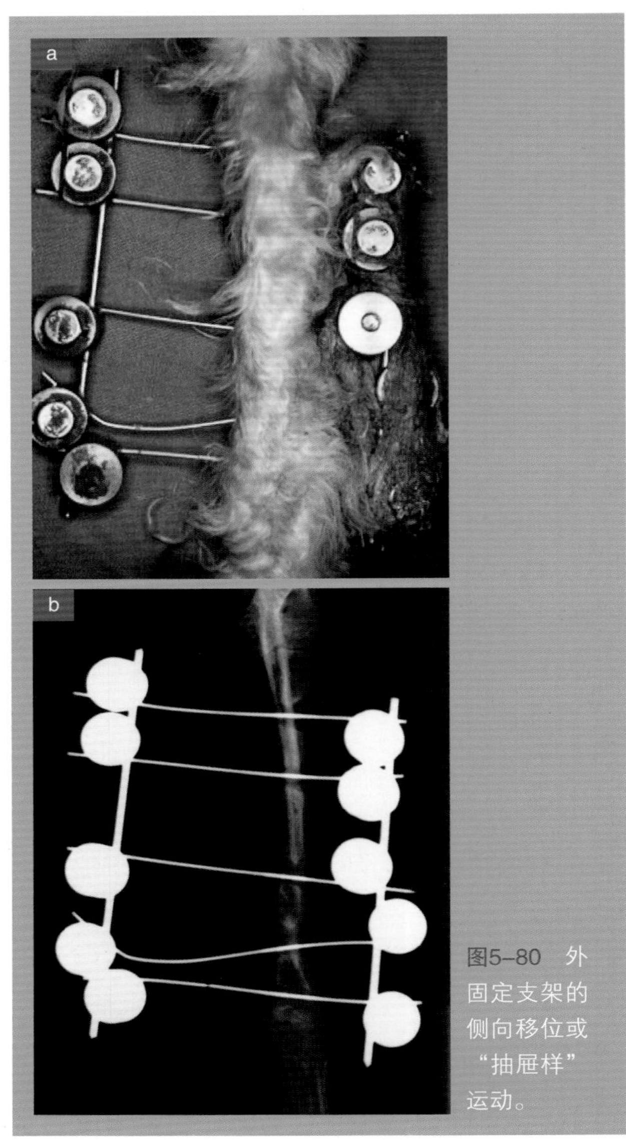

图5–80 外固定支架的侧向移位或“抽屉样”运动。

用连接夹将其末端连接平整，以避免对患者或患者附近的物体造成任何损害。

重要的是，当插入钢针时，外科医生要对解剖结构有深入的了解，以避免伤及重要结构（主要是血管和神经）所在的区域。同样，也要避免穿过重要的肌肉群。这将导致动物不适，增加钢针周围产生的渗出液，以及由于不断运动而导致植入物的过早松动。理想的插入区域称为安全走廊。

安全走廊：解剖区域的轨迹，在此处插入经皮钢针损伤重要结构（如神经或血管）的可能性较低。

外固定支架应用的优点

使用外固定支架的主要优点之一是成本低，因为许多组件可以重复使用。此外，不需要在特定的器材或材料存储上进行大的投资。

另一方面，必须考虑的是，虽然植入物的价格较低，但在术后必须对接受外固定支架治疗的动物进行更密切的监护，而且必须进行第二次手术来移除植入物。与接骨板固定系统相比，其成本实际上是一样的。

该技术与所有外科技术一样，必须严格无菌操作。在这个意义上，它的主要优点是可保持周围软组织的血供和完整性，从而使医源性感染的可能性最小化，这样可缩短骨愈合时间。

该系统的另一个优点是可以在不暴露骨折部位的情况下稳定骨折。但是，如果需要切开复位，可以采用比使用其他固定方法（主要是钢板）时更小的入路。这是因为只在必须与其他固定系统联合应用的部位或确认骨折部位正确复位的区域才需要暴露。

当处理开放性骨折时，外固定支架也具有一些有意思的优势，这些内容将在后面的骨折类型部分中进行阐述。

外固定支架类型的选择

在选择合适的接骨系统时，应以最少的接骨材料获得最大的稳定性为宜。没有固定的规则，一切都取决于骨折的稳定性、患病动物的年龄、受影响的骨骼和固定支架的制造商等。因此，在选择固定支架时，必须进行多方面考虑。

解剖学限制

必须考虑患肢的解剖。从解剖学角度来看，考虑到不能在内侧面放置连接杆，因此，双侧单面固定支架不能用于股骨骨折。双平面固定支架也不能用于此处骨折，因为在骨的前后都有强有力的肌肉，钢针不能穿过。因此，Ⅱ型固定器的使用仅限于肘关节和膝关节远端区域的固定。

在某些情况下，股骨和肱骨的远端可承受在内侧使用连接杆（图5-81）。可以利用这种可能性进行混合式固定（结合不同类型的固定支架）。

经皮钢针的直径与数量

从力学上讲，经皮钢针的直径越大，骨折部位的稳定性就越好。但如前所述，外固定支架固定并不能达到绝对刚性。

钢针的粗细存在一定的解剖学限制。超过骨直径三分之一的钢针不能使用。如果使用，针孔就会减弱皮质骨的机械阻力并产生随之而来的骨折风险。

关于每个骨碎片上应用钢针的数量，实验证明钢针越多，稳定性越好。这是因为受力分布更合理，这样可以减少骨与固定针界面的应力。因此，钢针能够在更长的时间内保持稳定。应用较多钢针的另一个优点是前后活动会得到很好的改善。

连接杆

连接杆是真正赋予固定支架稳定性的材料。当一个外固定支架有更多的连接杆时，它的抗变形能力就会更强。问题是骨并不总能承受所有的结构。能够部分补救这个问题的一种方法是增加一根与已经放置好的连接杆平行的临时连接杆（图5-82）。这种结构也表现出了另一个优点，几周之后可以移除临时连接杆，这样可使骨的负重增加，反过来又利于骨化形成。这称为外固定支架的动力化。

另一个重要内容是使用连接杆的类型。一般来

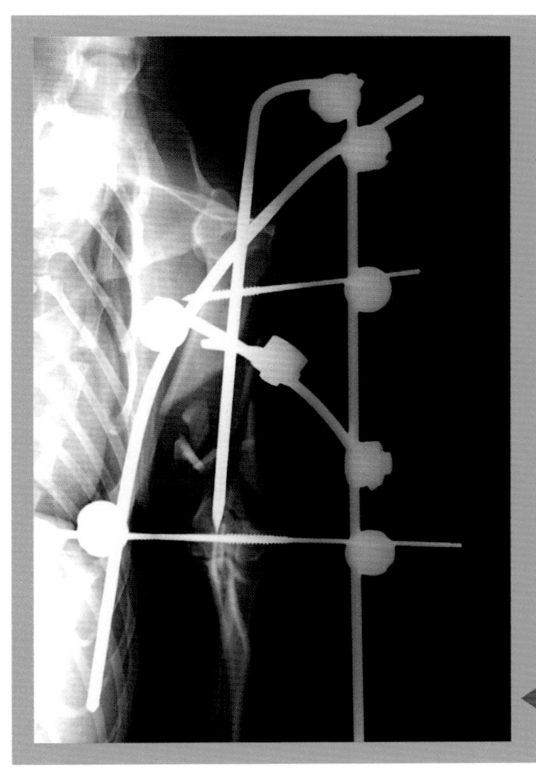

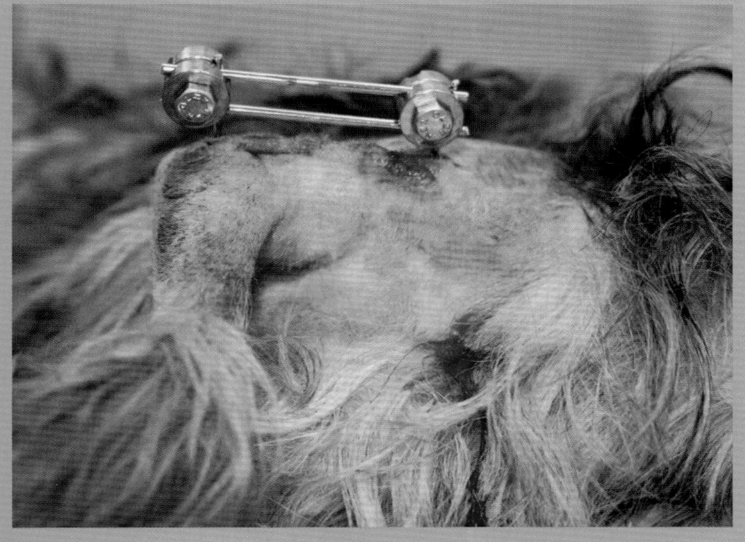

图5-82　用双连接杆固定的单侧外固定支架。双连接杆提供了对抗外固定结构的阻力。

◀ 图5-81　在一个混合连接外固定支架中放置在肱骨远端骨骺内表面的连接杆。

说，金属更有弹性（钢，比钛更重，更硬）。碳纤维棒非常轻，因此可以使用更大的直径。2～4毫米直径的可用钢制材料，而4～10毫米直径的可用碳纤维材料。

由于碳纤维连接杆仅能使用K-E型连接夹（比Maynard连接夹更稳定），因此如果使用碳纤维连接杆，就不能用结构复杂的支架，因为这个系统的刚性过大。

外固定支架的动力化：
包括逐步移除与外固定支架相连的临时连接杆，这样骨骼支撑的重量增加，骨愈合得更快。

患病动物的年龄

一般来说，年轻动物的骨折愈合更快，这意味着固定支架的使用时间更短；因此：

- 如果选择无螺纹经皮钢针，将没有时间使骨-钢针界面处的植入物松动。
- 另一方面，由于年轻动物的愈合潜力更大，可以使用硬度稍差的结构进行固定；骨折部位的相对不稳定性可以得到弥补。

因此，必须考虑到年龄-愈合速度，根据患病动物的年龄应用更结实的支架。

骨折的类型

关于骨折类型，最重要的一点是骨折复位后的稳定性。

将外固定支架与骨作为一个相互联系的生物力学系统是非常重要的。该系统的稳定性不仅取决于外固定支架的外形，还取决于骨片之间的接触，以及骨折部位在愈合过程中所达到的稳定性。

对于粉碎性骨折或使用外固定支架拉长骨骼的骨折，所有的稳定性将取决于外固定支架。在这种情况下，固定支架承受着肢体所承受的所有轴向载荷。这些力将在骨-钢针界面上产生应力区域，因此，会导致随着钢针的松动而产生骨软化。因此，对于这种类型的骨折，通常建议使用三维固定支架，以及带有螺纹的经皮钢针。

如果骨折片段之间有接触，轴力将部分转移到皮质骨。在这种情况下，固定支架只能补偿部分载荷力，以及旋转、撕裂和剪切力。

当处理能够复位的横骨折或短斜骨折时，轴向载荷几乎可以完全从一个主要骨碎片转移到另一主要骨碎片。因此，在这种类型的骨折中，外固定支架必须要补偿的主要是折弯力和旋转力。

但是，如前所述，必须考虑到只有一个小平面的短斜或横骨折不能很好地承受失稳。骨碎片的任何运动均可转化为骨折线之间出现大的移位（每个线性骨折单元的高运动指数）。也就是说，尽管横向和短斜向骨折非常稳定而且容易正确复位，使用动力系统并不是理想的固定方案。

在某些情况下，外固定支架是治疗的最好选择，虽然不是唯一的选择。由于下面的原因，对于某些骨折这个系统与其他固定系统相比更有优越性：

开放性骨折

这种固定的主要优点之一是在骨折部位不引入任何的骨固定材料（在感染部位引入异物，会使坏死组织的清除和后期的愈合过程更加困难）。另外，在骨折部位可获得更好的血流重建，即经由骨髓腔在骨周围软组织内（使用骨板固定系统的缺点）形成新的血管。快速的血流重建有利于激活用于抵抗感染的细胞，这和使用抗生素有一样的效果。

在这类骨折中，尤其是Ⅲ级开放性骨折，外固定支架的另一个优点是它们可以直接治疗感染区域（图5-83）。

最后一个优点是，必要时，在采用其他治疗方法之前，有可能对骨折部位进行暂时固定。

严重的粉碎性骨折

至少有一个主要的骨碎片非常短，这就影响了使用接骨板固定系统的稳定性。

一般来说，外固定支架在明显不能复位的骨折治疗中可产生良好效果。在这些骨折中，每个线性骨折单元的移动指数非常低，即主要骨碎片之间的位移在多处骨折之间被分割，导致它们之间的位移非常小。

在这种类型的骨折中，通常使用闭合式固定技术，优先考虑骨的长度和排列，同时要保护好周围的软组织。另一方面，如前所述，需要更结实的固定结构。

下颌骨骨折

外固定支架在治疗下颌骨骨折中有很大的应用价值，其原因包括以下因素:

- 因为牙根的存在，空间有限。
- 下颌支尾侧皮质骨薄弱。
- 经常有多个骨碎片，且这些碎片通常很小。
- 由于口腔黏膜的开放，怀疑可造成污染。
- 牙齿之间需要完美的咬合。

由于所有这些原因，在这类骨折中最常用的一种方法是用甲基丙烯酸甲酯进行外固定支架的固定。

如前所述，这些材料相对于刚性连接杆的优点是，允许放置所有必要的经皮钢针而无须保持它们在一个平面上（图5–84）。

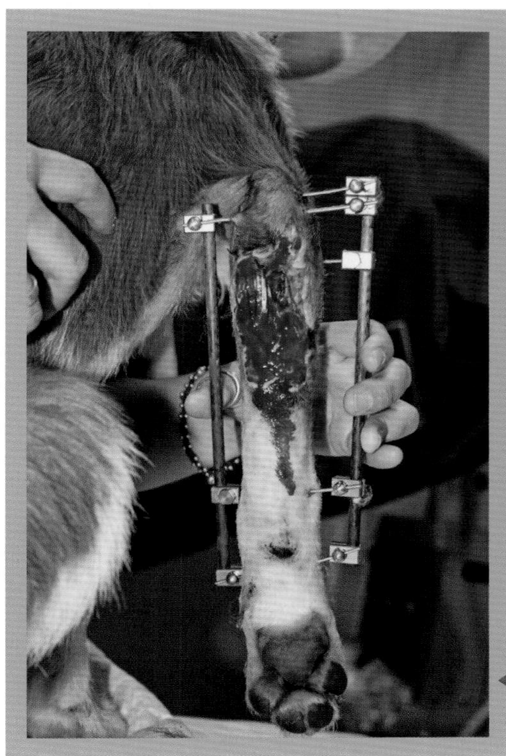

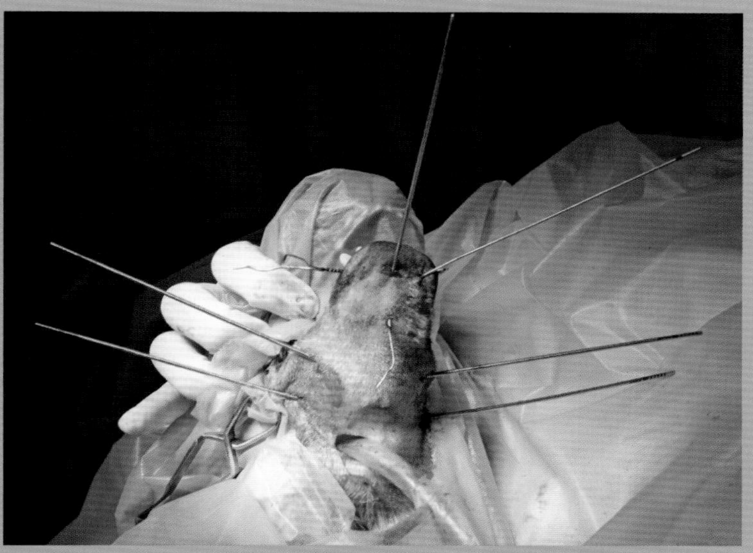

图5–84　在下颌骨骨折中，每个骨片上放置两根经皮钢针。

◀ 图5–83　咬伤引起的开放性骨折用外固定支架进行固定，可以看到有大量的软组支缺失。注意连接杆的放置不影响伤部的治疗。

一旦放置好钢针，闭上嘴即可获得完美的牙齿咬合。建议通过咽造口术进行插管，以避免气管插管妨碍正确的评估。之后，在保持患病动物嘴闭合的同时，使用甲基丙烯酸甲酯进行固定。应用甲基丙烯酸甲酯黏合剂固定有两种方法：

a. 将钢针末端折弯，并把半固态性状的黏合剂涂抹在固定针周围（图5-85）。

b. 将经皮钢针穿透硅胶管，并将液体性状的黏合剂灌注到硅胶管内（图5-86）。

采用甲基丙烯酸酯进行的外固定支架固定是固定下颌骨的最佳方法，因为存在将不同直径的钢针放置在不同的平面的可能性。

可以在“头部骨折”一章（116页）中找到关于下颌骨折更深入的信息。

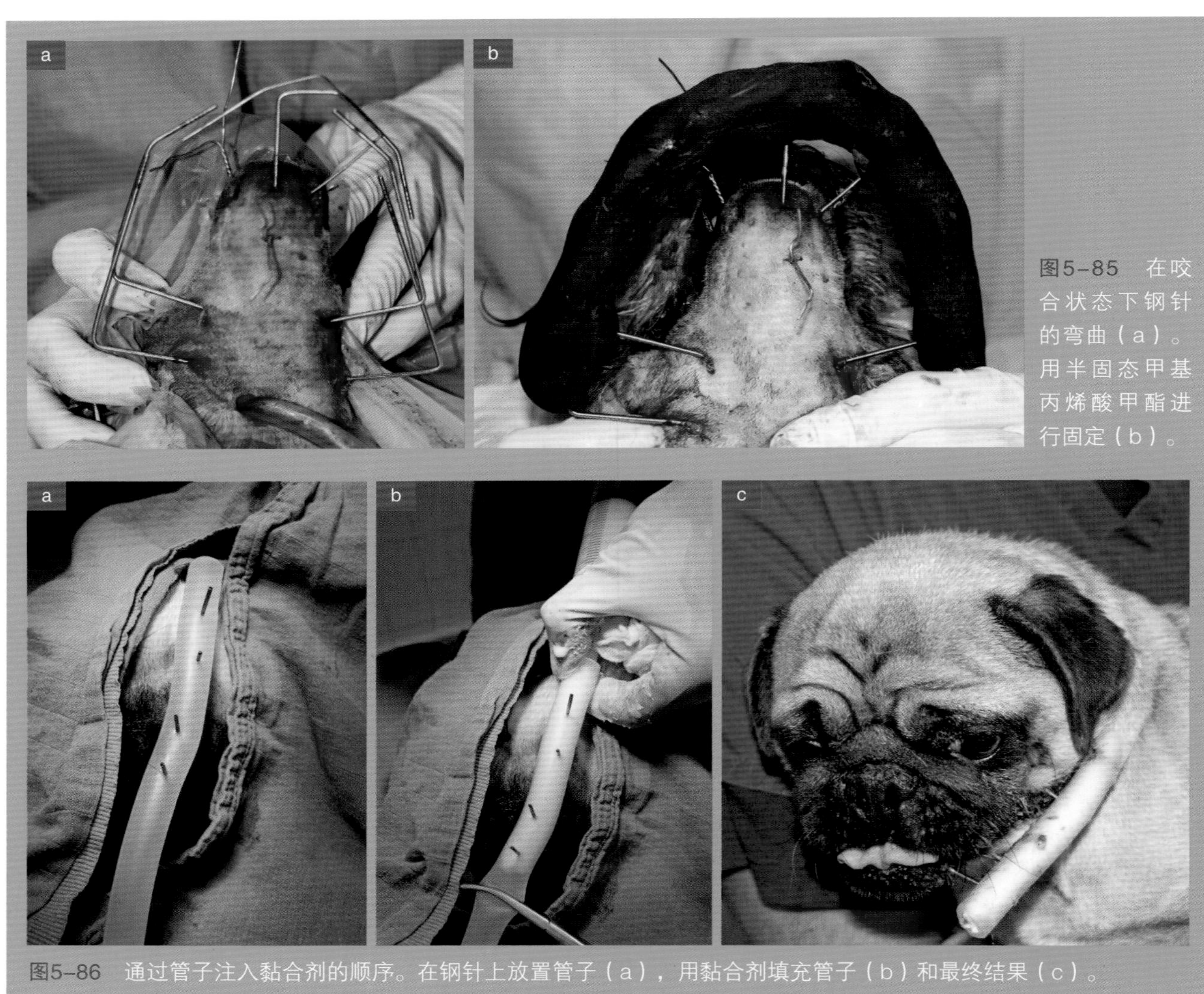

图5-85　在咬合状态下钢针的弯曲（a）。用半固态甲基丙烯酸甲酯进行固定（b）。

图5-86　通过管子注入黏合剂的顺序。在钢针上放置管子（a），用黏合剂填充管子（b）和最终结果（c）。

螺钉

螺钉的类型

螺钉在骨科手术中的主要应用是将骨板固定在骨上。然而，我们将在另一节中讨论这一骨固定系统，以便更好地弄明白一些应该考虑的概念。

首先，必须熟悉市场上现有的不同类型的螺钉。根据螺纹的类型，螺钉包括两大类：

皮质骨螺钉

皮质骨螺钉（图5-87）的设计目的是牢牢地固定长骨骨干中存在的皮质骨。该组织结构致密，厚度取决于其存在的位置和动物的年龄，在拧紧螺钉时具有一定的抗性。在类似于管子（内部中空）的骨干中插入的螺钉仅固定在皮质骨上（图5-88）。如果螺钉穿过整个骨，螺钉将进入近端皮质骨（螺钉头）和远端皮质骨（螺钉尖）。也就是说，螺钉被固定在两个点上，一个靠近螺钉头端，另一个靠近尖端。

松质骨螺钉

松质骨螺钉（图5-89）用于干骺端和骨骺区，这些区域有更多的松质骨。这种骨与皮质骨相比更不稳定。这些区域没有皮质骨，因为整个骨柱是结实的，换句话说，它几乎完全充满了骨组织（图5-90）。实际上是整个长度的螺钉均被锚定，实现了最佳的固定。

由于设计不同，很容易区分皮质骨和松质骨螺钉。皮质骨螺钉的螺距大于松质骨螺钉的螺距（图5-91）；第二，考虑到松质骨的抵抗力较差，要想进行良好的固定，需要在每个螺旋之间固定更多的骨质。因此，松质骨螺钉的螺纹与轴核的直径差异较大。这样，就有更多的骨质填充在这种螺钉的螺旋之间。

理解这两个直径的概念非常重要。轴核的直径应与螺钉实体部分的直径一致（图5-92）。螺纹的直径是螺旋最突出部分之间的距离（图5-93），也就是代表了螺钉的最大直径。螺钉的直径是以螺纹直径为准，用毫米来表示。因此，3.5螺钉代表螺旋最突出部分之间的距离为3.5毫米。在兽医骨科手术中，由于患病动物的大小不同，螺钉的大小也有很大的差异。它们的大小从1.5毫米增加到5.5毫米，5.5毫米主要用于马的骨科手术。最大直径6.5毫米，对应4.5系统的松质骨螺钉（图5-94）。

螺钉核的直径就是用来钻孔的钻头直径，以便螺钉能更好地固定在骨组织内。理论上来讲，每个系统都要根据螺钉核的大小来选择钻头（表5-1）。

为了使螺钉核的阻力与固定骨的能力达到平衡，对两种直径的差值进行了深入研究。几乎所有的公司都按这些不同的直径，以及所有螺杆系统的螺纹节数来生产。但是在更换其他品牌的材料时，要确认该品牌是否遵守标准尺寸。

> 当改变使用耗材的品牌时，确认参考尺寸是很重要的。

在讨论了市场上可用的两种基本类型的螺钉后，还要考虑它们的功能。用一个螺钉时，根据它放置的步骤，可以实现两个不同的功能。因此，根据螺钉产生的作用，可以分为位置螺钉或拉力螺钉。

位置螺钉

这是螺钉最常见的功能。在骨折治疗中它们用来固定骨板。当放置骨板时，骨板与骨的接触必须紧密而牢固，因此，必须将使用的螺钉固定在两侧的皮质骨表面。因此，位置螺钉几乎总是固定在骨的两侧皮质骨表面。

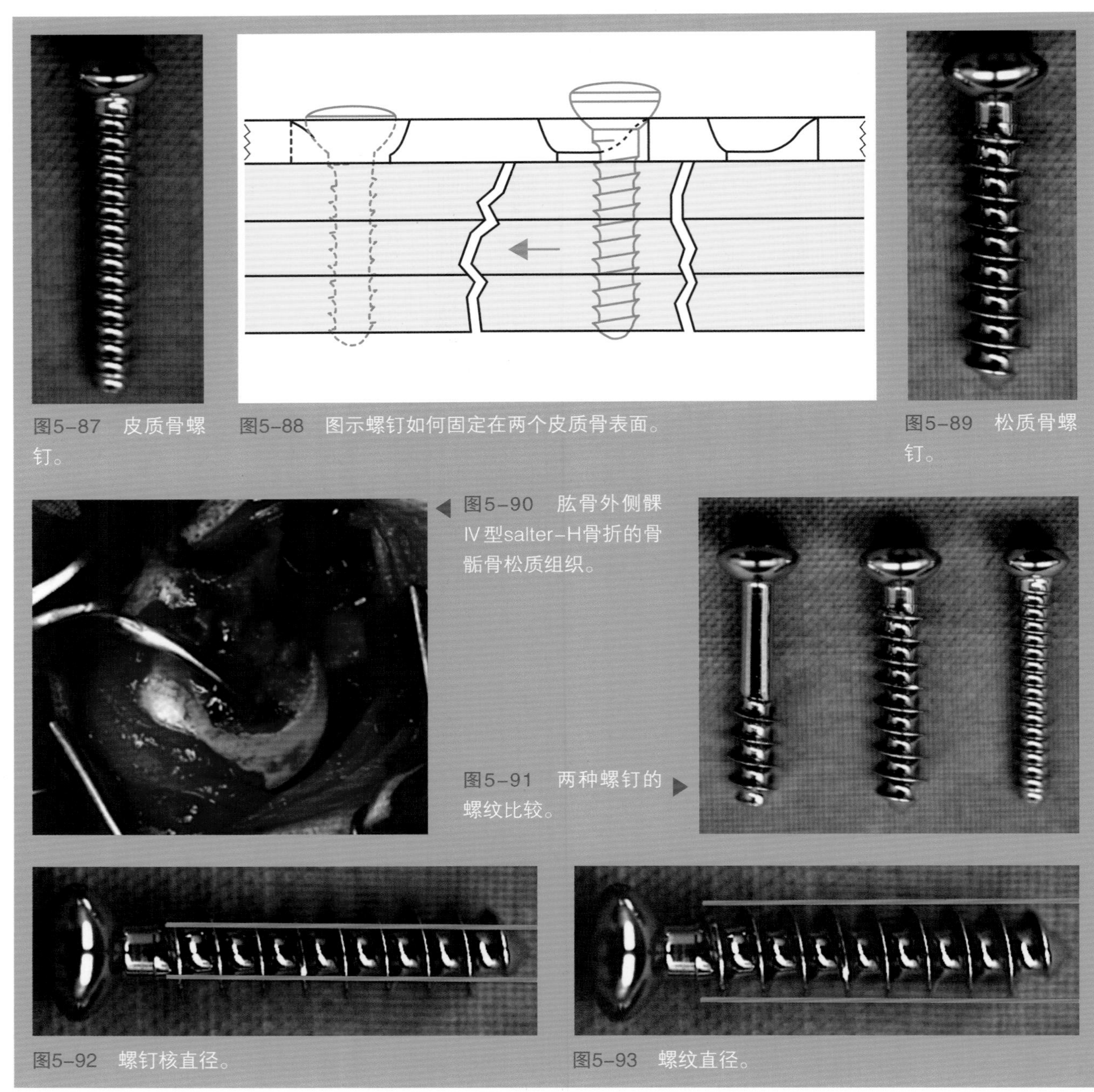

图5-87　皮质骨螺钉。

图5-88　图示螺钉如何固定在两个皮质骨表面。

图5-89　松质骨螺钉。

图5-90　肱骨外侧髁Ⅳ型salter-H骨折的骨骺骨松质组织。

图5-91　两种螺钉的螺纹比较。

图5-92　螺钉核直径。

图5-93　螺纹直径。

放置位置螺钉的步骤

为确保正确地放置螺钉，必须认真按照一系列的步骤进行。首先，必须钻一个孔，使螺钉能够进入骨质。为了做到这一点，需要用与螺核直径相对应的钻头。如前所述，每个系统配备有合适的钻头（表5-1）。

在钻孔时选择与钻头直径相同的钻导，这一点很重要。这些钻导的尖端有小齿，避免了钻头在骨皮质表面的滑动（图5-95和图5-96）。一旦确定了合适的位置和方向，就将钻头插入钻导内开始钻孔（图5-97）。这样，在开始钻孔时钻头的尖端就不会打滑。

表5-1 螺钉直径表

螺钉	类型	皮质骨螺钉					半松质骨螺钉	皮质骨螺钉	皮质骨螺钉	松质骨螺钉
	直径（mm）	1.5	2.0	2.4	2.7	3.5	4.0	4.5	5.5	6.5
用于滑行孔时钻头的直径		1.5	2.0	2.4	2.7	3.5	4.0	4.5	5.5	4.5
用于自攻丝钻孔时钻头的直径		1.1	1.5	1.8	2.0	2.5	2.5	3.2	4.0	3.2
用于攻丝的丝锥直径		1.5	2.0	2.4	2.7	3.5	4.0	4.5	5.5	6.5

和前面讲的一样，在钻孔时，钻头与骨的摩擦会导致温度升高，应该想办法避免。这种过热与不同的影响因素有关：

- **患病动物的年龄**：年龄较大，通常骨骼较硬。同样，青年动物的皮质骨层通常较薄。
- **需要钻孔的骨的类型**：皮质骨更致密，更坚硬。过热通常不会发生在干骺端或骨骺区，因为它们是由松质骨构成的。
- **其他因素**：钻头直径、锋利度和钻孔的速度。

钻头过热的问题在于可能会产生热坏死（细胞因温度过高而死亡），这会造成螺钉螺纹固定的骨组织坏死和重吸收，最后引起螺钉的过早松动。

为了避免这个问题，通常应该选用性能良好的钻头进行钻孔，而且应该选择较低的钻速。如果在钻孔时增加了对骨的压力，而不是增加钻速，过热的情况就会减少。在整个钻孔过程中，应保持钻头的温度较低。在钻孔的同时，可以用生理盐水冲洗钻孔的位置来进行降温。

> 钻头过热会导致骨热坏死，从而导致螺钉固定的骨层被重吸收，最终引起螺钉松动。

一旦钻好孔，就必须选择所用螺钉的长度。理论上来讲，每个系统都有不同长度的螺钉。一般情况下，对于大部分普通尺寸和直径的螺钉而言，相邻长度的螺钉之间的长度相差2毫米。只有1.5毫米的螺钉因为所固定骨的直径较小，相邻长度螺钉之间的长度相差1毫米。对于某些长度和直径大的螺

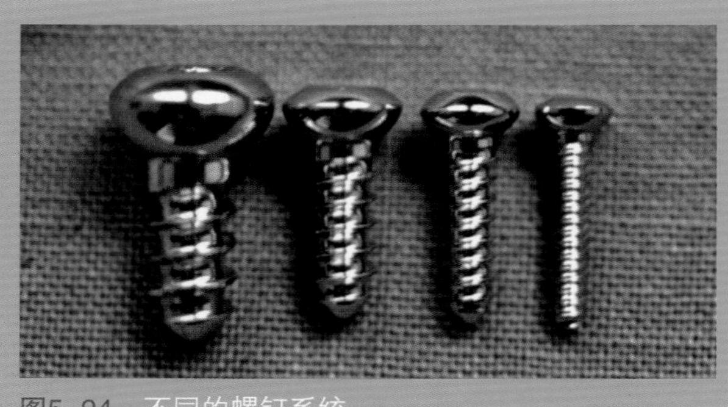
图5-94　不同的螺钉系统。

图5-95　不同的钻导。

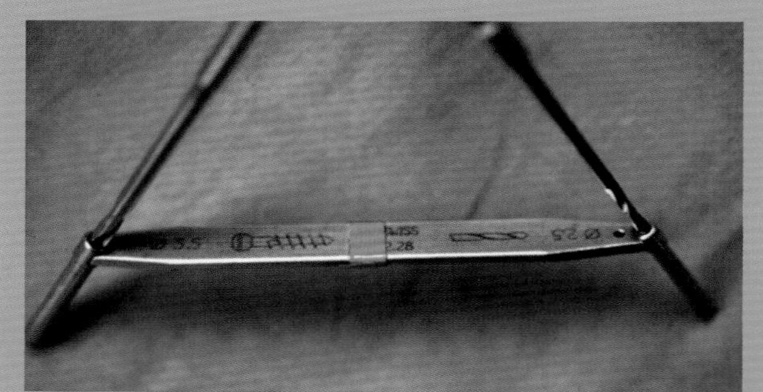
图5-96　注意如何将钻头引入钻导内部。这样可以防止钻头在骨表面滑动。

钉，其长度差为5毫米。

可以用测深尺确定螺钉的长度（图5-98）。这种工具主要是一根空心管，它可在测量棒上滑行，测量棒连接一个末端带有弯曲尖端的细杆（图5-99）。为了测量长度，即钻孔处骨的直径，将该杆插入孔中，直到尖端通过对侧皮质骨表面。稍微倾斜测深尺，慢慢向外牵拉，直到弯曲的尖端“钩住”我们不能看到的皮质骨表面（图5-100）。

一旦到位，向下滑动外管，直到它与近端皮质骨表面接触，显示钻孔的长度（图5-101）。一般情况下，应该选择比所测深度稍长的螺钉。选择一个较长的螺钉很重要，它可确保螺钉从远端皮质骨表面伸出至少一个螺距。这样就可以确保在两个皮质骨表面都有适当的锚定。

一旦选择了螺钉，就必须进行攻丝。这个过程是在钻孔的孔壁上制造出与螺钉一样螺距的螺旋，孔壁就好像一个螺母。可用丝锥完成这项工作，丝

为了避免过热：

- 选用性能良好的钻头
- 选择低钻速
- 选择增加钻头与骨之间的压力替代增加钻速
- 用生理盐水冲洗降温

图5-97　将钻头插入钻导内部钻孔的细节图。

锥只不过是一个长的螺钉，其直径和螺纹与所选的螺钉大小一样。丝锥的末端有纵向凹槽，可以排出钻孔时产生的骨质碎屑（图5-102）。显然，每个系统都有自己特定的丝锥。

目前市场上有自攻螺钉，也就是说，由于自攻螺钉的设计，它可以拧入钻孔，而不必事先进行攻丝。当拧入螺钉时，自攻螺丝的尖端能够在骨内形成自己的螺纹（图5-103）。

该系统的主要优点不是放置过程更快，而是在形成螺纹的同时，螺钉本身能更好地与骨嵌合。当螺钉插入的骨质较软时，这种方法更为重要。

当所有的步骤都完成后，将螺钉插入并拧紧。拧紧螺钉的力主要取决于骨的抗性和螺纹与螺核直径之间的差异。也就是说，对于较小的螺钉，直径之间的差异在逻辑上应该更小。1.5毫米的螺旋深度为0.2毫米，4.5毫米的螺旋深度为0.65毫米。

> 在成年动物中，皮质骨的厚度和骨密度都比正在成长中的动物大。

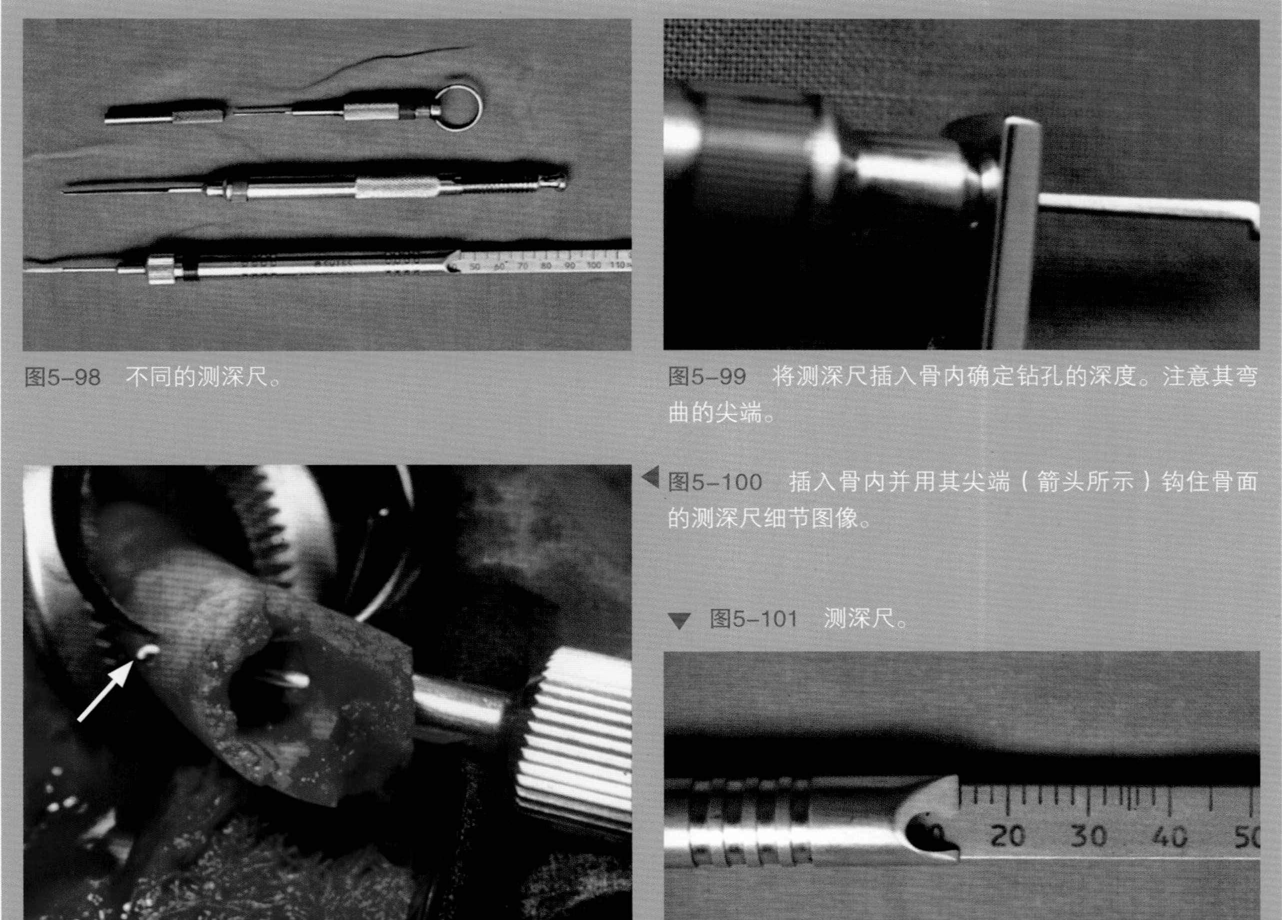

图5-98　不同的测深尺。

图5-99　将测深尺插入骨内确定钻孔的深度。注意其弯曲的尖端。

◀ 图5-100　插入骨内并用其尖端（箭头所示）钩住骨面的测深尺细节图像。

▼ 图5-101　测深尺。

拉力螺钉

与位置螺钉不同的是，拉力螺钉的主要作用是施加一个力来压缩骨折线。Roux法则推断，通过这种方法可得到更好的稳定性，愈合也更快。

拉力螺钉放置的步骤

如果螺钉能像螺母和螺栓一样发挥作用，它就对骨折断端加压。当螺钉拧到合适位置时，螺母和螺钉头相互靠近，会对皮质骨表面施加压力，从而压缩位于两个骨碎片之间的骨折线。

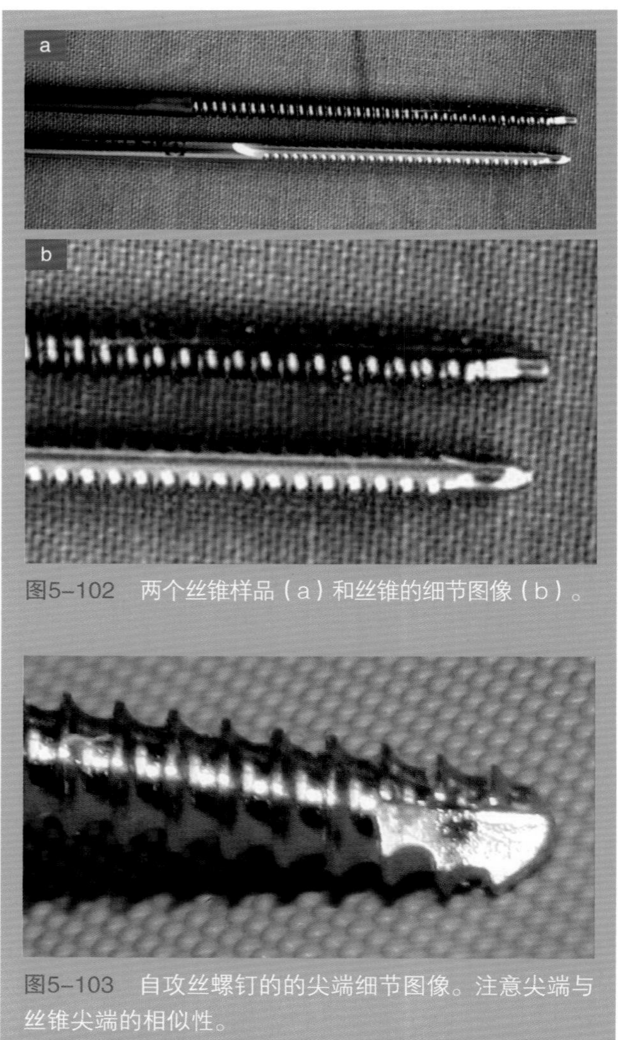

图5-102 两个丝锥样品（a）和丝锥的细节图像（b）。

图5-103 自攻丝螺钉的的尖端细节图像。注意尖端与丝锥尖端的相似性。

在骨外科中，有一些螺母可以与传统的螺钉一起使用（图5-104），然而，大多情况并非如此。可以用远端皮质骨表面代替螺母，远端皮质骨上的钻孔选用与螺钉螺核直径一致的钻头，随后用丝锥攻丝。但是，近端皮质骨上的钻孔选用与螺纹直径一致的钻头。当螺钉被引入时，它在近端皮质骨表面无阻力滑动，最后钻入远端皮质骨表面已处理好的钻孔（图5-105）。旋转螺钉，钉入远端皮质骨表面并穿透，直到它的头部与近端骨皮质表面接触，如前所述，不能继续向前拧入为止。从这一刻起，当螺钉被拧紧时，螺钉头部对皮质骨表面施加压力，将其推向对侧皮质骨表面，从而完成预期的加压。

要使用这种类型的螺钉固定骨折，首先必须对断端进行正确复位，否则，当对骨折线施加压力时，将无法达到预期的效果。

一旦骨折断端复位，在整个放置螺钉的过程中，骨碎片必须保持牢固固定。此时，两点复位钳特别有用（图5-106）。

为了充分利用螺钉的拉力作用，应该尽可能沿着最靠近垂直于骨折面的假想线方向拧入螺钉（图5-107）。其次，应该重视骨折片段边缘之间确定的安全区域，应在此处钻孔。如果钻孔离骨折线太近，拧紧螺丝时，存在引发另一骨折的风险。安全区域取决于螺钉的直径和骨的硬度。

一旦确定好螺钉的直径，就要选择其放置的位置和方向，之后钻孔。

首先，如前所述，选择与螺纹直径一致的钻头和相应的钻导按照预先确定的方向只在近端皮质骨表面钻孔（图5-108），这个孔叫“滑行孔”。然后，使用与螺核直径相同的钻头在远端皮质骨表面钻孔（“牵引孔”）。为了与滑行孔的方向保持一致，将第二个钻导插入第一个钻孔内，直到它与远端皮质骨的内骨膜接触为止（图5-109）。每个螺钉系统都有专用的钻导。钻导的外径与螺纹的直径

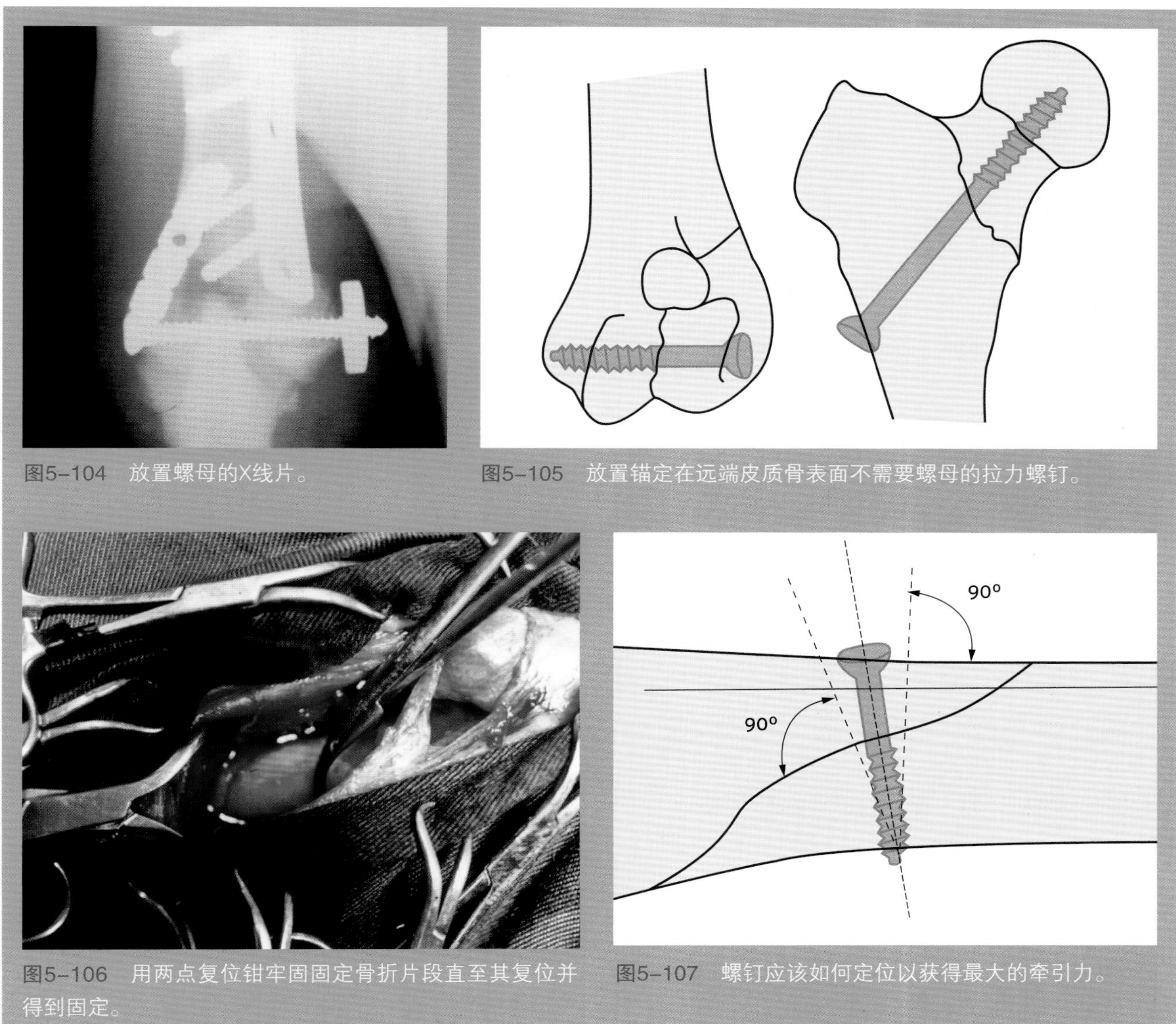

图5-104　放置螺母的X线片。

图5-105　放置锚定在远端皮质骨表面不需要螺母的拉力螺钉。

图5-106　用两点复位钳牢固固定骨折片段直至其复位并得到固定。

图5-107　螺钉应该如何定位以获得最大的牵引力。

一致，内径与螺核的直径一致。通过这种方式，就可以在保持方向和防止钻头打滑的同时向远端皮质骨表面钻孔。

当把拉力螺钉放置在皮质骨时，螺钉头部应该埋于近端皮质骨内。埋头是为螺钉头部的埋置制作一个楔形的凹陷，这样其压力就可以分布于更大的骨表面（图5-110）。出现在金属-骨接触区域的骨溶解会延迟发生，拉力螺钉的功能可通过避免其提前松脱而保持更长的时间。

当这种类型的螺钉应用于骨骺区或软骨时，因为这些区域主要由松质骨构成，禁止进行埋头。由于骨质太脆弱，如果去除了皮质层，螺钉的头部将会破坏骨的结构并穿透骨质（图5-111）。为了在这些区域实现压力的合理分布，可在螺钉头和骨之间使用垫圈（图5-112）。

在骨骺区或软骨中，禁止进行埋头，因为它会减弱螺钉头施加压力的区域。

为了完成这个过程，其他步骤照常进行。螺钉的长度是用测深尺测量的。如果不使用自攻螺钉，则需要攻丝，然后引入螺钉，将其拧紧，直到所需的松紧程度（图5-113）。在必须攻丝的情况下，如果骨质比较软，仅在刚开始的时候拧几下丝锥，然后拧入螺钉，尽管不是自攻螺钉，也可以自己攻丝。这样就能实现良好的固定。

图5-108　用与螺钉螺纹直径相同的钻头在皮质骨表面钻孔。钻出滑行孔。

图5-109　将螺钉插入远端皮质骨表面。钻导用来保持螺钉在正确的方向上。

图5-110　骨的锥形扩孔细节图像，在此处插入螺钉。

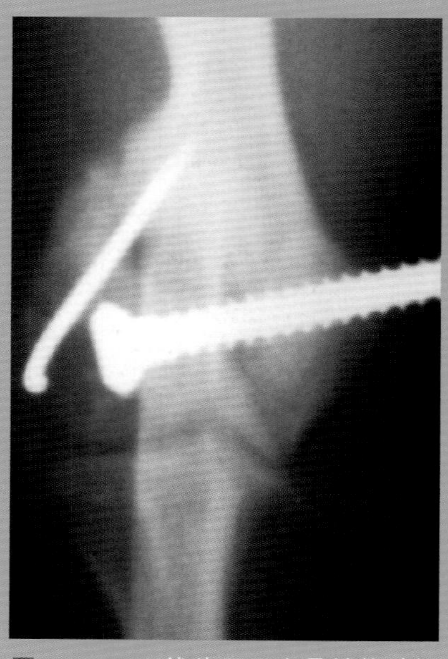

图5-111　X线片显示当骨结构破坏时如何将螺钉插入骨内。

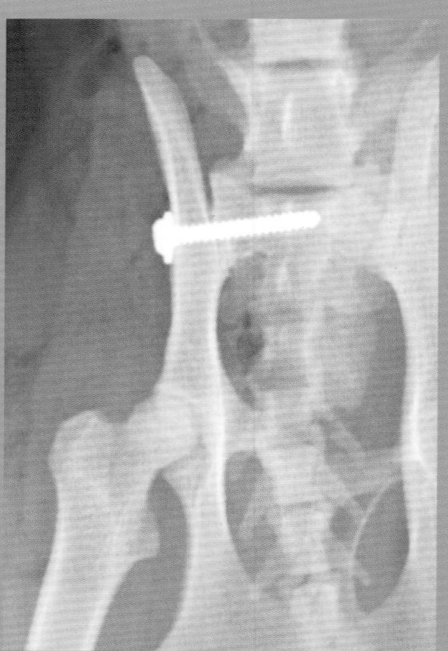

图5-112　X线片中可看到一个垫圈，它可以用来分散螺钉所施加的力并防止骨发生断裂。

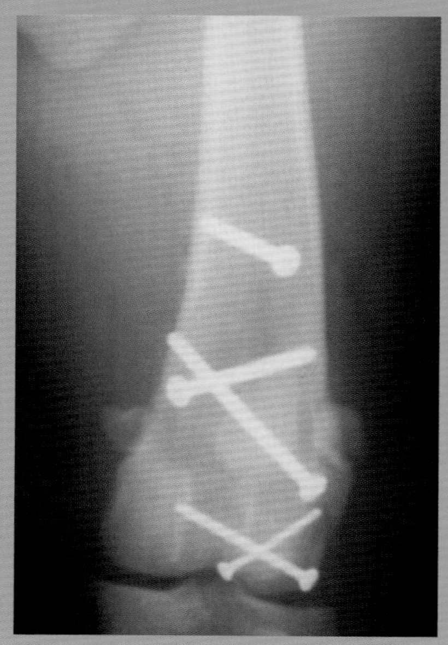

图5-113　X线片显示螺钉的不同放置方式。

骨板

在1886年，人们就开始使用骨板进行内固定手术。然而，直到20世纪60年代成立了两个内固定研究小组：骨固定术研究联合会（AO，以德国人的名字Arbeitsgemanschaft für Osteosintesefragen命名）和内固定研究联合会（ASIF），从此，内固定技术开始流行。

骨板主要是一个由金属钢或钛制成的手术用板状物，其功能是用螺钉紧密连接骨板对骨折进行固定。当上述螺钉头与钢板接触时，螺钉头可将植入物挤压到皮质骨表面，从而达到所需的稳定性。

几年前，市场上出现了另一种类型的骨板，称为锁定骨板，将在本章的最后对此进行讨论。在这个系统中，与之前不同的是螺钉头也要被拧入骨板中。因此，植入物不会对皮质骨表面施加压力，这在一些方面是有利的。

关于不同骨板的识别，首先必须要考虑骨板是根据所用的螺钉来命名的。也就是说，骨板从1.5（因为用这个直径的螺钉对骨板进行固定）到4.5，还有更大型号的（5.5和6.5），4.5代表着用4.5毫米的螺钉对骨板进行固定（图5-114）。

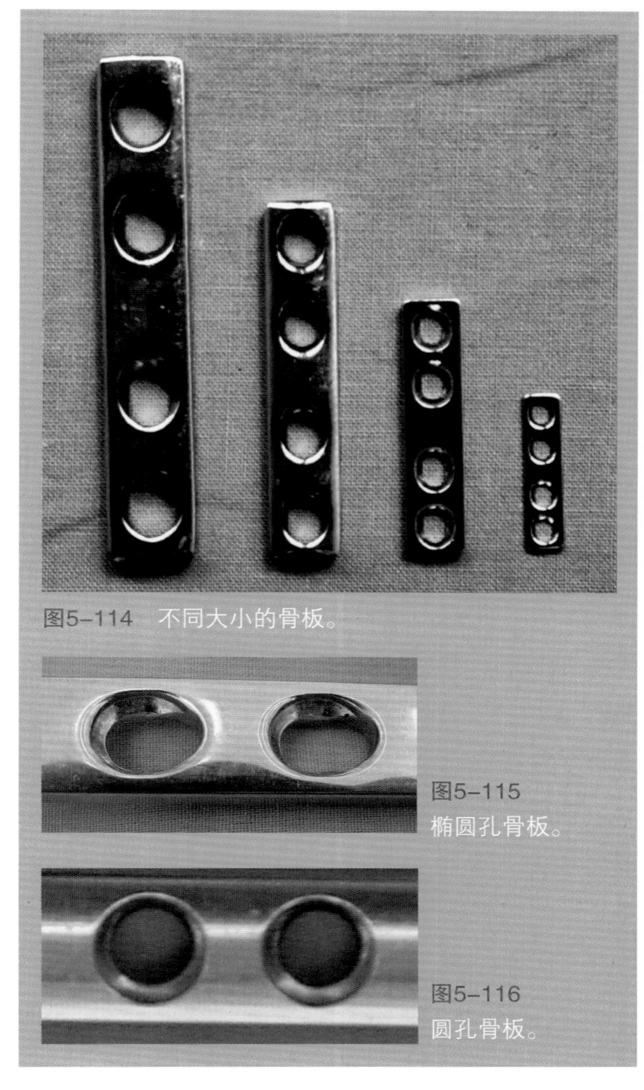

图5-114 不同大小的骨板。

图5-115 椭圆孔骨板。

图5-116 圆孔骨板。

基于骨板设计进行的分类

市场上有多种多样的骨板。从生产的角度来看，根据孔的形状可将其分为两大类。

根据孔的设计可分为以下种类：动力加压骨板（DCP），孔是椭圆形的（图5-115），通过这个孔可向骨折线施加轴向压缩力；中立骨板，孔是圆形的（这个形状的骨板不具有压缩能力）（图5-116）。同时，根据这些骨板对折弯力的抗性，可被细分为普通中立骨板和加长骨板或支持骨板。

动力加压骨板

根据Roux的研究以及骨生长与愈合一章中所讨论的内容，骨折线必须受到压缩力才能得到更好的愈合。这些力可以通过轴向载荷来实现，即肢体承受重量或通过植入物的作用。

> DCP的出现是骨外科领域的一个突破，发现了如何以一种简单的方式将轴压作用于骨折部位。另一个突破是近期引入了锁定骨板。

在使用内固定系统的初期，试图通过在横向和短斜向骨折中放置骨板来实现轴向压缩。为此目的，研制了一种复杂的装置，在两个骨折断端连接之后，立即用螺钉将这一装置固定在骨板的近端或远端。一旦骨折复位，在骨板的末端用钩固定该装置。在这个位置，通过拧紧螺钉使一个骨折断端挤压另一骨折断端，反过来，拧紧螺钉的同时牵拉装置牵拉着骨板也是向骨折线施压（图5–117）。当达到预期的片段间压缩时，用相应的螺钉将钢板固定，并去除张力装置。

这个系统需要在骨上钻个额外的孔，有时会导致继发性骨折。在这种形势下，就出现了DCP板。

如果对DCP板（椭圆孔）进行纵向切割，可以看到它是不对称的。离骨折线最近的每个孔的边缘都有一个小突起，这样与骨接触的孔直径就比与螺钉头接触的孔直径小。但离一侧骨折线最远的孔边缘是直的，即骨折线两边的孔形状相同（图5–115和图5–118）。

同时，该螺钉头略呈纺锤形，类似于陀螺的主体（图5–119）。

独特的螺钉头形状和板孔的特殊设计，会使每个主要骨碎片朝向骨折线进行部分移位（如果骨折线两侧各有一个这样的孔，影响会稍大一些）。

对于一个将要被牢固固定的骨板，必须用螺钉将其锚定在两侧的皮质骨表面，换言之，用位置螺钉完成。必须考虑到，不管骨板是否为加压骨板，除了极少数情况，所有的螺钉都是位置螺钉。

如螺钉部分所述（见第71页），要插入位置螺钉，首先必须用与螺核直径相对应的钻头在两侧骨皮质表面钻孔。当螺钉要与骨板一起使用时，必须用专用的钻导进行钻孔，以便使螺钉尖端与骨上的孔完全吻合（图5–120）。这有助于防止螺钉侧向位移或过度倾斜。如果发生这种情况，在拧紧螺钉时，骨折片段会发生移位，同时伴随着复位不良。理论上来讲，每个骨板系统都有各自的钻导，钻导的直径与所用螺钉的直径相对应（见第73页）。每个导轨都是双头的，有两个稍微不同的方面（两个钻导），根据需要选择加压或仅将骨板固定在骨

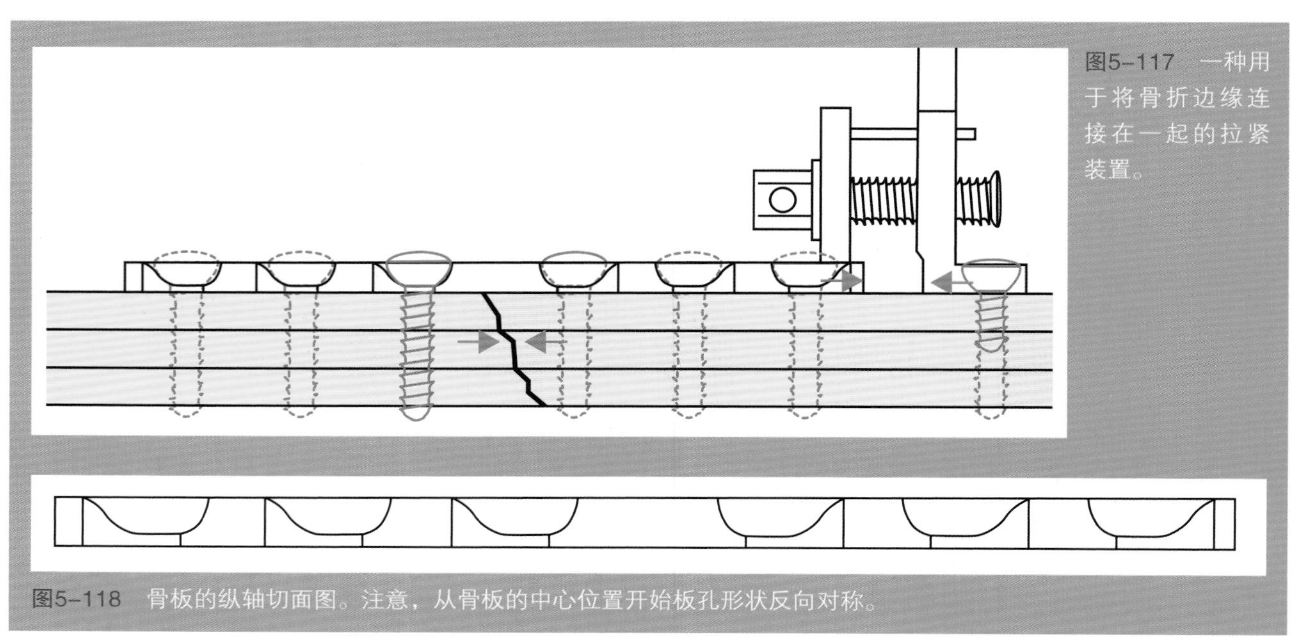

图5–117　一种用于将骨折边缘连接在一起的拉紧装置。

图5–118　骨板的纵轴切面图。注意，从骨板的中心位置开始板孔形状反向对称。

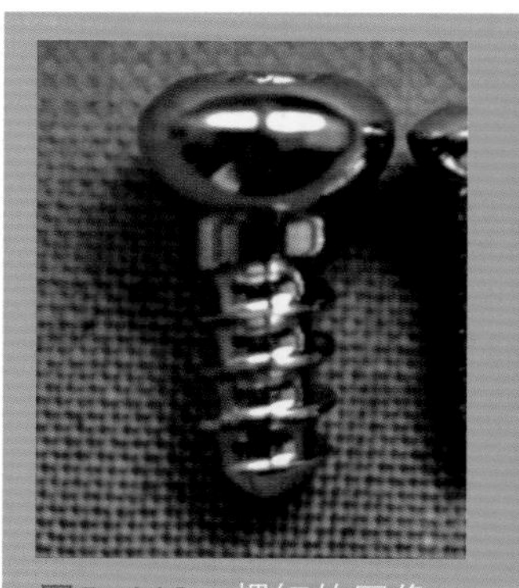

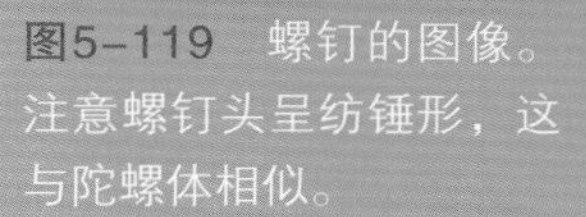

图5-119　螺钉的图像。注意螺钉头呈纺锤形，这与陀螺体相似。

图5-120　钻导的末端设计适合DCP骨板的板孔。

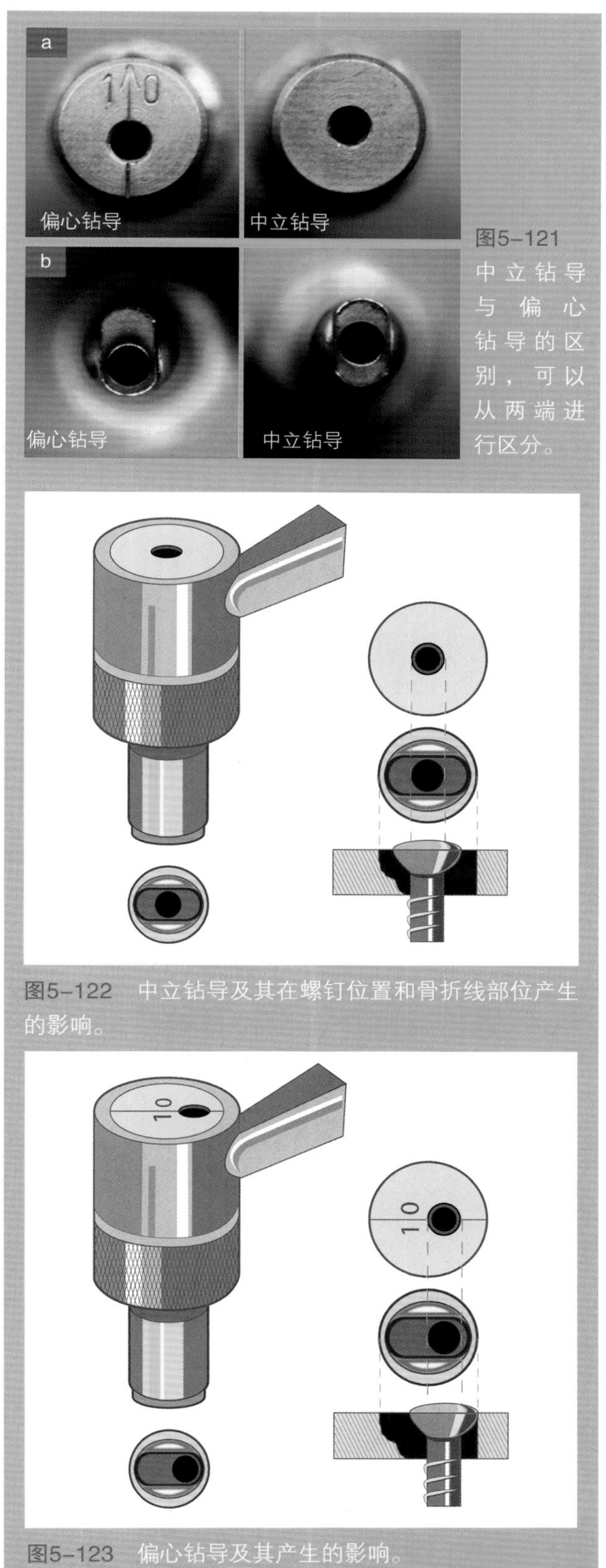

图5-121　中立钻导与偏心钻导的区别，可以从两端进行区分。

图5-122　中立钻导及其在螺钉位置和骨折线部位产生的影响。

图5-123　偏心钻导及其产生的影响。

上。看到这两个钻导，就会发现钻头插入钻导孔的位置是不同的。在一端，孔正好位于正中心，是用于中间钻孔的钻导，而在另一端，孔稍微向一侧偏斜，是用于偏心钻孔的钻导（图5-121）。

当螺钉被放在距离骨折线较近的位置时，由于钻孔的相对位置，DCP骨板以轴向方式压缩骨折部位。如果使用中立钻导进行钻孔，钻孔的位置将在板孔的中心。这样，当螺钉被拧紧时，螺钉头将与钢板接触并被固定在孔的中心，将植入物推至骨面，但不会发生移位（图5-122）。

如果使用偏心钻导进行钻孔，则可以在离骨折线稍远的位置甚至相反的方向钻孔（图5-123）。

为了通过压缩将骨折片段移向骨折线，应在与骨折线相反的方向进行偏心钻孔。为此，一旦在两个皮质骨表面钻好孔，就将螺钉插入。拧入螺钉体使其实际接触距离骨折线最远处的板孔边缘。

当螺钉头接触到板孔的边缘时，如果该板孔的上部没有凹槽，其圆锥样的外形使骨片段逐渐向骨折部位移动，从而达到预想的压缩效果（图5-124）。

如果由于失误，钻孔的方向朝向骨折线方向（这通常是要避免的），植入物的放置会影响预想的效果：收紧螺钉时，螺钉头就会卡在孔壁或孔内凹陷处，这在与骨折线相对的DCP骨板的每个孔上都有，这样，其产生的结果与使用中立钻导钻孔产生的结果一样。

正如前面在骨折分类章节中所提到的，能够承受轴压而不影响复位的骨折只有横向和短斜向骨折。没有其他类型的骨折还能得益于偏心螺钉的应用；相反，如果应用于斜向骨折，则会产生不利的影响，例如，会产生骨折线的移位。

为了充分利用主要骨折片段位移的效果，应尽可能将偏心螺钉靠近骨折部位。

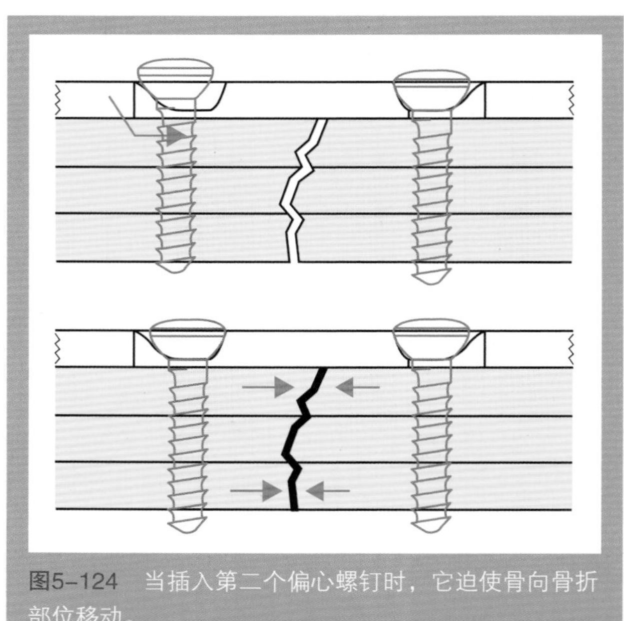
图5-124　当插入第二个偏心螺钉时，它迫使骨向骨折部位移动。

DCP板还有另一种特殊性：为了避免在骨折线处存在没有螺钉的钻孔，两个中心孔之间有更大的间隔；骨折线就位于此处，而且与两个中心孔的距离相等。

考虑钻孔与骨折边缘之间的最小距离非常重要，可以避免因为钻孔产生的任何骨裂。这个安全距离取决于不同的因素，主要是螺钉的直径、骨的厚度和抗性。最大极限不应该达到所用的螺纹的直径大小。

考虑钻孔与骨折边缘之间的最小距离非常重要，可以避免骨裂的形成。

在这些情况下，必须考虑使用偏心螺钉比使用中性螺钉发生二次骨折的风险要大得多。

一旦骨折准确复位，就放置两个偏心螺钉并拧紧直到完成骨折片段的压缩为止。应该选择距离骨折线最近的位置放置偏心螺钉，而非骨板的末端。如果选择后者，当骨折片段从它们的末端开始相互挤压时，可能会引起骨板的分离或侧向移位，失去骨折的复位，从而丧失压缩作用。剩余的孔均用中性螺钉来固定骨板。

一个常见的观点是认为使用更多的偏心螺钉会使骨折部位产生更大的压力。这是错误的，因为骨通过偏心螺钉牢牢地固定在骨板上，所以骨板和骨之间不可能相互移动（为了增加压缩而必须进行的位移）。

在一个骨板上使用两个以上的偏心螺钉，只在两条断裂线的情况下使用，这种情况很常见（图5-125）。

中立骨板

在特征上，中立骨板的所有孔都是圆的，而且孔两面的直径都一样。为了使它们具有更大的作用和避免囤积大量的耗材，整个骨板长度上都有对应的孔。因此，当用于斜骨折、多处骨折和粉碎性骨折时，应保留几个孔不拧入螺钉，如前所述，螺钉不能插入骨折线，这会使愈合过程复杂化。

绝对不能将螺钉插入骨折线，因为这会使愈合过程复杂化。

放置中立骨板的过程与DCP板相同。唯一的区别是，所有的钻孔都应该用中性钻导来引导。

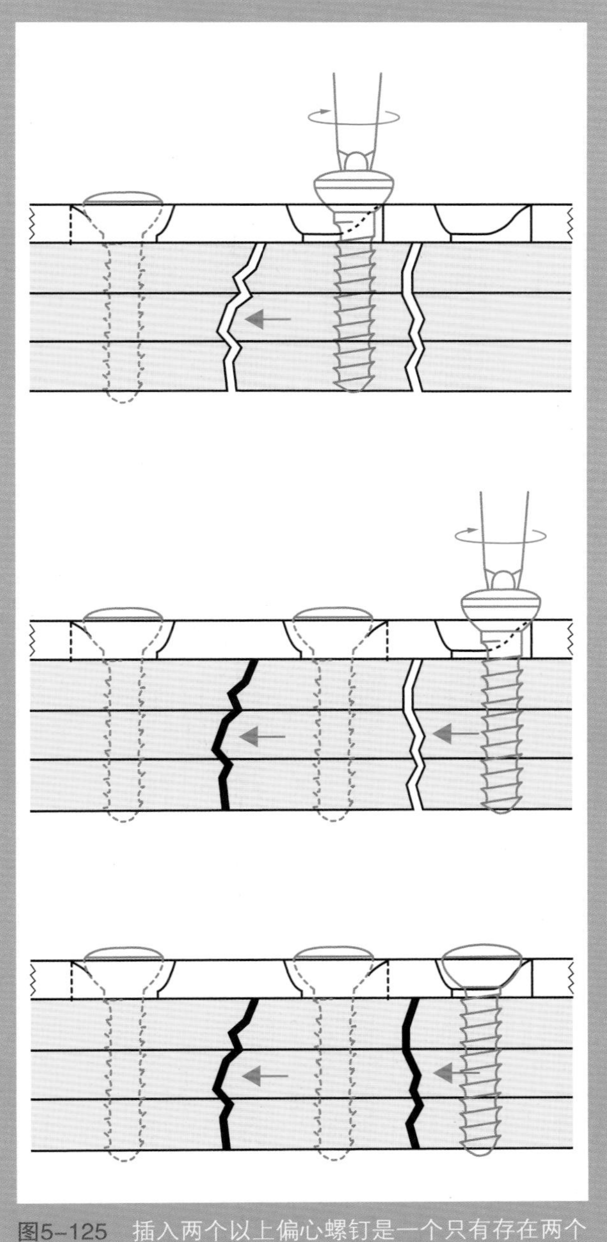

图5-125　插入两个以上偏心螺钉是一个只有存在两个连续骨折线的情况下才会进行的操作。

有一个问题可能会被错误地认为是不相关的，即关于骨板在骨折部位皮质骨表面放置的位置问题。

当骨折正确复位时，也就是说，当两个骨折片段的大部分相接触时，轴向载荷可传递到整个骨，而不会产生过大的折弯力。相反，当骨折线附近的片段（粉碎性或难以复位的骨折）在任何点都没有接触时，处理这种情况会产生很强的折弯力。当骨的外周有部分接触，但另一部分未接触时也会出现问题。在这些情况下，未接触的一侧折弯力更大。当把植入物放置到位时，如果骨板放置在互相接触的骨折区域，活动的可能性要比放置在无接触的区域大得多（图5-126和图5-127）。部分接触可能导致的情况之一是横骨折，在评估可见侧的复位时，不能看到对侧皮质骨表面的分离状态。出于这个原因，为了避免这种情况的发生，可以将骨板稍微向骨面折弯，使其正好放在骨折线的正上方。通过这种方式，可以确保植入物与皮质表面紧密接触。

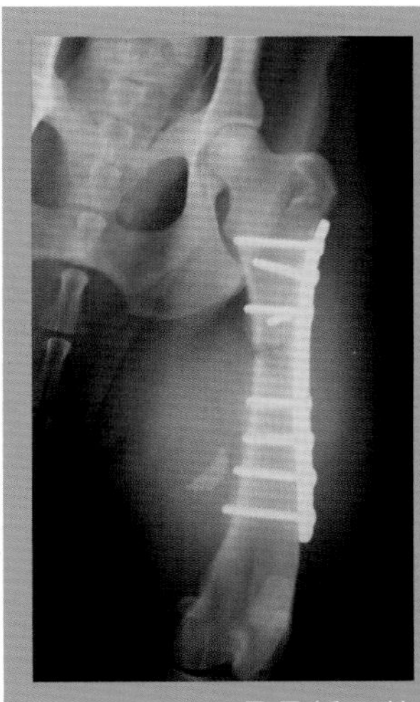

图5-126　股骨骨折，其固定骨板的对侧皮质骨表面有一个小的缺口。

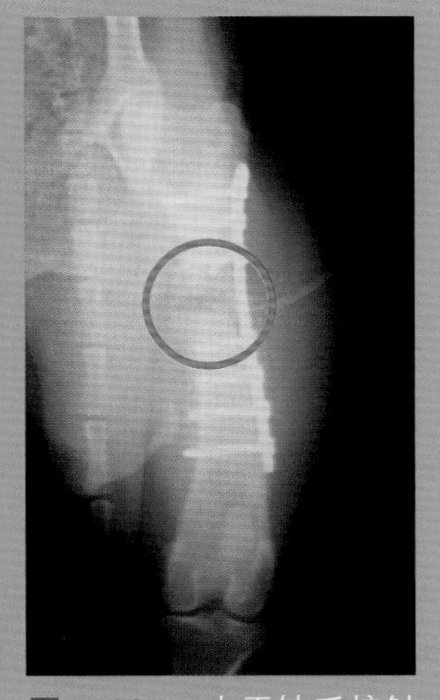

图5-127　由于缺乏接触而导致的愈合延迟。

前面提到的骨折中，主要是粉碎性骨折，在骨痂获得足够的抗性之前，骨板必须承受所有的载荷。当上述载荷超过金属的抗性阈值时，就会出现问题，可能会导致植入物的变形。

对于这种情况，主要有两种可能性：金属的可塑性变形以及植入物因张力而断裂。变形是由于侧向载荷超过了金属的抗折弯能力而产生的。这种情况主要发生于骨板的厚度低于患病动物所需的厚度或金属过软时。因此，必须分析所用的植入物。

植入物的选择取决于患病动物个体的大小和需固定的骨。然而，其他因素，如骨折类型、活动性、生活环境和年龄，以及体重等都应该考虑在内（表5-2）。

在表5-1 2.4系统中发现了一个关于植入物大小重要性的例子。这些植入物在兽医临床上的应用覆盖了一系列的骨折，主要是小型犬的桡骨骨折，而且这些植入物不能由2.0或2.7号骨板覆盖。目前，它很可能是猫科动物骨骼手术中使用最多的一种。

表5-2 根据患病动物体重可供选择的植入物尺寸图表，引自《小动物矫形手术与骨折修复手册》，1997

DCP：动力加压骨板　　AP：兽用髋臼骨板　　RCP：重建骨板

BDCP：加宽动力加压骨板　　SFP：小片段骨板　　MP：迷你骨板

如果固定系统选择不当，通常在手术后的前两周内就会发生植入物失效。一般情况下，受损肢体的承重能力会下降，可以看到纵向的骨轴发生变化。

导致这个问题的另一个原因是使用的骨板虽然大小合适，但过于柔软（图5–128）。

这些骨板是用“软”的手术用钢材制作。在这种情况下，植入物经历退火、高温加热和缓慢冷却的过程，使它具有更好的可塑性。此程序用于可调节骨板和重建骨板。对于后者，这样做是为了使手术中的剪切更容易，因为无菌的大力剪是由手术用钢制作，其刀刃比硬化钢制作的边缘更钝。对于重建骨板，它们是由这种材料制成的，以便塑型成更尖锐的角度，以及能够朝向植入物宽的平面侧折弯。这些容易弯曲的软骨板不应该用于承受重负荷的骨折部位（图5–129）。

在必须使用这种植入物的情况下，应将其与其他骨固定系统（如髓内针或外固定架）联合来增加其抗性。

在实用可调节骨板的特殊情况下，由于可调节骨板比一般骨板薄，可以将两个骨板叠加在一起用于固定，这就是所谓的“三明治”系统（图5–130）。

然而，由于载荷循环的问题植入体出现断裂，这种现象被称为金属疲劳。每当骨受到边缘不相连的骨折部位的轴向载荷时，骨板就会发生微变形，这种微变形所产生的荷载都会被金属吸收。如果这些弯曲在骨折没有愈合的情况下持续很长一段时间，金属自身的结构就会逐渐减弱，直到在某些情况下断裂（图5–131）。

> 植入物失效可能是由于骨板放置不合适、大小选择不当或材料选择有误造成的。

由硬质金属制成的骨板易发生断裂，而由软质金属制成的骨板则易弯曲。由于钛的杨氏模量（测量金属弹性的方法）比钢低，所以钛的硬度要高得多，因此钛板很少折弯，但可以折断。

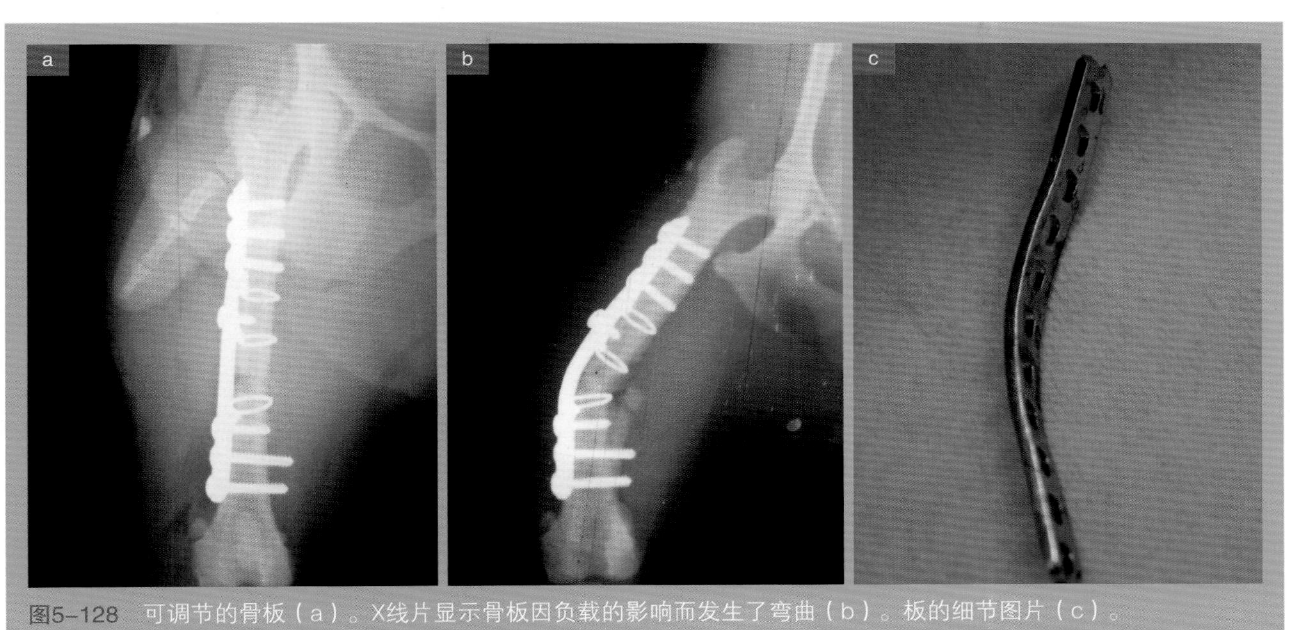

图5–128　可调节的骨板（a）。X线片显示骨板因负载的影响而发生了弯曲（b）。板的细节图片（c）。

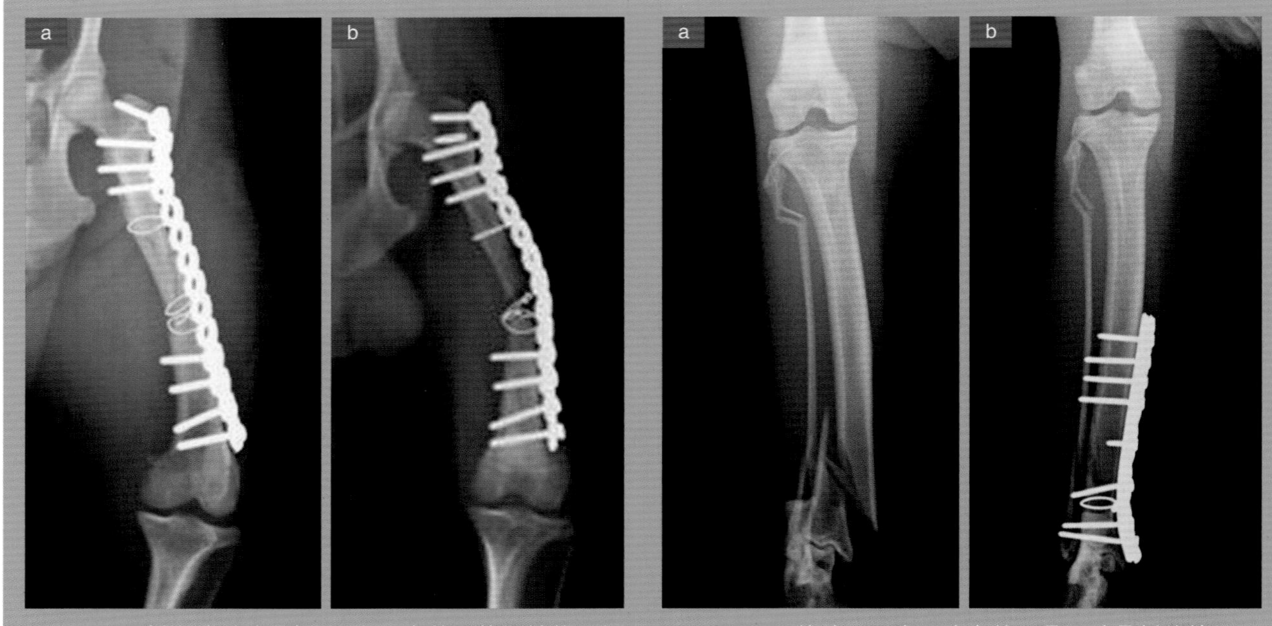

图5–129　折弯的重建骨板（a）。它的“软”结构已经适应了荷载的作用（b）。

图5–130　X线片显示在不稳定的胫骨远端骨折处放置两个骨板，一个上面又放一个（“三明治”系统）。X线片显示骨折（a）和“三明治”骨板的放置（b）。

折弯力集中在离骨折部位最近的螺钉之间的部分，因为植入物的其余部分被固定在骨面上与其形成了一个整体。这些骨板的薄弱点是它们的孔，因为它们的荷载吸收力随着金属量的减少而减弱。前面已经提到，在斜骨折、多处骨折和粉碎性骨折中，螺钉不能放入所有的孔中，这就增加了植入物断裂的可能性。如果在骨折部位有一个孔是空的，那么所有的力都集中在孔两边的金属部分，也就是说，集中在两个点上。然而，如果两个或更多的孔是空的，力就会分布到四个或更多的薄弱点，这就释放了每个点的载荷强度，并减少了金属的疲劳。

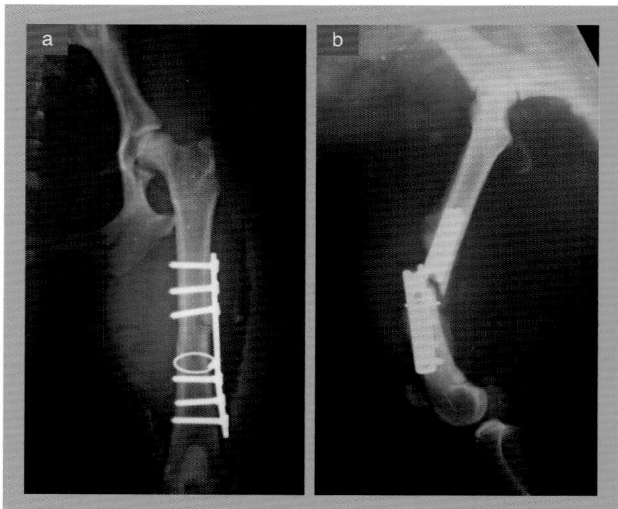

图5–131　金属疲劳导致股骨上的骨板断裂。术后立即拍摄的X线片（a）和一段时间后的X线片（b）。

> 在骨折部位留出一个以上的孔不放置螺钉，可以减轻骨板上的载荷强度，减少金属疲劳。

在必须留下板孔不放置螺钉的情况下，至少两个孔应该保持不放置螺钉。在使用钛制骨板的特殊情况下，由于钛金属的弹性较小，需要有更多的孔不放置螺钉，以免植入物断裂（图5–132）。

桥接骨板

为了避免植入物断裂，人们发明了桥接骨板。这些骨板与普通板的区别在于板孔的分布，孔集中于骨板的两侧，中间留出更多坚固的金属（图5–133）。这种结构就消除了上述的缺点。

桥接骨板不需要进行偏心钻孔，由于板孔是圆形而非椭圆形，因此它们离得很近。这一特点使它们能够正确地固定钢板，甚至在骨的两端没有太大的空间放置螺钉时也能很好地固定，这种情况常见于粉碎性骨折（图5–134）。

考虑到兽医临床上多处骨折或粉碎性骨折的发生率相对较高，而且与人类不同的是在术后护理时患病动物的配合度较差，因此过去几年几乎开发了所有尺寸的桥接骨板。

在解释了市场上可找到的不同类型的骨板后，需要提到的是，根据骨板的功能分类更为重要。

基于骨板功能进行的分类

加压骨板

骨板对骨折施加轴向压力。这种加压是机械性的，完全取决于螺钉如何放置在骨板上。

静态加压骨板

这种类型的骨板主要用于长骨骨干的横向或短斜骨折（图5–135）。这种加压功能只能用DCP板来实现。

动态加压骨板

动态加压是通过肢体末端承受重量而产生的，即没有重量承载就不会产生这种压缩力。这是基于张力带原理，其力学合理性在张力带钢针系统部分已经阐述。可将骨板置于骨的张力面来实现这种效果。当患肢承重时，位于骨板正下方的皮质表面试图与骨板分离。这种尝试会被骨板中和并被转化为作用于对侧皮质骨表面的压缩力。

很少会用到骨板严格的动态加压功能，因为当需要加压时，大部分会选择DCP。在可能的情况下，应始终将骨板放置在骨的张力面，以便在静态效果的基础上增加动态影响。

使用动态加压骨板最典型的例子是对髋臼骨折

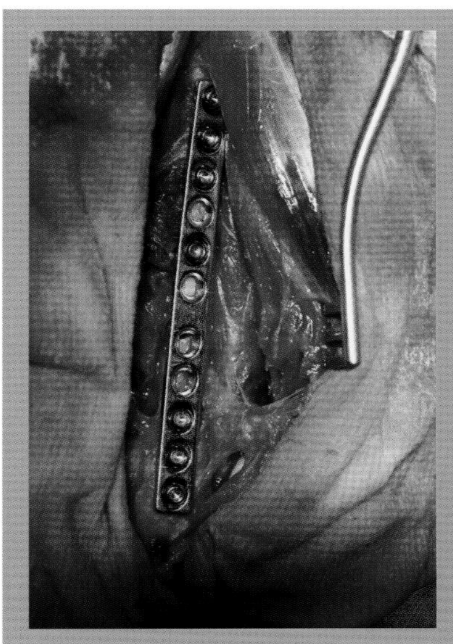

图5–132　手术放置钛板。这种材料的硬度要求在骨折部位周围留下不同的孔，以避免应力集中。

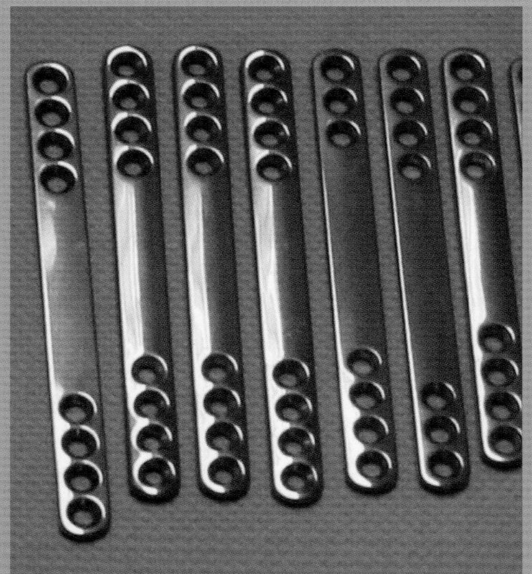

图5–133　不同尺寸的桥接骨板。

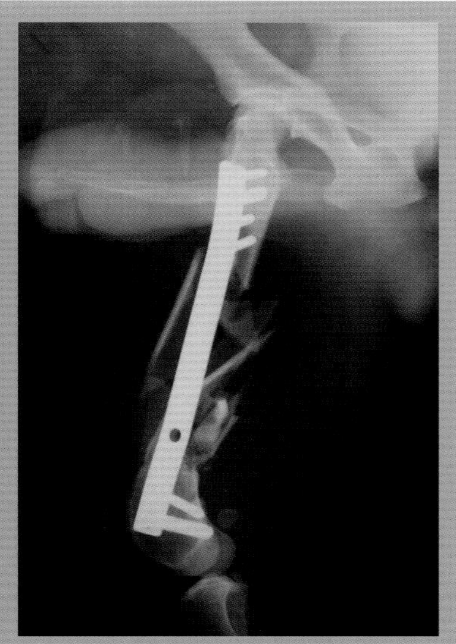

图5–134　X线片显示在发生粉碎性骨折的股骨干骺端和骨骺处放置桥接骨板。

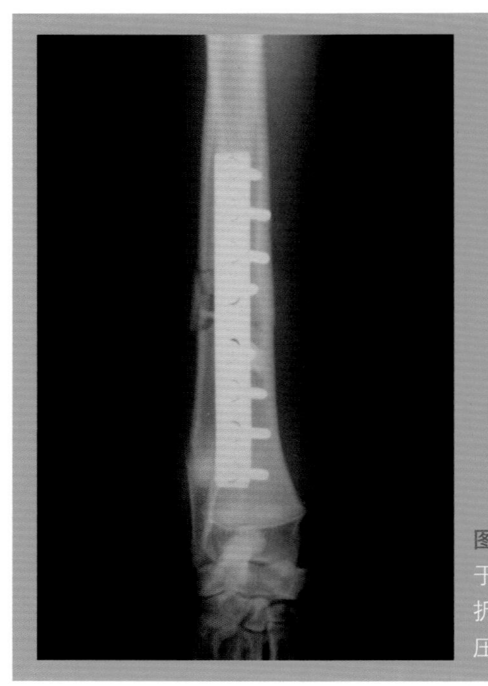
图5-135 用于桡骨横骨折固定的加压骨板。

的治疗，即在髋臼背侧缘放置骨板（图5-137）。

所有类型的骨板都可以做到这一点，因为它只取决于骨的解剖部位。

中立骨板

这种骨板的作用仅仅是保护骨折部位不受折弯力、旋转力和剪切力的影响，因为在这种情况下，骨折线周围的加压是通过应用其他固定系统如拉力螺钉或环扎钢丝来实现的。

该系统主要应用于长斜骨折、螺旋形骨折或具有少量大片段的多处骨折（图5-138）。

所有类型的骨板均可作为中立骨板。

支持骨板

这种类型骨板的功能包括维持主要骨片的排列，保护骨折部位不受所有运动的影响，并作为生物学骨固定术的基础，而生物学骨固定术主要应用于粉碎性骨折。

这些功能可以用所有类型的骨板完成，但是，应该用比前面例子中讨论的抗性更好的骨板，或者用以前描述的桥接骨板（图5-139）。

何为张力面?

张力面主要指在结构水平上，动物进行生理性负重过程中承受撕脱力（向相反方向）的皮质骨表面。将这一概念应用到特定骨折的案例中，当使用患肢时，张力面的边缘容易分离。

正常情况下，所有的骨板都应放在张力面，如果放在对面，骨板就会弯曲。这是由于与撕脱力相比，骨板对折弯力的抗性更小（图5-136）。

放置在张力面的骨板可吸收所有的撕脱力，并将它们转化为对骨折线的压缩力。这就是骨板表现的张力带原理。

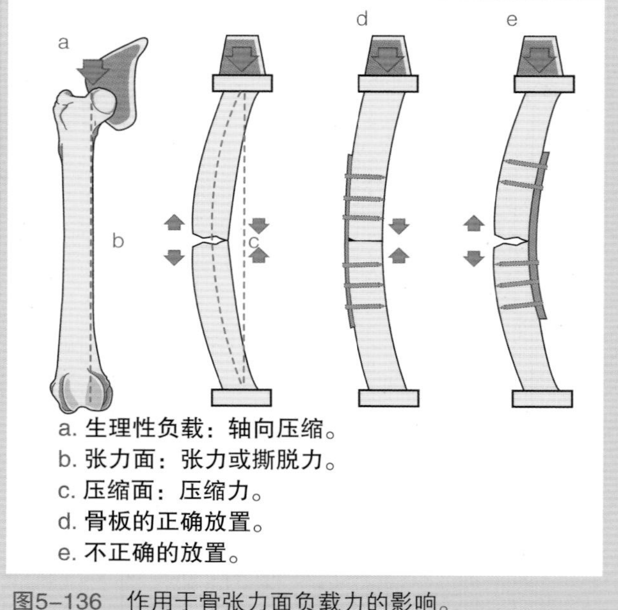

图5-136 作用于骨张力面负载力的影响。

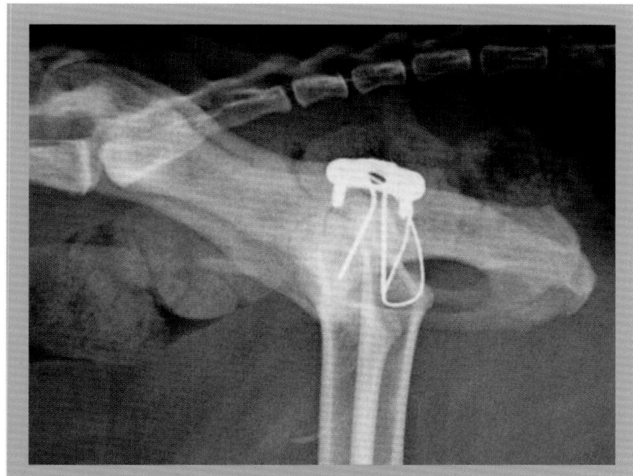
图5-137 在背侧髋臼缘放置的骨板。这种类型的骨板是一个动态加压骨板。

骨板应用技术

传统上，AO认为，为了达到良好的固定效果，需要尽可能利用碎片间的压缩来完美地将所有骨片复位。然而，目前骨折治疗通常采用生物学骨固定术，即仅固定主要骨折片段以保持骨的排列和功能长度，而不用考虑中间的骨折片段。

两种合理的生物学骨固定术用于骨折复位：

- **打开但不接触**。该技术包括进入骨折部位并在不触碰游离骨碎片的情况下插入植入物（图5-140）。
- **微创骨板固定术**。这种方法与前一种方法相似，但只能通过两个切口进入骨折部位，切口的大小刚好能将骨板插入软组织下方，并便于放置任何必要的螺钉（图5-141）。

每种骨折复位技术都有其优点和缺点，因此，外科医生必须根据自己的经验和每种骨折的特征来评估最佳方案。在这个意义上，应该考虑以下原则：骨折越简单、越容易复位，就越有理由采用骨间压缩的刚性骨固定技术。相反，骨折碎片越多，选择生物学骨固定术的理由就越充分。

骨折部位的完美复位是一项精准的技术，要求对骨板进行塑型，能避免骨愈合不良的产生，即防止外科医生在对齐骨轴方面出错；这对于那些在应用骨板方面经验较少的外科医生来说更容易操作。

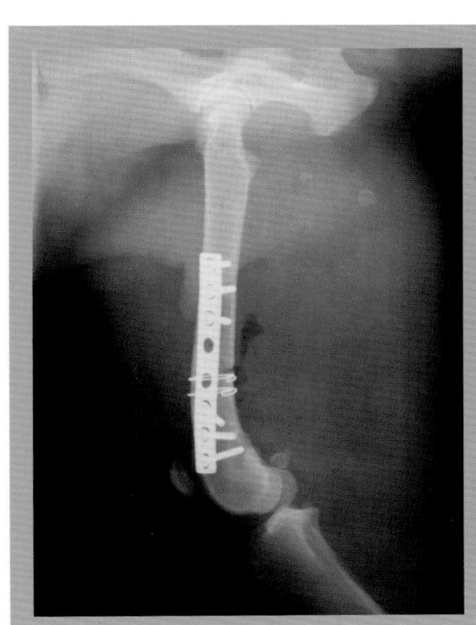
图5-138 中立骨板配合环扎钢丝固定股骨骨折。

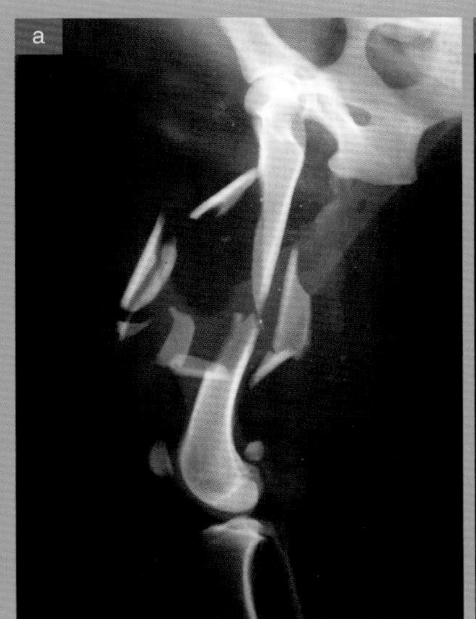

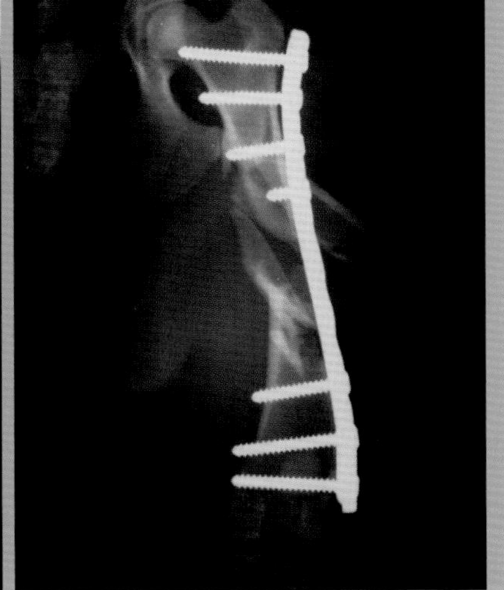

图5-139 粉碎性骨折的X线片（a），用标准的支持骨板固定（b）。

然而，生物学骨固定术对周围软组织的损伤更小，因此愈合更快。虽然要求外科医生必须具有熟练的操作技能，但这是治疗粉碎性骨折的最佳方案。

单纯骨折多采用刚性技术，易复位，粉碎性骨折多采用生物学骨固定术。

如果选择刚性固定术，则应将骨折转化为简单骨折，即两个主要骨折片段与一个单一骨折面之间的连接。为了做到这一点，如果可能的话，使用拉力螺钉或环扎钢丝来复位和保持骨折片段稳定，同时要对骨折线施加压力。必须考虑骨板放置的位置，以免拉力螺钉的螺帽或环扎钢丝的结影响骨板的固定。这种技术只能用于可进行复位的多处骨折的固定（图5–142）。

一旦骨折转变为简单骨折，或发生斜骨折和横骨折时，复位主要的骨折片段以获得骨的完美对合。

对于斜骨折，可以用两点复位钳或用螺钉或环扎钢丝来暂时稳定骨折部位。

对于横骨折，助手必须暂时用复位钳夹住已复位的片段，直到外科医生对骨板塑型并用相应的螺钉进行固定为止。

其次，一旦骨折复位，就必须根据骨的大小，动物的年龄、体重和性格特点，以及骨折的类型来选择骨板的大小。关于骨板的长度，至少保证每侧骨片上植入3个螺钉，也就是说，骨板必须至少使用6个螺钉，以达到足够的稳定性。

从这个意义上来讲必须记住，正常的骨折在骨折线两侧的每个骨片段上螺钉至少要穿过5个皮质骨表面，同时考虑每个螺钉尽量穿透两侧皮质骨表面。根据所使用的螺钉数目，力的中和顺序如下：

- 在骨纵轴上的旋转运动以及骨折部位的微分离运动，可在每个骨折片段上用一个螺钉进行中和

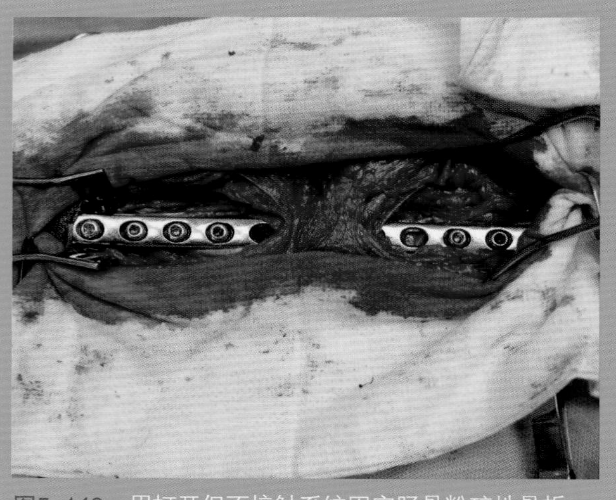

图5–140　用打开但不接触系统固定胫骨粉碎性骨折。

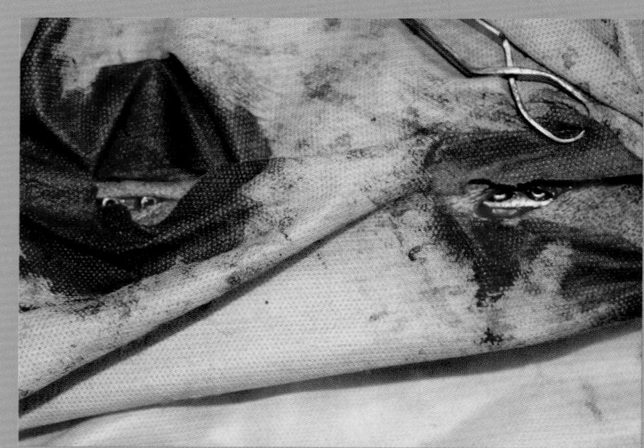

图5–141　采用切开皮肤的微创骨板固定术治疗胫骨骨折。

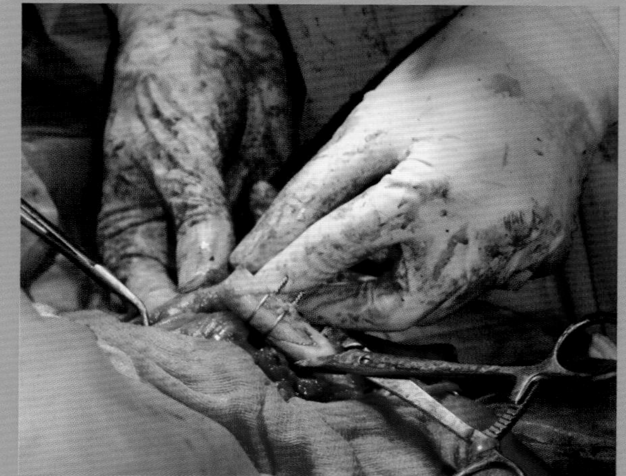

图5–142　植入环扎钢丝将多处骨折转变为简单骨折（两个主要碎片和一个单一骨折面）及其刚性技术的应用。

（图5－143b）。

- 当用螺钉作为中轴固定时也会产生旋转运动，即左右摆动，这也可在每个骨折片段上用两个螺钉进行固定（图5－143c）。
- 通过第三个螺钉（图5－143d）可防止螺钉从皮质骨表面脱离，从而增加固定的稳定性。

在锁定骨板方面，由于螺钉也固定在钢板上，充当第二个“皮质表面”，因此，每个骨折片段上用的螺钉数可减少至两个。

接下来的步骤是使骨板与骨的解剖形状相适应。每块骨都有各自的弧度，骨板必须与其弧度完全适合。这是使用传统骨板放置刚性骨固定系统最关键的一点。如果骨折断端完全复位后，骨板不能与骨面完美适应，那么当拧紧螺钉时，由于螺钉向骨面牵拉骨折片段，会导致复位失败。

如果传统骨板的塑型与骨的形状不相适应，当拧紧螺钉时，复位就会失败。

在使用锁定骨板时，由于是将螺钉锚定在骨板和骨上进行的固定，因此不会产生这种移位。这是使用锁定骨板的主要优势之一。

一个方便骨板塑型的选择是使用铝模板，它由精细的金属片制成，一旦复位，就把金属片放置在骨板需要放置的位置。因为它们是高度可塑的，可以制作出一个与确定要放置的植入物弧度完全一样的“模具”。一旦从骨上拿下，就成为骨板塑型的参考（图5－144）。

折弯植入物所需的工具多种多样，扳手、夹钳和折弯钳都可以调节骨板的弧度使之与骨面相适应（图5－145）。应该均匀地对骨板进行上述调节，以免骨板成角。这是因为，假如破坏了骨板的结

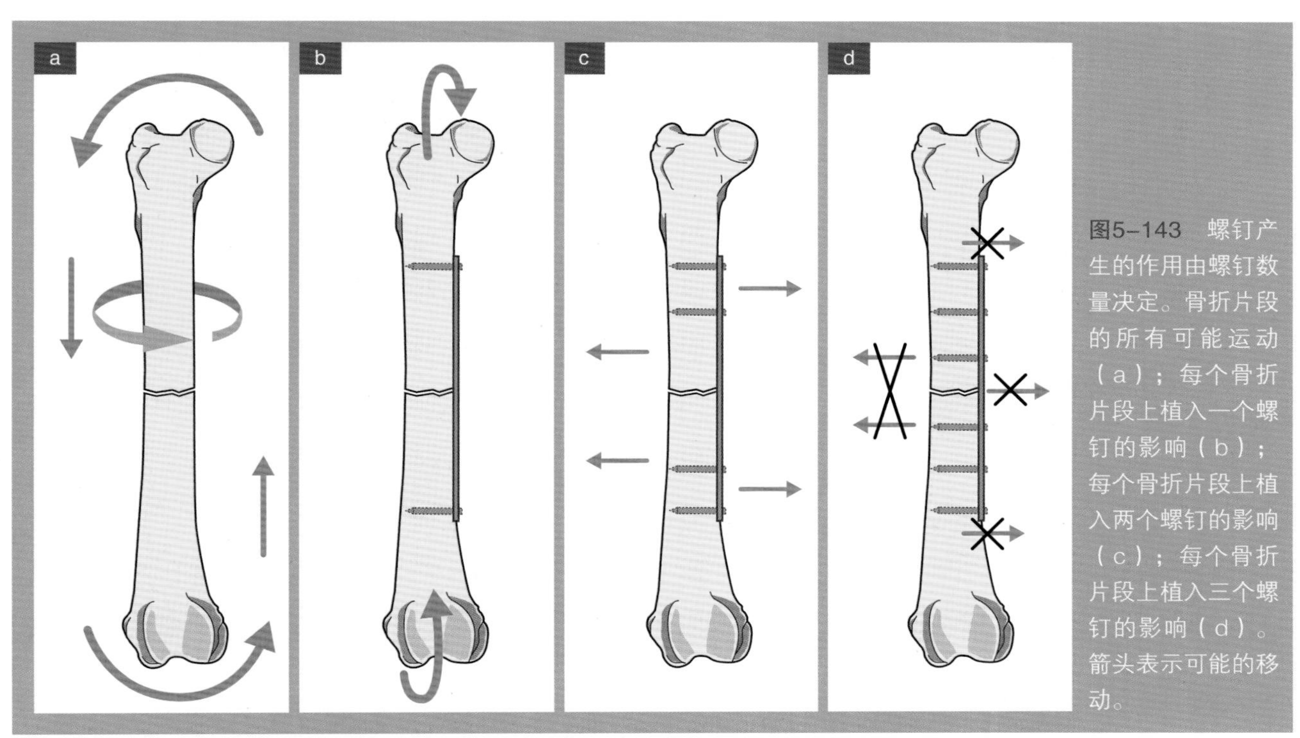

图5－143 螺钉产生的作用由螺钉数量决定。骨折片段的所有可能运动（a）；每个骨折片段上植入一个螺钉的影响（b）；每个骨折片段上植入两个螺钉的影响（c）；每个骨折片段上植入三个螺钉的影响（d）。箭头表示可能的移动。

构，成角的尖端处是脆弱的区域。夹钳和折弯钳在一定程度上可防止这些问题的发生。

折弯应逐步进行。如果不是逐步折弯，而且如果弯曲过度，必须将植入物“拉直”，这也会破坏金属的结构。

在使用钛板时，必须更加小心，以避免前面提到的错误，因为这种金属比钢的柔韧性差，会遭受更多的结构损伤。避免过度折弯的矫正尤为重要。

由于钛板的柔韧性较差，避免矫正过度折弯的钛板更加关键。

一旦塑型完成，应将骨板放置在正确的位置并用螺钉进行固定。

使用加压骨板时，如前所述，用偏心钻导在距离骨折线最近的两侧各钻一个孔，其余的位置用中性钻导钻孔。钻导除了引导在正确的位置钻孔之外，可防止由于钻头的旋转而对周围软组织造成的任何损害（图5-146）。

插入螺钉的步骤与螺钉部分（第71页）描述的步骤相同。当用螺核直径的钻头低速钻孔时，应使用盐水进行降温，以免过热（图5-147）。如果没有使用专用钻导，必须考虑如果钻孔稍有偏移，拧紧螺钉时，由于螺钉头会与骨板相接触，就会使骨向着相反的方向发生部分移位。同样，钻导也可阻止钻孔过度偏斜。

对于中和骨板或桥接骨板，所有的钻孔都使用中性钻导。

一旦钻孔结束，就用测深尺测量螺钉的长度（图5-148）。一般情况下，应选择比测量深度长一点的螺钉，以保证对放置骨板的对面皮质骨表面进行完美固定。

至于是否要用丝锥进行攻丝，取决于是否使用自攻螺钉。如果必须攻丝，应选用与螺纹直径相对

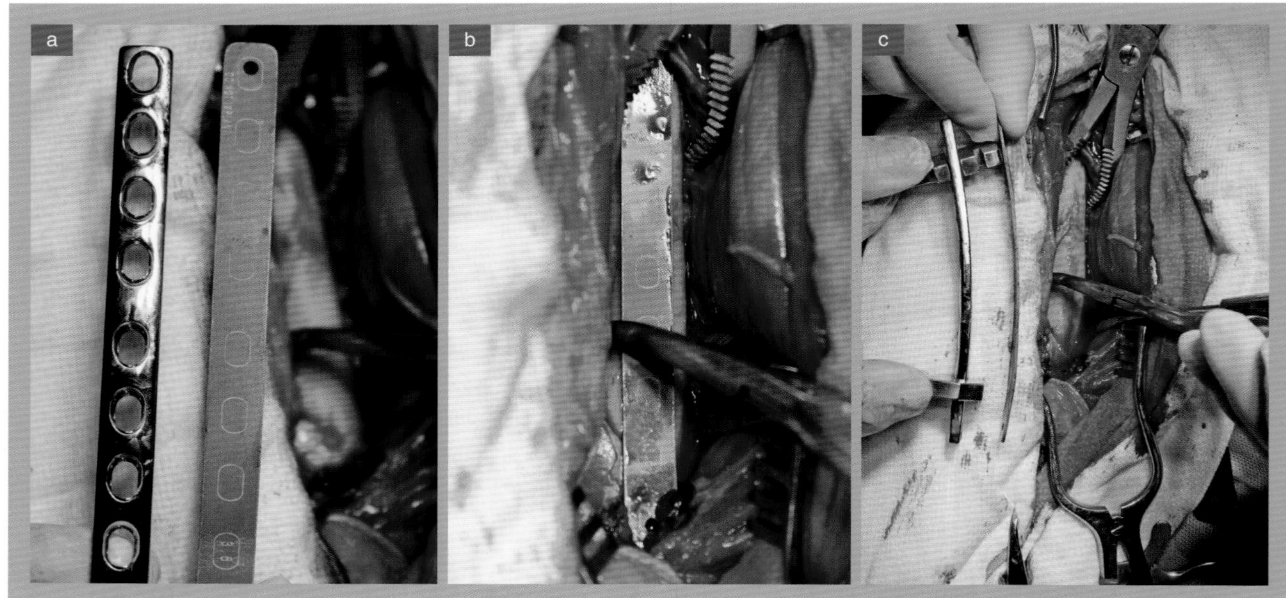

图5-144　在铝模板的帮助下进行骨板的塑型。比较这两块板（a）；将铝模板放置在骨板放置的最佳位置（b），并对铝板进行塑型；以及以铝板模型（c）作为参考进行最终的骨板塑型。

应的丝锥。

> 为了保证完美固定，选用比测量长度略长的螺钉。

几年前，3.5螺钉的螺纹从1.75改为1.25，因此建议使用与该螺钉相对应的丝锥。

插入丝锥时通常需要用钻导来保护软组织，同时可防止因触碰骨板孔缘而失去螺纹的边缘（图5–149）。为了清除在攻丝时产生的骨“碎屑”，应该顺时针转三圈半，逆时针转一圈，重复直到在两侧皮质骨面上完全做好攻丝为止。另一个重要的细节是正确定位钻导，使其能与对侧皮质骨表面的钻孔相一致。如果骨的直径大，或皮质骨较薄，可能会出现这种情况，当丝锥与骨形成角度时，丝锥的尖端就会碰到骨内面，因此，就不能继续拧入，这样皮质骨最初的攻丝将会被破坏。

在使用自攻螺钉时，不需要攻丝。对于某些皮质骨表面过于坚硬的骨，并在不能用螺钉过于施压的情况下，先用丝锥进行攻丝，然后用螺钉本身来完成攻丝，这可能很有用处。

除了使用偏心螺钉之外，插入螺钉的顺序并不

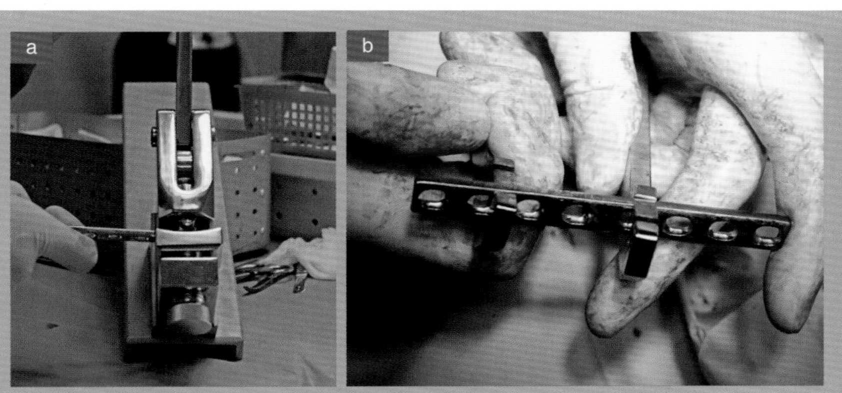

图5–145　骨板的塑型是在不同的工具如夹具（a）或扳手（b）等的帮助下完成的。

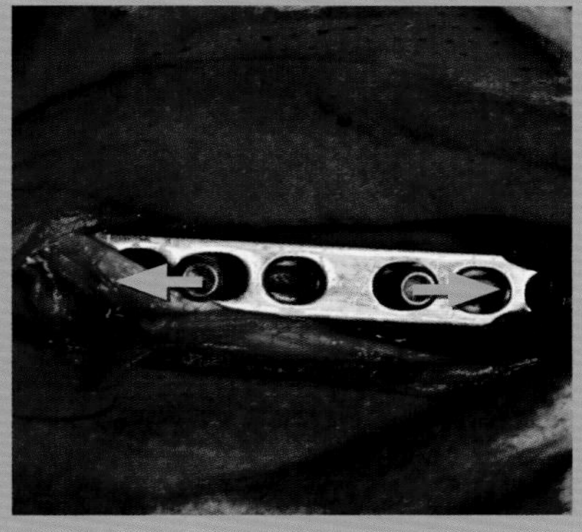

图5–146　在拧紧偏心螺钉前应将其放置在正确位置。注意偏向骨折线相反方向。

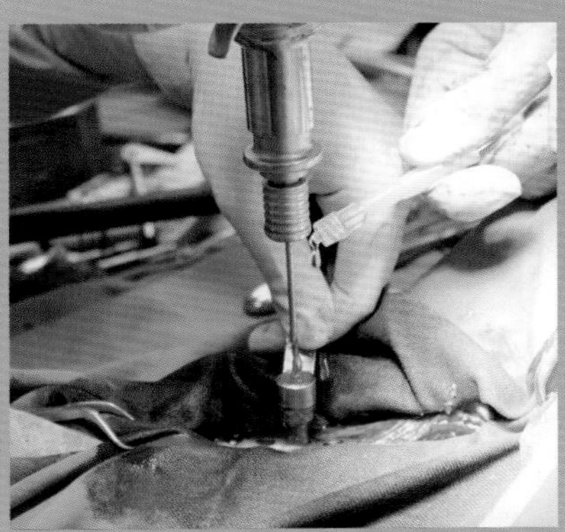

图5–147　用钻导引导钻孔。这里可以看到如何通过冷却系统将盐水浇在手术部位上。

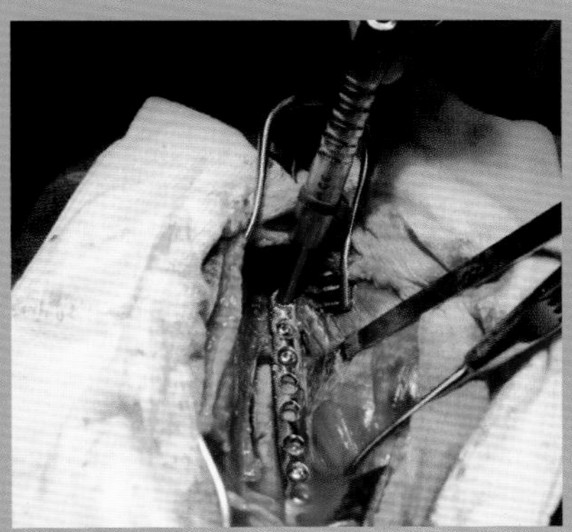

图5–148　用测深尺测定螺钉所需的长度。

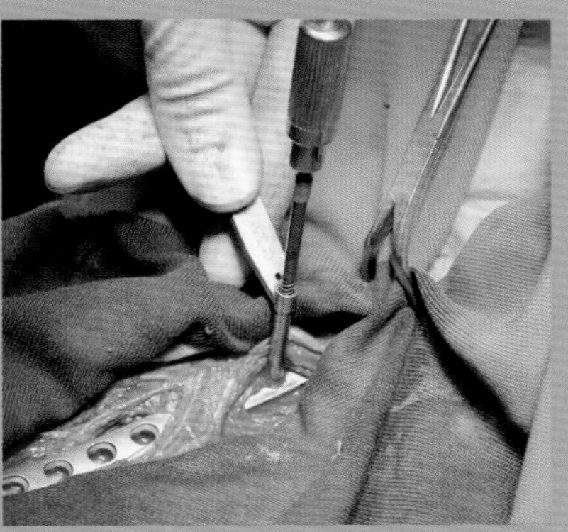

图5–149　用钻导引导攻丝。

重要。然而，建议从一个骨折片段到另一个骨折片段交替植入，同时评估拧紧螺钉时螺钉对骨折部位的影响。

建议从一个骨折片段到另一个骨折片段交替植入螺钉，同时评估拧紧螺钉时螺钉对骨折部位的影响。

应该记住，当各个骨折片段植入两个螺钉时，植入物的位置就不能改变。因此，在每个主要骨折片段的第二颗螺钉植入之前，必须确认骨板的两端在骨的上方。这是因为在植入物比较长时，骨折部位附近区域的任何角度都可能会引起骨板的一端超过骨面，使它不能在相应的位置植入螺钉。

一旦植入新的螺钉，就应该再次拧紧已经植入的螺钉，因为每个植入的螺钉会使骨板向骨面更靠近一点点，这就可能会使原来已经植入的螺钉发生轻微的松动（图5-150）。

手术结束时，用缝合线缝合软组织，同时避免骨板与皮肤直接接触，以防愈合不良。

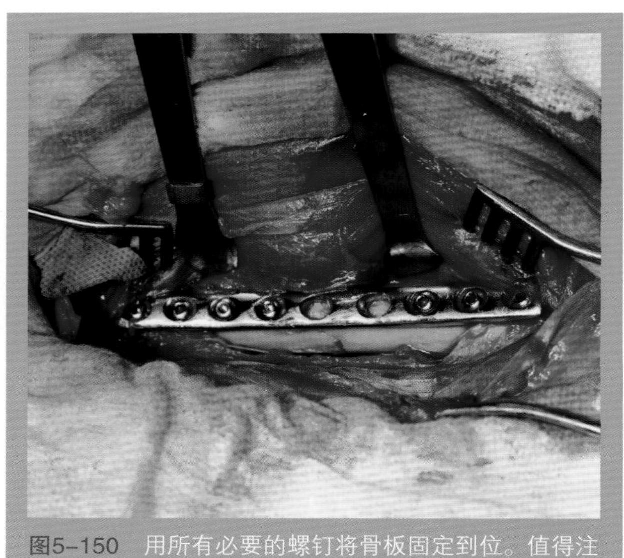

图5-150　用所有必要的螺钉将骨板固定到位。值得注意的是，在骨板脆弱的部位（靠近骨折线边缘）留出两个孔不拧入螺钉，以便中和局部的张力。

锁定骨板

正如本章开头所提到的，当螺钉被拧紧时，骨板通过螺钉施加的压力被固定在骨上。这种压力会导致骨膜血供的减少，骨膜血供直接位于骨板的下方也会造成骨内血供（来自机械性的压迫）的减少，它们会导致骨活力的下降。

当骨折固定后，植入物（尤其是能产生压缩力的植入物）会改变作用于骨折部位的力，使骨骼承受一系列人为产生异常的力量。也就是说，骨愈合是不完全在生理力学的作用下进行的，因此，意味着新形成的骨要承受生理学上的力，有时在没有植入物支持的情况下，无法充分承受这些人为产生的力。随着时间的推移，骨骼会重新调整其结构，直到形成足够的力学组织。

当通过保守疗法或生物学骨固定术治疗骨折时，就不会发生这种现象。在这些情况下，骨组织是在非常自然的条件下形成的，因此形成的骨会更快地承受生理负荷。这就是在某些情况下，为什么外固定支架可以在手术后一个月取出，而对于成年动物，在手术后六个月才能取出骨板。

正如外固定支架部分所讨论的，锁定骨板有可能是目前最符合生物学特性的固定系统，因为它们避免了无效力，并能承受轴向压缩。但它们有一系列外部结构的缺点，其中之一就是刚性结构与骨轴之间的距离（图5-151）。

为了解决这些问题，有人开发出了基于以下两个概念的锁定骨板：创建一个用于生物学愈合的外固定支架，减少刚性系统与骨之间的距离；避免内外骨的血供受损。这样就出现了一种骨板，它不是将植入物压在骨皮质表面进行固定，而是将螺钉锁定在骨板上（因此得名）。也就是说，将螺钉拧入骨和骨板内（图5-152）。

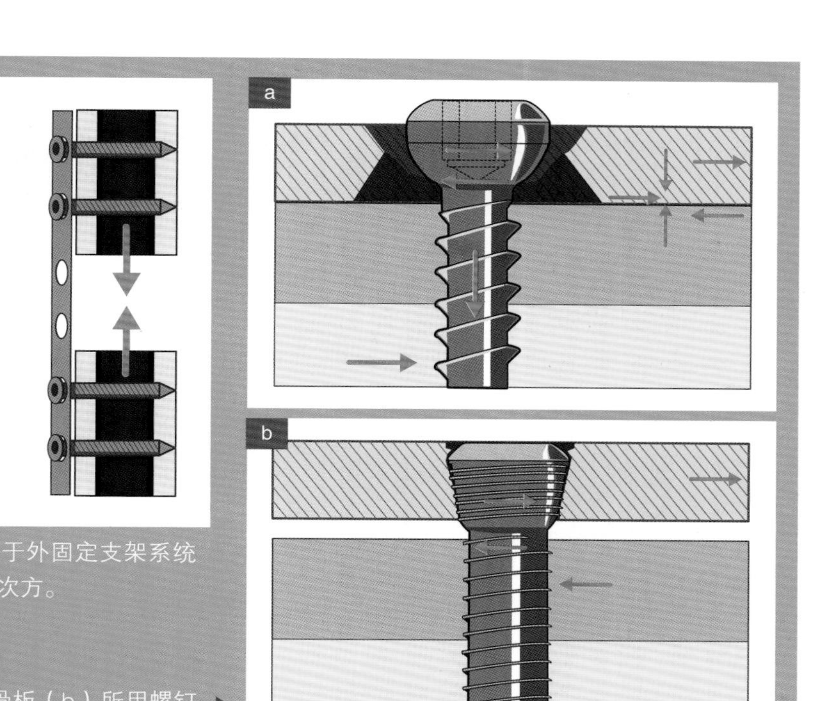

图5-151 外固定支架与骨连接的刚性取决于外固定支架系统与骨中间的距离。刚性正比于这个距离的三次方。

图5-152 传统骨板（a）所用螺钉和锁定骨板（b）所用螺钉的区别展示。

锁定骨板避免了外固定支架和骨板的缺点，因为它们允许生物学愈合，而且在骨和支架之间有更大的距离，同时它们不会改变骨膜或骨内的血液供应。

因此，这个骨板显示出了多方面的优势。一方面，当在软组织下引入骨板时，刚性系统更接近骨面，这样的结构更有效（生物力学方面）；另一方面，该系统允许某些运动，因为负载不能被完全中和，利于形成更具有生理学特性的组织；最后，由于骨板不会对皮质骨表面施加压力，骨膜和骨内的血供不受影响（图5-153），因此，骨膜可以围绕整个骨骼生长，加速愈合过程。

在过去的几年里，人们根据相同的原理开发了不同的骨板外形：螺帽被锁在植入物的孔内。

由于每个型号的设计有所不同，应用这些骨板的技术因制造商不同而略有区别。在这部分中，将不再一一解释，但要阐明它们的功能和最常用的骨板之间的不同。

在大多数现有的系统中，螺纹预先刻在了螺帽上和植入物的孔内。在该系统中，螺钉与骨板之间的固定强度稍有增加。但是，外科医生必须把螺钉放置在预定的位置，通常与骨板垂直，这意味着把每个螺钉放置在最适合的位置受到了限制。

为了解决这一问题，一些厂家改进了骨板，这样，在一个孔内，可以选择以一定的角度或垂直放置螺钉。如果以一定的角度放置，螺钉将不能被锁定。也有些厂家允许螺钉倾斜10%，因为螺帽自身可以在板孔较厚的部位攻丝。这些被称为多轴系统，它们在放置螺钉时更自由（图5-154）。螺钉放置的角度可以增加，但它的抓力随着倾斜角度的加大会逐渐丧失。

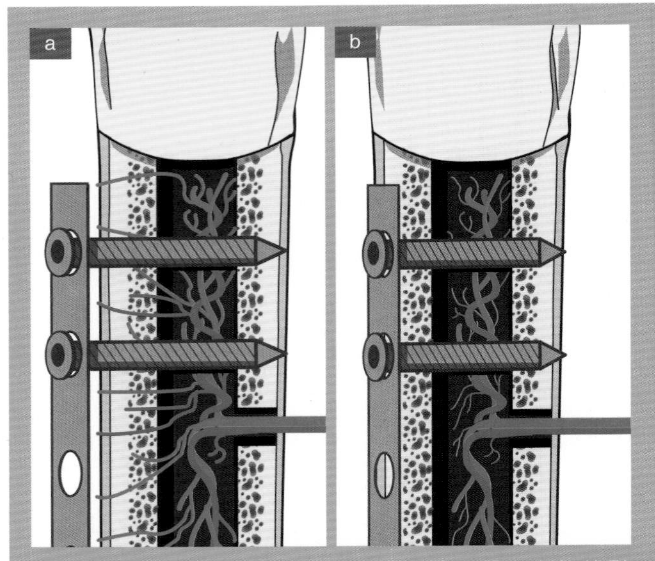

图5-153 锁定骨板和传统骨板对骨膜和骨内血供的影响，锁定骨板非常靠近骨表面，但没有与骨接触（a），但是传统骨板对骨面有挤压（b）。

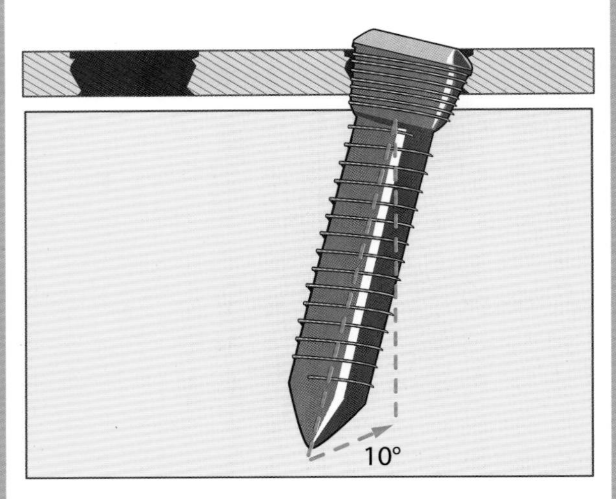

图5-154 螺钉插入的多轴系统。这个角度为该系统增加了更多的支点。

> 多轴锁定骨板允许螺钉偏斜一定的角度，因为螺帽自身可在骨板孔内进行攻丝。

大部分锁定骨板是由钛制成的，这种金属除了具有很强的抗感染能力外，还具有更高的骨结合率。然而，如果不遵守某些规则，它比那些钢制的骨板更易断裂，因为它的柔韧性较差。关于板孔留空隙的建议是，必须留下至少两个孔来分散折弯力循环。在使用钛板的特殊情况下，至少应保证3个孔是空的（图5-155）。

虽然锁定骨板能够很好地用于刚性骨固定系统，但当螺钉靠近骨折部位时，其特性更适合生物学骨固定术（图5-156）。也就是说，它们是一种植入物，一般会通过螺钉将其两端固定在骨上用于解决不常发生的应力集中问题。

传统骨板与锁定骨板之间的另一个主要区别是它们的固定点。在第一种情况下，骨板能够承受其骨面撕脱力的最佳方案是每一个骨片段上至少有5个皮质骨表面被螺钉固定（见第90页）。使用锁定骨板时，由于螺钉被牢固地固定在骨板上，它的作用与皮质骨一样，因此，一个双皮质骨螺钉和一个单皮质骨螺钉就足以达到足够的强度。

一个单皮质骨锁紧螺钉具有与传统双皮质骨螺钉相同的抗撕脱能力。当锁定螺钉为双皮质骨螺钉时，其抓力强度可增加30%。在不能使用长螺钉的地方，为了避免风险，允许使用单皮质骨螺钉（图5-157）。

> 与传统的双皮质骨螺钉相比，单皮质骨螺钉具有更大的抗撕脱能力；当锁定螺钉为双皮质骨螺钉时，其抓力强度可增加30%。

毫无疑问，与之前提到的传统骨板最大的区别是如何将锁定骨板固定在骨上。传统骨板是通过金

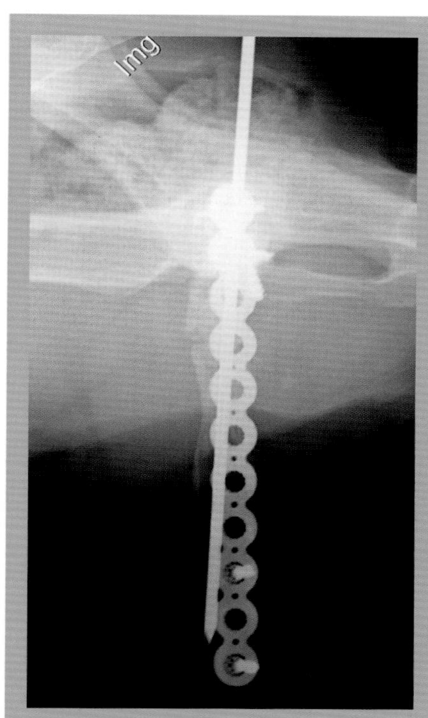

图5-155　X线片显示骨折部位的钛板上有许多孔都没有螺钉。

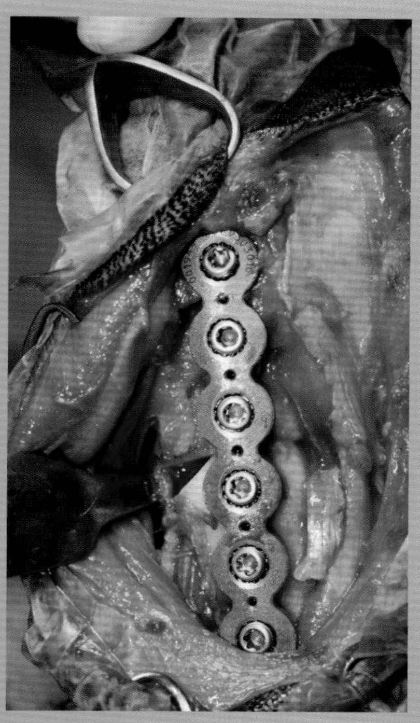

图5-156　在矫正截骨术中用作加压骨板的锁定骨板。

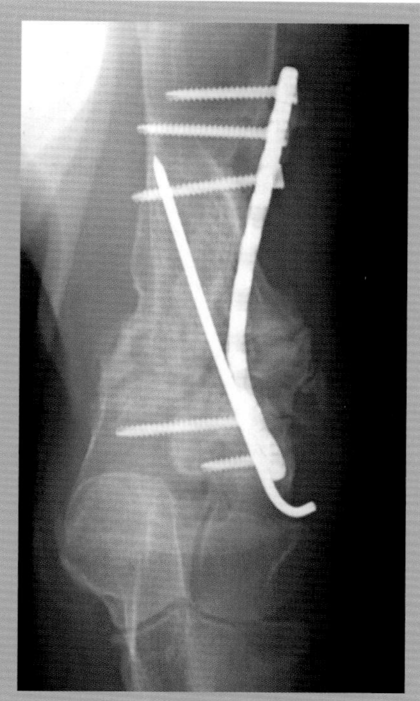

图5-157　肱骨远端骨骺的X线片显示螺钉如何仅锚定在单侧皮质骨表面（单皮质层），以免影响肘肌。

属和骨之间的摩擦而进行固定的。这样，当螺钉插入骨板时，螺帽最终与孔的边缘接触。从那一刻起，当拧紧螺钉时，骨被牵引，直到其皮质骨表面与骨板紧密接触。然而，对于锁定骨板，当螺帽与孔接触时，螺钉会进入骨板并进入骨内，直到骨板自身阻止其进入为止。在某些系统中螺纹自身可用于锁定。

传统骨板中螺钉的最大扭矩是由骨的阻力决定的，而对于锁定骨板，由金属本身阻力决定的扭矩是有限的。因此，无论骨多么脆弱，想要去除锁定骨板的螺纹锁定都非常困难。也就是说，在使用锁定骨板时，骨不会向植入物移动，而是保持在原来的位置，就像螺钉被锁定在骨板的孔中一样。因此，当前两个螺钉开始锁定骨折时，必须将它们放在确定的位置。

锁定骨板的另一个优点是骨板的塑型变成了次要的，对固定的成功与否不再那么重要，这与传统骨板的情况是相反的。

当使用传统骨板时，医生会发现自己有了一个新的限制，那就是骨板的塑型。如果操作不当，可能会导致固定失败。然而，使用锁定骨板时，塑型变为一个次要的问题（图5-158），因为这个原因，通常会选择锁定骨板。这一事实，再加上生物学骨固定术的理想特性，锁定骨板成为进行微创骨板固定术（第89页）的合适选择。

与锁定骨板相关的螺钉植入通过多轴系统很容易实现。对于其余的系统，如果骨板预先设计带有非垂直方向的板孔，这可能是唯一可行的。通过这种方式，螺钉将会被斜向植入，因此也通过螺纹产生了相应的固定力，其位置可防止其松脱（如果骨上的螺钉锚定失效，它们的侧向力可阻止其从骨板分离），如果螺钉以平行的方式排列，植入物就能与骨分离。对于传统骨板，斜向植入螺钉没有太多优势，因为如果螺帽没有固定在孔上就会发生摆动，因此，并不会阻止骨板与骨的分离。

有些植入物是专门为某些手术设计的，在这些手术中，螺钉的形状和倾斜度都是预先确定的。然而，在多轴系统中，螺钉总是可以以一个角度植入。

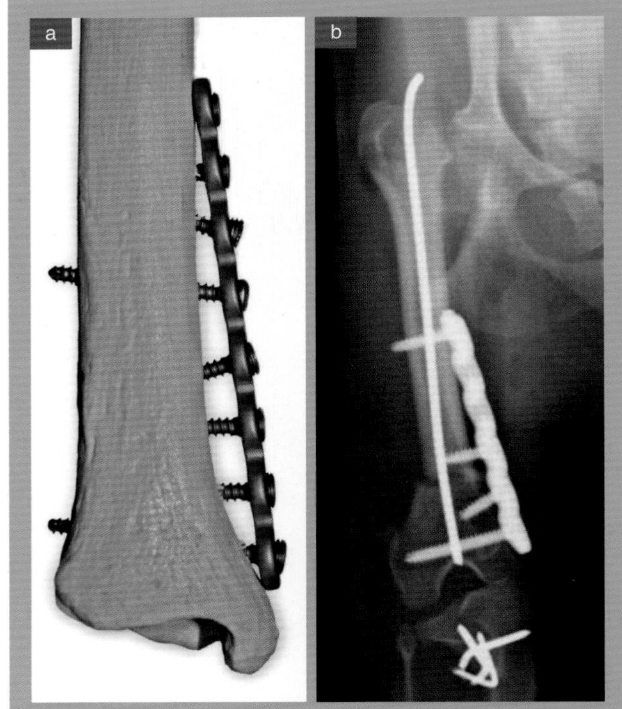

图5-158　用锁定骨板进行固定时，骨板的塑型不是重要问题。在放置锁定骨板的地方可以明显看到骨板没有与骨表面的形状相适应（a）。在股骨矫正截骨术中，应用没有塑型的锁定骨板后的X线片（b）。

骨愈合的并发症

本章将讨论临床骨科手术中最常见的并发症，以及可能的处理方法。

应该注意的是，绝大多数的并发症是由对骨折检查不当、骨固定系统选择不当或使用不当造成的。也就是说，尽管大家不愿承认，大多数与骨科手术相关的并发症都是由手术医生造成的。

骨折治疗中出现的问题通常不是由一个单一的重大错误造成的。一般来说，问题的出现是由在选择和应用骨固定系统过程中，以及在术后恢复过程中所犯的一系列小问题所引起的。所有这些小问题的总和，加上动物不愿配合，有时会导致固定的失败。

可能出现的并发症种类很多，但主要有以下几种：

- 骨折病
- 股四头肌挛缩
- 延迟愈合与不愈合
- 有缺陷的愈合（畸形愈合）
- 骨髓炎

骨折病

骨折病被认为是在骨折治疗过程中，由于肢体长期不活动而导致骨骼、软组织和皮肤萎缩，从而对肢体关节产生的不良影响。

发病机制

这些问题虽然也可发生于其他骨固定系统，但主要发生于使用铸型外固定器的情况。

然而，这个问题的出现并没有单一的原因，而是一系列诱发因素共同作用的结果。

导致骨萎缩也就是骨质疏松的原因之一是施加在骨骼上的力缺失或减少。这些力是由四肢负重和肌肉收缩产生的（图6–1）。

骨质疏松症是由骨骼的压电行为改变引起的。如前所述，不再承受体重的骨骼区域会随着相应的骨量减少而发生骨软化。骨重吸收现象会以某种方式作用于整个骨骼。

幸运的是，一旦肢体恢复正常功能，骨质疏松症和肌肉萎缩的这些过程就会恢复。然而，骨折部位骨组织的生长速度是正常骨的生长速度的1/10。

骨折病最大的缺点是会影响关节，关节的许多改变是不可逆的。

关节的变化包括关节囊及周围组织的挛缩和关节内结缔组织的增生。另一方面，关节长时间不活动会导致软骨的营养供应减少，最终导致软骨组织结构本身的改变，从而导致伴随着关节僵硬的永久性变化（图6–2）。

关节活动可产生泵送效应，负责在关节内形成滑液循环，并对关节软骨提供营养。

这些可以通过前面提到的内容进行推断，骨折病是肢体长时间不活动的结果。幸运的是，采用外固定如石膏等治疗骨折的方法应用得越来越少。

目前的固定系统通常可以快速恢复患肢的运动，这是理想的骨固定基础。也就是说，对内固定方法的应用了解不足也可能会导致骨折病的发生。

> 骨固定系统应用不当可能会导致骨折病的发生。

最常见的例子是髓内固定系统放置不当引起的疼痛（图6–3）。这种疼痛妨碍早期活动，从而触发前面解释的过程。

其他导致这种病理性变化的骨固定系统是暂时固定关节所用的外固定。如果一个关节保持不动超过3～4周，就很有可能导致关节僵硬，失去关节的生理活动范围。如果这种制动发生于处于发育阶段的动物，在短时间内就会出现关节僵硬，并可能达到不可逆转的程度。

股四头肌挛缩

在影响软组织和导致四肢功能障碍的骨科问题中，应重点考虑股四头肌挛缩。这种病理过程是外科医生所面临的预后最差的手术并发症之一。上述病理主要包括股四头肌拉伸能力的丧失。

当发生骨折时，骨周围的肌肉受到损伤，在这种情况下，股四头肌的解剖位置是其受影响最大的原因。这些肌肉组织的损伤产生两种结果：

- 结缔组织替代肌肉组织。

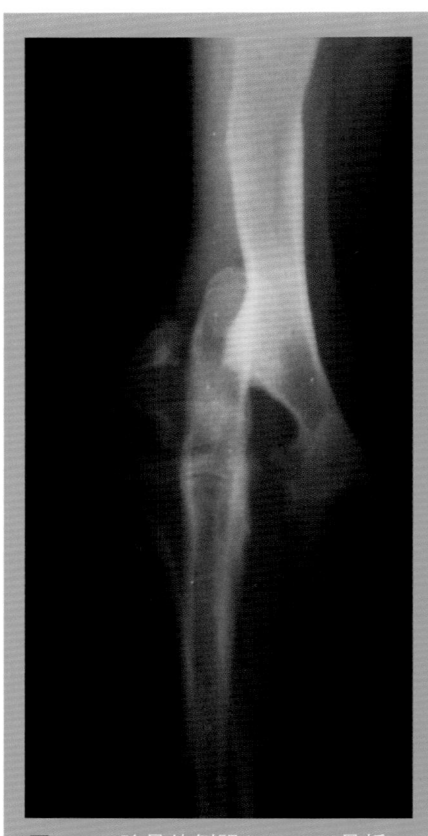

图6–1　肱骨外侧髁Salter Ⅳ骨折，是因缺乏活动造成的骨质疏松症引起的。

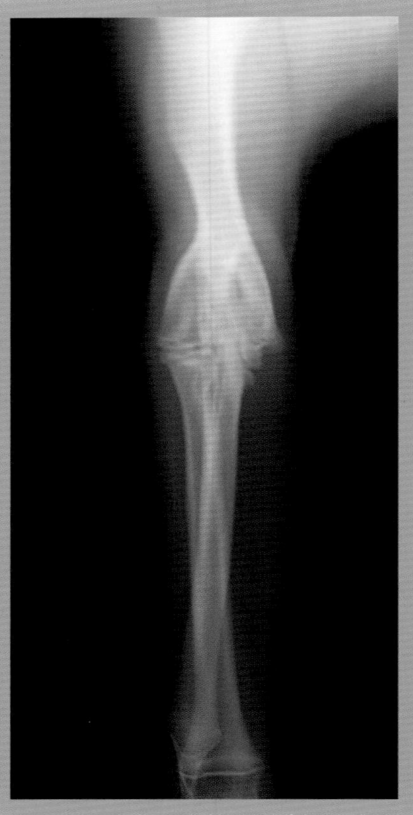

图6–2　幼犬因固定时间过长造成的肘关节僵硬。图示关节腔变小。

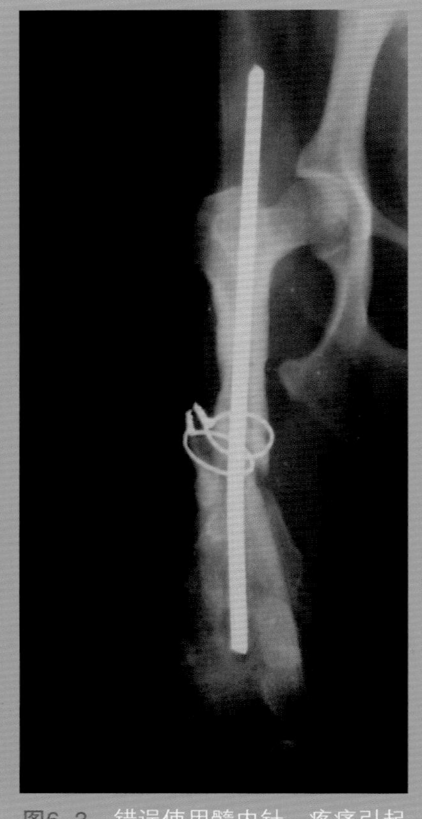

图6–3　错误使用髓内针。疼痛引起了患肢活动减少，负重减少，导致骨密度降低。

• 肌肉本身与周围组织粘连。

尽管股四头肌挛缩可以发生于任何年龄，但对于发育中的动物来说是一个相当严重的过程，会产生很严重的后果。在这些患者中，股骨会与周围的所有组织一起持续变长。

当股骨骨折时，这块肌肉（位于股骨前方，并附着在大转子和胫骨嵴上）的结构发生改变，这样就失去了与股骨一样的生长速度。

肌肉生长能力的丧失会使动物在上述的附着点处形成张力带，导致股骨没有足够的发育空间，同时股骨长度的增加会引起关节过度伸展，随着骨的发育，这种情况会越来越严重。

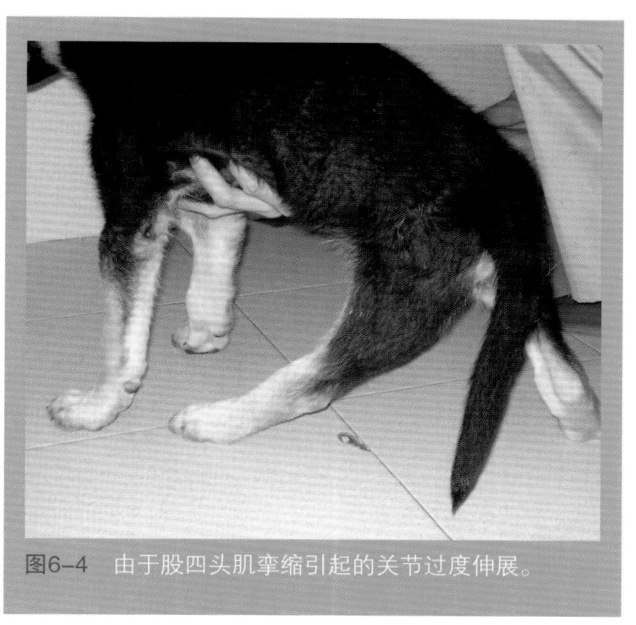

图6-4　由于股四头肌挛缩引起的关节过度伸展。

发病机制

这种病理的确切原因尚不清楚，但有两种理论试图对其证明：

- **腔室综合征理论**。当损伤没有伴发股四头肌筋膜撕裂时，就会发生这种情况。由于肌纤维损伤而形成的血肿留存在肌肉团块内。因损伤的肌纤维再生能力非常有限，它会被比原有的肌肉组织延伸能力更小的纤维组织所取代。因此，形成了前述的张力带。
- **软组织的不当处理**。如上所述，对于发育中的动物来说，骨膜是非常活跃的组织。如果不遵循基本的无菌操作，在手术过程中对软组织处理不当，且不能保持骨膜完整，股骨与受损的肌肉（主要是股间肌）之间可能会发生粘连。这会导致股四头肌伸展运动受限。

临床过程

临床上，术后2～3周，根据动物的年龄，表现为膝关节完全不能屈曲，行走时肢体完全伸展，每一步都会表现为外展运动（图6-4）。

治疗

从理论上讲，最好的方法是防止股四头肌挛缩的发生。如果能显露骨折部位，可观察到股四头肌的体积大幅增加，而且该肌肉的筋膜保持完整，可以通过切口排出血肿。这样，可部分避免肌纤维转变为结缔组织。

对于软组织和骨膜的处理，必须十分小心。这样可保持肌肉与骨之间的粘连不至于范围过大，以免引起股四头肌挛缩。另一方面，关节活动的早期重建也能防止粘连的形成。

也就是说，如果病理已经存在，那么问题的解决非常困难。一旦确定挛缩的早期症状就立即行动是最重要的。这将有希望减少膝关节可能出现的问题。

为了解决这个问题，有两个技术简述如下：

股四头肌拉伸术

这种技术是通过在肌肉的每一侧交替进行切割来增加肌肉的长度。一旦股四头肌被从骨中分离出来，这些切口大约应该覆盖肌块宽度的1/3。

肌肉与骨粘连分离

这项技术包括将股四头肌从肌肉与股骨之间形成的粘连中完全分离出来，使膝关节能够进行生理性的运动。首先，确定股四头肌的四个头，然后将肌肉与股骨分离。为了完成这个操作，可在肌肉与股骨之间插入霍夫曼牵开器或手术剪，并沿着骨面分别从近端到远端移动器械，直到完全分离股四头肌。

在这两种技术中，防止肌肉和骨骼之间反复形成粘连是非常重要的。一种可能性是在骨头和肌肉之间插入一部分筋膜，作为屏障和供肌肉在骨上滑动的平面。

> 必须避免在肌肉和骨骼之间形成新的粘连。

在某些情况下，应该使用跨关节外固定支架来保持膝关节过度屈曲，同时允许一定范围的关节运动，以避免出现骨折病。要做到这一点，最好选择有弹性的固定支架，使膝关节保持屈曲状态，允许进行小幅度的伸展。

术后动物应尽快活动膝关节，这不仅能避免粘连，还可以恢复关节的活动能力。基于这个原因，动物应尽快开始行走。从这个意义上说，采用物理疗法最为理想，即被动地伸展和屈曲肢体。

另一方面，必须考虑到当股四头肌挛缩发生时，股直肌也会受到影响。当肌肉发生挛缩时，就会产生一种力，使股骨向近端偏斜，将其远离髋臼。如果这种力是在关节发育过程中产生的，它会导致髋臼头部畸形，导致幼年性关节炎甚至髋关节脱位（图6–5）。

为避免这一问题，通常会在股直肌嵌入髂骨的地方进行股直肌腱切开术。对于老年性关节炎动物，唯一的选择是进行髋关节置换术。

对于许多动物来说，膝关节关节炎和关节周围纤维化的程度使膝关节的功能无法恢复。在这些病例中，除了截肢外，只有一种选择：对该关节进行关节融合术（图6–6）。

延迟愈合与不愈合

延迟愈合

结合骨折的类型、受损的骨和区域、患病动物的年龄及采用的固定系统，延迟愈合是指骨愈合所需的时间超出了预期的时间（图6–7）。

骨愈合所需的大概骨化时间取决于患病动物的年龄和使用的固定系统，如表6–1所示。

表6–1　骨愈合的大概骨化时间取决于患病动物的年龄和使用的固定系统。

动物的年龄	骨化时间	
	外固定支架和髓内固定系统	骨板
<3月龄	2～3周	4周
3～6月龄	3～4周	2～3月
6～12月龄	4～6周	3～4月
>1岁	6～8周	5～8月

不愈合

骨不愈合是指骨愈合过程失败。更具体地说，当所有的骨愈合过程都没有恢复骨组织的连续性时，就会考虑骨不愈合（图6–8）。

延迟愈合与不愈合的发病机制

有许多诱发因素可导致骨愈合过程的延迟或失败。从传统上来讲，它们是由多种原因引起的：骨

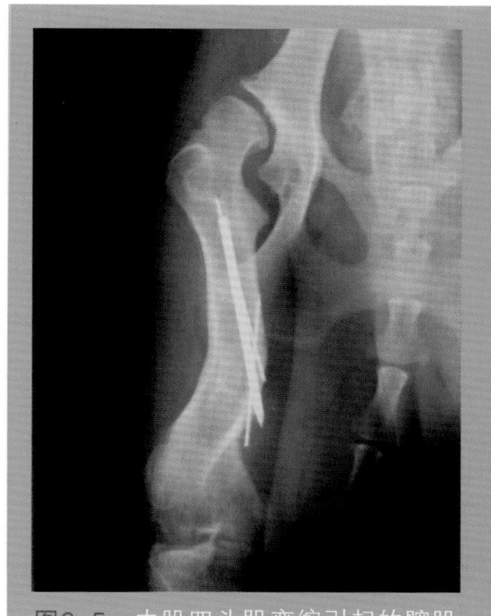

图6-5 由股四头肌挛缩引起的髋股关节变形。

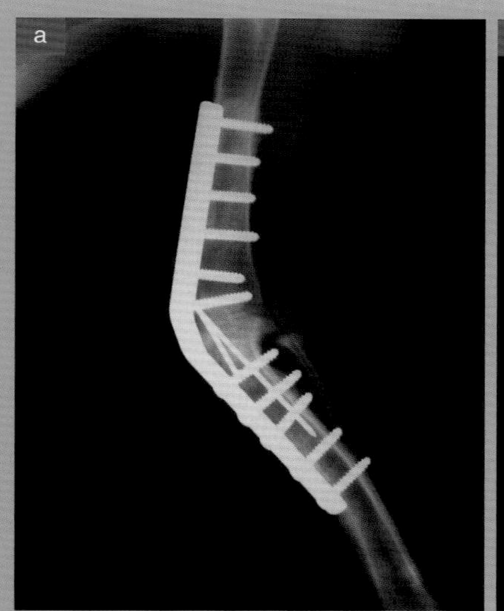

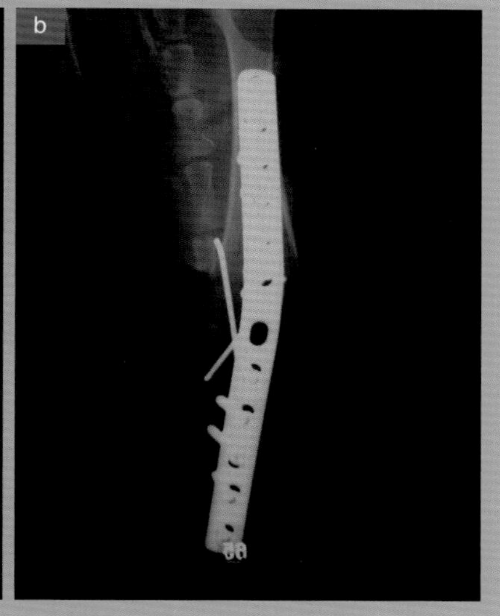

图6-6 对继发于股四头肌挛缩的老年性关节炎动物进行的膝关节融合术。

折复位不充分、固定系统不够稳定、血液供应减少和感染。

复位不良加上刚性接骨系统的应用通常会导致骨折部位的承重传递不足，而这些负重是愈合所必需的。

另一个可能的原因是骨折部位有软组织的介入，这会干扰愈合过程。

如前所述，不充分的固定会干扰骨化的生物力学过程。必须牢记的是，在骨折线处的骨片间的距离越小，微运动对局部造成的损伤就越大。也就是说，想要让骨化作用达到一期愈合（最小的骨片间分离），达到完美的固定是最重要的。

然而，想要让骨化达到二期愈合，这些微运动的耐受性很好，因为它们是生物学骨固定术的基础。

正如前面多次提到的，在骨愈合的第一阶段，保留骨折周围的软组织并将这些组织与骨膜相贴是骨愈合的基础。在大的肌肉块区域，血管重建很容易得到补偿。但是，在小的肌肉块区域，如桡骨的远端1/3处，血管新生是缓慢的，这就增加了不

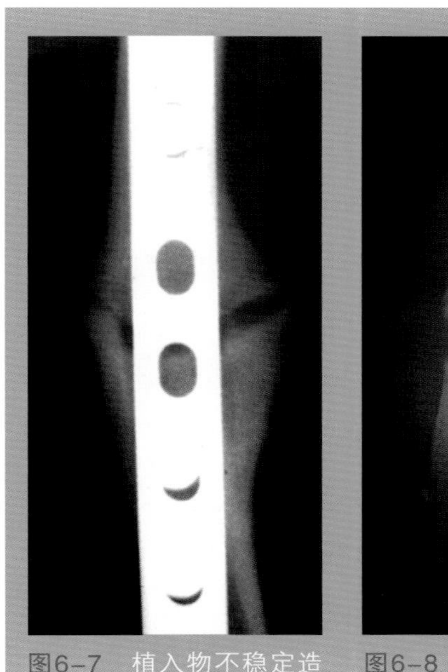

图6-7 植入物不稳定造成的延迟愈合。

图6-8 植入物选择不当引起的不愈合。

愈合的可能性（图6-9）。因此，在进行手术处置时，尤其是对于肌肉覆盖较少的区域，必须非常小心地处理软组织。

根据到达骨折边缘的血供，也就是骨的活力不同，可将不愈合分为两大类。因此，严格来讲，将具有活力的不愈合称为延迟愈合，没有活力的不愈合称为不愈合（图6-10）。

在人类医学中，“不愈合”一词适用于骨愈合时间超过正常时间3个月以上的病例。

延迟愈合与不愈合之间的不同通常只是时间问题，因为不愈合总是从延迟愈合开始的。因此，能够预判延迟愈合是建立合适方法避免不愈合发生的基础。

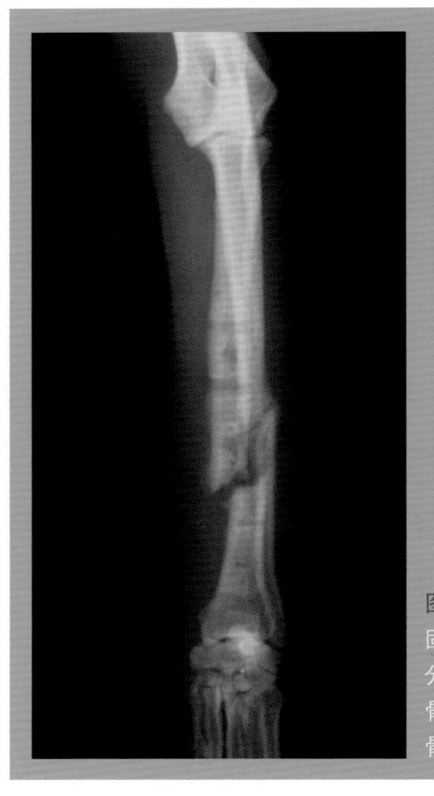

图6-9 使用外固定支架没有充分固定的桡、尺骨远端1/3处横骨折不愈合。

临床过程

延迟愈合患病动物的临床症状多种多样；可能会表现出任何症状，从没有任何跛行到发生不愈合时的肢体完全不能负重。如果肢体负重延迟，应在手术处置后的第一个月进行X线检查。

当发生真正的不愈合时，临床症状非常明显（患肢不能负重，触诊疼痛，甚至出现肌肉萎缩）。在某些情况下，如果骨固定系统不影响视线，可在骨折部位看到不稳定的系统。

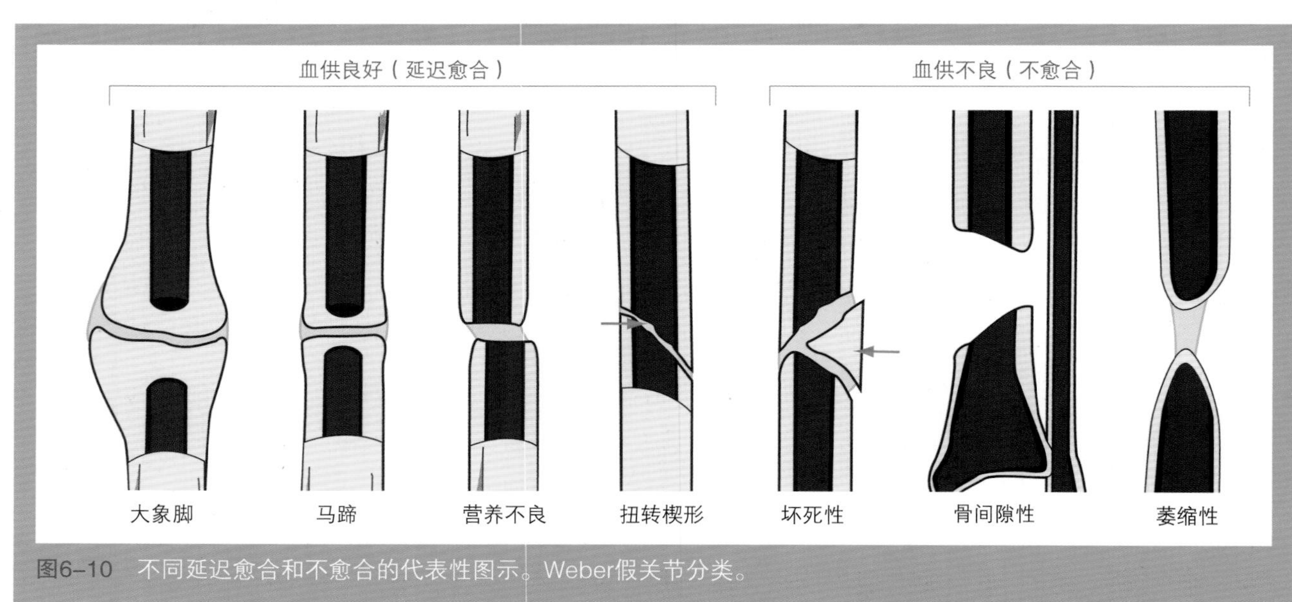

图6-10 不同延迟愈合和不愈合的代表性图示。Weber假关节分类。

延迟愈合的X线征象

或多或少地会观察到下列征象：

1. 骨折线的持续性存在
2. 不规则或界限明显的骨折边缘
3. 骨折部位周围骨痂过度形成
4. 骨折线边缘硬化
5. 骨髓腔闭合（不愈合）

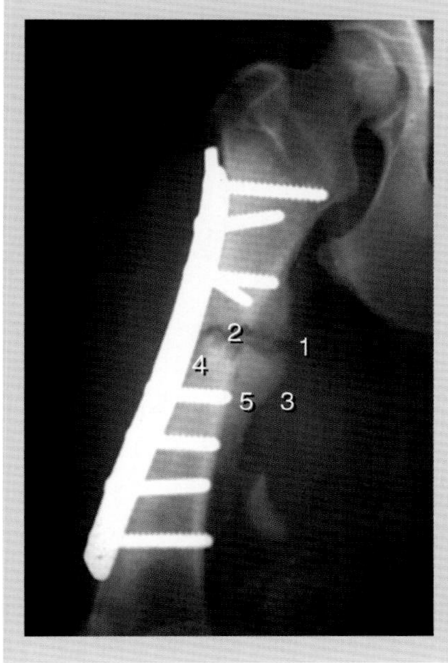

图6–11　骨板对面皮质骨缺少负重引起的延迟愈合。

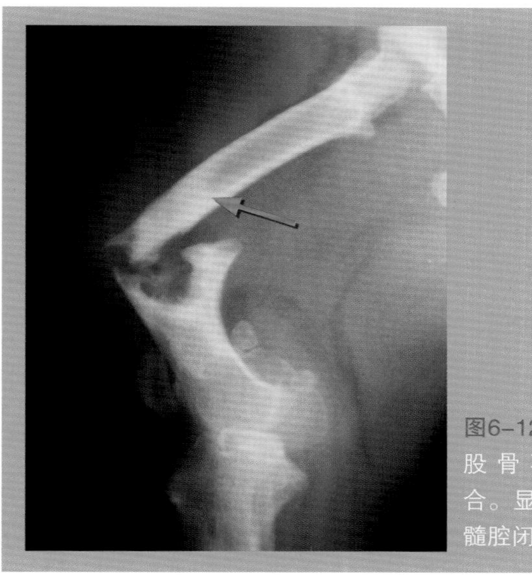

图6–12　股骨不愈合。显示骨髓腔闭合。

在X线片中，表现也更加明显。然而，根据不愈合的类型，骨痂的形成可能差别也比较大。一般来说，骨痂不是局限在骨折部位，而通常会在骨折的真正部位上方“架起”一座桥梁（图6–12）。

在最后两个预后最差的假关节中（伴有骨间隙和骨萎缩），骨痂的形成实际上是不存在的；因为骨不愈合，有机体对骨痂进行了重吸收。

治疗

纠正不愈合的最佳方法是尽快确定骨化过程的延迟，并根据不愈合的类型选用最合适的治疗方法。

所有的治疗都是基于达到骨折部位的完美固定和愈合过程的激活。从这个意义上说，中和旋转运动是最基本的，因为它们造成的伤害最大。

尽快恢复肢体的功能是很重要的，因为肢体负重会引起骨折部位的微压缩，这会加速骨的愈合过程。同样，肌肉萎缩、粘连和关节强直的发生也将被最小化。这也有利于血液循环，可以防止骨折的发生。

如果能够快速确定骨化延迟，并且骨折部位的血供良好，那么根据使用的骨固定系统，可用不同的治疗方法进行补救：

a. 如果能预知骨固定系统可提供较长时间的稳定性（比如没有任何螺钉松动的骨板固定系统），那么通过简单的限制活动即可达到良好的骨愈合（图6–13）。

应该尝试让患病动物逐渐使用患肢，利于愈合，但不能使骨固定系统变形。为了达到这个目的，可以每天用短的绳索多次牵遛动物，而且每次时间不宜过长。

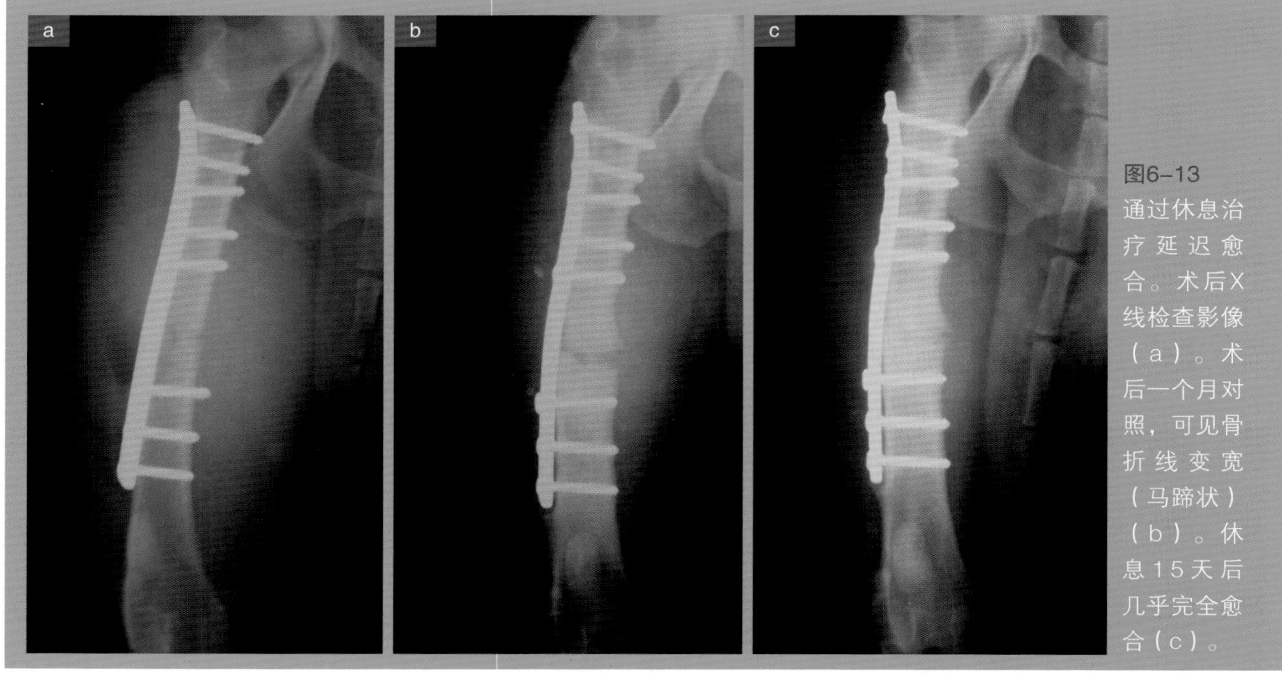

图6-13
通过休息治疗延迟愈合。术后X线检查影像（a）。术后一个月对照，可见骨折线变宽（马蹄状）（b）。休息15天后几乎完全愈合（c）。

b. 如果怀疑骨固定系统可能逐渐失去稳定性（比如，用带螺纹的经皮钢针或髓内针固定），应该用其他骨固定系统进行替换。对于这些病例，理想的方法是使用骨板（图6-14）。

c. 为骨折部位提供更大的稳定性，通过应用延长其“使用寿命”的固定系统来加强骨固定系统。理想的选择是应用简单的外固定支架装置，或在某些情况下，可以选择铸型硬质绷带。

相反，如果处理伴有骨折部位血供不足或完全缺乏稳定的不愈合，通常会采用一种新的手术干预来解决，即改变骨固定系统并使之适合不愈合的类型（图6-15）。

在所有不愈合病例中，骨髓腔通常会被骨痂本身破坏。一旦旧的移植物被移除，此时重新打开骨髓腔使血管新生非常重要。可以用刮匙，也可以用一个简单的斯氏针或钻头（图6-16）。没有血供应的骨组织必须用咬骨钳从骨折边缘移除。

如果遇到骨坏死，必须清除所有失活的骨碎片（图6-17）。

对于恢复时间较长的病例，或年轻动物，机体试图通过形成所谓的包膜（形成新的骨组织完全包裹骨折片段，使其被破骨细胞清除，图6-18）来隔离骨碎片。在这种情况下，清除骨碎片的同时必须彻底刮除骨内壁，以消除瘘管。如果可能的话，包膜壁应该保持完整，因为它们由高度血管化的骨组织构成，可为骨折部位提供稳定性。

在所有的不愈合病例中，除了营养不良性不愈合外，都有不同程度的骨组织缺乏。在这种情况下，外科医生有两种选择：进行皮质松质骨移植或缩短骨的长度，并有可能在将来对其延长。

在兽医临床上，缩短肢体的长度可以通过对该肢体的关节进行部分的过度拉伸得到很好的补偿。

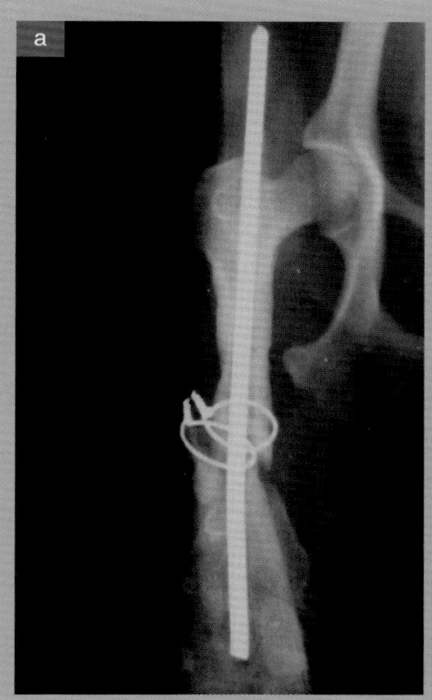

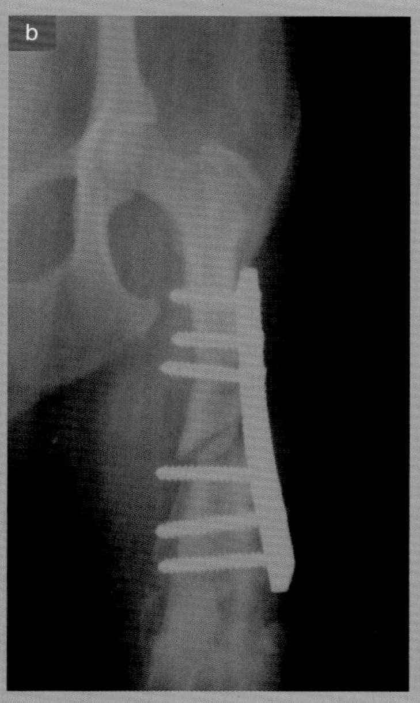

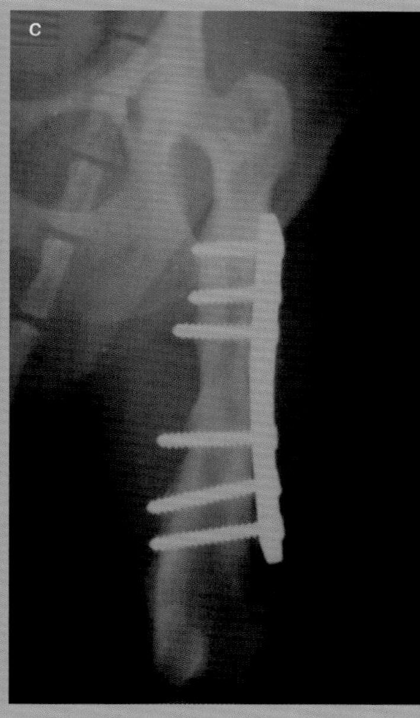

图6–14
因髓内针环扎钢丝固定不良改用骨板代替的病例。骨折复位不良（a），用骨板固定（b）以及不愈合的改善（c）。

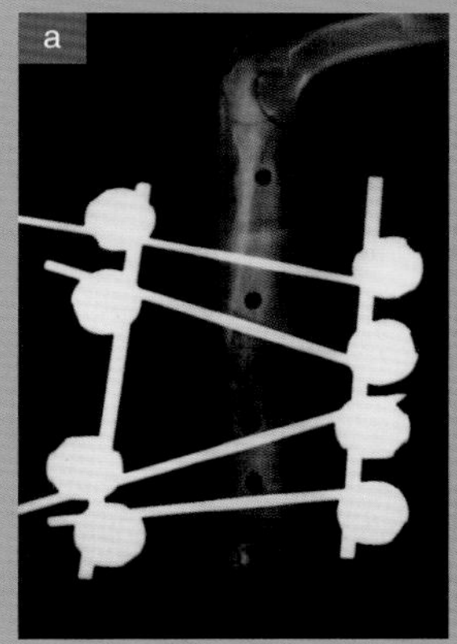

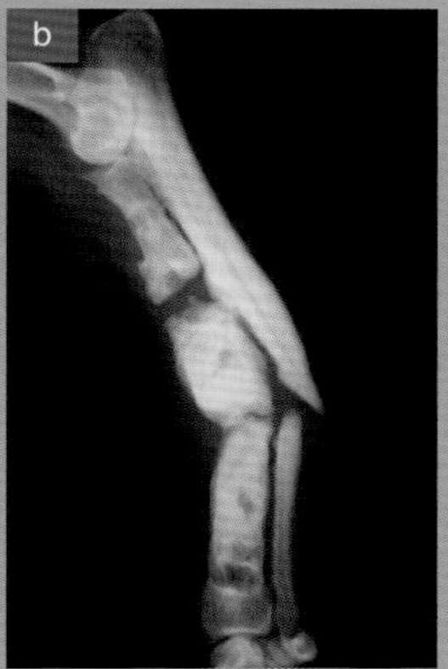

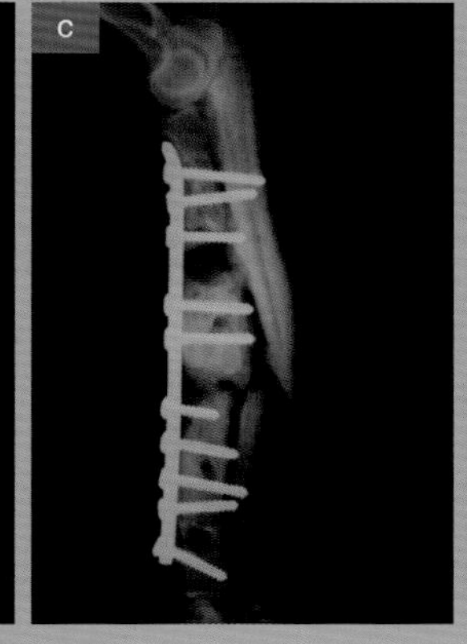

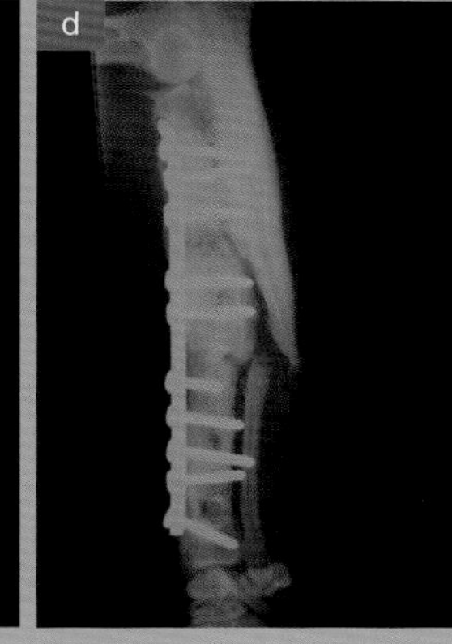

图6–15
最初用外固定支架系统处理引起的不愈合（a）。去除外固定架后，不愈合清晰可见（b）。应用骨板系统重新固定（c）和骨折部位的改善（d）。

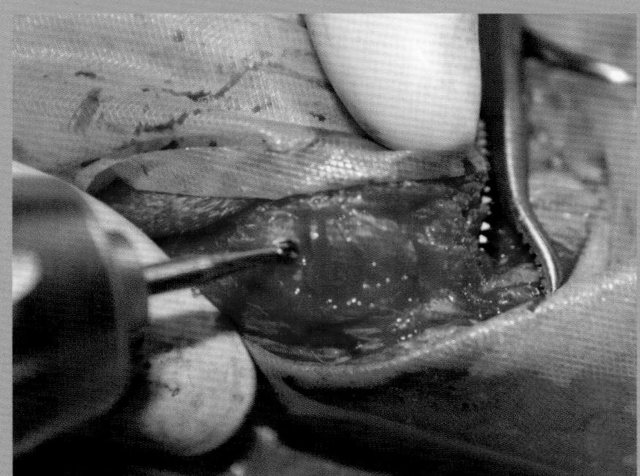

图6–16　用钻头重新打开骨髓腔。

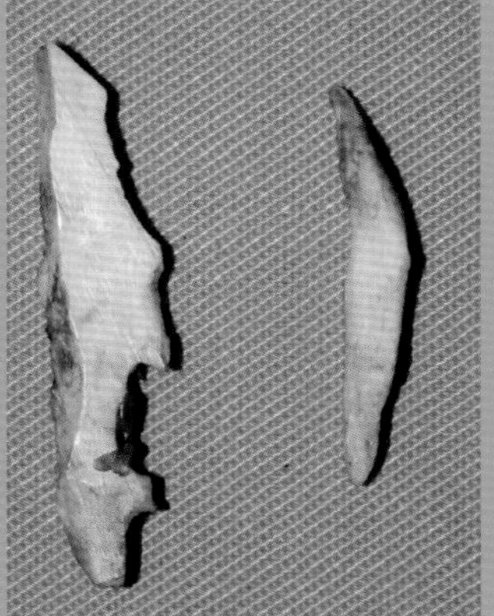
图6–17　从骨折部位取出死骨片。

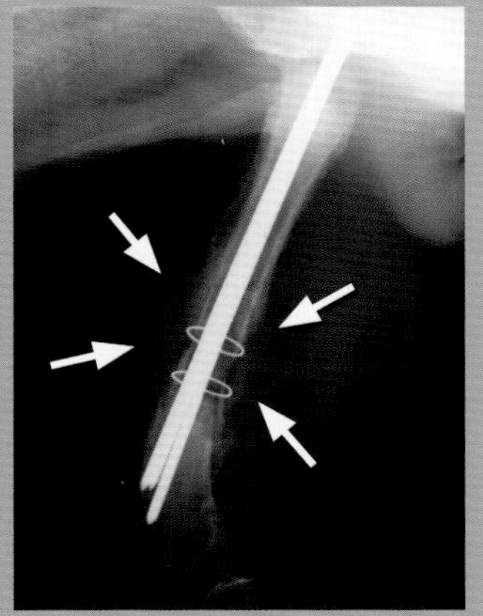
图6–18　与主要骨折片段边缘的骨增殖相比，死骨没有骨膜反应。

后肢对上述肢体缩短的补偿能力比前肢大，因为三个关节的协调可使屈曲角度得到更大的修正，而前肢只有两个关节，关节不能过度延伸。例如，即使犬的股骨长度缩短25%也可以在保持肢体良好功能的同时得到补偿。

在骨组织缺失的不愈合病例治疗中，完全复位骨折边缘几乎是不可能的，因此应尽量使肢体达到最佳的解剖学对齐。就这点而言，重要的是要记住，患病动物从较好到较差补偿角度缺陷的补偿顺序是前后或后前成角、外内或内外成角、旋转（肢体内旋补偿最差）。

> 当延迟愈合或不愈合病例通过手术处理时，必须刺激骨愈合。

在所有通过手术处理的延迟愈合或不愈合病例中，必须刺激骨愈合。要做到这一点，有多种方法可以重新激活骨的造骨功能（参见骨刺激一章）。

有缺陷的愈合（畸形愈合）

当骨的愈合过程正常但没有重建骨的解剖功能时，才被确定为畸形愈合。也就是说，骨会按照一些不正确的角度进行骨化（图6-19）。

当处理畸形愈合时，应首先考虑手术矫正。这只有在肢体出现某种功能障碍时才有必要，也就是说，当与骨相邻的关节不能补偿形成的骨角时才会进行矫正。如果没有功能障碍，通常可以通过重塑过程来矫正角度。

> 一般来说，畸形愈合只有在引起肢体功能改变时才需要手术矫正。

发病机制

畸形愈合的原因通常是由手术技术不足引起的：骨折复位不良、应用稳定性差的骨固定系统或过早移除骨固定材料。

在选择最合适的骨固定系统时，必须要考虑一些细节，比如骨和骨折的类型、患病动物的体重和年龄，以及如果动物很活跃，很难在术后进行充分休息等情况。

在骨生长与愈合一章中讨论了二期愈合的第一阶段，骨折部位是如何被假性软骨组织补充的，这种组织能够承受其结构上的变形，而不会妨碍愈合过程。正因为如此，在某些情况下，如果植入物失败了，或者当一个骨固定系统被过早地移除时，骨化没有受到任何影响，但是由于承重，骨会发生弯曲（图6-20）。

因此，知道如何通过X线检查来识别所谓的成熟骨痂是非常重要的，在这个阶段骨骼不再变形。X线检查成熟骨痂呈纺锤形，外形柔和，具有连续性，无明显的皮质骨骨面边缘。可以观察到骨折线，但愈合没有问题（图6-21）。然而，有疑问时，如果有明显的证据显示骨化已完成，最好去除骨固定系统。由于固定系统的选择或应用不当，往往会导致过早去除骨固定系统。

当选择固定系统时，最典型的错误是髓内针侵入关节或突出于皮肤表面、老龄动物使用外固定支架，或者影响动物步态的外固定支架系统。

治疗

畸形愈合病例的治疗通常包括截骨或截骨并进行现有角度的矫正。在某些情况下，根据问题的严重程度，骨纵轴的完美对齐并不总是能够实现的。然而，这并不重要，因为手术的目的是实现肢体的

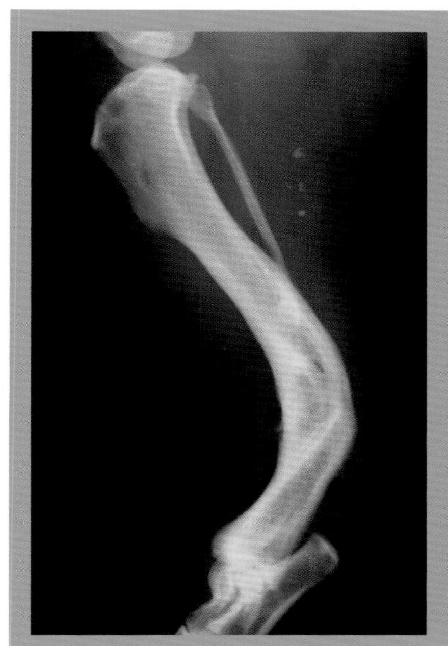

图6-19　胫骨畸形愈合的X线片。注意中间-远端1/3处异常的角度。

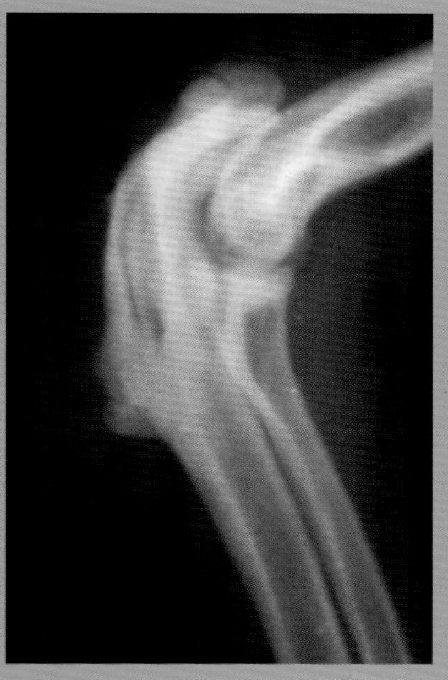

图6-20　植入物的提前移除引起的猫尺骨畸形愈合。

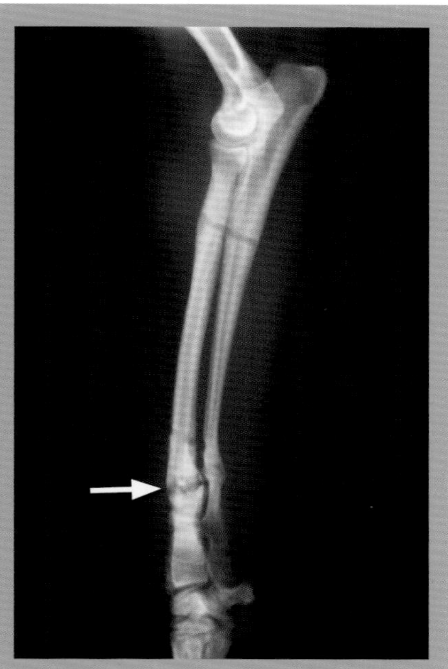

图6-21　成熟骨痂的X线片。尽管可见骨折线，皮质骨表面的轮廓不太明显（箭头所指）。

功能。为了做到这一点，截骨一旦完成，就应该特别注意相邻关节的方向。

进行干预之前，应进行详尽的计划。在很多情况下，不仅需要纠正外侧或内侧角度，还需要纠正旋转角度（图6-22）。

理想状态下，制定手术计划应该包括骨骼的CT扫描。三维重建能够测量需要校正的角度（图6-23）。如果不能进行CT扫描，应该进行深入的X线检查。用于矫正角度的截骨线或需要移除的楔形骨折片可通过X线检查进行确定（图6-24）。为了尽可能保持骨的纵轴轴向，始终是在骨成角最大的部位进行截骨（图6-25）。

手术干预是以X线检查为参考测量后进行的。为了将骨折复位到正确的位置，外科医生触摸骨突作为引导，将关节定位于他认为最合适的位置。一旦这样做，弯曲和伸展肢体的动作应该与其他肢体进行比较，以确保它们沿着相同的方向。骨折复位常常是不确切的，但是，外科医生必须把重点放在肢体的功能恢复上（图6-26）。

固定是通过外科医生认为合适的骨固定系统来实现的。对于这种类型的干预，最好的系统是骨板，如果问题非常复杂，要进行术后矫正。

当受影响的是桡骨或胫骨时，可通过外固定支架进行固定，这种方法允许对错误的方向进行微调，方向的错误可通过术后X线检查发现。

在外固定支架中，一个允许多种选择的系统是Ilizarov型圆形固定支架（图6-27）。该系统的优点在于能够校正角度（图6-28）甚至旋转偏差（图6-29）。

绝对不能使用髓内固定系统解决这些问题。

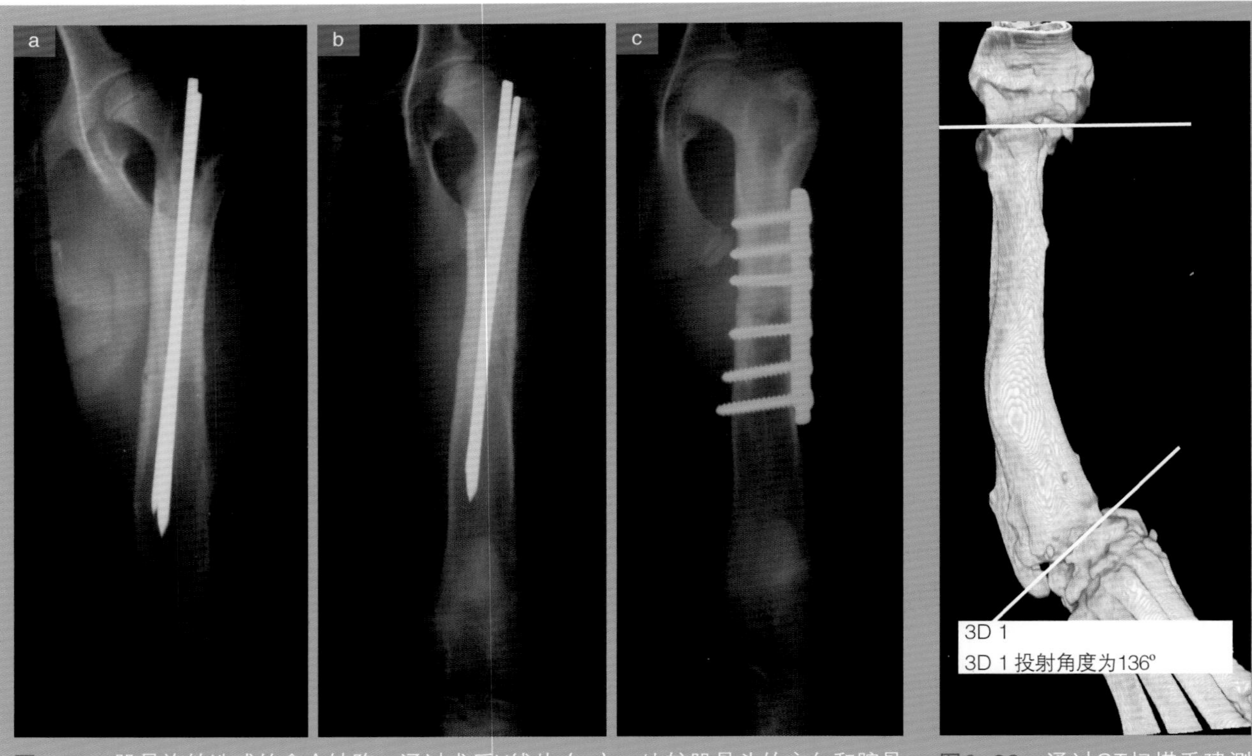

图6-22 股骨旋转造成的愈合缺陷。通过术后X线片（c），比较股骨头的方向和髂骨的位置（a和b）。

图6-23 通过CT扫描重建测量角度。

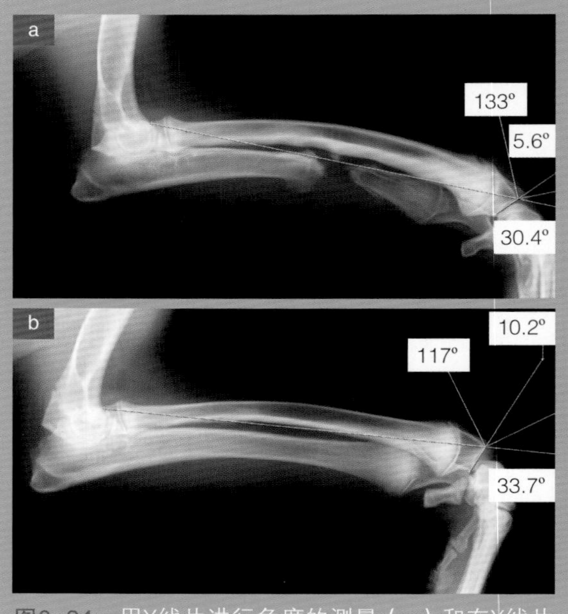

图6-24 用X线片进行角度的测量（a）和在X线片上与健康肢进行比较（b）。

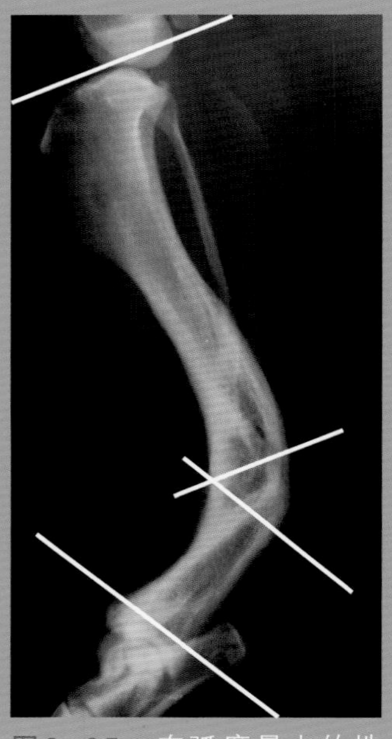

图6-25 在弧度最大的地方进行截骨术（最理想的状态）。

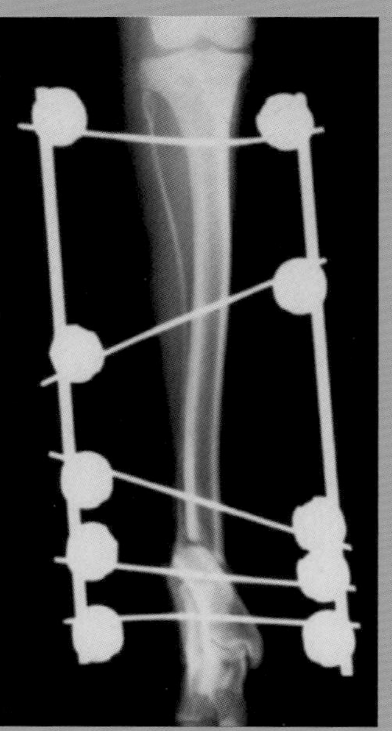

图6-26 X线片显示用于胫骨矫正的截骨术结果。虽然骨折部位没有完美复位，但是关节对齐没有问题。

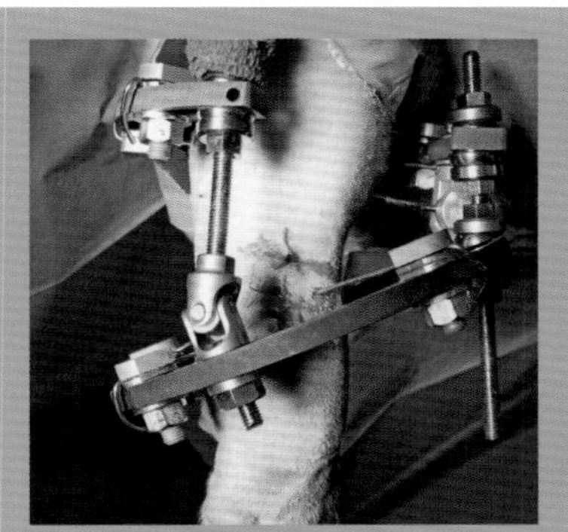

图6-27 用于成角矫正的Ilizarov型外固定支架。放置固定支架后的干预结果。

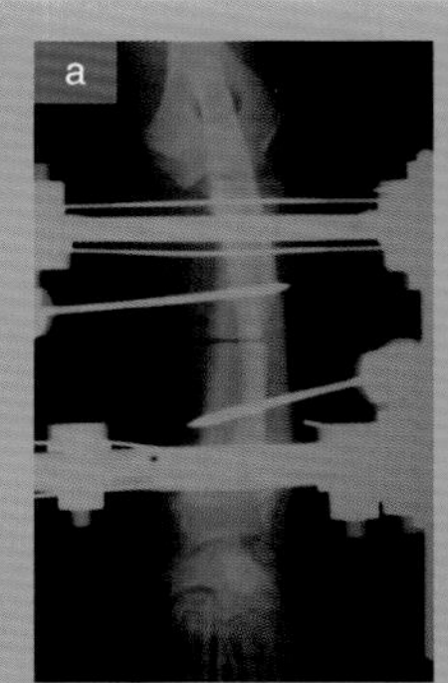

图6-28 用Ilizarov型外固定支架进行肢体纵轴延伸。

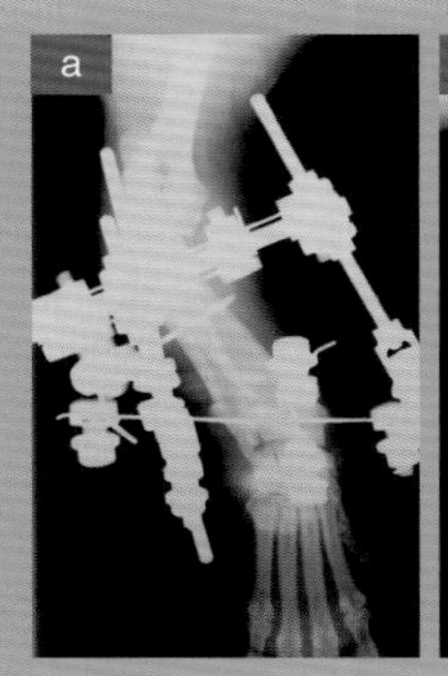

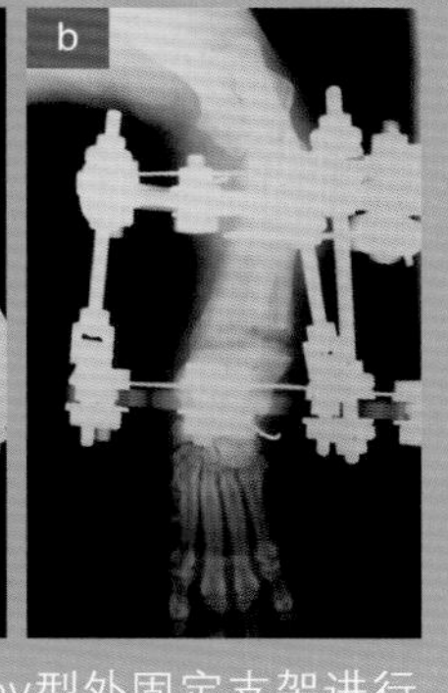

图6-29 用Ilizarov型外固定支架进行肢体成角矫正。

骨髓炎

骨髓炎是指骨、骨髓腔、皮质骨表面和骨膜等所有骨组织的感染。

发病机制

引起骨髓炎的最常见原因是细菌污染，尽管它也能被真菌引起。50%～75%的骨髓炎病例是由葡萄球菌引起的。其他引起骨髓炎常见的微生物有大肠杆菌、变形杆菌和假单胞菌。应该知道厌氧或兼性厌氧菌如拟杆菌属和消化链球菌属也可能会引起骨髓炎。

出现下列情况时，应该考虑厌氧菌的存在并要进行特殊培养。

- 不好的气味。
- 慢性骨髓炎。
- 犬咬伤引起的骨髓炎。
- 开放性骨折后的骨髓炎。
- 革兰染色后发现有不同形态的细菌。
- 通过染色确认细菌后，在需氧培养基中不生长。

当骨折部位暴露（开放性骨折）或通过血行传播时，骨折部位的污染可能发生于手术过程中。不幸的是，骨髓炎最常见的原因是医源性的，即来自手术。下面是手术中骨污染的诱发因素：

- **无菌条件差**。无菌条件的缺乏可能是导致手术并发症引起骨髓炎最常见的原因。一些细菌在手术区域的存在显然不会单独引起感染。因此，应遵循一系列基本无菌规范，以减少传播到手术区域的细菌负荷。另一方面，为了避免在细菌定植过程中接触到骨的细菌在组织中定植，手术前应正确使用抗生素。

手术前应使用抗生素，以便手术期间在骨折部位血液中含有足够的血药浓度。

- **手术持续时间过长**。手术时间也是一个重要因素；术野暴露于外界的时间越长，细菌负荷越大。如果手术时间超过一个半小时，建议再增加一次抗生素使用。
- **止血不足**。骨周围是一个良好的微生物培养基，有利于细菌的增殖。因此，最重要的是在手术过程中遵循正确的止血方法，以阻止血肿的形成。当软组织缝合时，应尽量避免留下死腔，因为死腔会充满血液和渗出物。对于那些有大量软组织撕裂的病例，引流可能有一定的帮助，但应该在术后24小时将其去除。

- 无菌技术。在骨科手术中，必须严格遵循无菌操作，因为骨组织的血供非常不稳定（用于组织器官防御的血供减少），愈合速度非常慢。这两种特性意味着与软组织相比（在骨生长和愈合一章中已经提到，在第一阶段骨折的血管化是如何依靠软组织进行的），它们的抗感染能力要低得多。因此，尽可能保持这些软组织完整是最基本的，因为当有机体必须对抗细菌时，这些软组织处于愈合最前线。
- 患病动物体质太差。
- 外来材料的使用。在骨科手术中，大多数的手术干预都会有一系列的外来材料进入机体，使机体与感染的斗争复杂化。当软组织和骨膜之间植入骨板时，可能会使骨的周围血液供应减少25%，这种情况尤其严重。

另一方面，某些细菌能够附着在植入物上，甚至在它们周围形成一个保护层，称为多糖包被，它能够阻止巨噬细胞、淋巴细胞和中性粒细胞的活动，使抗菌的药物难以进入。

为了避免皮质骨表面正常血管化的中断和亚临床感染，专家们研制出了低接触骨板。这些植入物仅接触皮质骨表面的几个点，像桥的支柱一样，这样就在骨板与骨之间留出了一定的空隙，以便更好地血管化。另一种能够在植入物下保持血管化的骨板是锁定骨板（见94页）。

由于上述原因，很容易看出在很多病例中骨髓炎的治疗是多么困难。

> 对抗骨感染最好的方法是预防。

诊断

通过X线检查有助于确定骨髓炎的一系列细节如下。

可在皮质骨表面看到与骨髓炎过程相关的骨溶解区域。换句话说，骨髓炎的特征性症状表现是受损区域的重吸收，这个区域与骨形成的其他过程是相关的（图6-30）。

然而，必须考虑这些X线征象也是其他非感染性过程的特征，例如，骨不稳定或早期骨肿瘤。因此，骨髓炎的诊断应结合临床症状和X线表现进行综合考虑。

骨不稳定与骨髓炎的区别在于，在骨不稳定的情况下，骨再吸收区域通常更明确，主要位于植入物和骨折线周围（图6-31）。也就是说，感染时，这些射线可穿过的区域沿着骨骼不规则地分布，硬化的迹象很少见到。

骨髓炎，尤其是慢性骨髓炎的另一个典型症状，是所谓的包膜形成（见106页）。在X线影像中，可以看到骨密度较大的骨折片段与周围密度较小的片段相比没有骨膜反应的征象（图6-32），因为它是死的无血管的骨组织。

骨髓炎的分类

有两种形式：急性和慢性。

急性骨髓炎

症状出现于手术后不久。动物表现为手术部位的急性炎症，同时伴有跛行、疼痛、积液和体温升高。通常情况下，很难将其与切口深部感染相区别。为了确定细菌的存在并做出诊断，应该对采集的积液进行培养。在X线影像中，有时可以看到骨膜反应，这取决于骨髓炎发生的时间。

治疗取决于过程的严重程度，从简单的使用抗生素、清理骨折部位和引流，到必须更换骨固定材料。

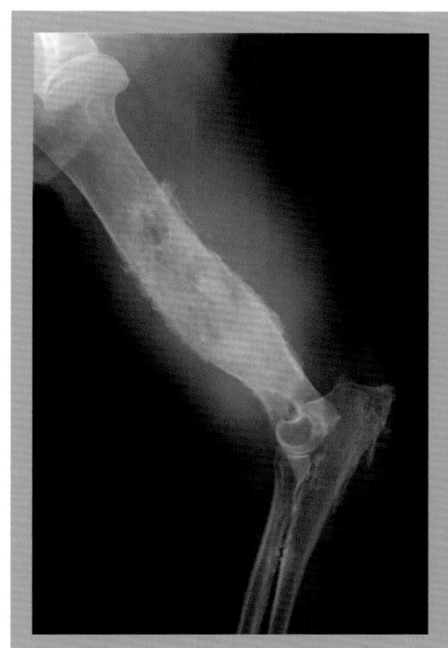
图6-30 肱骨的X线片，显示骨髓炎。

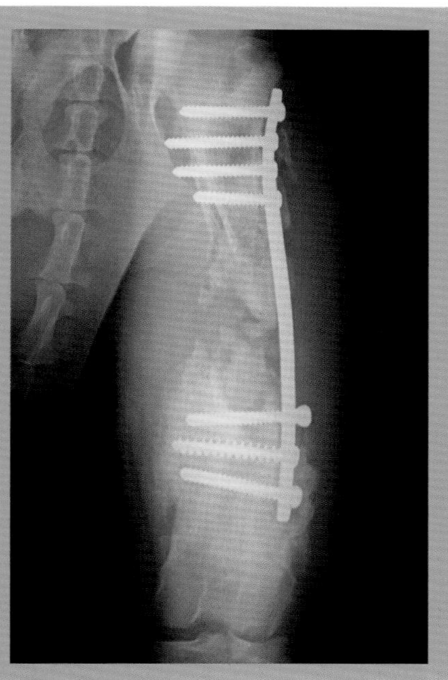
图6-31 由于骨不稳定造成的骨重吸收区域。

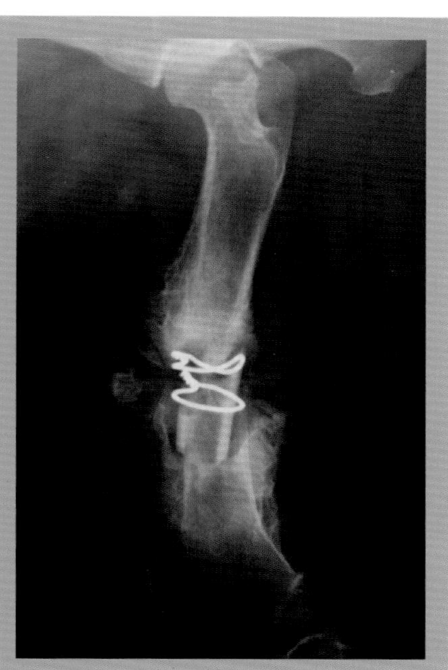
图6-32 被骨组织（包膜）包裹的坏死骨片。

一般情况下，治疗包括消除积液和长期使用抗生素。在大多数情况下，如果及时治疗，感染是可以控制的。如果没有过多的积液，可以通过注射器抽出液体。如果情况没有得到改善，就必须从骨折部位进行抽吸引流。

在整个治疗期间，必须持续使用抗生素，抗生素的选择将根据抗菌谱的结果而定（用于需氧和厌氧菌）。培养的样品必须从骨折部位获取。如果有瘘管，用抽取的液体进行培养是不够的，因为它总是会被皮肤上的腐生细菌所污染。在拿到抗菌谱结果之前，应该使用对链球菌和葡萄球菌有效的抗生素，如头孢菌素、克林霉素或阿莫西林克拉维酸。

慢性骨髓炎

慢性骨髓炎的发生通常是由于急性骨髓炎治疗不足。患病动物表现为跛行，可能很轻微，但患肢完全不负重。通常存在肌肉萎缩和伴有脓性分泌物的瘘管（图6-33）。确诊是通过X线检查完成的，表现为骨膜反应增加，对于时间特别长的病例，会有一种称为“波纹”的特征性表现。

这些病例必须进行手术治疗，清创前严格遵守无菌操作，去除所有坏死组织和不必要的植入材料，同时不能对软组织造成过度损伤。整个手术过程中，必须用等渗盐水持续清洗手术区域。必须考虑到使用液体的量比使用液体的类型更重要，因为主要是对局部进行机械冲洗和稀释被污染的液体。也可在液体中加入一些抗生素，但是用量不能超过静脉注射的用量。由于氨基糖苷类药物具有细胞毒性，因此，使用时要特别注意。

一旦清洗干净，应评估骨折部位的稳定性。如果发现有活动，根据其严重程度，可选择另一种类型的固定系统，如外固定支架，如果认为有必要，可以改变整个固定系统。由于感染，骨固定系统的固定点通常会不稳定。因此，任何不稳定的固定系统都应该被移除（图6–34）。

同样，所有失活的骨组织，包括死骨片和失血管化的骨折边缘都应该被移除。可以进行松质骨移植，一方面，诱导新骨的形成，更快地对骨折部位进行固定，另一方面，利于骨折部位的早期血管化，让有机体的免疫系统更好地发挥作用，静脉给予抗生素可获得更高的血药浓度。

对于感染严重的病例，最好的骨刺激是松质骨移植。

在干预过程中，固定系统的所有部件和所有的骨折片段都应该获得完美的稳定性。制动对治愈感染至关重要。

对于严重污染或者因为张力过大不能缝合的损伤病例，即使植入物和骨暴露在外，也建议保持伤口开放。在这种情况下，应该用湿润的绷带覆盖，每24小时更换一次或两次。当切口有良好的肉芽组织时，在没有感染的情况下，最理想的结果是二期愈合，可考虑进行皮瓣移植。

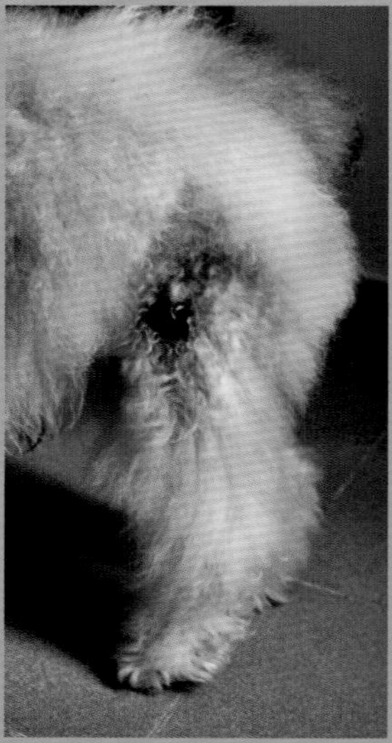

鉴于骨髓炎的主要原因之一是开放性骨折，下面将介绍一系列避免骨髓炎的建议和护理技术。

图6–33　慢性骨髓炎患犬股部的瘘管。

图6–34　从感染部位移除环扎钢丝。

开放性骨折的治疗

如前所述，获得骨折部位的良好稳定性是最主要的；否则，局部活动加上细菌植入就会引起骨髓炎。

开放性骨折的治疗取决于两个因素：开放性骨折的程度和骨折发生的时间。

Ⅰ级和某些Ⅱ级开放性骨折可以像闭合性骨折一样治疗。骨折发生只要不超过6～8小时，这种操作就是可以的。这一时期被称为“黄金时期”，此时细菌定植还没有发生。

术部的无菌准备

开放性骨折早期治疗的目的是避免预后恶化。因此，当动物到达诊所时，临床医生应采取以下步骤：首先，用无菌绷带小心地盖住伤口，并尝试暂时固定肢体，以免对软组织造成更大的损伤和疼痛。

如果患病动物的生命体征允许，应该对动物进行镇静或麻醉，以便能够对损伤进行更深入的一般检查和X线检查。

患肢应做好严格无菌操作的准备。首先，清理创口。在这一步中，所有坏死组织的残存物，包括软组织和看上去没有血供的骨碎片，都应该被清除。整个过程边处理边用等渗溶液进行冲洗。如前所述，机械性冲洗和细菌的稀释必不可少。一旦骨折部位没有坏死组织，就要对其进行固定。

为了选用正确的抗生素治疗并防止骨感染，医生应该采集骨折部位的样品进行细菌培养。理想情况下，应该取两个样本，一个在清理骨折部位之前，另一个在清理之后。在这两个样本中，第二个通常更具代表性。

正确固定的基础

骨折部位的稳定性是实现快速骨化和避免对软组织造成较大损伤的基础。必须记住，在某些情况下，所使用的固定系统必须考虑软组织的护理。通常使用的固定系统是骨板和外固定支架。

骨板的优点是可以为肢体提供完美的稳定性，因此，动物可以尽早使用患肢。

这样，就减轻了水肿，细菌的增殖也会下降。然而，与骨面的直接接触减少了骨折部位的血管化，从而改变了该部位的有机防御。

对于感染的骨折，应该评估应用钛板固定的可能性，因为一些实验显示，在使用这种材料治疗骨折部位发生骨髓炎时所需的细菌负荷一定比使用钢制材料的细菌负荷高。

相反，外固定支架放置在骨的末端进行固定，根本不会影响骨折部位，还可以方便地处理软组织（图6–35）。由于它应用快捷，因此在动物很虚弱时，这是最理想的固定系统。

在开放性骨折中不能使用其他骨固定系统。髓内针不能提供良好的稳定性，而且更利于感染沿骨髓腔蔓延。石膏绷带固定不充分，因为不能达到最佳的稳定性。此外，它必须相对频繁地进行更换，这意味着更大的感染风险，而且需要多次麻醉。

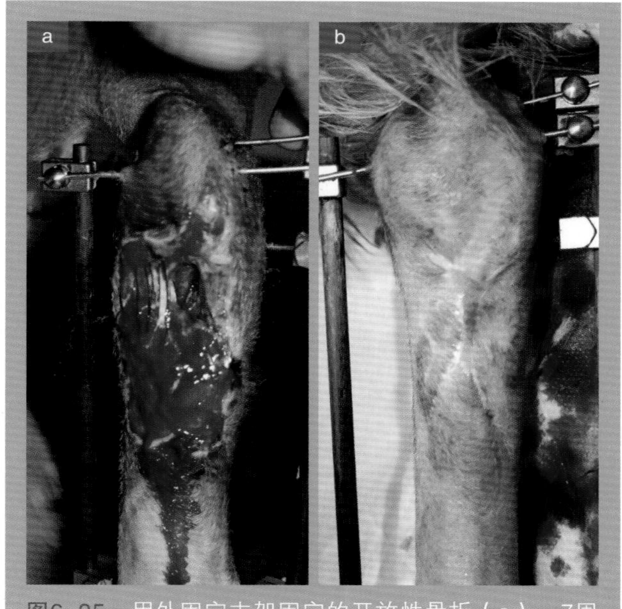

图6–35　用外固定支架固定的开放性骨折（a）。7周后病例的恢复情况（b）。

骨髓炎的预防

为避免开放性骨折治疗中的感染，应采取以下措施：

Ⅰ级和Ⅱ级骨折

- 如果发生时间不超过8小时，治疗方法与闭合性骨折相同。
- 用骨板固定。
- 如果超过8小时，视为Ⅲ级开放性骨折。

Ⅲ级骨折

- 用骨板固定。所有用于稳定骨折的植入物都必须达到完美的稳定。
- 如果用骨板不能完全制动，可用外固定支架完成。如有必要，只要感染风险消失，可以增加骨板进行第二个固定。

所有病例均应延长抗生素治疗至少4周。

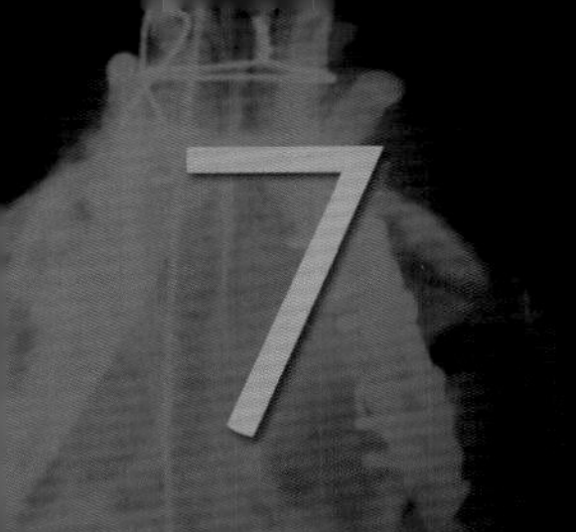

7 头部骨折

宠物头部的骨折并不常见。它们可以分为两大类：严格来讲包括颅骨骨折和颌骨骨折，第二种更常见。

颅骨骨折

在患病动物中，颅骨骨折非常罕见，这与人类医学相似，一旦发生，后果通常是致命的（图7–1）。

如果动物幸存下来，应先稳定其基本状况，以评估中枢可能受到的损害。

尝试降低颅内压和控制任何可能影响脑组织的出血非常重要。颅骨骨折通常不是急诊手术，因此可以推迟治疗，直到患病动物恢复到合适的状态。这些骨折大多可以保守治疗，因为颅骨主要由扁平骨构成，碎片很少受到载荷或力的作用。

扁平骨的优点是它们有很强的愈合能力。这一特点加上没有能引起骨折断端错位的力，就是为什么只有在骨折片段影响了脑部或必须要清除血肿时才进行手术治疗的原因。

为了确定病变的确切范围，计算机断层扫描（CT）是最佳选择。通过上述检查提供的信息不仅可确定病变的确切范围，而且可为正确规划手术方案提供依据（图7–2）。

在某些情况下，额骨骨折需要稳定的原因有二：首先，因为鼻腔和鼻窦之间的联系是呼吸的通道，呼吸过程会引起骨片段移位，从而影响骨折的愈合；其次，因为空气能够进入皮下组织，使其与骨分离，形成皮下气肿，有时不能用保守治疗来解决。

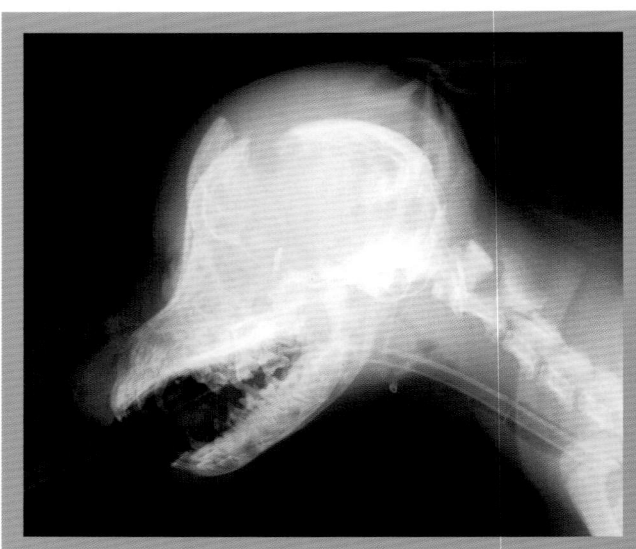

图7–1　动物咬伤引起的额骨骨裂。

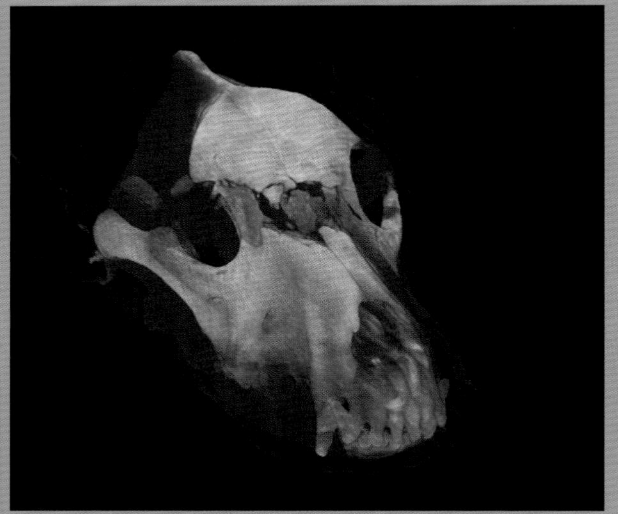

图7–2　车祸引起的颅骨骨折。用CT进行的三维重建。

至于骨折的固定系统，应该强调的是额骨和鼻骨的皮质骨非常薄，因此使用传统的植入物并不总是能达到足够的稳定性。因此，非常薄的带孔金属板制作的特殊骨板可用于整个表面的固定，根据需要也很容易进行塑型（图7–3）。由于需要中和的力强度很小，植入物可提供足够的抗力。另一方面，由于螺钉可以放置在任何地方，无论骨折片段分布在哪里，较大的碎片都可以被固定。

一旦骨折复位，就可以按照需要的大小和形状对其进行裁剪（金属板必须大到足以盖住骨折的健康部位，图7–4）。接下来，用螺钉将骨折片段固定在正确的位置，最后将植入物锚定在骨折的边缘（图7–5）。

这些植入物是钛制的，有利于骨融合，促进扁平骨的膜内骨化（图7–6）。

颧弓骨折

在颅骨骨折中，最常见的可能是颧弓骨折（图7–7）。对于这种骨折，几乎都可以实施保守治疗，但如果眼球受到影响，则建议手术治疗。此外，考虑到它的拱形构成了颅骨的外形，因为美观的原因，通常会对颧弓骨折进行治疗。

> 如果眼球受到影响，建议手术治疗颧弓骨折。

X线诊断很简单，通过头部的背腹侧X线检查确定。

同样，手术治疗无并发症，预后良好。一旦手

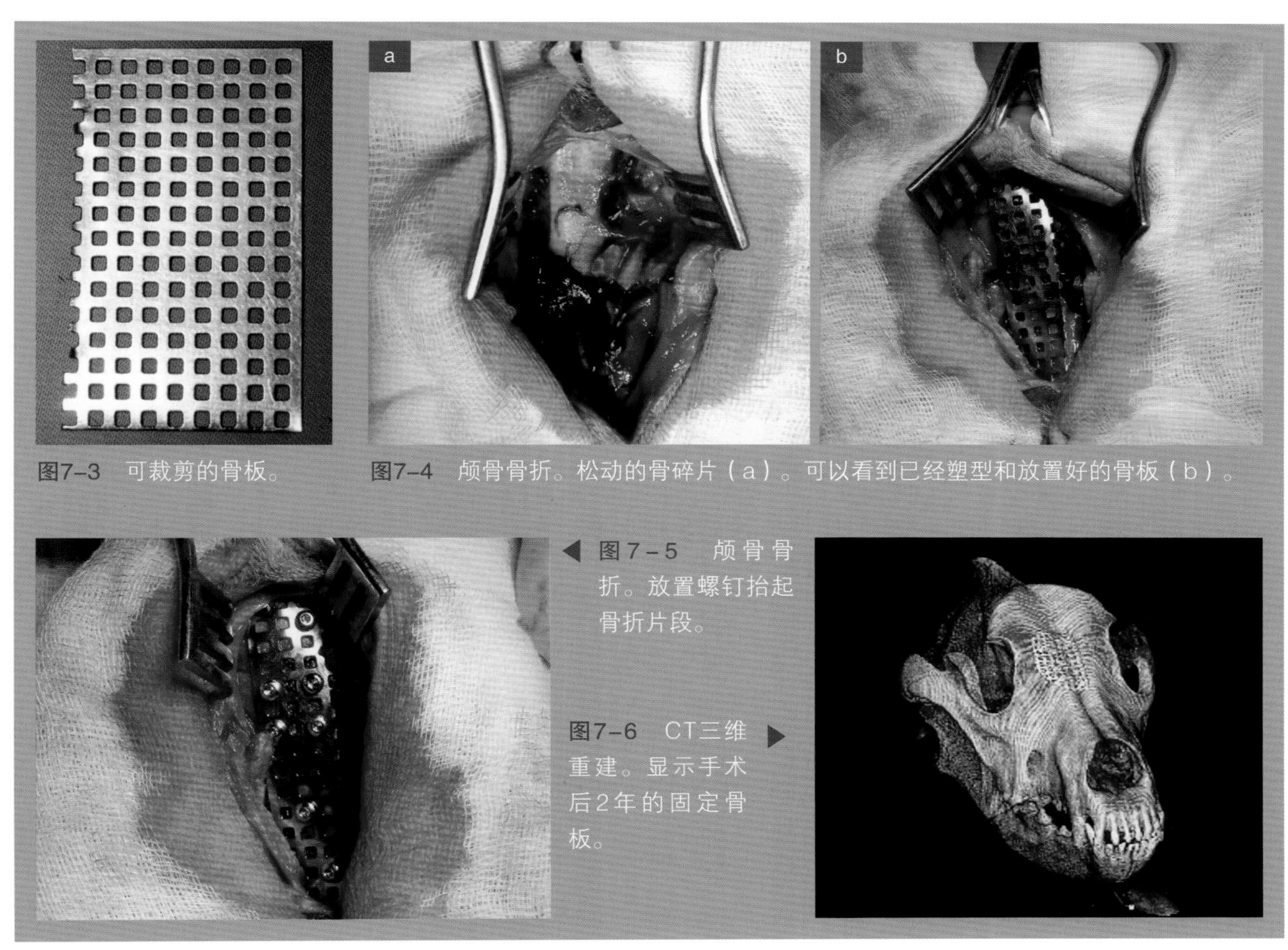

图7–3 可裁剪的骨板。

图7–4 颅骨骨折。松动的骨碎片（a）。可以看到已经塑型和放置好的骨板（b）。

图7–5 颅骨骨折。放置螺钉抬起骨折片段。

图7–6 CT三维重建。显示手术后2年的固定骨板。

术复位骨折，用骨板固定非常简单（图7-8）。

颌骨骨折

毫无疑问，这是头部骨折中最常见的类型。

由于骨结构的重叠（类似于颅骨骨折），颌骨骨折的X线诊断十分复杂。检查时要对头部进行特定的摆位。斜位是最有用的方式之一，打开口腔，在两犬齿之间插入开口器，开口器最好是射线能穿透的材料制成的。这就防止了侧位片中颌支的重叠（图7-9）。

对于严重的口吻处骨折，建议进行咬合X线片检查。需要将片夹的一个角插入口腔，因此，当拍摄X线片时，下颌骨不会与上颌骨重叠。这种技术的缺点是，由于片夹的厚度原因，不能根据需要插入一定的深度（图7-10）。如果使用特殊的牙科胶片，就能够评估吻部的大部分区域，这些胶片会装在信封大小的片夹中。在其他情况下，毫无疑问，CT扫描是提供最多信息的检查。

关于选用哪种固定系统的问题，只要符合两个基本前提，几乎所有的固定系统都可以使用：牙齿咬合正确（图7-11）和不损伤牙根。

对于单侧支的简单骨折，骨折线复位后，很容易对齐咬合。然而，当处理多处骨折时，由于复位较困难，骨碎片的任何旋转都可能使患病动物无法正常闭合嘴巴；因此，咀嚼变得困难，手术也就失

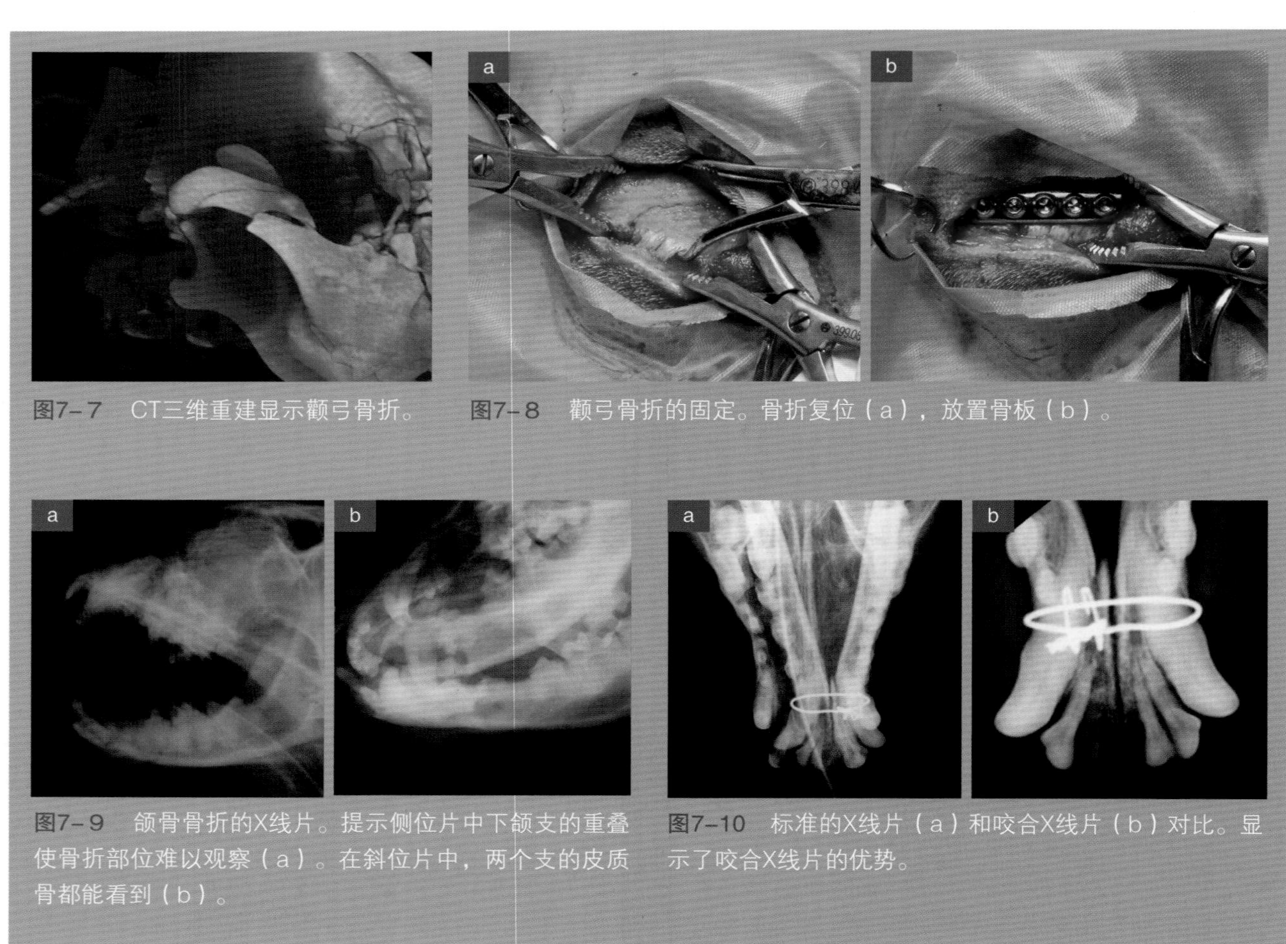

图7-7　CT三维重建显示颧弓骨折。

图7-8　颧弓骨折的固定。骨折复位（a），放置骨板（b）。

图7-9　颌骨骨折的X线片。提示侧位片中下颌支的重叠使骨折部位难以观察（a）。在斜位片中，两个支的皮质骨都能看到（b）。

图7-10　标准的X线片（a）和咬合X线片（b）对比。显示了咬合X线片的优势。

败了。

在外科手术中，必须使用气管插管保持呼吸道通畅，这样就不可能使牙齿完全咬合，只有等到手术结束才能对咬合进行评估。如果医生不能确定能否正确复位骨折，最好是通过咽部造口术进行气管插管。这样，就可以完全闭合口腔，咬合也可以更精确地评估。

为了进行咽部造口手术，一旦动物进入麻醉状态，就需要确定切口的位置，将一个手指放在动物舌下确定软组织较薄处就是切口位置。切口位于口腔，在那里将气管插管末端拉出与麻醉回路相连（图7-12）。一旦手术完成，可以移除插管，只需要缝合皮肤。

在某些情况下，如果接骨系统的稳定性不理想，可能需要通过饲管喂养动物一段时间；此时可利用咽部造口术插入胃饲管（图7-13）。

在单纯骨折的病例中，骨折的正确复位可保证完美咬合，也不需要进行咽部造口术。

最常用的固定系统如下：

外固定支架

这可能是颌骨骨折最常用的固定系统，因为它功能多样并且操作简单。然而，它也有一定的缺点：笨重，且在某些情况下需要做好清洁护理。

最简单的操作方法一般包括在每个碎片上至少应用两个尖端带螺纹的钢针。注意不要损伤牙根。它们比骨头硬得多，当钢针不易进入时，应该很容易注意到。此时，应改变插入方向。钢针应该以突出的部分处于同一平面上的方式插入。用甲基丙烯酸甲酯代替连接杆对于颌骨骨折可能更有用，因为插入钢针时不用提前对骨折断端进行复位，钢针也不需要在一个平面上，这对于使用连接夹和连接杆

图7-11　注意：在颌骨骨折中，移除骨固定材料后，下颌轻微偏侧，但有足够的咬合。

图7-12　通过咽部造口术引入气管插管。

图7-13　通过咽部造口术引入饲管。

进行固定来讲，是很困难的（图7–14）。甲基丙烯酸甲酯可适应于每个钢针的连接。

甲基丙烯酸甲酯黏合剂（第70页）可以通过管道注入（图7–15），或者折弯钢针，像用黏土一样对其固定。一旦插入经皮钢针，能保证正确咬合的简单系统就是完全闭合动物的嘴巴，并在使用黏合剂时保持上下颌对齐，使其保持这个状态干燥（图7–16）。

环扎钢丝

环扎钢丝在治疗颌骨骨折时很常用，可单独使用，也可与其他系统一起使用。

该系统一般包括在牙齿之间穿一根钢丝，并通过收紧钢丝进行骨折部位的固定。虽然稳定性不强，它也有其自身的优点，因为固定在牙齿之间，位于颌骨的张力面，当动物咬合时，负荷被调整向与牙齿相对的皮质骨表面。

钢丝的固定取决于它的位置：切齿，或臼齿和前臼齿。最好的方法是将钢丝放在牙根之间，这样可获得更好的固定效果。理论上来讲，这种方法对于切齿的固定是不可能的，需要将钢丝绕过切齿固定在犬齿上（图7–17）。一切都取决于骨折的位置。医生必须建立一个能稳定骨折片段的系统，尤其是当咬合或咀嚼时能够保持稳定（图7–18）。

首先，为了在牙根之间引入钢丝，用细钻头或克氏针在适当的位置钻孔，可通过X线影像来确定钻孔的位置（图7–19）。随后引入钢丝，并在骨折线的另一侧进行同样的操作。最后，将骨折断端复位并收紧钢丝，注意不要拉得太紧（图7–20），因为过紧会导致骨折线在骨区分离。

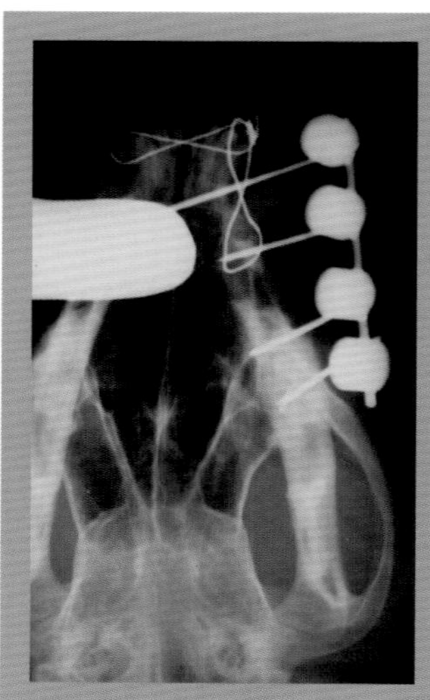

图7–14　外固定支架与环扎钢丝联合使用。经皮钢针应该放置在同一个平面上，以便通过连接夹和连接杆进行固定。

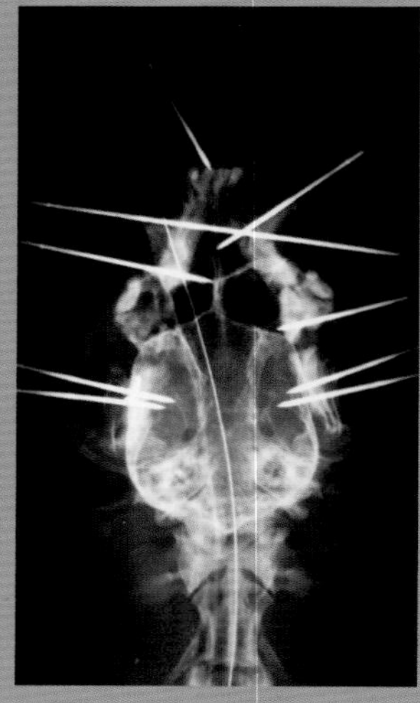

图7–15　双侧下颌骨骨折的X线片，使用外固定支架进行治疗，支架的连接是将甲基丙烯酸甲酯黏合剂注入管内完成的。这个系统允许不同直径的经皮钢针配合使用。

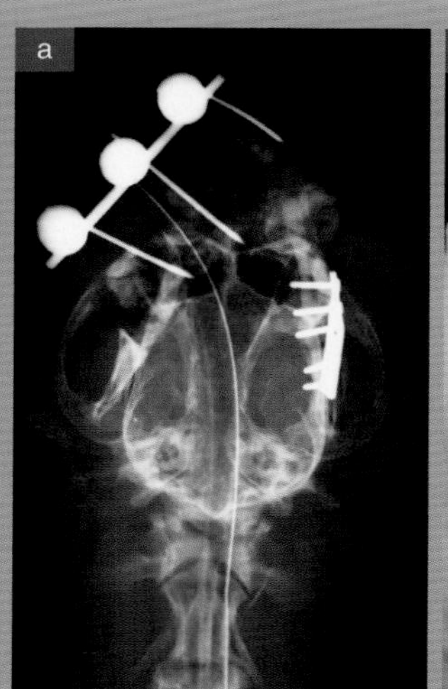

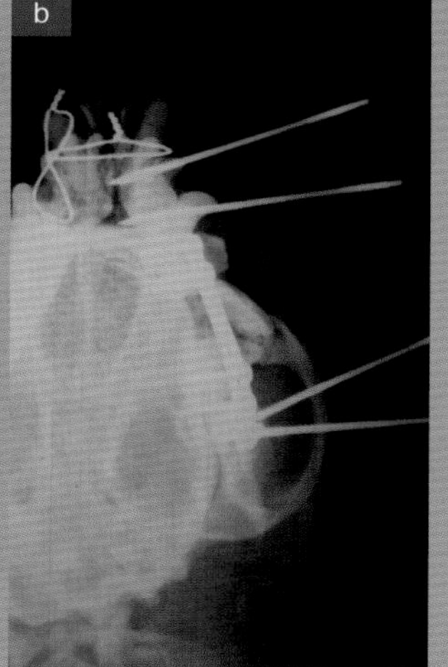

图7–16　用骨板进行的骨固定术，通过连接夹和连接杆（a）连接的局部外固定支架进行加固，和用丙烯酸黏合剂（b）固定。

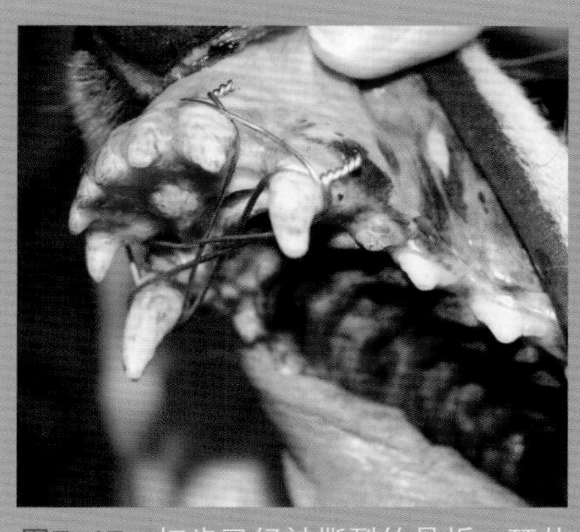

图7-17 切齿已经被撕裂的骨折。环扎钢丝不能穿过齿根之间进行固定。

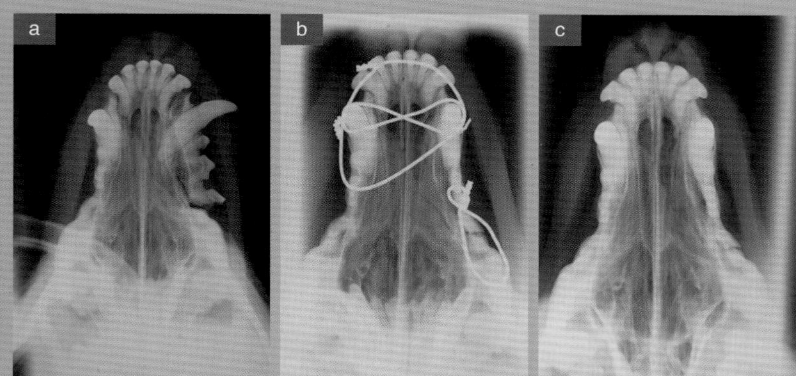

图7-18 用环扎钢丝已经处理过的上颌骨片段撕脱，一部分钢丝可固定在齿根之间。X线片的顺序是：骨折（a），用环扎钢丝进行固定（b），可观察到的最后结果（c）。

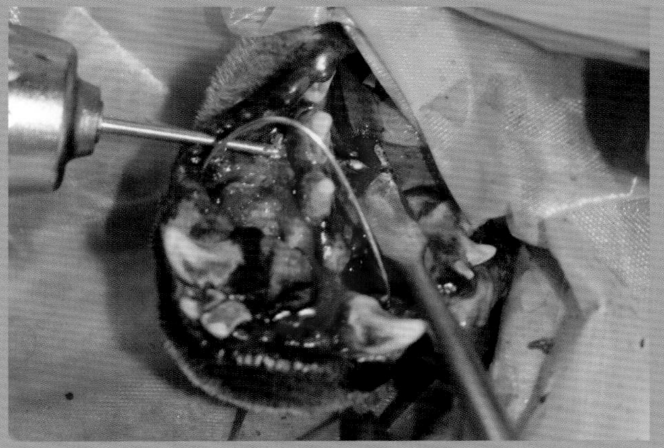

图7-19 在颌骨的每个支上用钻头或克氏针进行钻孔。孔位于齿根之间。

图7-20 骨折已经复位，环扎钢丝已经放置在合适的部位，但尚未收紧。

下颌联合骨折

下颌联合骨折是一种特殊的骨折，因为从技术上讲，它不是骨折，但却按照骨折进行治疗。当猫从很高处跳下时，就容易出现这种典型的“骨折”。诊断和治疗一样都很简单，就是在下颌分支的最前端，紧接犬齿后面，放置一个环扎钢丝。

麻醉后，用骨膜分离器对下颌联合的所有软组织残留物进行清除（图7-21）。然后，将骨折断端复位，并用双点复位钳进行固定。应该把复位钳的两个点放在下颌支较低的位置与犬齿之间的距离相同，如果夹得太紧，由于解剖位置原因（彼此之间的距离稍远），会将犬齿的尖端拉得太近。闭合动物的嘴巴，确定咬合是否正确，否则下颌骨会与上颚接触，从而影响咀嚼。

当骨折正确复位后，在下巴处做一个切口，通过该切口插入两个针头（18号），针头沿两个分支的皮质骨外表面滑动，直到进入口腔（图7-22）。这些针头起着引导钢丝的作用。钢丝的两端分别插入每个针头的尖端，然后分别从下巴处的切口拉出。拔出针头（图7-23）。最后一

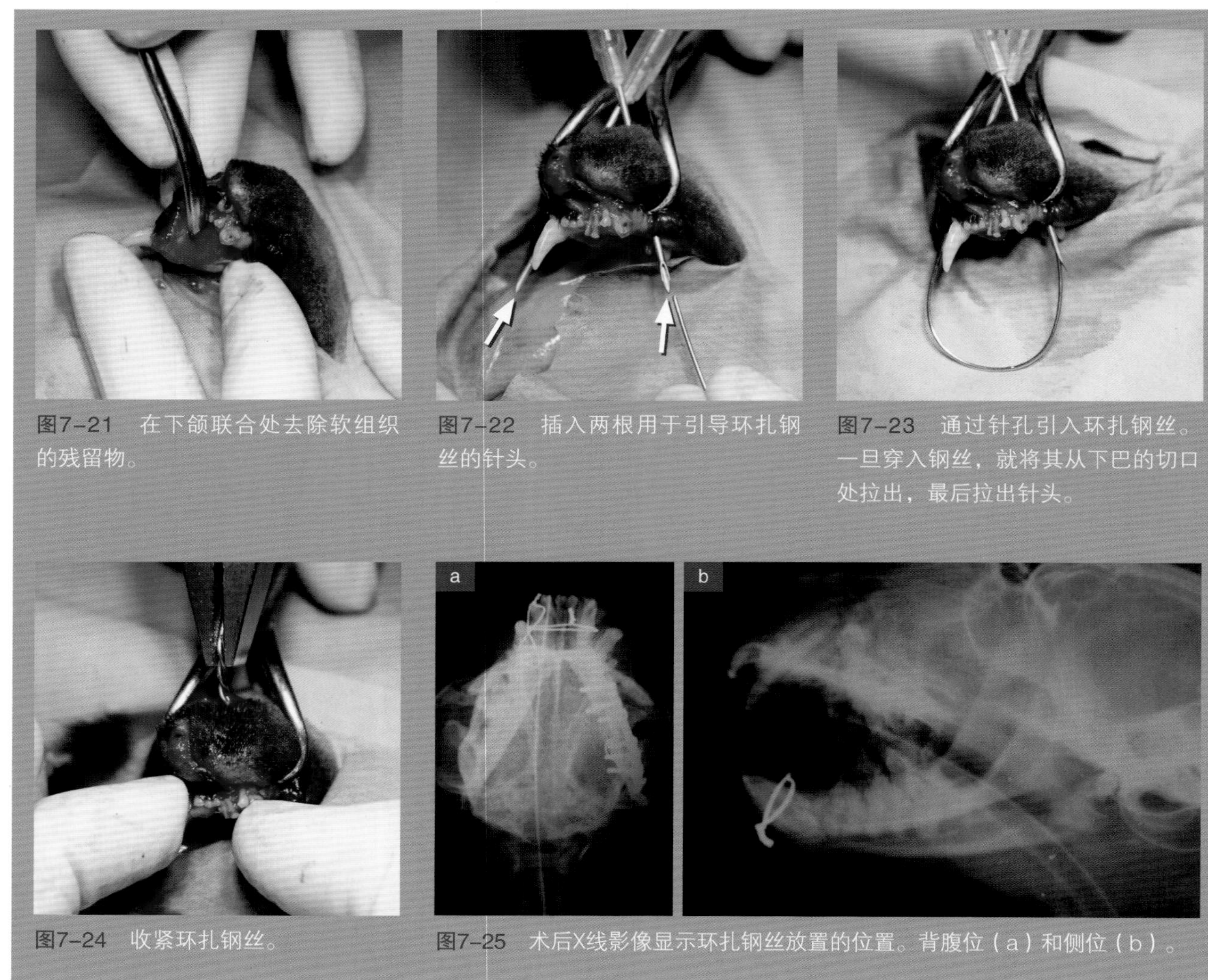

图7-21　在下颌联合处去除软组织的残留物。

图7-22　插入两根用于引导环扎钢丝的针头。

图7-23　通过针孔引入环扎钢丝。一旦穿入钢丝，就将其从下巴的切口处拉出，最后拉出针头。

图7-24　收紧环扎钢丝。

图7-25　术后X线影像显示环扎钢丝放置的位置。背腹位（a）和侧位（b）。

步是尽量收紧环扎钢丝防止骨折片段的移位（图7-24），同时不能让两个犬齿齿尖靠得太近（图7-25）。

至少一个月之后才能移除环扎钢丝，以免食物积聚在牙齿的舌侧。

骨板

骨板固定也是一个治疗颌骨骨折不错的系统。

尽管要注意一些差异，但是此处使用骨板的基础与治疗其他骨折一样。首先，根据咀嚼时颌骨受力（与上颌骨接触时产生的压力）的方向，确定骨板放置的位置。因此，上述压力可将骨折片段与牙齿所在位置分离开来。这就要选择比预想的那些与骨尺寸相适应的骨板更小号的骨板（图7-26）。

由于颌骨的结构由两个支组成，侧向移位的力量很小，特别是当骨折只影响一侧支时。如有必要的话，只需在每个骨折片段上放置两个螺钉固定骨板即可控制这种对抗侧向移位的力量。

虽然把植入物放置在距离牙齿较近的位置效果会更好，但是，因为距离牙龈越近破坏牙根的可能性越大，所以这种方法不太可行。

骨板治疗时首先将骨折断端复位，然后根据骨折类型选择最合适的骨板。对于影响下颌垂支的骨折，可以使用特殊的植入物来适应皮质骨的厚度和空间的缺乏（图7-27）。放置骨板的通路有两种：在皮肤上做切口，正好在下颌分支边缘的上方（图7-28），或者从下颌分离并翻开牙龈（图7-29）。

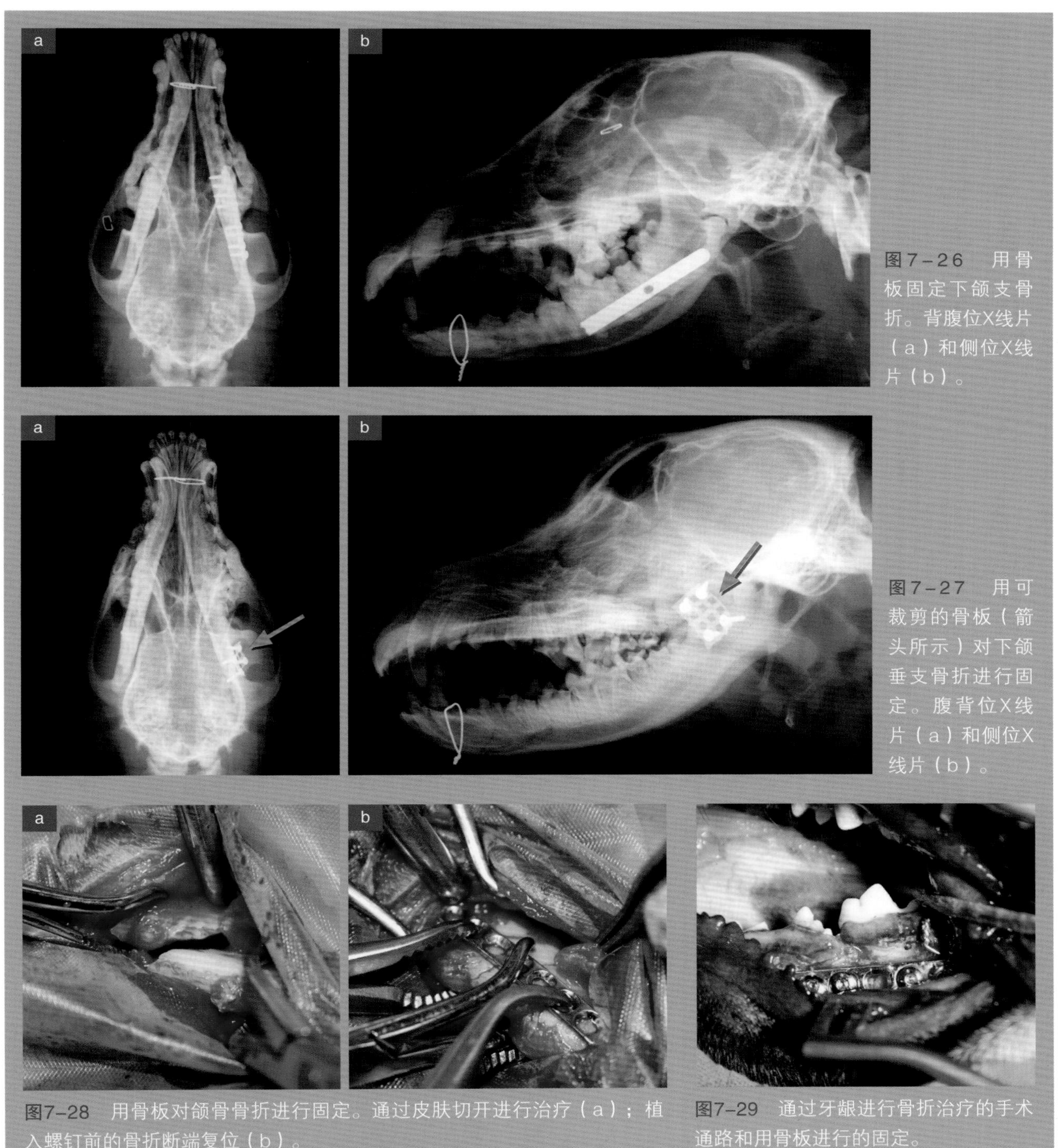

图7-26 用骨板固定下颌支骨折。背腹位X线片（a）和侧位X线片（b）。

图7-27 用可裁剪的骨板（箭头所示）对下颌垂支骨折进行固定。腹背位X线片（a）和侧位X线片（b）。

图7-28 用骨板对颌骨骨折进行固定。通过皮肤切开进行治疗（a）；植入螺钉前的骨折断端复位（b）。

图7-29 通过牙龈进行骨折治疗的手术通路和用骨板进行的固定。

8 前肢骨折

肩胛骨骨折

宠物的肩胛骨骨折并不常见。这是由解剖结构和该部位所受的张力类型所决定的。一方面，肩胛骨不是严格依附于胸廓，它能够大范围活动并吸收接收任何的冲击力，另一方面，它完全被大量的肌肉团块包裹（肩胛冈两侧的冈上肌和冈下肌，以及内侧面的肩胛下肌和锯肌）。上述肌肉限制了骨折片段移动（在骨折的情况下），并提供了重要的血供。再加上扁平骨内部有大量的海绵状组织，使肩胛骨具有良好的愈合能力。对肩胛骨骨折的动物，必须进行全面检查（比正常检查更多），因为其解剖位置可以缓冲任何打击或创伤，这意味着动物一定受到了相对强烈的冲击。通常会见到同时出现的创伤，也可能是肋骨骨折。由于外周神经比较靠近臂丛，经常受伤，因此，也需要进行外周神经系统的深入检查。

肩胛骨骨折会影响肩胛体、肩胛冈、肩胛颈和肩胛盂。骨折的动物会表现跛行，症状可能比较轻微，也可能非常严重。对于肩胛体骨折，特别是发生纵向骨折时，跛行可能没那么明显，因为当肢体末端受力时，碎片发生的移位较小（这就是为什么这类骨折保守治疗效果很好）。然而，影响肩胛盂和肩胛颈的骨折表现为明显的跛行，因为在患肢负重时会产生较大的移位和疼痛。

肩胛骨骨折会影响肩胛体、肩胛冈、肩胛颈和肩胛盂（图8–1）。骨折的动物会表现跛行，症状可能较轻。

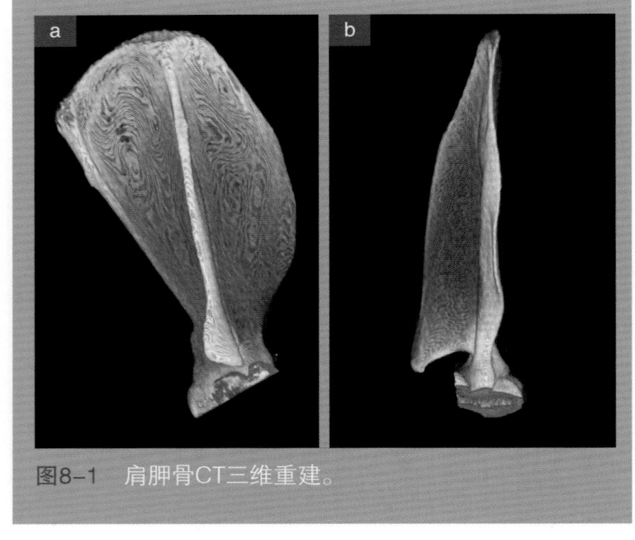

图8–1　肩胛骨CT三维重建。

肩胛骨骨折是通过两个方位的放射学检查进行诊断的。通常情况下，侧位片不能提供足够的信息，因为存在重叠的不透放射结构，可能会掩盖病变（图8–2）。因此，如果骨折位于远端，建议采用内侧–外侧斜位拍摄（图8–3）。在麻醉的情况下可以进行后–前位投照，动物侧卧，向头侧牵拉患肢（这样，骨骼就不会与其他结构重叠，图8–4）。但是，这个投照面对于身体已经发生的损伤不能提供足够的信息。因此，进行CT扫描是一个不错的选择。

最常见骨折的治疗

根据骨折发生的位置和动物的年龄不同，肩胛骨骨折的治疗方法差异很大。通常使用骨板、钢针和钢丝。

肩胛体和肩胛冈骨折

肩胛体的骨折可以通过手术或保守疗法进行治

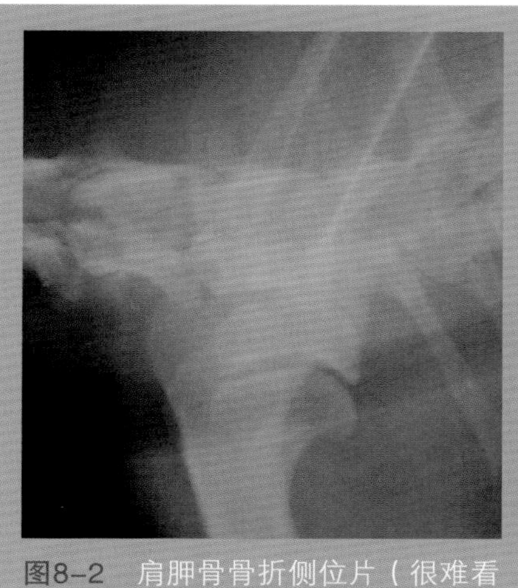

图8-2　肩胛骨骨折侧位片（很难看清楚）。

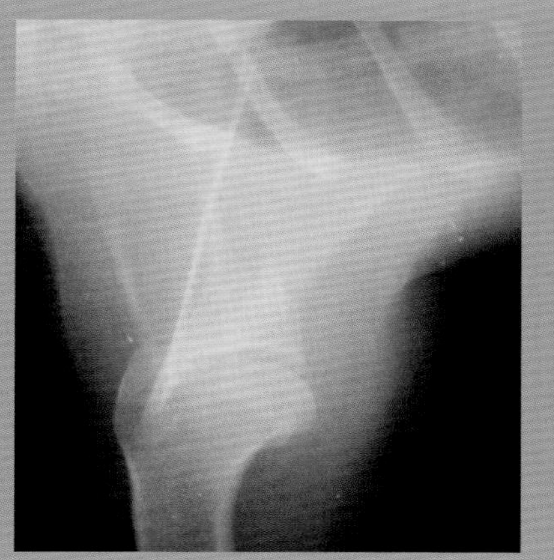

图8-3　与图8-2同一病例的内外斜位片。

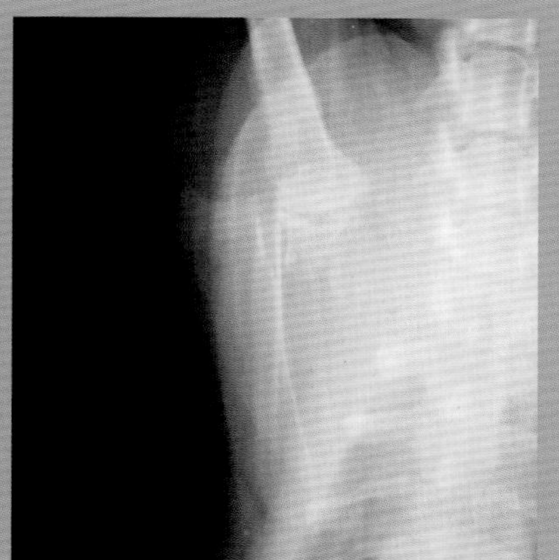

图8-4　肩胛颈骨折的后前位片。

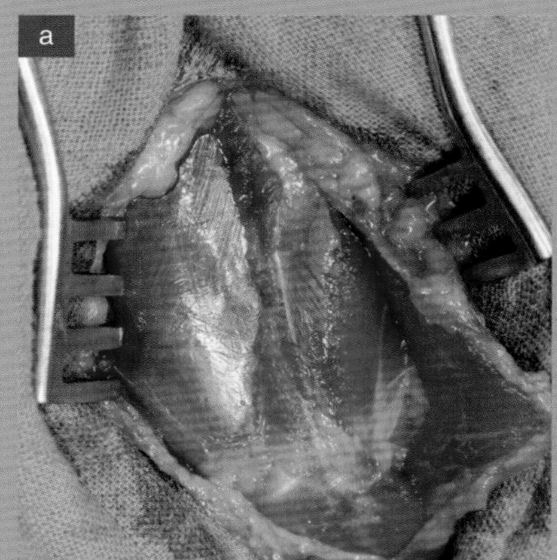

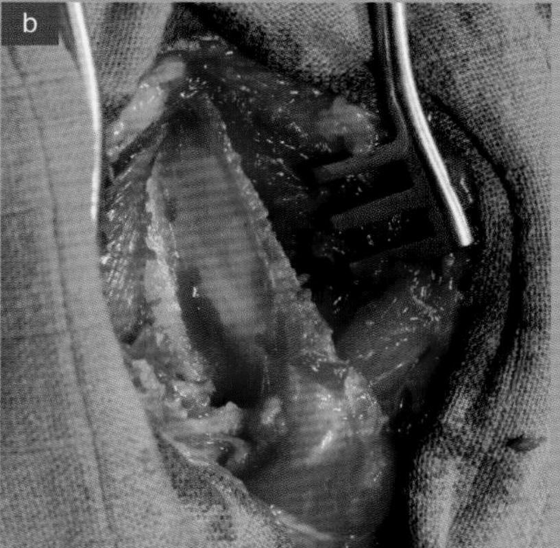

图8-5　肩胛冈手术通路。施力于肩胛冈两侧（a），分离冈上肌和冈下肌（b）。

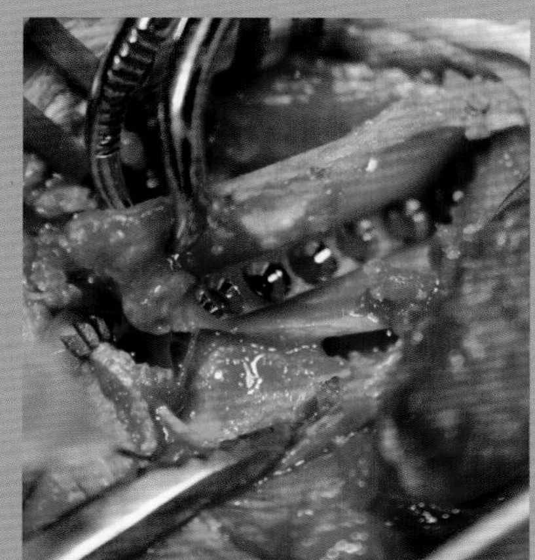

图8-6　将骨板放置在肩胛体和肩胛冈之间的连接处，使螺钉朝向肩胛冈的起始处。

疗。从逻辑上讲，选择哪种治疗方法取决于外科医生的标准，但应考虑以下因素：

通路简单，只需要外科医生施力于肩胛冈两侧，移除斜方肌在肩胛颈的附着点和冈下肌的附着点，然后分离冈上肌和冈下肌，这样几乎可以到达整个骨面（图8-5）。

选择治疗方法最重要的影响因素是骨折的方向。如前所述，当处理纵骨折时，患肢负重时的骨片位移比横骨折时小很多。

与肩胛体骨折相关的另一问题是肩胛体较薄，而且密质骨较少。由于这些特性，螺钉很容易松动。实现螺钉最佳固定效果的方法是将骨板放置在肩胛体和肩胛冈的交接位置，斜位放置螺钉。在这个区域形成了一个较厚的三角形骨，此处的螺钉锚定更加牢固（图8-6）。

在某些情况下，板状骨的骨折可以用钢丝固定。该系统是将钢丝穿过骨折线两侧的钻孔并拧紧，类似于一种缝合，骨折线作为缝合点。这样，当肌肉施力时，骨折片段就不会分开。该系统主要用于肩胛冈的纵骨折或部分分离。

对于横骨折，应采用骨板固定系统进行治疗（图8-7）。如果不这样治疗，随着时间的推移，

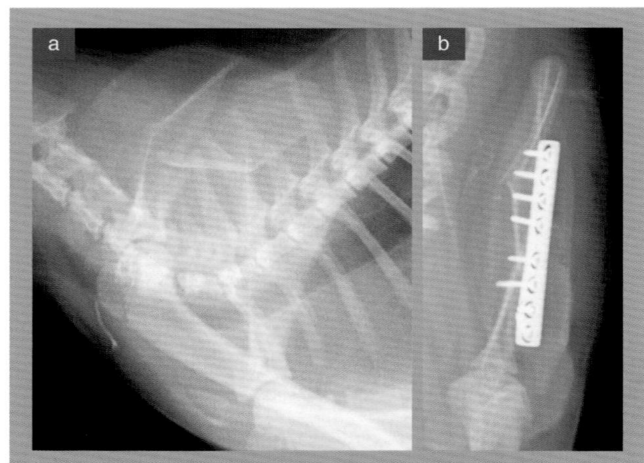

图8-7 重叠在一起的横骨折（a）。在肩胛冈基部用骨板和螺钉处理后的X光片（b）。

肢体末端可能会恢复功能，但是，通常会看到肩胛骨的畸形，尤其对于短毛动物更易发现。

肩胛颈骨折

肩胛颈骨折是最常见的，因为此骨自身很少受损。由于该区域负责将肱骨支撑的重量转移至动物的身体，所以此处发病时动物完全不能负重，症状表现明显。

通过放射学检查很容易对该病进行确诊，主要通过观察后前位进行诊断。

由于这是一个承重的过渡区域，所有病例都必须通过外科手术进行治疗。一般都是用骨板进行固定，主要原因是远端的骨片较短。对于这类骨折的治疗，通常使用T或L形骨板，以便在骨折远端放置尽可能多的螺钉。

手术通路与前面描述的相同，但是，要进入骨折区域，必须翻开三角肌的肩峰部。为了做到这一点，必须对肩峰进行截骨，这样可以通过移动肌肉附着点翻开肌肉。为了引导截骨术，在三角肌下方放置一个弯头止血钳可能有用（图8-8）。接下来，定位肩胛颈上方的肩胛上神经，以免在操作骨片时对其造成损伤，最后，整复骨折。

对于某些复杂的病例，或当骨折位于肩胛盂后部时，可能需要对冈下肌，甚至小圆肌进行肌腱切断术，以增加手术操作的空间（图8-9）。

一旦骨折复位，就用可附着在肩胛冈上的骨板对其固定。为了增加稳定性，可以使用两个骨板，在肩胛冈的两侧各放置一个骨板，以便用更多的螺钉对远端骨片进行固定（图8-10）。为了达到同样的目的，通常可以使用L形骨板，将短端朝向肩胛冈（图8-11和图8-12）。

所用的骨板不需要太厚，因为它们要中和的力主要作用于骨板的宽面方向。

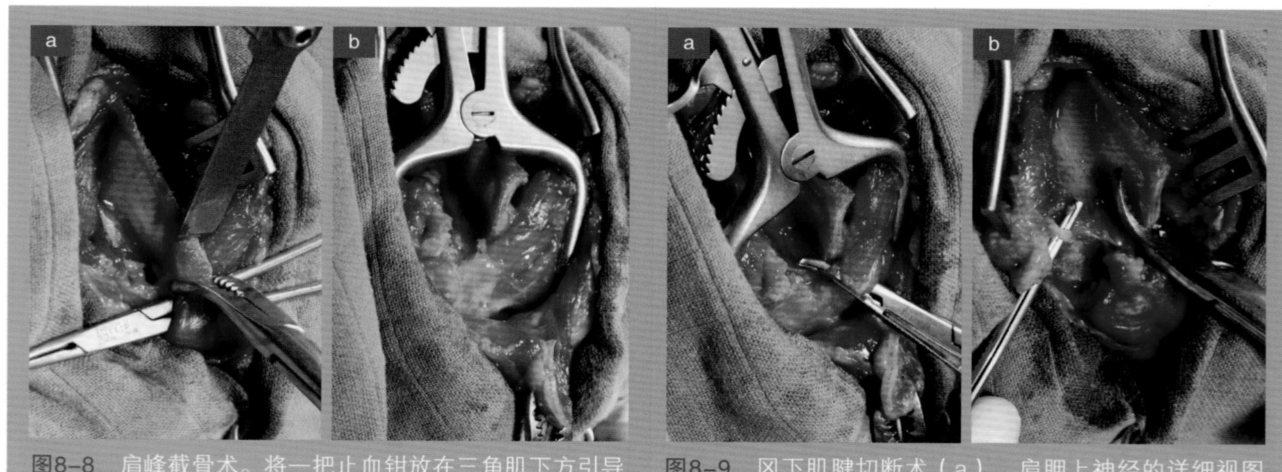

图8-8 肩峰截骨术。将一把止血钳放在三角肌下方引导截骨术（a）。执行截骨术（b）。

图8-9 冈下肌腱切断术（a）。肩胛上神经的详细视图（b）。

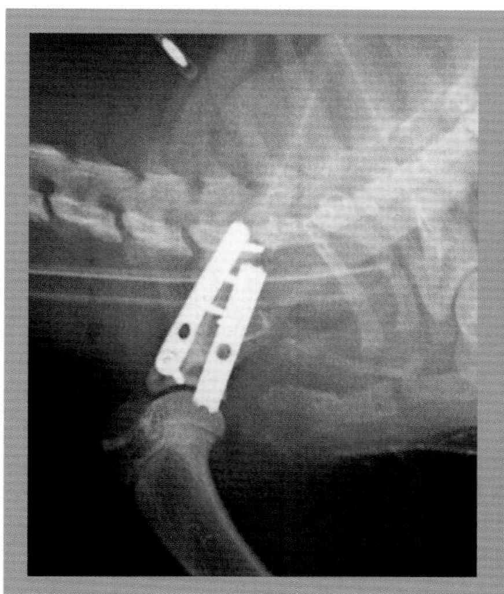

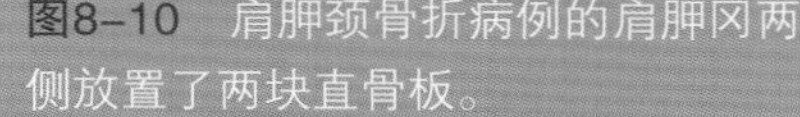

图8-10　肩胛颈骨折病例的肩胛冈两侧放置了两块直骨板。

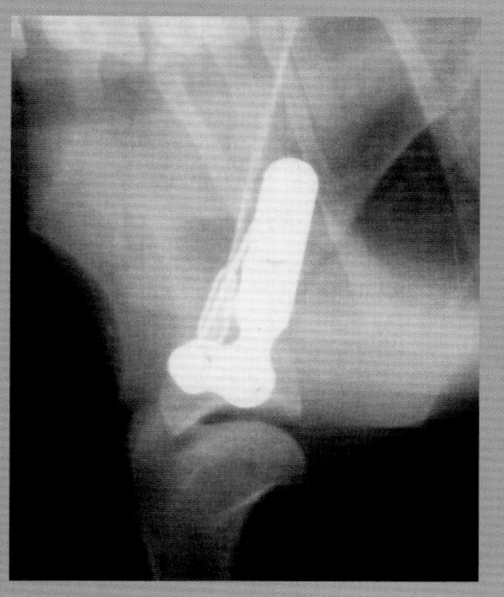

图8-11　在肩胛冈后方放置L形骨板。

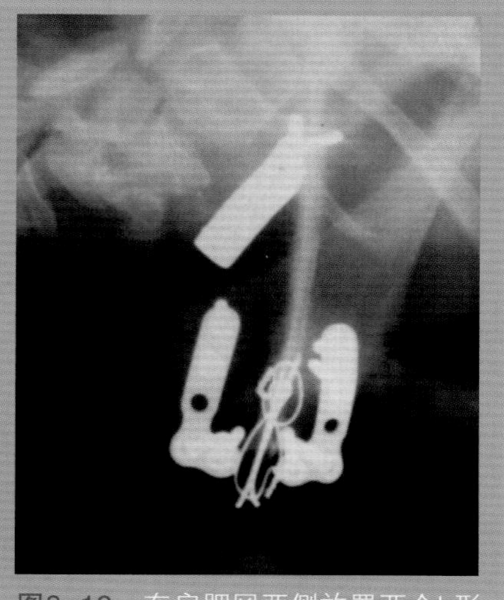

图8-12　在肩胛冈两侧放置两个L形骨板。

由于肩胛盂为圆顶状，因此应注意向远端骨片打入螺钉的方向，因为螺钉可能被错误地打入关节内。

一旦手术完成，应对肩峰截骨处进行固定。由于此处要承受一定的牵引力，因此应该用张力带钢丝进行固定。

由于肩峰的形状和嵴比较薄，最初以逆向方式打入钢针可能有助于确认它们是否已进入近端骨片。最后，在骨折复位后，在切口近端钻孔，放置钢丝作张力带（图8-13）。

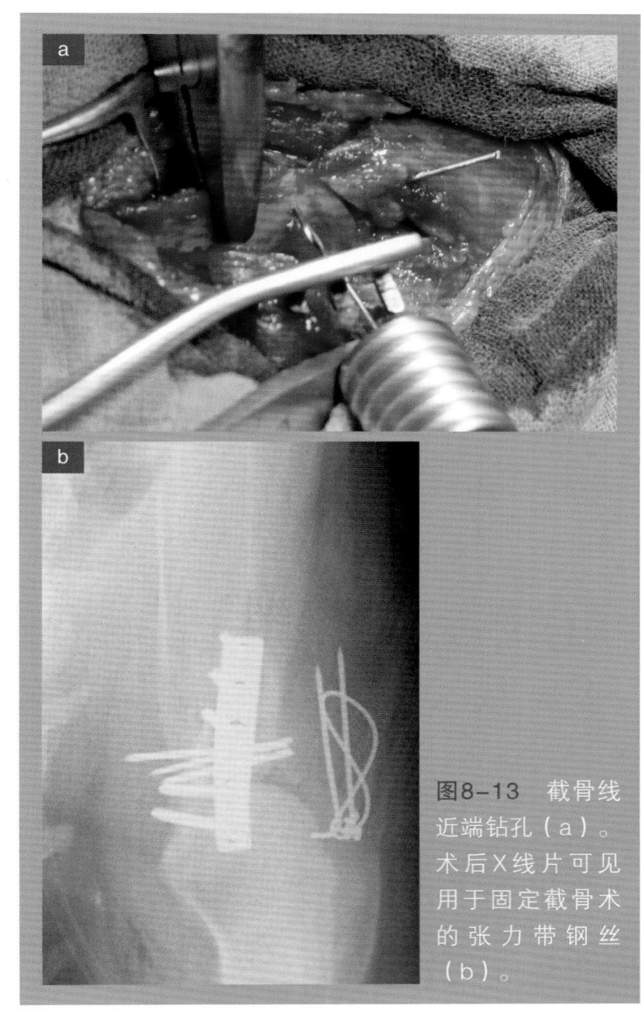

图8-13　截骨线近端钻孔（a）。术后X线片可见用于固定截骨术的张力带钢丝（b）。

肩胛盂骨折

幸运的是，这种骨折并不常见，因为在发生外伤时，力量主要集中在肩胛颈。治疗以关节骨折的原则为基础：急诊手术、正确复位以及术后尽快活动。

该入路与肩胛颈骨折的入路相似，通常需要切开冈下肌和小圆肌，以便进入肩胛盂后方区域。

一旦骨折复位，如果骨折片段大小合适，尽可能使用拉力螺钉进行固定。在其他情况下，当碎片

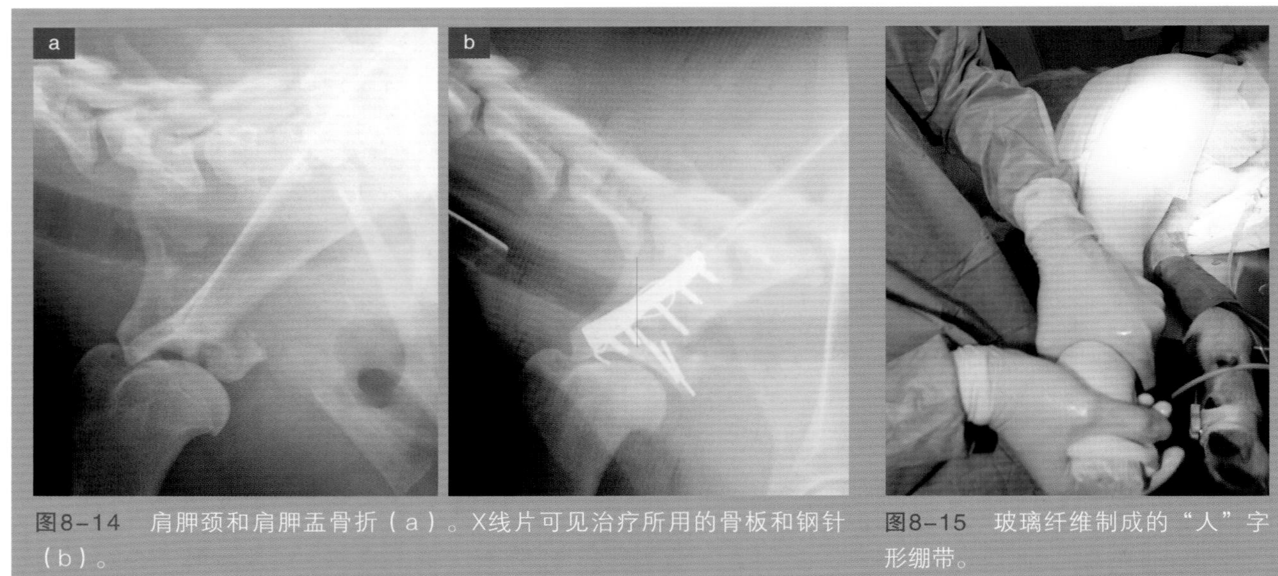

图8-14　肩胛颈和肩胛盂骨折（a）。X线片可见治疗所用的骨板和钢针（b）。

图8-15　玻璃纤维制成的“人”字形绷带。

太小时，必须使用克氏针进行固定，因为没有其他选择（图8-14）。

对于大多数影响关节面的骨折，对肩部进行暂时固定可能会有帮助，特别是所用的骨固定系统比较脆弱时。最好的选择是使用“人”字形铸型绷带，它由玻璃纤维制成，可以固定数周以维持局部功能（图8-15）。尽管通常不需要进行这样的操作，当出现影响肩胛骨其他部位的不稳定骨折时，可能也需要这种固定系统。

盂上结节骨折

肩胛盂盂上结节是二头肌肌腱的附着点，必须强调的是，在动物出生后的前几个月，该骨有一个独立的骨化核，因此对于年轻的患病动物，不能将生长线与骨折相混淆（图8-16）。当有疑问时，可以对侧肢体进行放射学检查，以确定骨折的病理特征。

虽然不是很常见，但盂上结节可能会因撕脱伤而发生骨折。动物的跛行可能比较轻微，这取决于骨折发生的进程（急性或渐进性）。相反，作为骨化核，肩胛盂盂上结节有自己的生长线，该生长线可能会逐渐分离，表现为轻度跛行。考虑到这种类型的骨折受到二头肌肌腱的牵拉，可通过张力带系统或拉力螺钉对骨折部位进行固定。

对于陈旧性损伤，可能会出现骨折愈合不良，在不能成功进行手术时，可以移除骨碎片，并进行二头肌肌腱固定术。与发生在肩伸肌的慢性损伤病相似，另一种可能的处理方法是移除骨碎片，并将肌腱附着在结节间沟的囊袋部分（图8-17）。

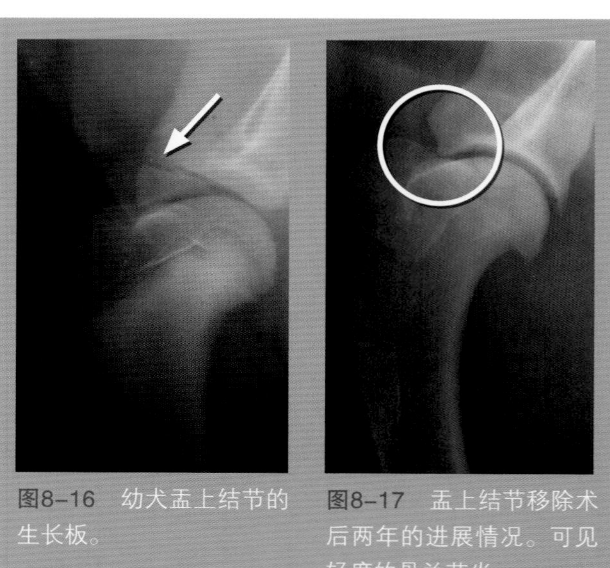

图8-16　幼犬盂上结节的生长板。

图8-17　盂上结节移除术后两年的进展情况。可见轻度的骨关节炎。

肱骨骨折

在四肢的长骨骨折中，肱骨骨折较少。据统计，大多数肱骨的骨折发生于肱骨中部和下1/3处。实际上，最常见的骨折是远端骨骺外侧的髁突骨折，其次是中远1/3处的斜骨折。

在深入研究可应用于肱骨骨折的外科处理技术之前，必须了解该骨的一些特征。

第一，肱骨微微弯曲，呈“S”形。这种解剖学特性意味着张力面位置的可变性，其近端张力面位于前外侧，而远端张力面位于后内侧（图8-18）。如前所述，张力面指的是，当骨骼承受纵向压力，即四肢承受重量时，密质骨最浅表承受部分拉力的表面。

第二，该骨的另一特点是在中间1/3和远端1/3处的骨髓腔比较狭窄。这种变窄导致骨髓腔在整个骨骼长度中呈现不均匀的宽度（图8-19）。

第三，通过肱骨内侧表面的臂神经丛的位置发生骨折时，临床医生要对臂神经丛完整性进行评估。

肱骨骨折的动物通常表现为肩部下垂，掌部背侧着地。通常情况下，这种姿势与桡神经麻痹动物的姿势相似。因此，在进行骨折的固定之前，必须确认臂神经丛的完整性。

> 肱骨骨折的动物所表现的姿势与桡神经麻痹的情况相似，因此需要评估臂神经丛的完整性。

当外科医生碰到长骨骨折病例时，几乎不可能正确评估反射，但是可以评估深部痛觉。因此，在考虑任何手术治疗之前，建议通过对第2和第4脚趾的最后一个趾骨进行夹持来评估桡神经、尺神经和正中神经的完整性。在进行检查时，应采取预防措施避免移动肢体，这样动物的反应就不会由于骨折周围区域的疼痛而产生混淆。

当处理肱骨骨折病例时，必须对胸腔进行完整的评估，以排除血气胸的存在，因为肱骨与胸腔密切接触。

固定技术

当前临床上可用的大部分骨固定技术都能对肱骨骨折进行固定，如骨板、髓内固定系统和外固定支架。通常不建议使用石膏或绷带进行外固定，但是，下面还是要对其进行讨论。

外固定

为了使绷带的固定更加牢固，必须正确地固定与该骨相关的上下两个关节（近端和远端）。

由于解剖的原因，对于肱骨的特殊病例，不可能对肱盂关节进行很好的制动。假设可以避免关节活动，将不能获得骨的良好固定。这是由于骨的近端部分被非常强壮的肌肉团所包围。这一肌肉组织就像是由绷带衬垫构成的，无论两个关节如何固定，都不可能阻止骨折部位的微小活动。

当外固定作为最小的骨固定系统的补充时，可以使用“人”字形绷带（图8-20），它对肩胛骨到脚趾头之间的区域全部制动。

髓内针固定

虽然这种骨固定系统并不是肱骨骨折治疗的最理想方法，但仍有一些骨折可以用髓内针进行固定。

除了髓内锁定针之外，这种骨固定系统不能正确有效地控制骨折部位的旋转运动。同样它也不能阻止骨折部位的塌陷、牵拉和压缩。因此，这种骨固定系统能有效治疗的骨折只有不易旋转的简单骨折，即纵向斜骨折，在这种情况下需要添加环扎钢丝以提供一定的稳定性。这种骨折在肱骨并不常见。

另一个缺点是不能完全固定。对于一些特殊的

肱骨的特殊解剖特点解释了为什么其中1/3到远1/3处发生骨折的频率很高。

肱骨近端的张力面在前外侧。从近端开始逐渐向下移动到远端骨骺，会发现张力面会逐渐朝向后方，即位于后内侧（图8–18）。

骨髓腔的宽度不一致。它在中1/3到远端1/3之间狭窄（图8–19）。

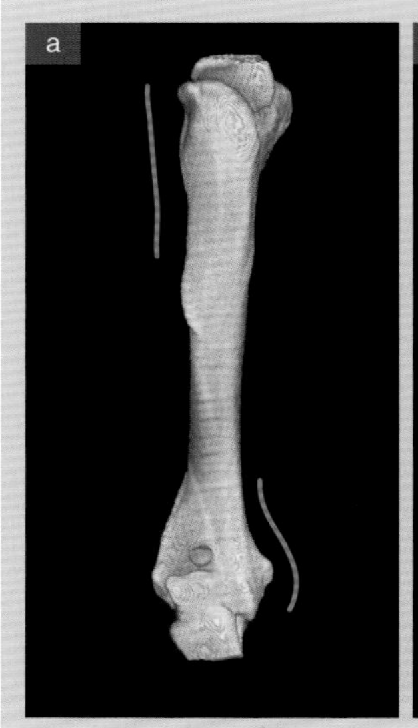

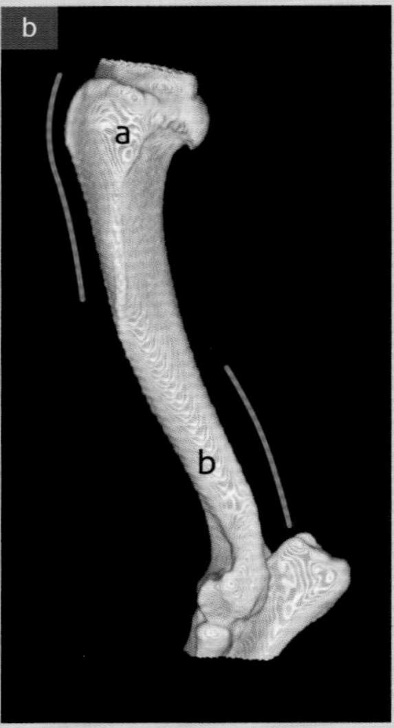

图8–18　张力面变化过程图示。

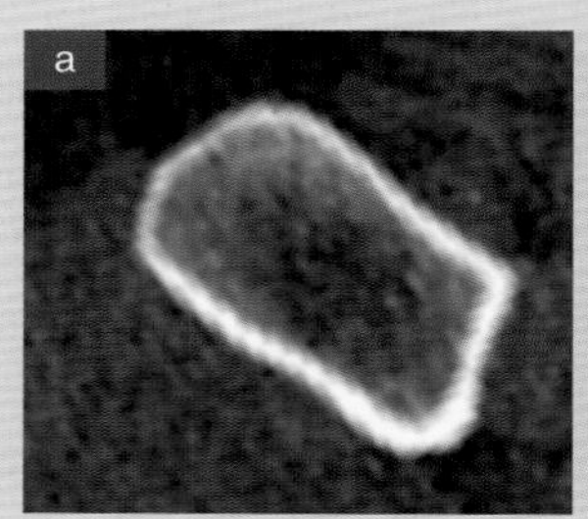

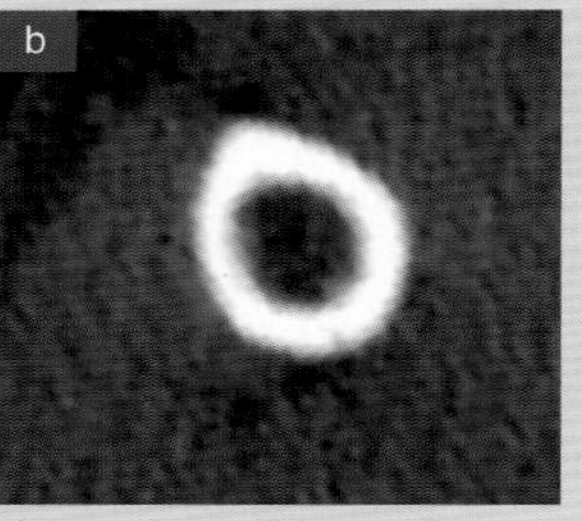

图8–19　CT扫描可见骨髓腔变窄，见图8–18所示区域。近端（a）和远端（b）部分。

图8–20　用于固定肱骨骨折的“人”字形绷带。

髓内针并不是治疗肱骨骨折的最佳选择，除非对于年轻动物，其稳定性的缺乏可以通过骨愈合的速度得到补偿。

肱骨骨折病例，由于髓腔狭窄，不能使用直径较大的钢针。这个增加的难度使肱骨骨折用髓内针固定更不稳定。

由于这些原因，髓内针只能用于年轻动物的肱骨骨折，因为其稳定性的缺乏可以通过更快的骨愈合机制进行弥补。

这种植入物在肱骨近端可以用来固定大结节的外侧部，在远端可以固定肱骨内上髁。髓内针可以顺向从大结节打入到骨折的部位。这样，髓内针就能更好地固定在骨的近端。如果以逆行的方式打入髓内针，由于必须朝向近端打入并到达骨折部位，因此，固定近端骨骺的钢针稳定性会丧失。为了避免任何旋转运动，最好的选择是插入至少两个较小的髓内针而不是一个，或者暂时将髓内针与一个单面单侧外固定系统（Ⅰ型）相结合。

> 用髓内针系统对肱骨骨折治疗最适合的情况是正处于发育阶段的动物远端1/3处发生的纵向或螺旋形骨折。

用髓内针系统对肱骨骨折治疗最适合的情况是正处于发育阶段的动物远端1/3处发生的纵向或螺旋形骨折。年轻动物经常会发生这种骨折（图8-21）。在这种情况下，一个或多个环扎钢丝配合髓内固定系统将有助于避免旋转运动。同样，环扎钢丝所产生的骨片间压缩力可阻止骨片间的微运动，从而提供良好的稳定性。

在一些病例中，插入髓内针可能有助于骨折断端的复位，尤其是关于骨的对位和长度的保持。随后，医生只需要调整骨片的旋转方向并选择合适的骨固定系统进行处理即可。当使用单皮质螺钉进行骨板固定时，或在使用生物骨板系统的最初阶段，这种骨固定系统对抗折弯运动的高稳定性对于骨折的修复是有帮助的（图8-22）。

外固定支架固定

由于解剖学原因，肱骨骨折仅限于使用单面、单侧并用一根或两根连接杆的外固定支架系统。对于一些不可复位的粉碎性骨折，可能需要使用搭配式外固定支架或将上述系统混合使用。

这种结构主要是一个单侧外固定支架的连接杆与髓内针的融合（图8-23）。这样，避免了髓内针的缺点，同时形成了一个更稳定的结构。

实现骨折部位快速愈合的一种方法是在闭合性骨折中顺向放置髓内针。这避免了对血管化的任何明显影响。

外固定支架系统通常与其他骨固定系统联合使用，这样可获得更大的稳定性。

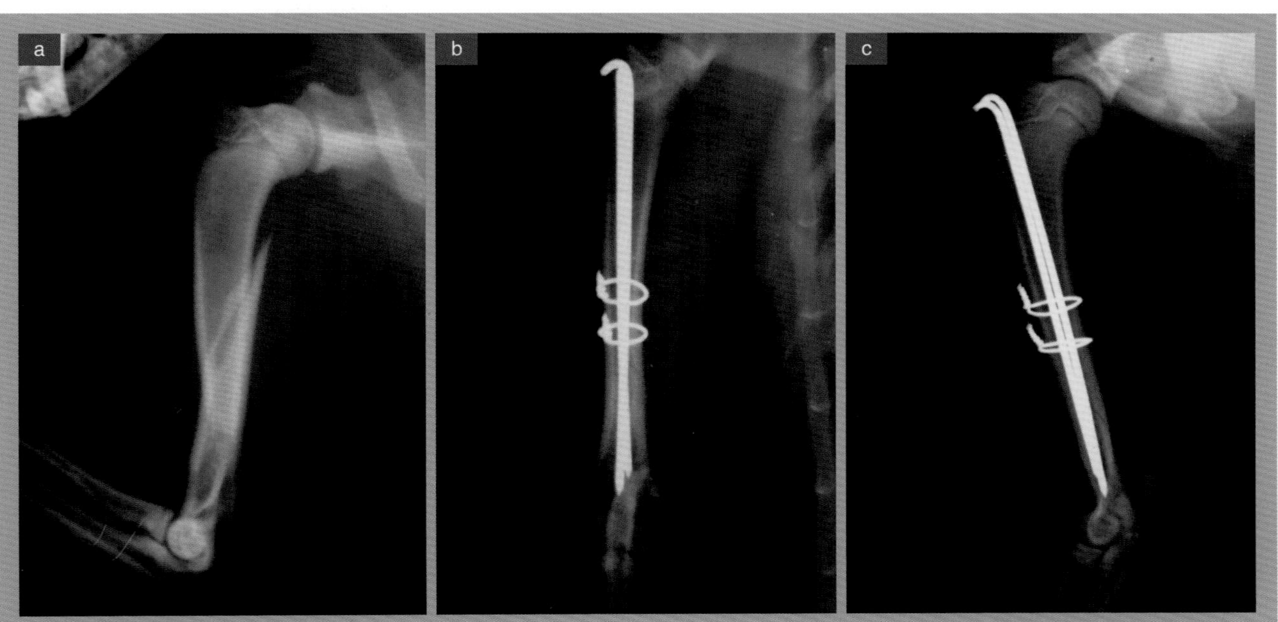

图8–21 长斜骨折（a），用了两个髓内针和环扎钢丝进行固定，这种方法能够防止旋转运动（b和c）。植入物不能影响关节活动，也不能影响髁间空间。

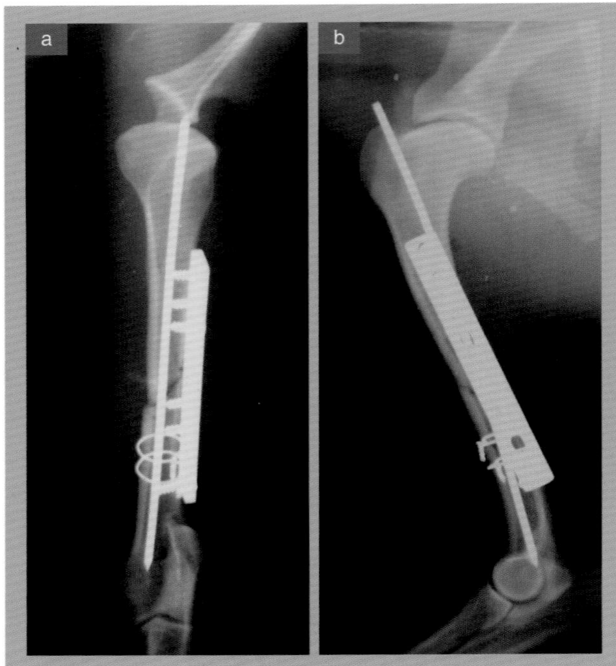
图8-22 髓内针配合单皮质骨螺钉固定骨板系统治疗肱骨中远端骨干骨折。后前位片（a）及侧位片（b）。

在这种情况下，外固定支架使用的主要目的是防止旋转运动，同时防止主要骨折片段之间的侧向移动。由于这些原因，外固定支架可作为肱骨近端和远端1/3骨折的髓内针固定以及迷你型骨板固定的理想补充（图8-24）。

外固定支架是髓内针固定系统的一个很好补充，因为它们可以阻止任何的旋转运动和骨折片段之间的侧向移动（骨折部位塌陷）。

经皮钢针的插入点定位在骨的末端，非常简单。最近端的钢针插入肱骨大结节，可以很容易触诊到。最远端经皮钢针从肱骨外侧上髁最突出的部位稍远一点插入，对着内侧上髁。这样，就不存在打入关节腔的风险。

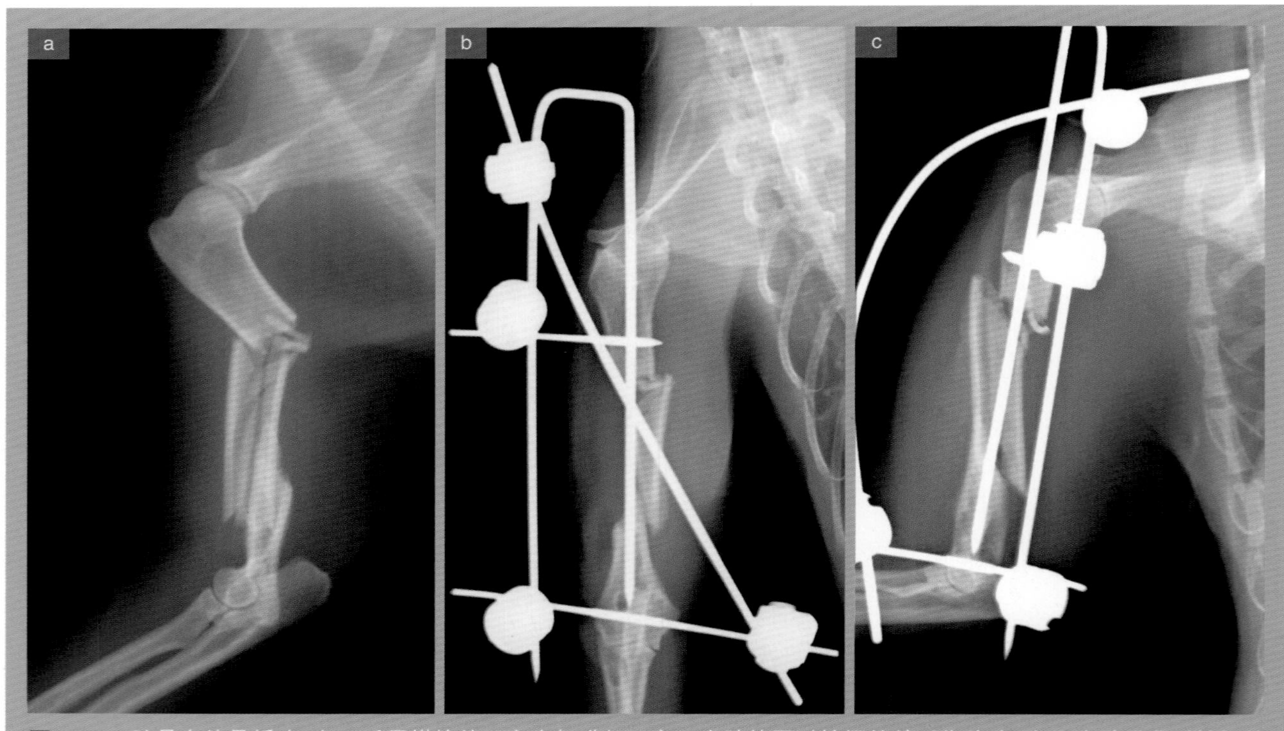
图8-23 肱骨多处骨折（a），采用搭接外固定支架进行固定；患肢伸展时拍摄的前后位片（b）和患肢屈曲时拍摄的前后位片（c）。

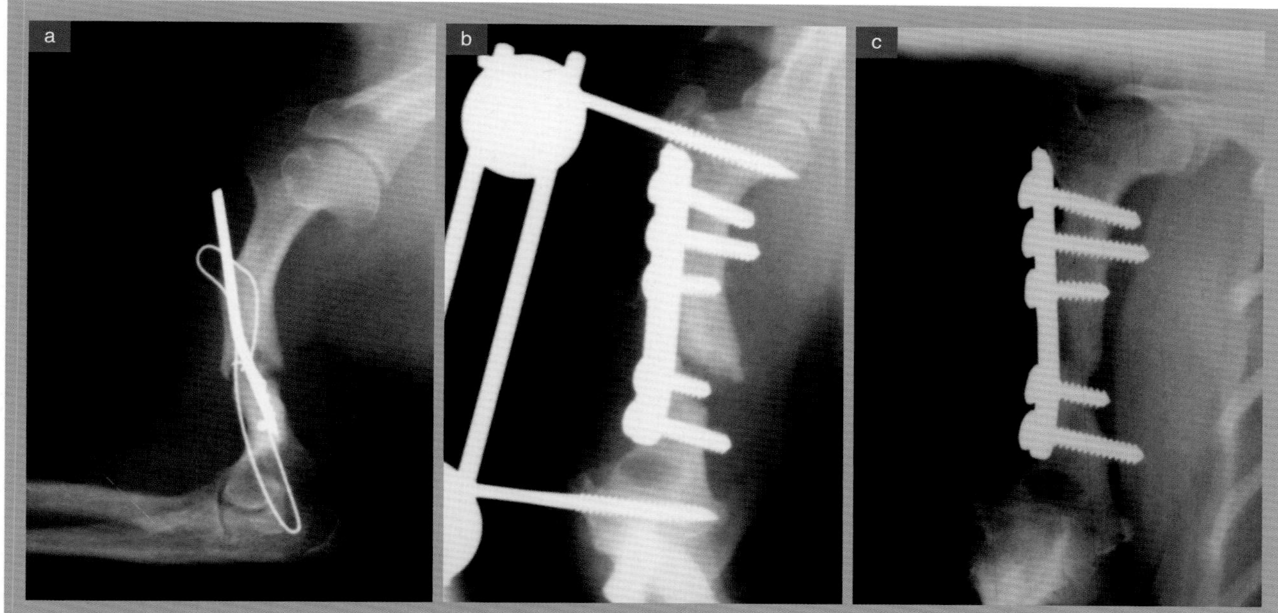

图8-24　X线片显示由于骨固定系统的使用不当造成的骨不愈合（a）。该骨折的治疗用了一个支持骨板，但其远端没有足够的空间插入螺钉，同时联合了一个双连接杆的部分外固定支架进行固定（b）。X线片显示移走了部分外固定支架的骨折愈合情况（c）。

在肱骨近端和远端应用经皮钢针的外固定支架不会产生并发症。如果需要比单面单侧系统更复杂的外固定支架结构，在将钢针插入中间和远端1/3时必须采取一定的预防措施，以避免损伤桡神经（尽管这种情况很少发生）。

外固定支架作为单一骨固定系统进行肱骨骨折的固定仅限于火器创引起的开放性骨折，或主要骨折片段大小不适合用骨板进行固定的情况。

骨板固定

骨板固定系统无疑是治疗肱骨骨折的最佳系统。除近端和远端骨折外，由于这些部位没有足够的空间放置足量的螺钉，其他所有的肱骨骨折都可以使用单一的骨板固定系统进行治疗。

由于金属对抗牵引力的抗性较大，所以应尽可能地把骨板放置在骨的张力面。

如前所述，肱骨的张力面与其所在部位有关。一般来说，近端1/3的骨折必须将骨板放置在肱骨的前外侧进行固定（图8-25）。

对于最近端的骨折病例，可以将骨板放置在肱骨前方，刚好位于三角嵴的正上方。然而，对于那些骨折部位较靠近远端的病例，由于前面所说的位置问题，不可能在之前确定的嵴远端部位上方插入两个以上的螺钉。由于在其他位置放置骨板塑型较难，此时骨板可以放在外侧面。

> 由于肱骨的张力面位置变化较大，所以可以根据骨折的位置选择在张力面放置骨板。

肱骨的中1/3发生骨折时，骨板放置的位置受多种因素的影响，其中第一个就是骨折的类型。对于横骨折和短斜骨折，可以在肱骨的内侧面和外侧面放置骨板。但是，对于长斜骨折、螺旋形或粉碎

肱骨外固定支架的应用

- 火器创引起的骨折。
- 开放性骨折。
- 一个主要骨折片段影响正确放置骨板的骨折。

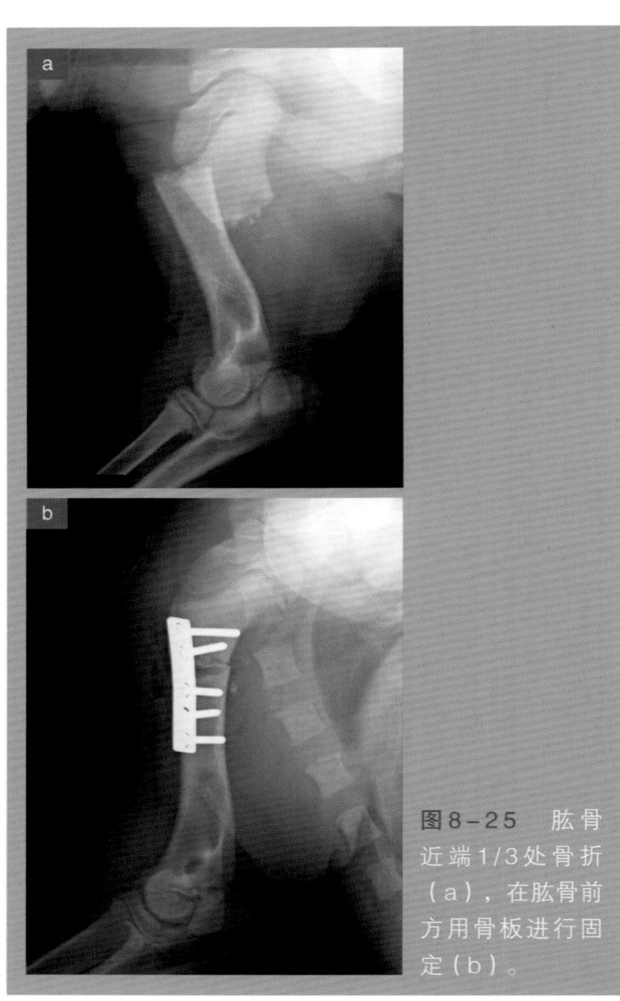

图8-25 肱骨近端1/3处骨折（a），在肱骨前方用骨板进行固定（b）。

性骨折，需要更长的骨板来固定骨折，因此骨板必须固定在更远端的位置，此时建议放在肱骨内侧面。另一个需要考虑的重要方面是动物的品种；对于一些品种来讲，由于肱骨与胸腔之间的解剖位置关系，肱骨近端骨折采用内侧手术通路时手术的操作空间非常有限，而另一些品种选择该通路非常容易。对于所有的品种，植入物都可以放置在肱骨外侧面；但是，由于骨板要放置在外侧上髁上，因此骨板的塑型比较复杂（图8-26）。

对于肱骨远端1/3的骨折，由于内侧髁上分支具有较厚的皮质骨，所以内侧面通常是放置骨板最好的位置。另一方面，在这个位置放置骨板时，塑型也较其他部位更容易（图8-27）。

对于肱骨远端骨折，由于必须将螺钉放置在骨的最远端，因此必须特别小心，以免将任何一个螺钉放置在髁间窝内。如果发生这种情况，动物将失去充分伸展肘关节的能力，导致上述关节僵硬。为了避免这个情况的发生，可以采取以下方法：只将骨板放置在内侧髁上分支，将螺钉对准其正前方或朝向外侧上髁方向拧入（图8-28）。

手术通路

对于肱骨骨折，选择不同的固定系统可以采用不同的手术通路进行固定。因此，通路的选择主要依据骨折所在的位置。

如果使用髓内针或开放的外固定支架进行固定，手术通路选择在外侧（图8-29）。这个通路操作更为简单，而且可以接近骨的整个长度。选择外侧手术通路时，应该注意避免伤及桡神经。因为它附着在臂肌的尾侧，很容易辨认。如前所述，当使用骨板固定肱骨近端和中1/3骨折时，该通路也是一个理想的选择。

对于远端1/3或中1/3骨折，放置骨板的理想通路是在肱骨内侧（图8-30）。由于臂神经丛、正中神经和尺神经的存在，该手术通路非常复杂。两根神经在肱骨远端1/3处开始分离，并与重要的血管束伴行。有时，由于骨折部位周围所有组织的肿胀，很难找到神经血管束。为了避免这个问题，可以将正中神经的神经通路作为参考，因为当它经过

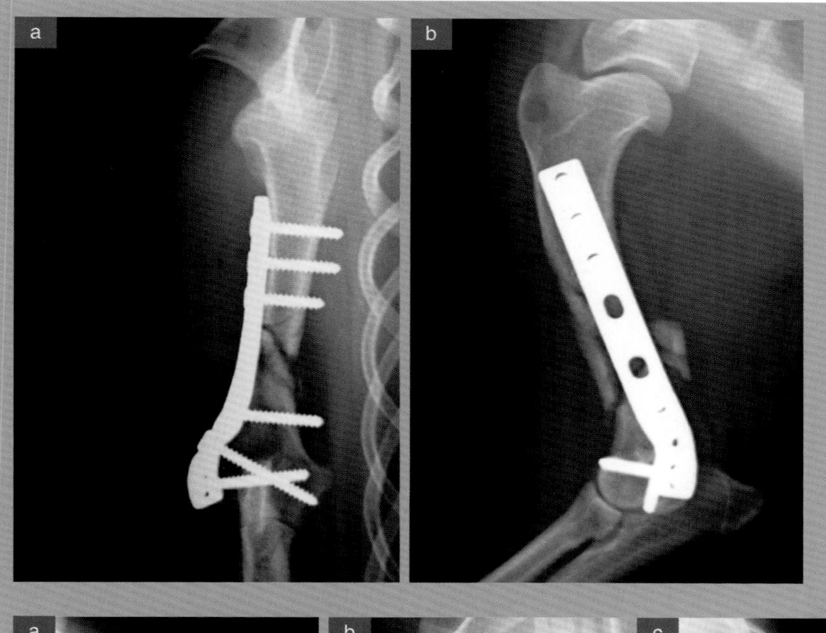

图8-26　肱骨中1/3处粉碎性骨折发生后数周的恢复情况（a）。在肱骨外侧面放置一个骨板进行固定（b）。

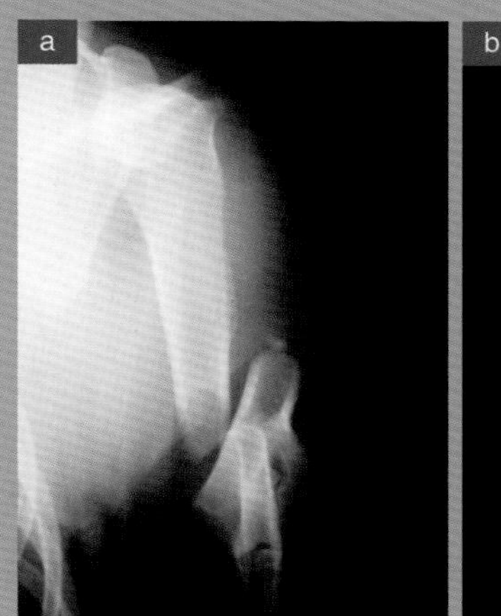

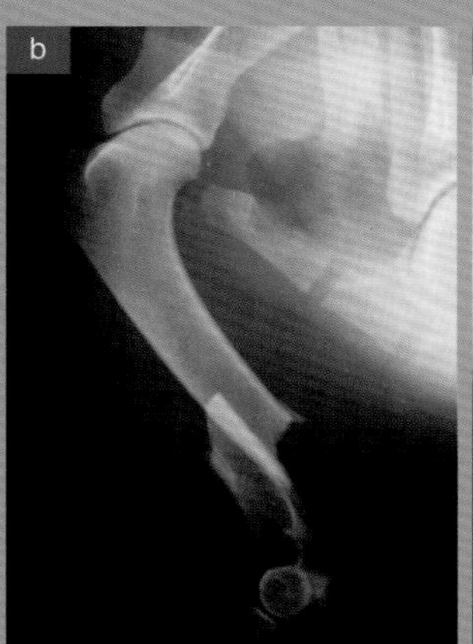

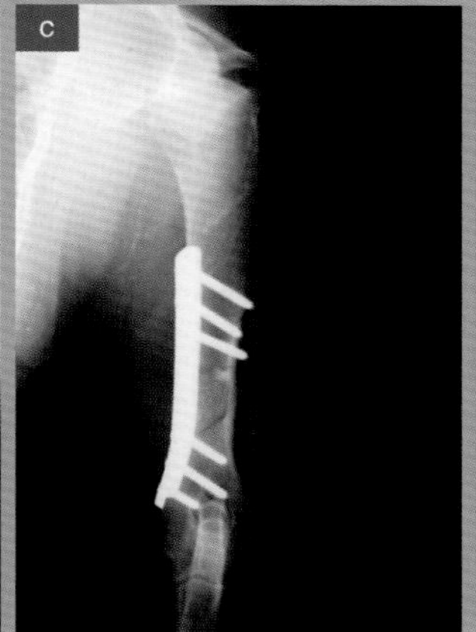

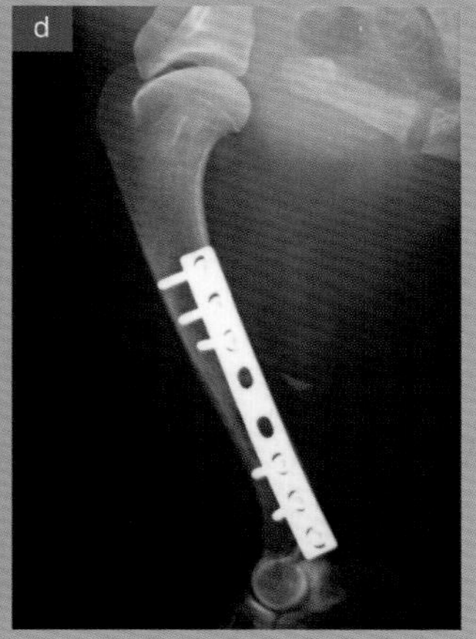

图8-27　肱骨远端短斜骨折（a、b），在肱骨内侧面放置骨板进行固定（c、d）。

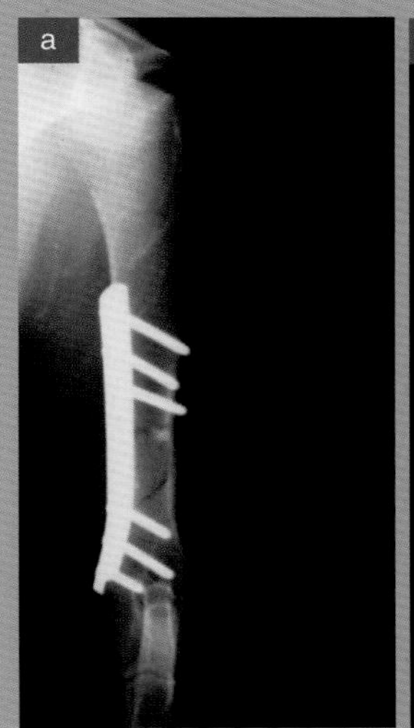

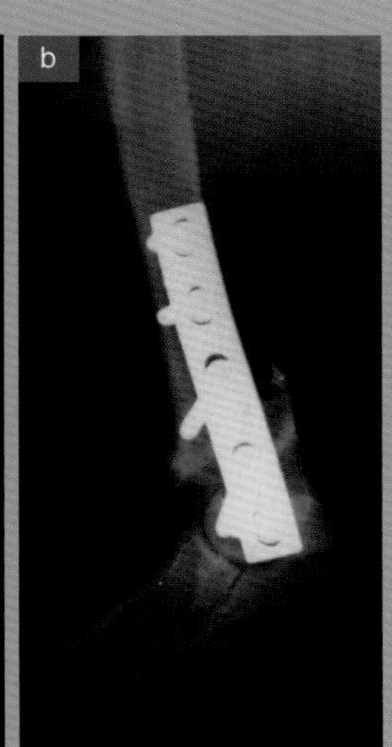

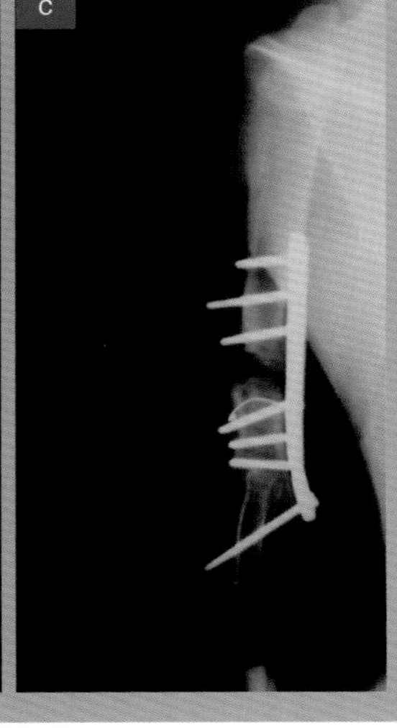

图8-28　为了避免将螺钉打入髁间窝，远端螺钉的打入方向要与其他位置不同，因此，对于肱骨远端发生的不同骨折固定后可能会出现关节僵硬。螺旋形骨折，最远端的螺钉只能锚定于髁上分支处（a）。肱骨远端骨折一年多之后形成的假关节；用骨板固定，当最远端的螺钉交叉时，将他们朝向上髁的方向打入（b）。最后一个螺钉朝向外髁方向打入形成的假关节（c）。

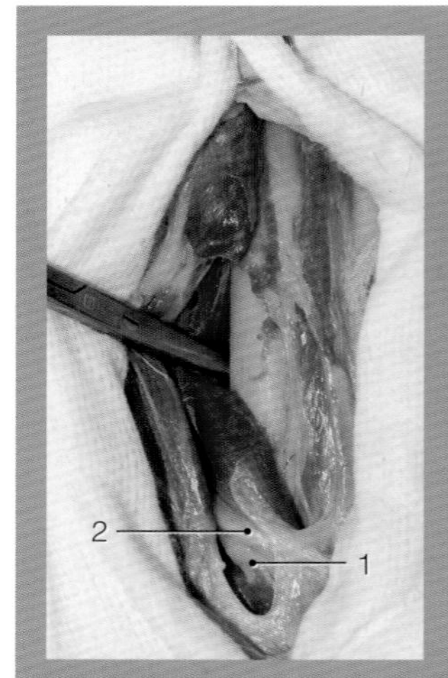

图8-29　肱骨中1/3骨折治疗的外侧通路。
1. 桡神经
2. 臂肌

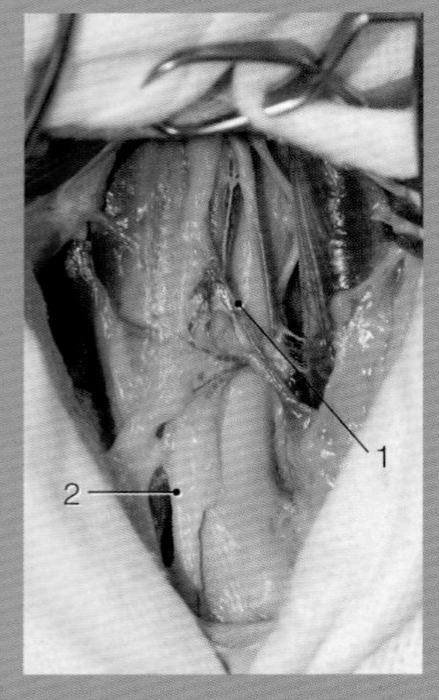

图8-30　肱骨远端1/3骨折治疗的内侧通路。
1. 尺神经
2. 正中神经

内上髁的后方时可以被触诊到，沿着它一直到尺神经分支处。

最常见骨折的治疗

该部分将简要介绍最常见的肱骨骨折在选择最佳固定系统时需要考虑的主要问题，以及骨折的特殊性。

肱骨头的骨骺分离

这种骨折很少见。猫比犬多见，而且几乎都是Ⅰ型Salter骨折。

首先，不能将生长线与骨折混淆，这一点很重要。不幸的是，已证实前肢跛行常见于生长较快的年轻犬，这些品种存在肱骨生长板的近端生长线持续开放的问题。在这些品种中，生长线的前侧可以在X线片中看到，一直持续到将近1岁（图8-31）。

> 生长线不能与骨折相混淆，这种情况可能会发生于生长过快的青年犬。

> **手术通路取决于骨折发生的部位**
>
> 手术通路取决于骨折发生的部位：
>
> - 外侧通路：
>   - 髓内针或外固定支架系统。
>   - 在近端和中1/3处骨折选用骨板固定系统。
> - 内侧通路：
>   - 在远端和中1/3处骨折选用骨板固定系统。

对于所有的Salter-Harris骨折都是选择冲针治疗。这些针可以从大结节朝向干骺端打入，或者从干骺端以不同的方向打入骨骺，以免进入关节腔（图8-32）。这是唯一一种不会导致生长板过早愈合的固定系统。

对于已经发育成熟的动物来说，这种骨折也可能发生在生长板完全骨化的过程中。

对于这些动物，可以使用拉力螺钉或钢针配合张力带钢丝替代髓内针。一旦动物已经停止生长发育，这些系统不会产生任何的骨变化。通常会选择从肱骨的大结节植入骨固定材料。

骨干骨折

这种类型的骨折占肱骨骨折病例的一半。

如前所述，这种骨折很少能用髓内针固定。该方法只适用于年轻动物的简单骨折，同时要能够控制固定后可能产生的旋转运动，旋转运动可以通过环扎钢丝轻松解决（图8-33）。

对于粉碎性骨折，除了旋转引起的不稳定之外，必须考虑骨折部位可能会塌陷。此时，虽然理想的治疗方法是使用骨板进行固定，但如果能够充分利用不同骨固定系统的优点，并将其充分结合，则可以中和所有可能影响骨折愈合的作用力（图8-34）。

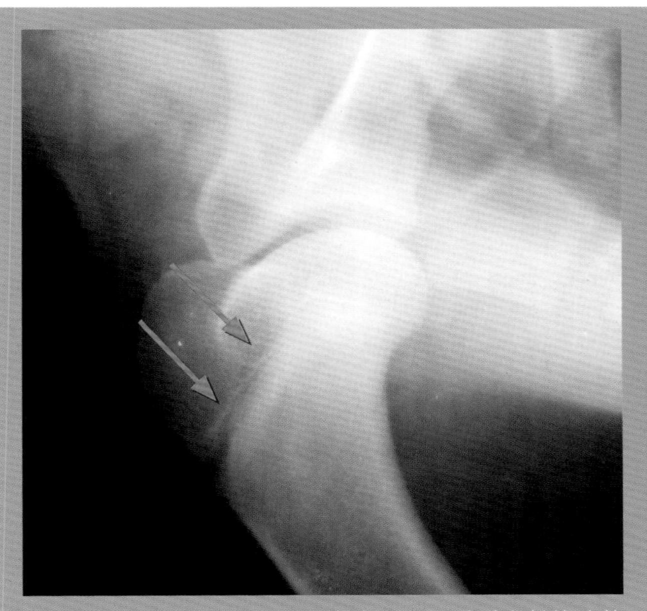

图8-31　肱骨近端干骺端X线片，可以看到生长线（箭头）。不应将其与骨折相混淆。

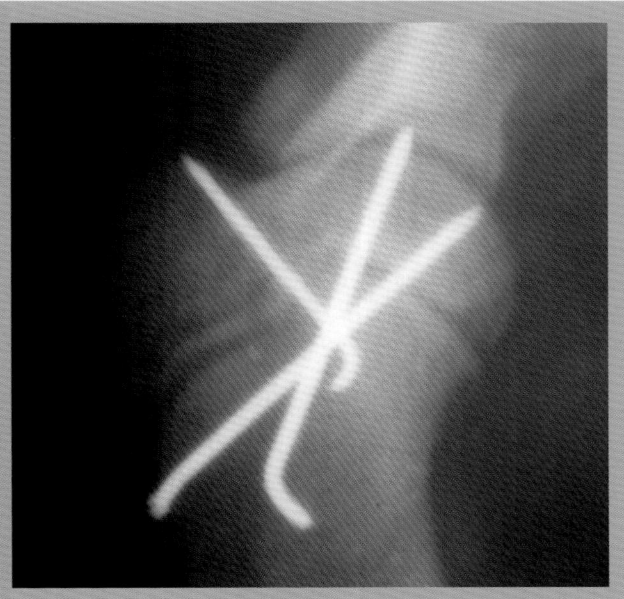

图8-32　肱骨近端干骺端Salter Ⅰ型骨折的治疗，从干骺端插入三根不同方向的钢针进行固定。

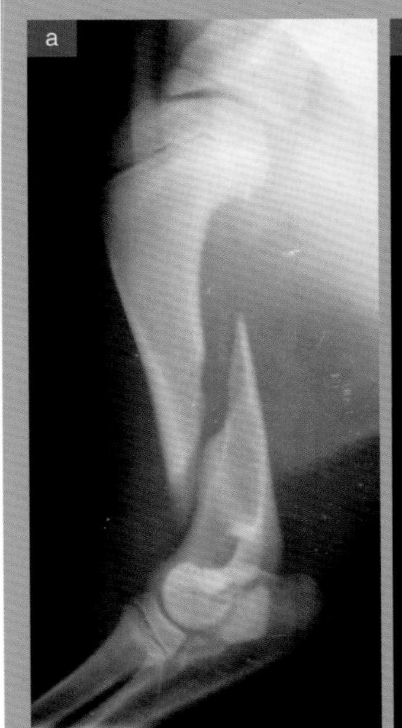

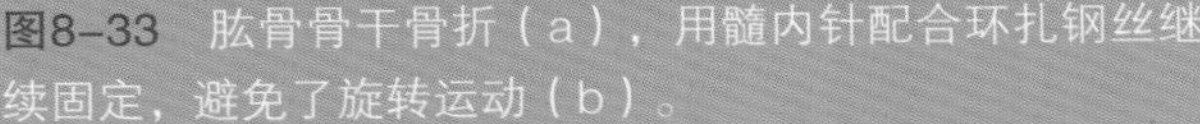

图8-33　肱骨骨干骨折（a），用髓内针配合环扎钢丝继续固定，避免了旋转运动（b）。

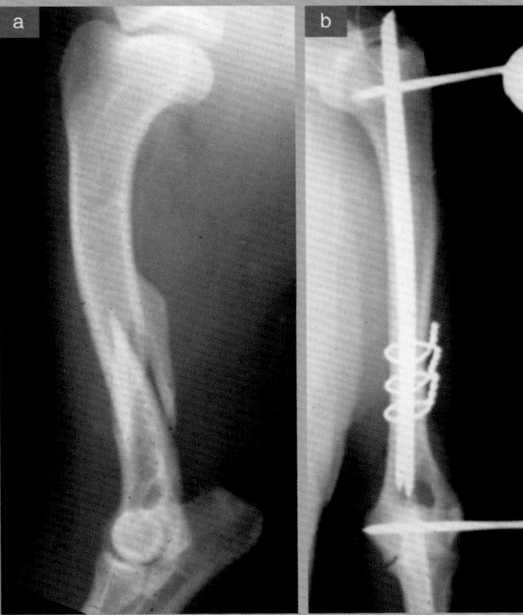

图8-34　肱骨骨干粉碎性骨折（a）。在该病例中，髓内针固定所产生的不稳定因素通过外固定支架得以解决。

使用外固定支架对肱骨骨折进行固定不是首选的方法。但是，它可以作为一种补充系统，用以增加其他固定系统的稳定性。

> 对于肱骨的粉碎性骨折，通过结合不同的骨固定系统可轻松地中和所有影响骨折愈合的作用力。

在某些骨折中，外固定支架可能是唯一的替代方法。在这种情况下，由于解剖条件的限制，只能使用部分固定，最好的选择是与其他系统搭配或混合使用（图8-35）。

对于成年动物的骨折，骨板是理想的固定系统。从逻辑上讲，使用的骨板类型取决于骨折的类型以及外科医生的偏好。在大多数情况下，骨干骨折是斜骨折，位于肱骨远中1/3处，在较狭窄的位置。鉴于其位置，骨板必须放置在骨的内侧表面（图8-36）。

如果可能，将加压系统与骨板结合可能有利于增加骨折部位的稳定性。然而，这种可能性不仅取决于骨折的类型，还取决于外科医生的偏好（图8-37）。

> 对于肱骨骨折，使用骨板的最大问题可能是植入物的塑型，一方面因为肱骨的形状本身，另一方面，不同种类和品种的动物之间存在很大差异。

在肱骨上放置骨板主要的缺点是植入物的塑型，一方面因为肱骨的形状本身，另一方面，不同种类的动物之间存在很大差异。如前所述，这个问题可以通过锁定骨板得以解决，当拧紧螺钉时，骨折片段不会被拉向植入物。

远端骨骺骨折

影响肱骨远端骨骺的骨折有两大类：影响关节面的骨折和发生于远端干骺端的骨折。

远端干骺端骨折

干骺端骨折最大的问题是在远端骨折片段上缺少足够的空间放置足量的螺钉。必须根据每个病例的具体情况选择合适的固定系统。多数情况下，主要针对小型动物，用冲针配合其他固定系统可能就比较牢靠（图8-38）。

当然，对于影响生长板的骨折病例，不能用桥接系统进行骨折的固定，否则会影响生长板的发育。

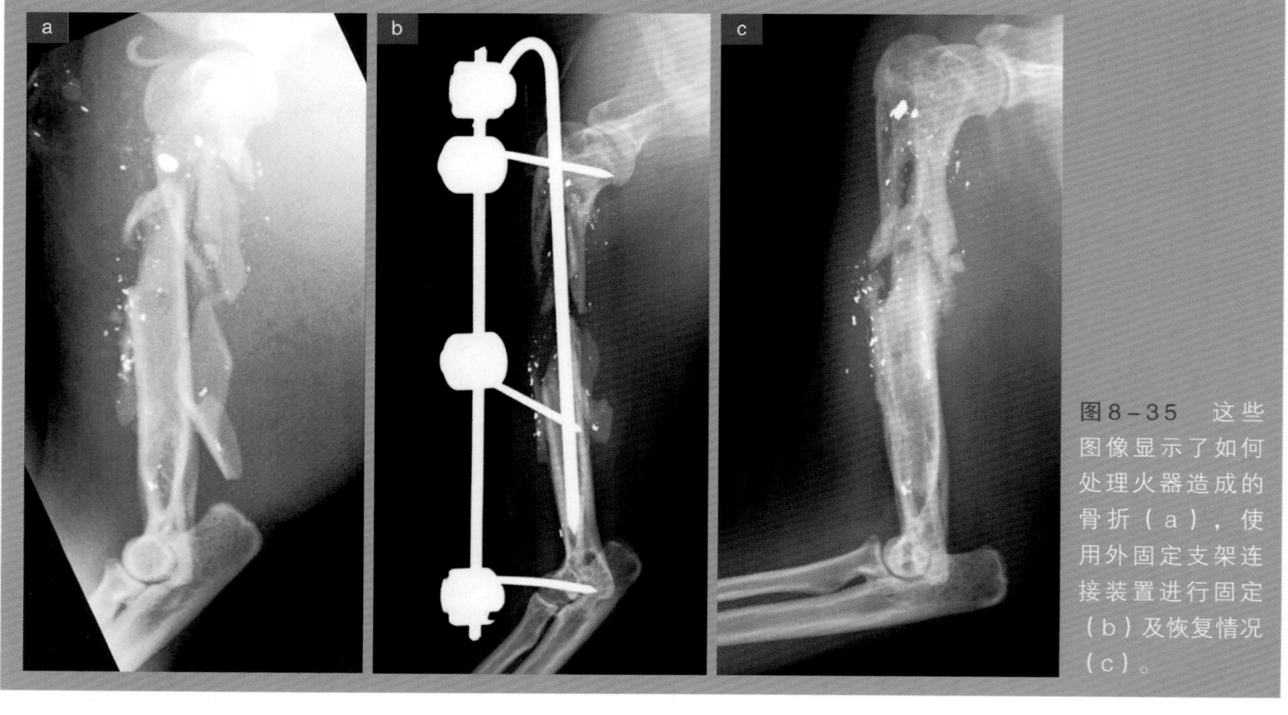

图8-35 这些图像显示了如何处理火器造成的骨折（a），使用外固定支架连接装置进行固定（b）及恢复情况（c）。

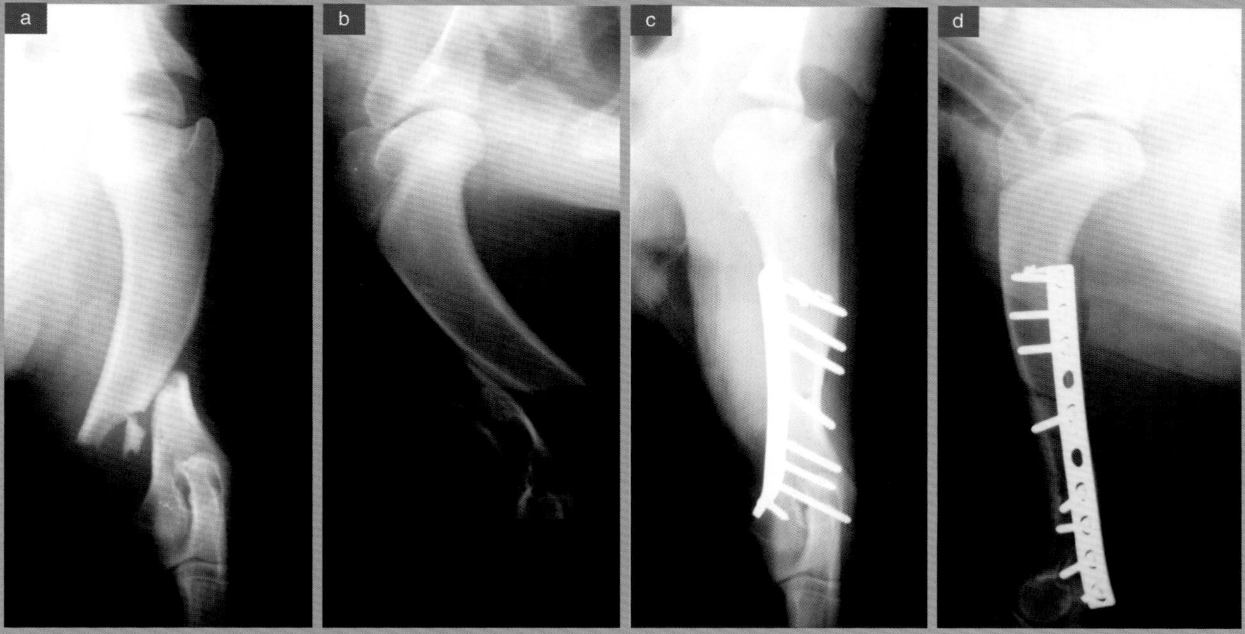

图8-36　肱骨远端骨干粉碎性骨折影像图（a和b），用加压螺钉配合中立骨板固定（c和d）。

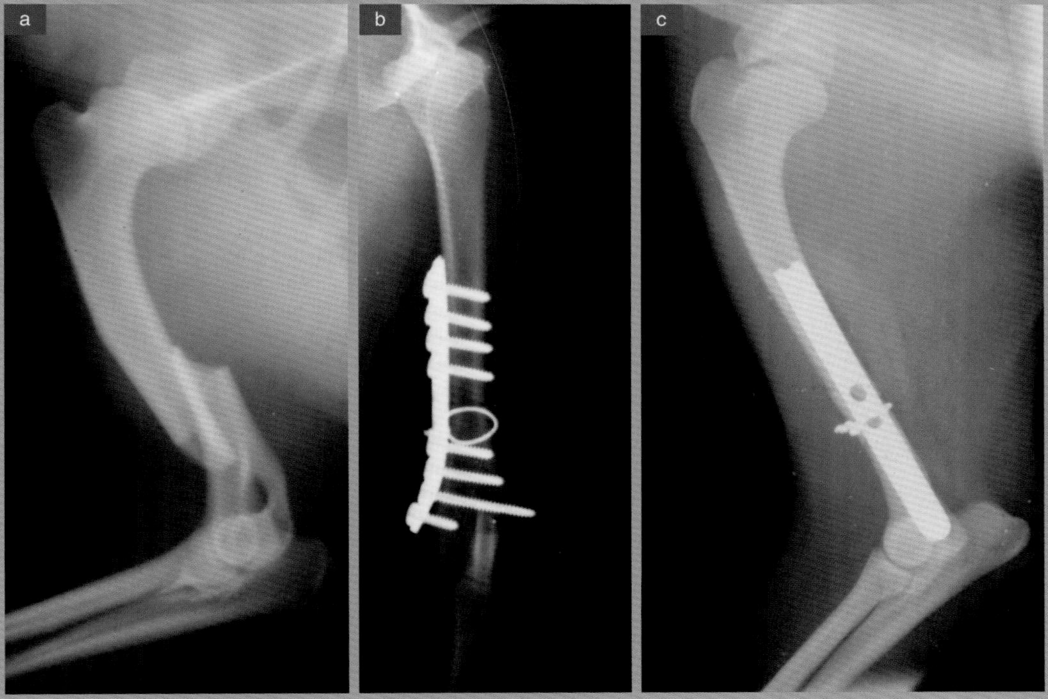

图8-37　肱骨远端骨折（a），用可裁剪的中立骨板配合钢丝进行固定（b和c）。

在这些病例中，与所有的Salter-Harris骨折一样，唯一的治疗方法是使用垂直于上述生长板的钢针进行固定（图8-39）。在某些情况下，如果骨折的特点需要更坚强的固定，可能需要用螺钉代替钢针。在这种情况下，如果没有足够的空间拧入三个螺钉，两个可能就足够了。螺钉固定在肱骨髁上要比拧入皮质骨更结实。此外，干骺端骨折具有更强的愈合能力（图8–40）。

> 对于影响生长板的骨折病例，不能用桥接系统进行骨折的固定，否则会影响生长板的生长。

关节面骨折

影响肱骨远端骨骺的另一大类骨折是涉及关节的骨折。这些骨折预后比较差，必须尽快治疗。对于这种病例，尽可能完美重建关节面，以减少继发性关节退化的发生。关节功能正确恢复的另一个必要条件是尽早使用上述关节，前提是必须尽可能获得最稳定的固定。

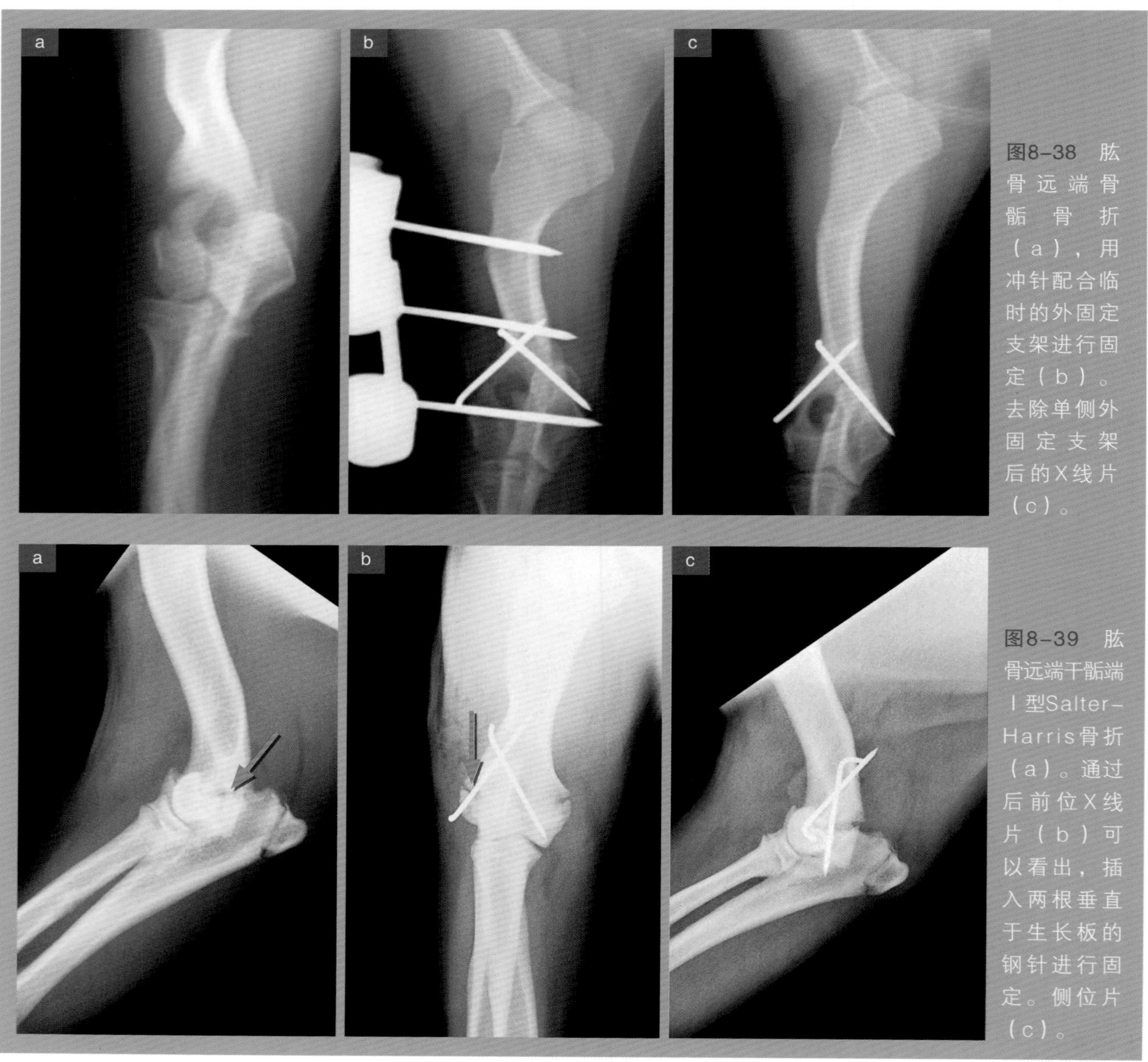

图8–38 肱骨远端骨骺骨折（a），用冲针配合临时的外固定支架进行固定（b）。去除单侧外固定支架后的X线片（c）。

图8–39 肱骨远端干骺端Ⅰ型Salter–Harris骨折（a）。通过后前位X线片（b）可以看出，插入两根垂直于生长板的钢针进行固定。侧位片（c）。

Ⅳ型Salter-Havvis骨折

对于发育过程中的动物而言，肱骨远端骨骺最常见的骨折为Ⅳ型Salter-Harris骨折。外侧髁是最常见的受损部位，因为它是近端桡骨头上的主要负重部位（图8-41）。

该骨折的治疗是将抗旋转钢针插入骨折的髁突尽可能将关节面完美复位，然后放置髁间拉力螺钉。进行固定的最佳方案是从受损髁的骨折面上钻滑行孔，一旦复位，沿着第一个滑行孔钻牵引孔。

对于成年动物，这种骨折并不常见，很多病例是由于双髁缺乏骨化而产生的。建议对未受影响的肱骨进行深入研究以排除上述病因。

双侧髁骨折

发生在肱骨远端骨骺的另一种骨折是双侧髁骨折。其预后尚不确定，为了获得更好的结果，尽可能在有限的空间内插入合适的植入物以进行固定。

同样，最理想的治疗方案是放置髁间拉力螺

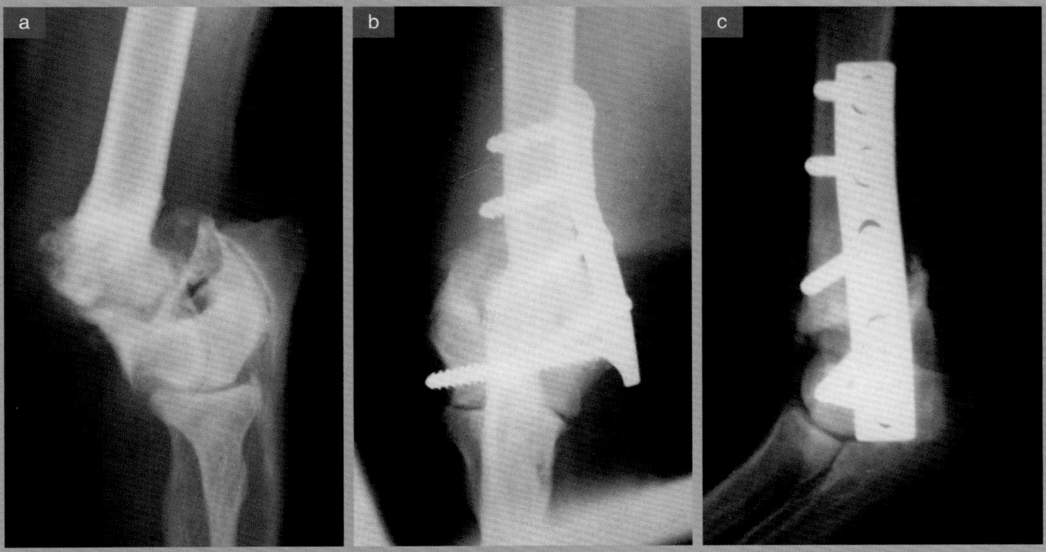

a b c

图8-40　通过假关节愈合的肱骨骨骺骨折影像图。

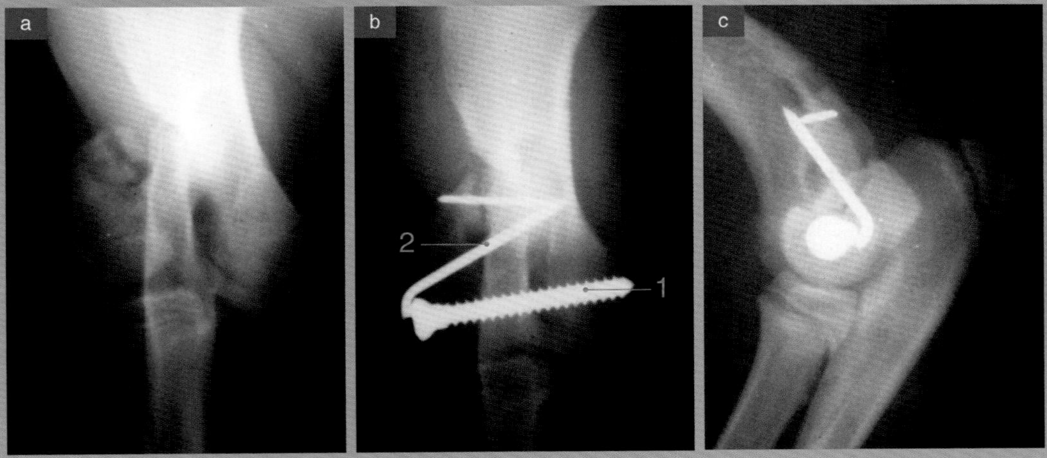

a b c

2 1

图8-41　肱骨外侧髁的Ⅳ型Salter-Havvis骨折（a）。可在后前位（b）和侧位片（c）上看出髁间螺钉（1）和抗旋转钢针（2）打入的方向。

钉，配合两块骨板进行固定，一块放在内侧，要求强度较大，另一块放在外侧（图8-42）。这个固定系统固定了肱骨的双侧髁和骨干。为了使关节尽早恢复功能，避免鹰嘴骨化的并发症，在进行鹰嘴截骨术之前最好先进行双侧通路切开。

对于还处于成熟期的患者，临床医生会发现面临不能锁定生长板的问题。因此，骨板必须用冲针取代，但这样的固定稳定性要差得多（图8-43）。

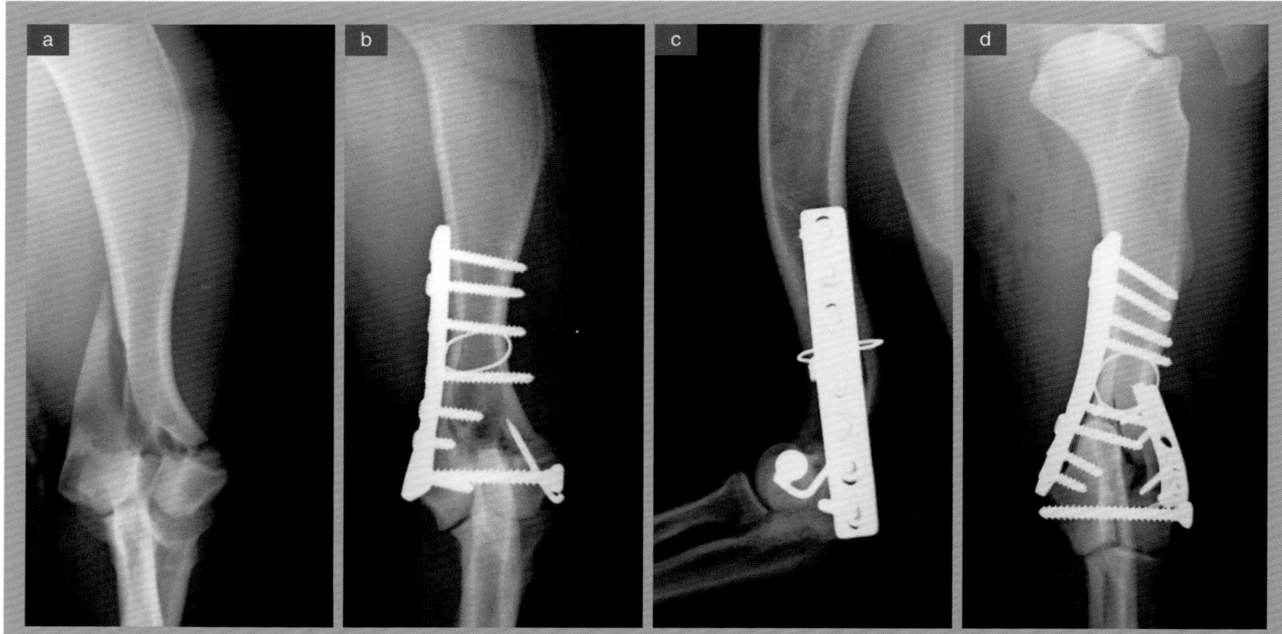

图8-42 成年犬的双侧髁骨折（a）。通过放置髁间拉力螺钉、内侧骨板（b）和外侧骨板（c）进行固定。通过侧位片可以观察到内侧和外侧骨板的放置（d）。

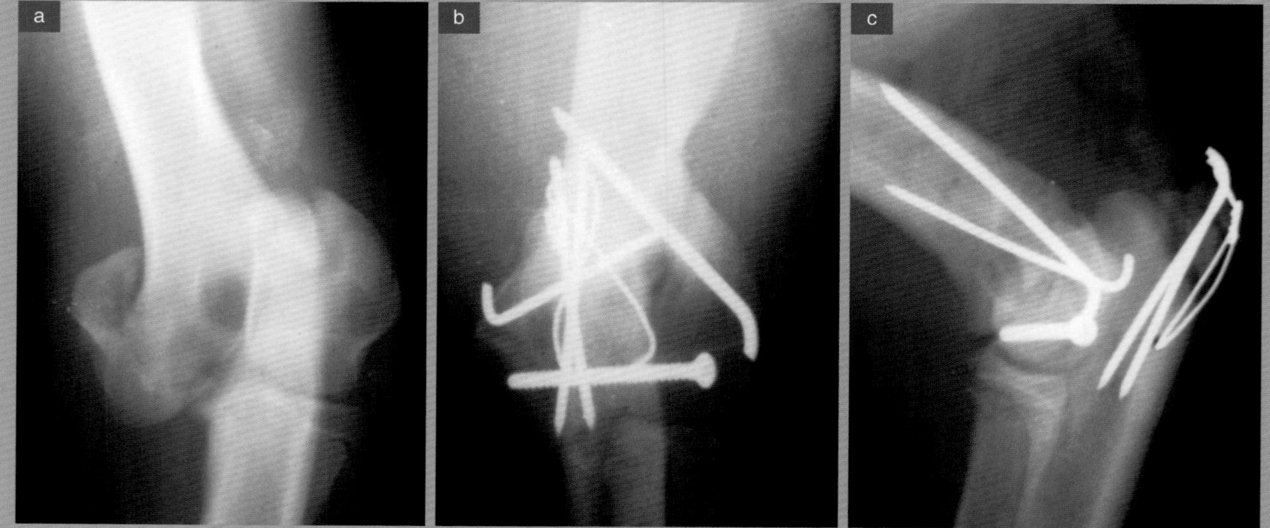

图8-43 年轻犬的双侧髁骨折（a）。在这个病例中可以看到用钢针代替骨板进行的固定，这种方法不影响生长板的闭合。后前位（b）和侧位片（c）。

桡骨和尺骨骨折

从统计学角度看，桡骨是仅次于股骨的第二个最常发生骨折的部位。正常情况下，由于桡骨和尺骨解剖位置相近，往往同时受到影响。但是，也有一些类型的骨折只影响尺骨，由于该骨折具有明显的特点，这种骨折将在本章的最后进行讨论。

从解剖学上看，对于大多数品种而言，桡骨是一个直的、前后方向扁平的骨（远端1/3部位除外）（图8-44）。对于软骨营养障碍的品种，桡骨出现轻度弯曲，根据其临床表现，这一点在治疗方法选择时必须进行考虑。

桡骨骨骺在桡骨的两端被卡在中间：近端被肱骨关节面卡住，远端被腕桡骨和腕尺骨关节面卡住。由于这个特点，再加上骨髓腔的内径较小，因此绝对不能用髓内针系统固定桡骨骨折（图8-45）。另一方面，桡骨的张力面在其前方。对于软骨营养障碍的动物，因为前面提到的弯曲，桡骨远端三分之一处的张力面稍微偏向内侧。相反，尺骨可以选择髓内针进行完美固定，因为其骨骺末端没有直接与其他骨相接触（图8-46）。

大多数情况下，虽然桡骨和尺骨通常同时发生骨折，但对桡骨进行固定就比较牢靠，因为实际上100%的轴向负荷都是通过桡骨传递的。假如固定桡骨后，骨折部位几乎不能活动，尺骨无须固定即可愈合。对于一些病例，当桡骨骨折不能完美固定时，固定尺骨可以提供更好的稳定性。

此外，应该强调的是，整个桡骨和尺骨区域被一个不是特别强壮的肌肉团块所包围。肌肉团块的不足（主要在前臂远端1/3处）会导致该区域的愈合比一般部位慢，这也使得该区域骨折的加固更加困难。因此，当需要固定桡骨远端1/3处的简单骨折时，始终要选择具有良好稳定性的骨固定系统，尤其对于成年的小型犬。

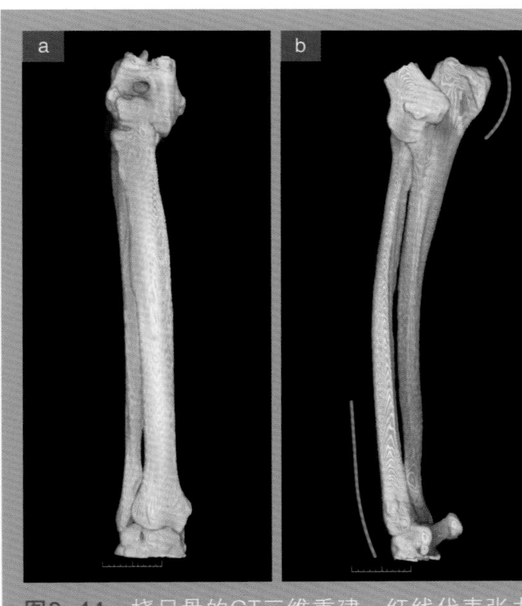

图8-44 桡尺骨的CT三维重建。红线代表张力面。

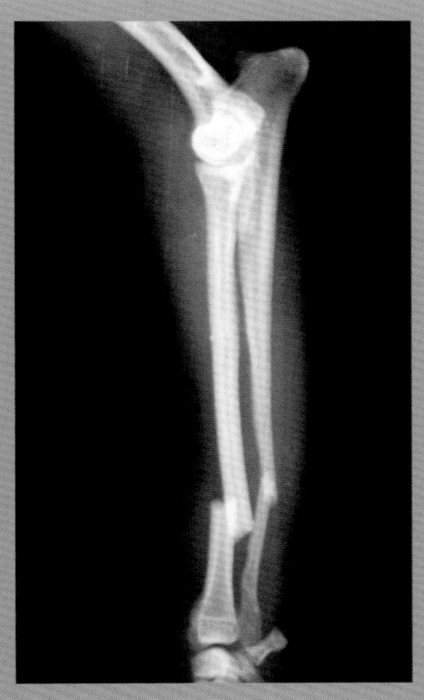

图8-45 桡骨和尺骨的横骨折。观察桡骨较小的髓腔直径，这个直径使桡骨不适合用髓内针进行固定。

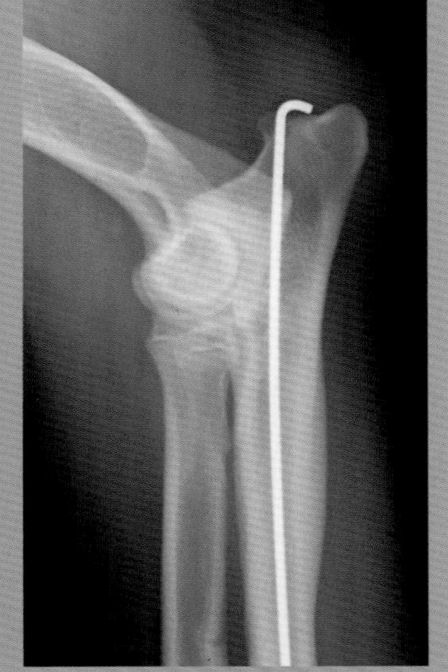

图8-46 髓内针与尺骨近端骨骺重叠。尺骨有较宽的髓腔，便于髓内针的植入。

> 在兽医骨科手术中所看到的骨不愈合大多数发生于桡骨骨折。

固定技术

如前所述，髓腔的直径是决定采用何种固定技术的因素之一。这样，桡骨可接受除髓内针固定系统外的所有固定系统。尺骨正好相反，虽然对尺骨骨折固定较少，但髓内针固定系统是最常用的方法。

此外，由于桡骨和尺骨外覆盖肌肉较少，而且存在能够有效限制桡骨参与活动的两个关节，因此，偶尔也会使用铸型硬质绷带治疗一些尺骨和桡骨骨折。

> 对于桡骨骨折，使用髓内针固定不是最好的方法，但是当尺骨骨折需要固定时，髓内针固定是最理想的方法。

外固定

在临床实践中，可以保守治疗的桡骨和尺骨骨折很少。在考虑采用外固定时，要求骨折必须具有高度稳定性，而且骨折的动物是青年动物，在这种情况下，骨折部位的快速愈合可弥补骨折时缺少的稳定性（图8–47）。

虽然这些情况并不常见，但临床上会出现桡骨发生骨折时不影响尺骨的情况（图8–48），反之亦然。仅影响尺骨骨干的骨折可采用外固定治疗。对于只影响桡骨的骨折，尺骨的完整就像一个内置的夹板，可以大大减少桡骨骨折部位的移动，尤其对于负重时可能塌陷的情况。如果尺骨没有骨折，保守治疗的可能性大大增加。

> 年轻动物发生稳定性很高的骨折时，采用外固定治疗是可行的。

保守治疗是用绷带进行固定。有许多可以固定桡骨的硬质绷带。基本上，所有的方法都是基于简单的罗伯特–琼斯绷带，该绷带覆盖于前臂的远端到肘关节上方。在绷带下放置填充物至关重要，但是因为过量的材料会导致骨折部位轻微移动，可能会对骨痂的形成产生反作用。在放置填充物之后，必须使用刚性结构，如夹板，对外固定系统提供更好的稳定性。夹板的种类有很多，但最好用玻璃纤维铸型条带。这种材料使用方便，适合于每个患病

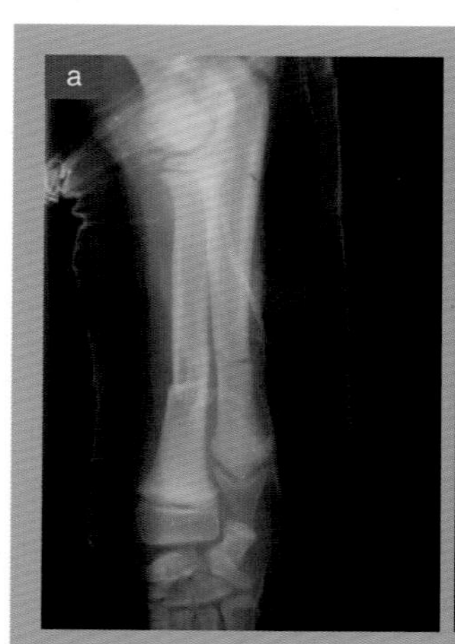

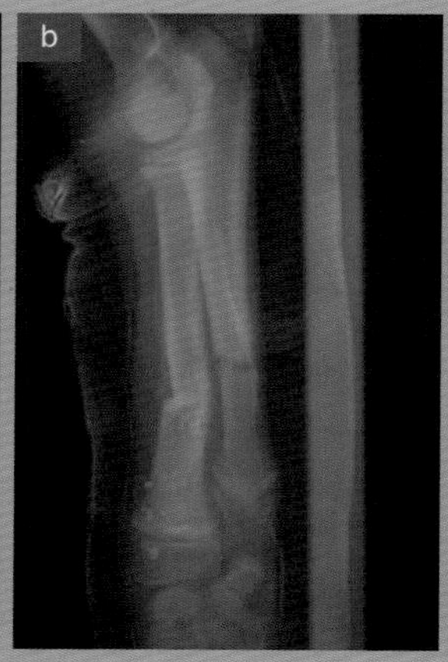

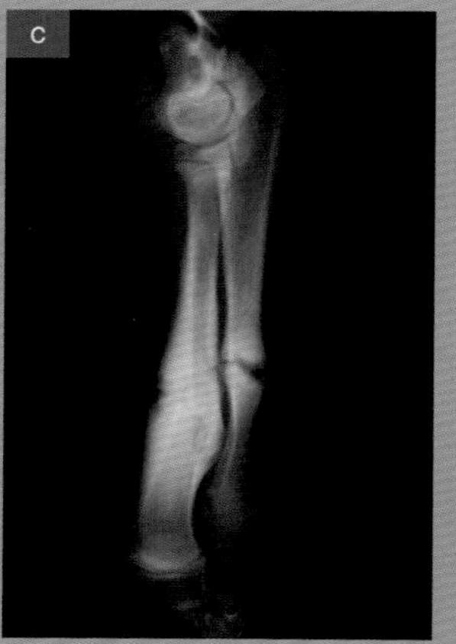

图8–47　年轻动物桡骨和尺骨骨折，未发生移位（a），用石膏绷带进行固定（b）。三个月治疗后稳定的骨折（c）。

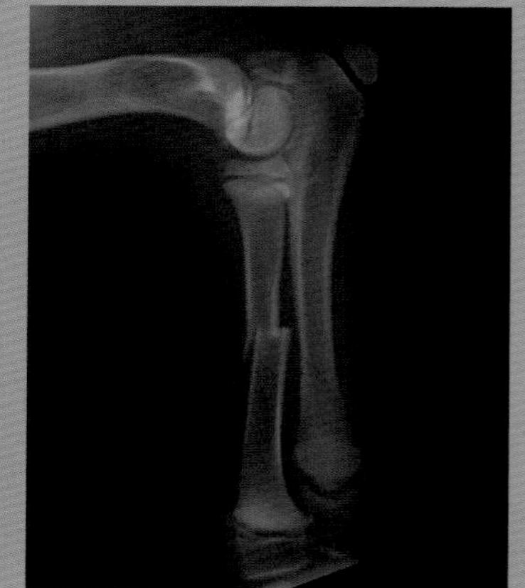

图8–48　尺骨未受影响的桡骨骨折。

桡骨骨折的治疗方法（手术或保守治疗）取决于：

- 骨折类型。
- 位置。
- 动物的年龄。
- 其他一系列因素（如生活环境等）。

动物。如果需要很大的稳定性，最理想的方法是用类似于传统铸型绷带的全绷带。选择类似于传统石膏的全绷带是最完美的，同时通过使用填充物保护肢体边缘，防止因摩擦产生的皮肤损伤。

在其他情况下，使用玻璃纤维夹板就足够了，最好放置在桡骨的前方，以免可能与腕关节突（副腕骨的填充物）摩擦。这种选择对患病动物来说更加舒适（图8-49）。

髓内针固定

在前臂骨折中，对于影响尺骨的骨折，应该首选髓内针进行固定。由于桡骨的髓腔较窄，而且髓内针不能完全对其进行固定，易形成假关节，因此，用髓内针固定桡骨不是最佳选择。此外，由于用髓内针固定时，必须要穿过一端的骨骺，很容易造成关节损伤（图8-50）。

对于尺骨骨折，髓内针可以很容易地从鹰嘴开始顺向插入。通过尺骨后方的小切口对骨折断端进行完美复位，并插入钢针，一旦钢针进入远端骨折片段的骨髓腔，持续打入，直到将其锚定在尺骨茎突为止。在小型动物中，对于软骨营养不良的犬和猫，它们的鹰嘴不太直，逆向打入髓内针可能更为方便。

外固定支架固定

几乎所有影响桡骨的骨折都可以采用外固定支架进行治疗。至于选择外固定支架还是接骨板通常只是外科医生的偏好。即便如此，必须考虑这种外固定支架系统并不适用于小型动物的远端骨折，因为出现不愈合的风险很高（图8-51）。与骨板固定系统相比，外固定支架的主要优点是可能会在不打开骨折部位的情况下植入。在这个过程中没有软组织受损，因此愈合过程更快。由于骨折部位不引入任何植入物，外固定支架可用于开放性骨折和大量软组织损伤或丢失的骨折。

> 除了搭接构型不能使用之外，桡骨可接受所有可能的外固定支架构型。

正如之前在骨固定术和生物力学章节（第34页）中提到的，必须将经皮钢针植入安全部位，以免放置在肌肉肥厚的区域。用于插入经皮钢针的最近端参考点是桡骨头的外侧面。这个点很容易辨认，因为刚好在越过肱骨外侧上髁的位置可以触摸到。在必须将钢针插入到稍靠近端的位置时，插入点应该稍微向前移动，以免伤及尺骨的近端骨骺，

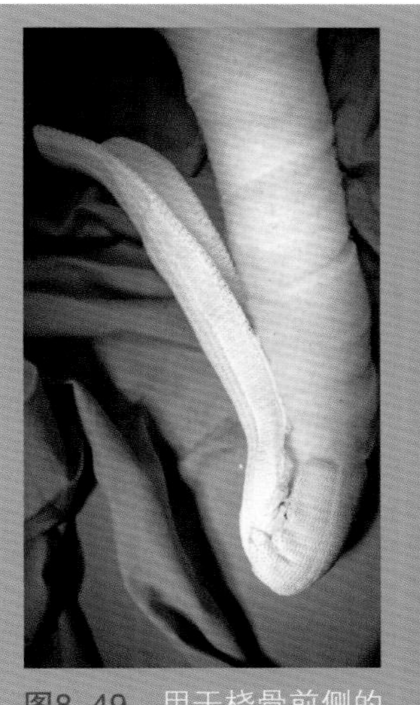
图8-49　用于桡骨前侧的玻璃纤维铸型。

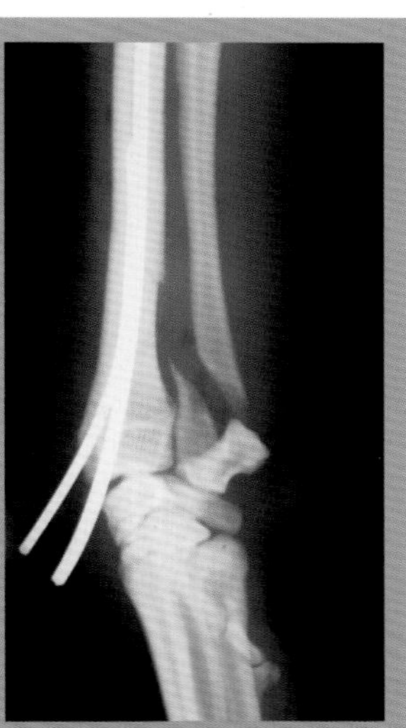
图8-50　影响腕关节的髓内针。

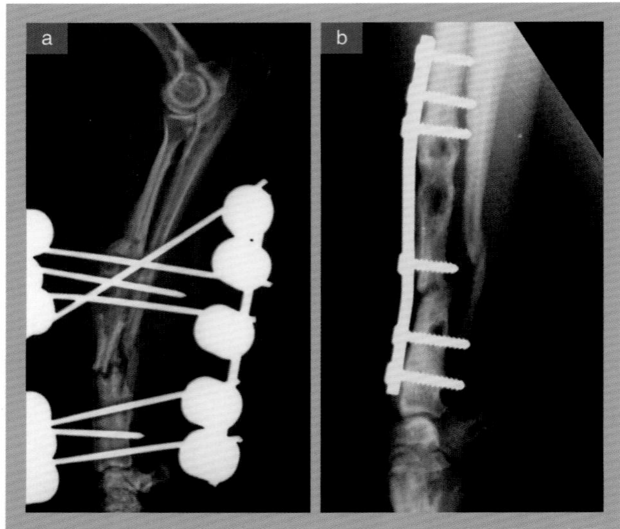

图8-51　由于外固定支架的不当植入造成桡骨远端骨折的不愈合（a）。最后通过植入骨板系统进行复位固定（b）。

否则在患肢负重时会有疼痛。最远端的钢针由内向外植入。在桡骨远端骨骺内侧的茎突处可以找到它的植入点。针的植入方向基本取决于所用固定支架的类型。在使用单平面或双平面单侧固定支架时，方向并不重要。相反，如果使用Ⅱ型或Ⅲ型固定支架，应沿着与先前插入的经皮钢针相同的方向插入。其余的针应放置在尽可能接近骨折部位的最合适的位置（图8-52）。

骨板固定

对于几乎所有从事小动物骨外科手术的专业外科医生来说，骨板固定系统是治疗大多数桡骨骨折最合适的系统。几乎所有用于该区域的骨板都可以轻松地通过前侧手术通路进行放置，该通路甚至更容易显露桡骨前方的张力面（图8-53）。

对于桡骨远端骨折，也可以将骨板放置在骨的内侧面（图8-54）。这种放置方法有3个好处：

- 避免了植入物与腕桡侧伸肌肌腱之间的不断摩擦，主要发生于最远端骨折。这对于工作犬（猎犬或赛犬）来说尤为重要。

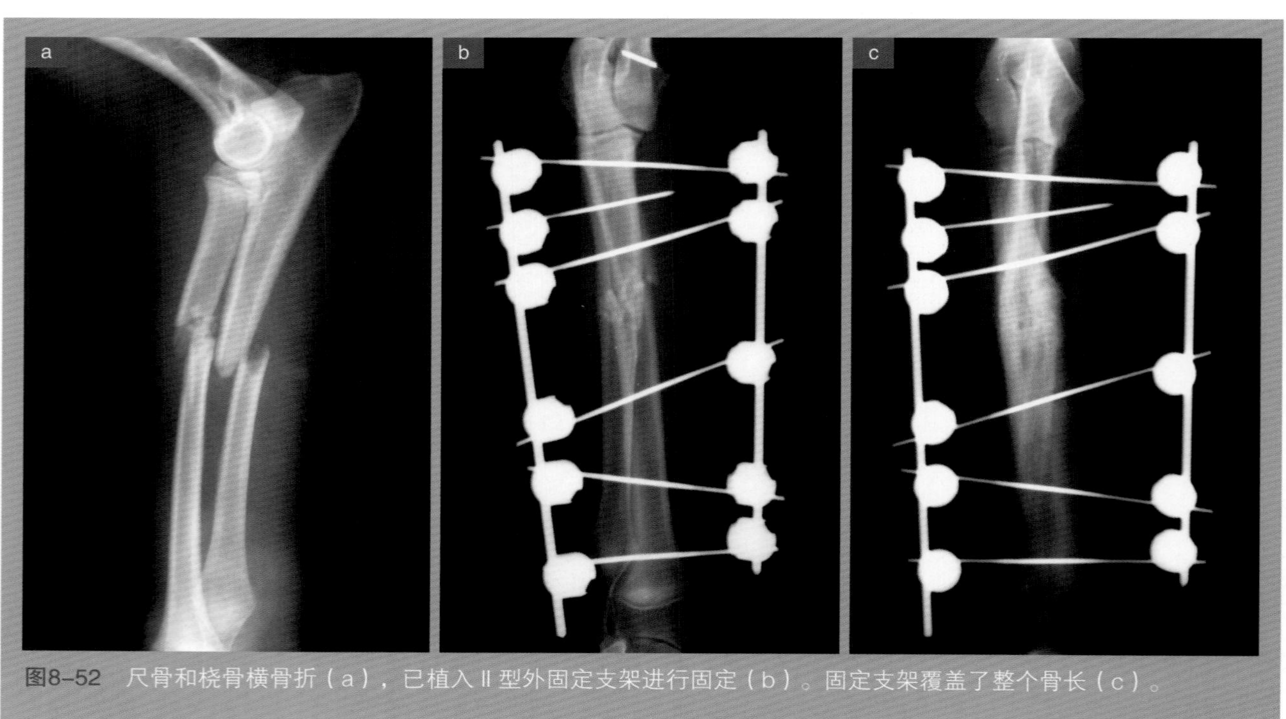

图8-52　尺骨和桡骨横骨折（a），已植入Ⅱ型外固定支架进行固定（b）。固定支架覆盖了整个骨长（c）。

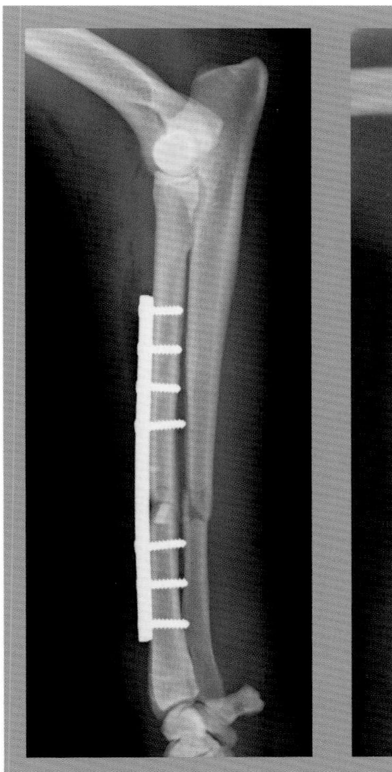

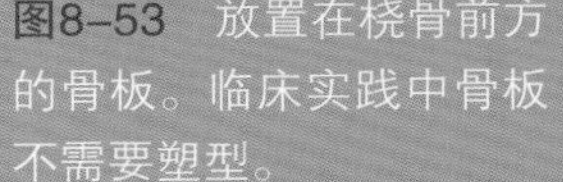

图8-53　放置在桡骨前方的骨板。临床实践中骨板不需要塑型。

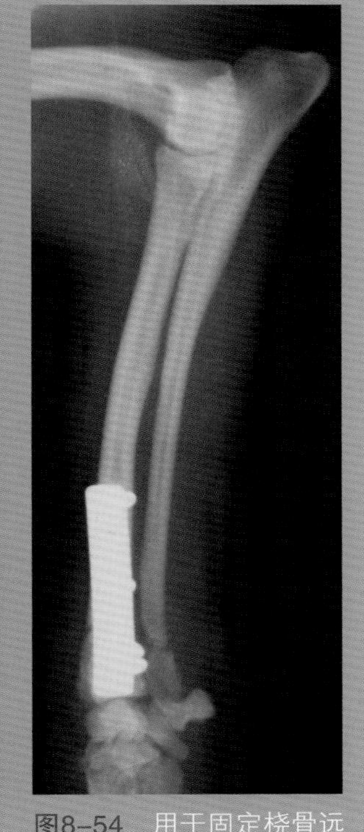

图8-54　用于固定桡骨远端骨折的骨板放置在桡骨的内侧面。

- 由于桡骨远端骨骺的不对称外形使得有更多的空间放置螺钉。
- 就折弯力的方向而言，考虑到有角植入物的位置问题，可使用较小的骨板，这样可以提供更大的抗折弯力。此外，由于钻孔之间的距离更近，用足够数量的螺钉固定骨板所需骨的长度也更短。

> 软骨营养障碍的品种在桡骨远端三分之一处存在一定的向前弯曲，这可能会使在内侧放置骨板更复杂。

由于桡骨的形状在非软骨营养障碍品种中几乎是直的，骨板几乎不需要任何塑型（图8–53）。只有当骨板需要放置在离骨骺较近的位置，或者需要放置在内侧时，才需要对骨板进行轻度的折弯。

最后，桡骨远端骨折的术中难点之一是缝合时缺乏软组织；虽然避免直接将骨板与皮肤接触非常重要，但有时没有其他选择。

手术通路

毫无疑问，桡骨骨折最常用的手术通路是前侧或前内侧。首先，由于涉及皮肤，必须采取预防措施，不能切得太深，以免切开浅表的头静脉。向内或向外移动头静脉（根据外科医生的喜好和骨折位置），然后移动桡侧腕伸肌的腱部，显露桡骨骨干。之后，根据骨折的位置，将切口向近端或远端延长（图8–55）。鉴于远端骨折的发生率较高，通常需要将切口扩大至腕骨部位，也就是向远端扩创。

在一些情况下，可能需要切开第一指骨的外展长肌，以便骨折的治疗和骨板的放置。这块肌肉对肢体末端的功能没有重要作用，因此可以不用缝合。然而，在可能的情况下，应保持其完整性，以便术后能更好地覆盖骨板。

在少数情况下，如必须到达近端桡骨头时，可选择外侧手术通路，但要注意不能损伤桡神经，桡神经从桡侧腕屈肌分出并与旋后肌紧贴（图8–56）。

至于尺骨骨折，通过触诊骨的边缘确定后方手术通路，尺骨仅由皮肤和皮下组织覆盖。使用骨膜分离器将尺侧腕伸肌向外侧分离，将指屈肌向内侧分离，注意不要损伤尺神经（图8–56）。

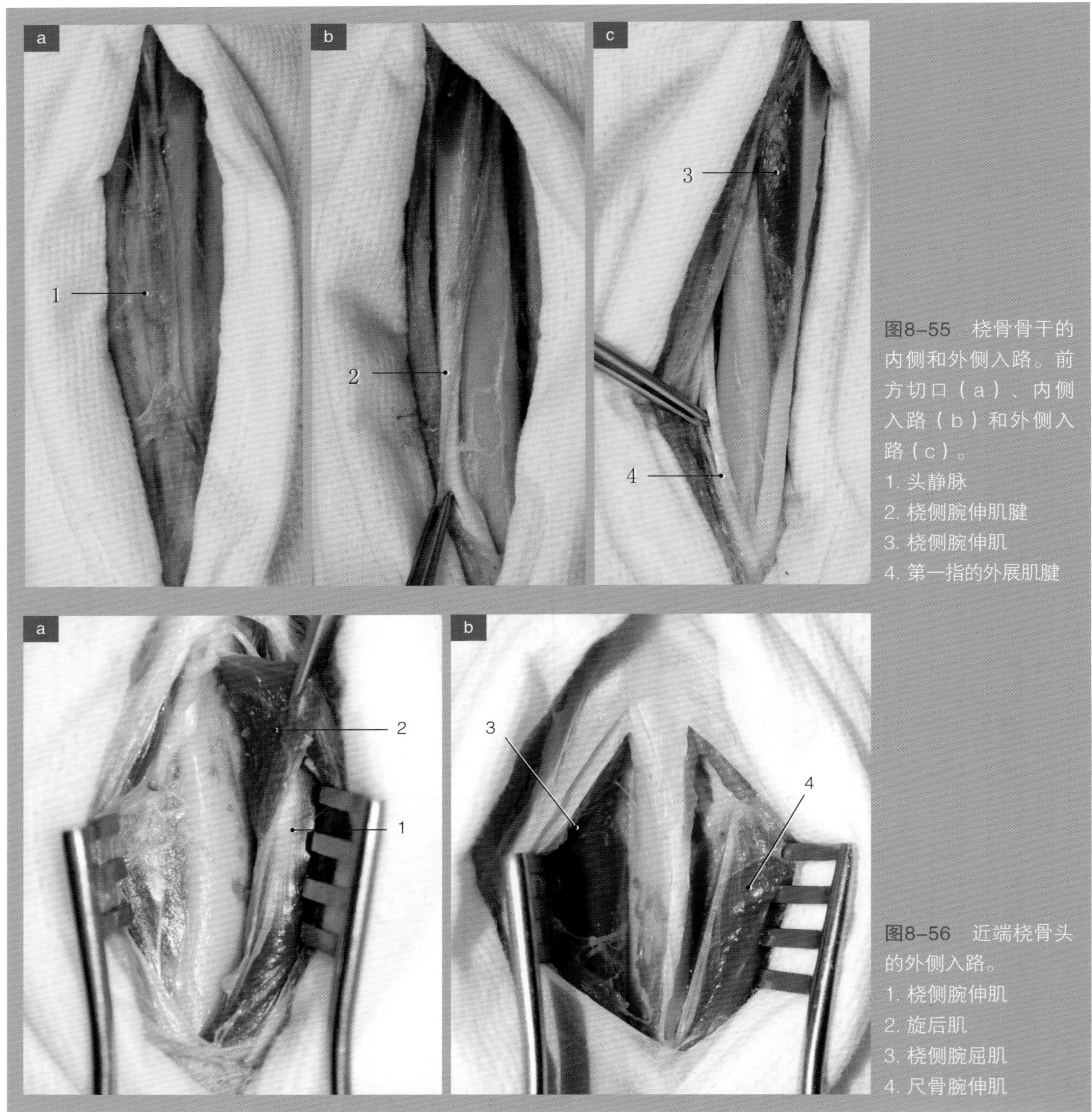

图8-55 桡骨骨干的内侧和外侧入路。前方切口（a）、内侧入路（b）和外侧入路（c）。
1. 头静脉
2. 桡侧腕伸肌腱
3. 桡侧腕伸肌
4. 第一指的外展肌腱

图8-56 近端桡骨头的外侧入路。
1. 桡侧腕伸肌
2. 旋后肌
3. 桡侧腕屈肌
4. 尺骨腕伸肌

最常见桡骨骨折的治疗方法

桡骨近端骨骺骨折

桡骨近端骨骺骨折和多处骨折罕见于犬和猫。通常是在近端1/3处发生粉碎性骨折。

> 大多数影响桡骨的骨折发生在桡骨的中间或远端1/3处。

对于简单骨折，最好的治疗方法是在桡骨的前外侧放置骨板进行固定（图8-57）。

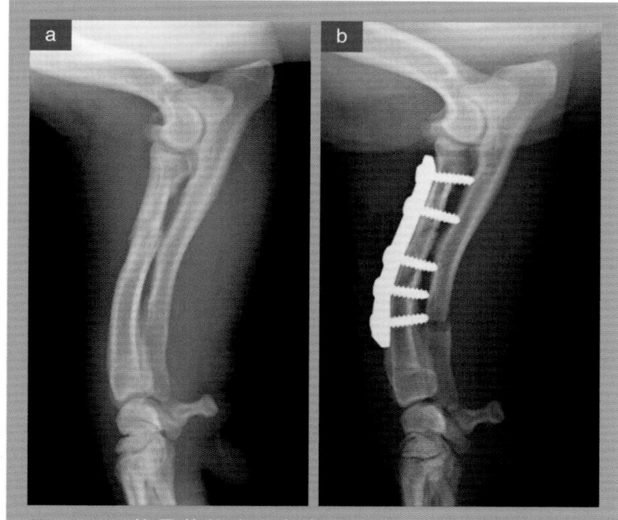

图8-57　软骨营养障碍犬桡骨近端骨折（a），已在桡骨前外侧用骨板进行了固定（b）。对这些品种而言，正确地对骨板进行塑型至关重要。

对于粉碎性骨折，有两种固定方法可供选择：骨板固定系统或外固定支架。选择哪种固定方法取决于多种因素，但除了动物的年龄外，最重要的因素是近端骨片的长度。对于这种骨折，由于近端和远端骨片之间无法传递力量，这样，骨板在其锚定的骨折片段上所施加的杠杆力会显著增加。因此，如果近端骨块较短，就存在螺钉松动的风险。

桡骨不同于肱骨和股骨，可以用任何类型的外固定支架进行固定，即使对于体重较大的动物和严重粉碎性骨折的动物也可以获得足够的稳定性（图8-58）。在极端情况下，如果近端骨折片段的宽度不足以放置至少两个经皮钢针时，已经描述了在尺骨近端使用外固定支架混合结构的可能性。

由于环状韧带的存在，肘关节附近桡骨和尺骨的结合处非常坚固。由于尺骨与桡骨远端骨折片段联系紧密，骨折部位不会发生明显的过度移位。

另一方面，不像桡骨远端1/3处那样，其近端1/3处被大量的肌肉包裹，因此，由这些肌肉所提供的血管化为最初几天的骨折愈合提供了重要支持。因此，对于桡骨近端1/3处骨折，延迟愈合并不常见。此外，由于在使用外固定支架时可以不用打开骨折部位，因此，实际上对软组织的医源性损伤是不存在的，这有助于进一步避免愈合问题。

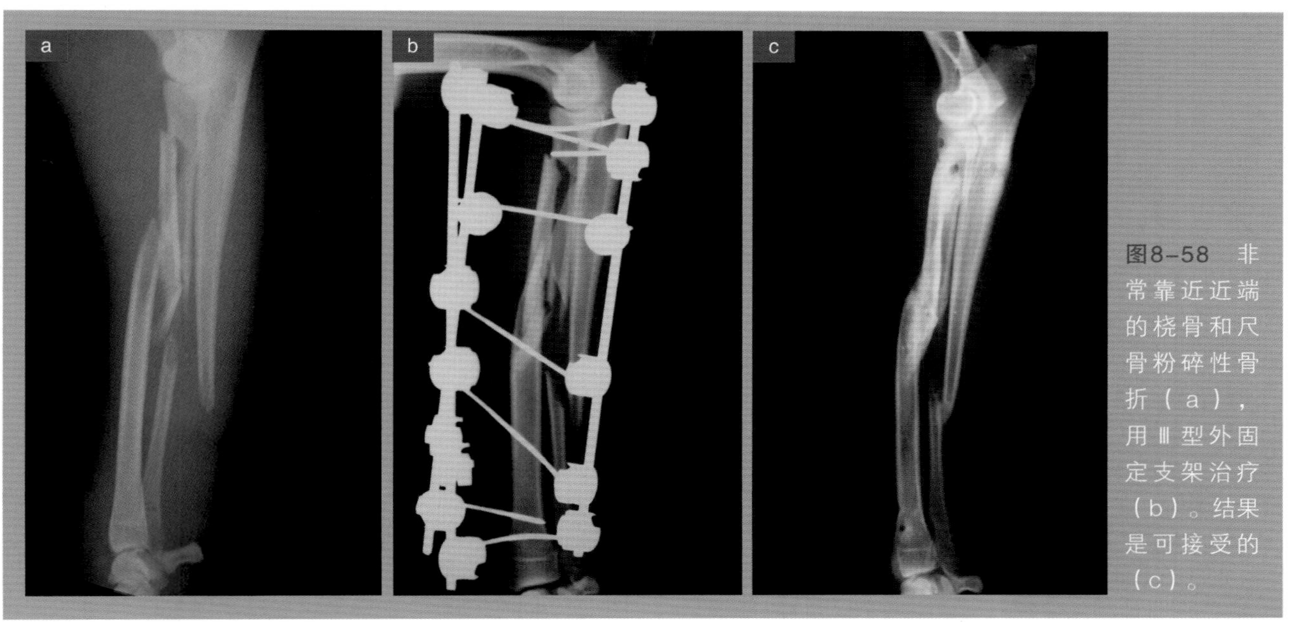

图8-58　非常靠近近端的桡骨和尺骨粉碎性骨折（a），用Ⅲ型外固定支架治疗（b）。结果是可接受的（c）。

当把经皮钢针放置在十分靠近桡骨近端位置时，存在一个风险是术后几天有大量出血。由于放置的钢针与血管靠得太近，这样会与血管外膜发生摩擦。当肢体末端负重时，会形成动脉瘤，几天后就会自行破裂。出血很容易通过压迫来控制，但是，如果问题的根源没有消除，出血还会再次发生。在这种情况下，必须移除引起出血的经皮钢针，并稍微改变一下进针点用另一根针代替。

在闭合的部位使用外固定支架可减少感染的风险，避免愈合过程的延迟。

桡骨干骨折

影响该区域的所有骨折均可通过外部的外固定支架，或内部的接骨板系统进行固定。至于选择哪种方法取决于骨折的类型以及外科医生的偏好。通常情况下，该部位有足够的空间在两个主要的骨折片段上放置足够数量的螺钉，因此骨板固定系统通常是最合适的选择（图8-59和图8-60）。

桡骨干骨折的手术通路很简单。然而，动物的正确保定很关键，它可使术者对骨折患肢的处理更容易。有两种选择：

- 仰卧保定，患肢末端向身体后1/3伸展。
- 动物保持狮身人面像的姿势，前爪放在桌子上。为了使麻醉后的动物保持这种姿势，必须用一根杆将其头部固定在一定高度，使其肱骨保持垂直位置（图8-61）。当动物的前臂牢牢地放在桌子上时，这个位置可进行更精确和舒适的钻孔。

从逻辑上讲，植入物的功能基本上取决于所治疗的骨折类型。对于桡骨的多处骨折，不推荐使用刚性骨固定系统，因为骨的扁平形状，使用钢丝有困难，这也会使钢丝的收紧更复杂。

桡骨的扁平形状使其在进行刚性骨固定系统治疗时收紧钢丝很困难，因此不推荐使用环扎钢丝。

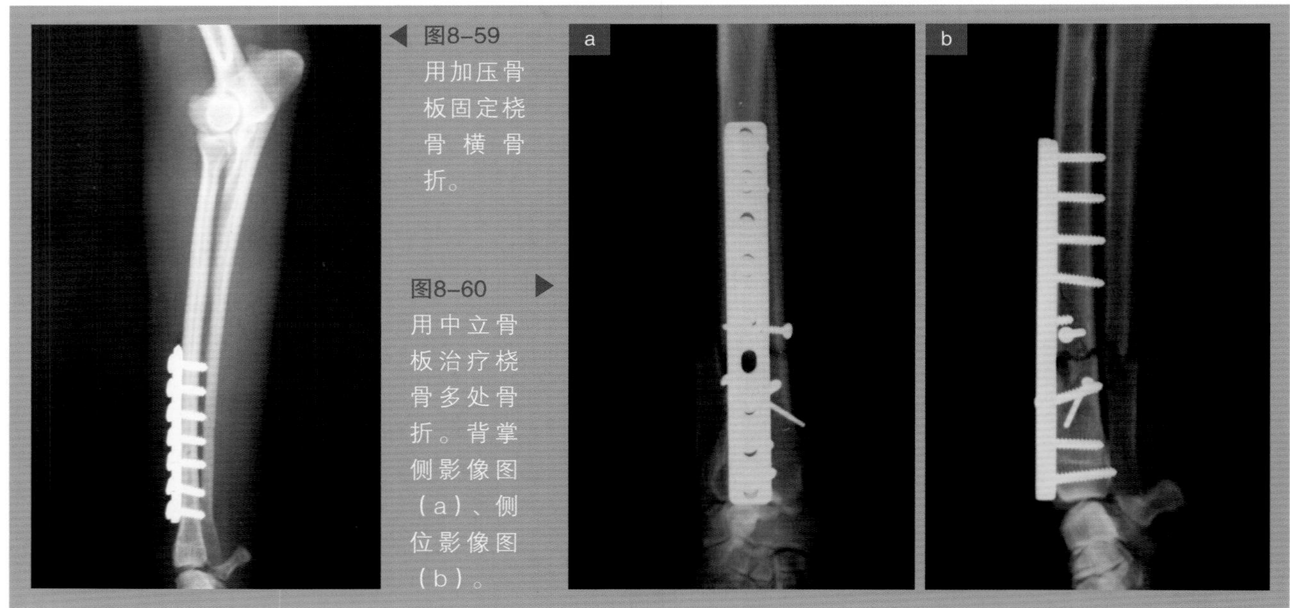

图8-59 用加压骨板固定桡骨横骨折。

图8-60 用中立骨板治疗桡骨多处骨折。背掌侧影像图（a）、侧位影像图（b）。

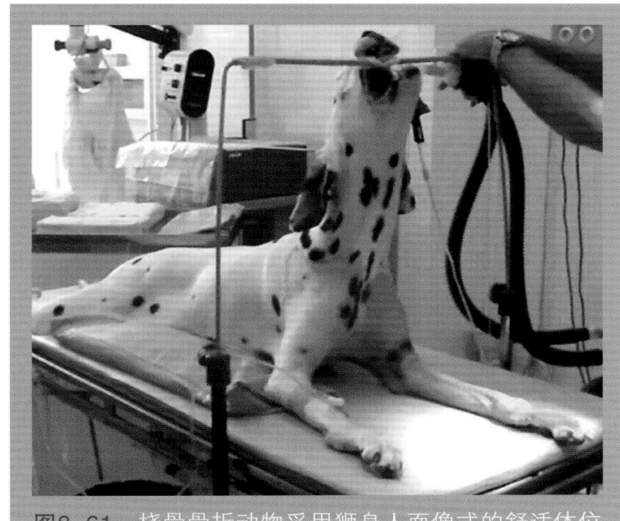

图8-61 桡骨骨折动物采用狮身人面像式的舒适体位进行手术。

对于小型品种犬，治疗桡骨远端1/3骨折时存在的问题之一是出现“保护性应力”。由于血管形成不足和桡骨承重减少（一部分承重被植入物替代），桡骨会经历一个骨软化过程，即骨量的逐渐减少（图8-62）。这种量的损失可导致骨重吸收和后续的骨组织消失。如果发现这种情况，必须尽快取出植入物。为了做到这一点，必须逐步取出螺钉，最终使骨板不带螺钉。考虑到同时拔出骨板和螺钉会使骨未做好承受生理重量的准备，这样会存在发生新骨折的风险，因此保留骨板作为内夹板。一旦骨恢复到正常密度，植入物就可以被完全移除（图8-63）。

桡骨远端骨骺骨折

桡骨远端骨骺骨折更常见于从高处坠落的猫和小型犬。

> 一般情况下，一旦碰到前臂远端骨折的青年动物，应告知动物主人骨骼生长变化的可能性。

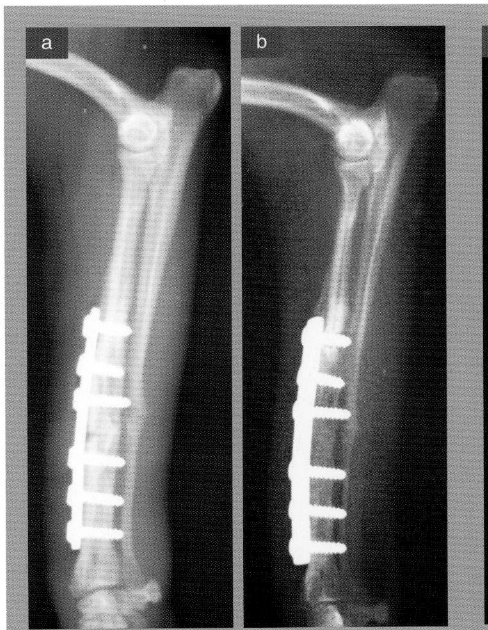

图8-62 因保护性压力导致的骨量损失。在（a）和（b）之间可以看出进行性骨密度损失。

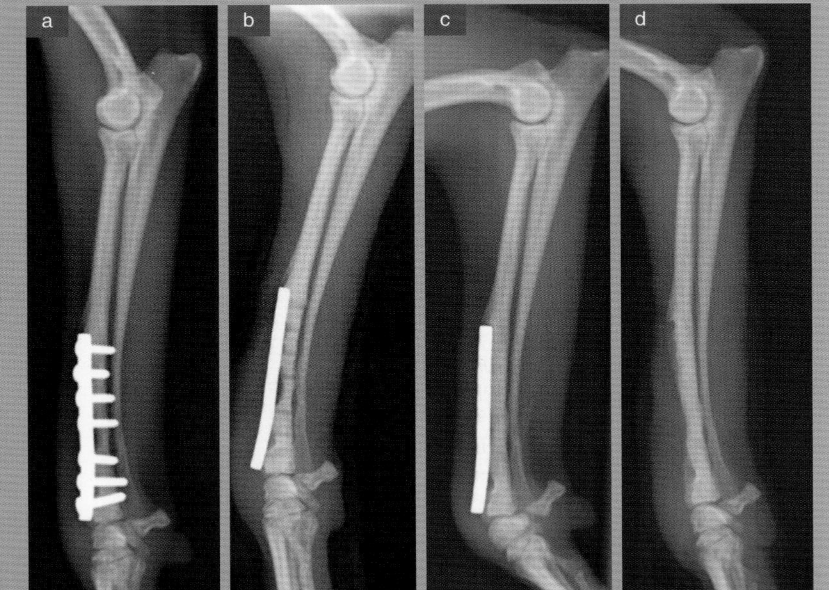

图8-63 逐渐减少骨板对骨产生的保护性压力，以免再次发生骨折。首先取出螺钉（a），留下骨板作为内夹板来促进骨愈合（b和c）。随后取出骨板（d）。

只要不是太过远端，这种远端1/3骨折应按照与骨干骨折相同的原则进行治疗，如果骨折太靠近远端位置，外科医生会发现与近端1/3骨折相同的缺点。

与近端骨折不同，不建议使用外固定支架进行固定，特别是小型品种犬。如前所述，其原因是缺乏良好血供的肌肉，导致血管形成不稳定，随着骨软化的发生会出现一些并发症。此外，这个位置的大多数远端骨折都很简单，因此固定应该获得最大的稳定性，很难通过外固定支架实现。这并不意味使用Ⅲ型固定支架等结构进行固定不能实现骨的正确愈合（图8–64）。

对于很靠近远端的桡骨骨折，没有足够的空间放置三个螺钉，根据AO技术的推荐，可有多种选择进行固定：

- 在远端骨折片段上只放置两个螺钉。这种方法只推荐在发生明显横骨折时使用骨板进行静态压缩。当对骨折部位加压时，可以实现所需的稳定性，这样所有的屈曲力都可以由两个螺钉支撑（图8–65）。
- 用锁定骨板进行固定，在远端只放置两个螺钉。如前所述（第94页），这是一种更安全的选择，因为当螺钉不仅固定在骨上，而且固定在骨板上时，只需两颗螺钉就能达到足够的稳定性（图8–66）。
- 把骨板放置在桡骨内侧面，在这里的空间较小，不单纯因为位置的关系，而是在这里可以使用直径较小的螺钉固定骨板（图8–67）。
- 一个骨板放在桡骨上，另一个骨板放在尺骨上。两个骨板的结合一起为骨提供良好的稳定性，在桡骨远端放置两个螺钉足以稳定骨折部位（图8–68）。

市场上有一些骨板可以在较小的空间下放置更多的螺钉。为了达到这个目的，设计的骨板是对称的，而且有一端比另一端宽，这样板孔是彼此平行的（图8–69）。最常见的是T形板，名字与骨板形

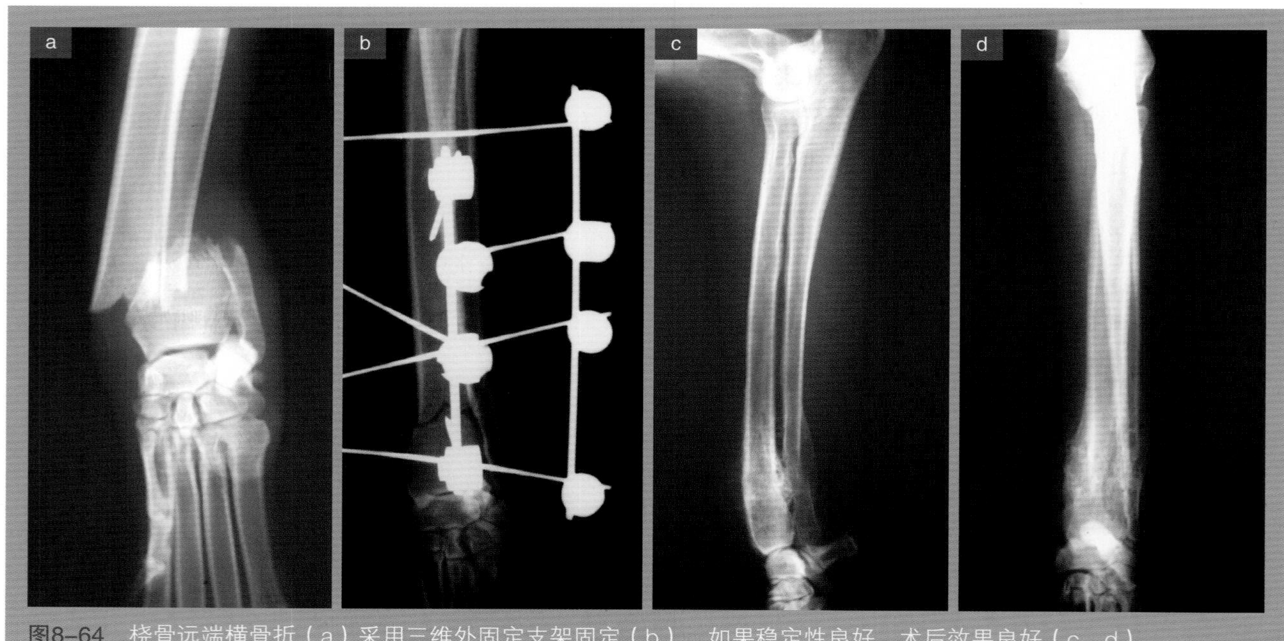

图8–64　桡骨远端横骨折（a）采用三维外固定支架固定（b），如果稳定性良好，术后效果良好（c、d）。

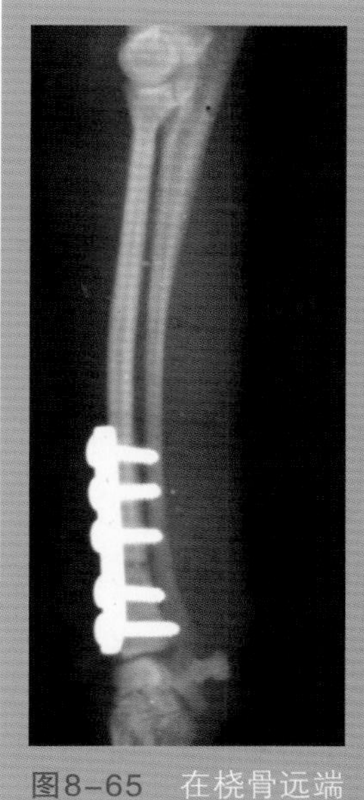

图8-65　在桡骨远端骨片段上用两个螺钉固定骨板的桡骨横骨折。

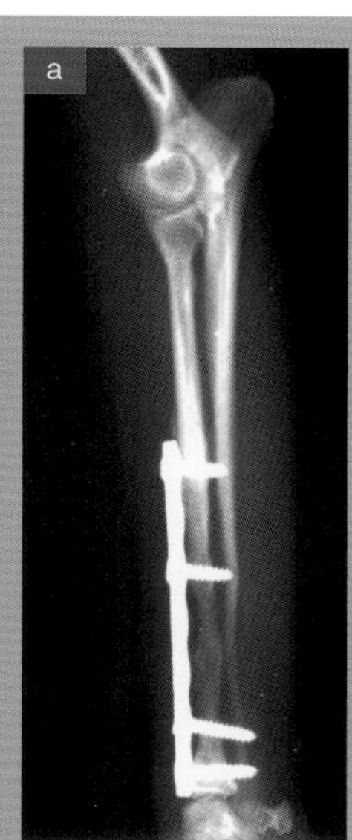

图8-66　在骨折线两侧各用两个螺钉固定锁定骨板的侧位（a）和前后位（b）X线片。

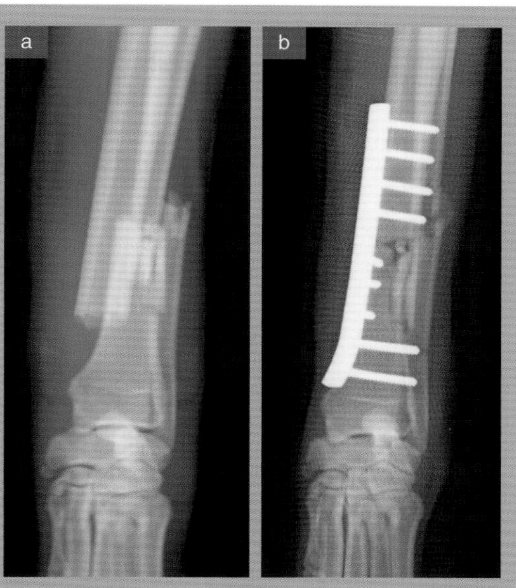

图8-67　将骨板放置在桡骨内侧面固定的桡骨远端骨折（a），可以用较小直径的螺钉进行固定（b）。

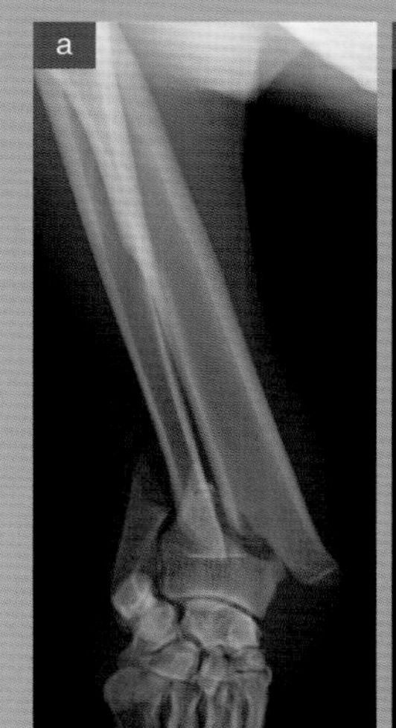

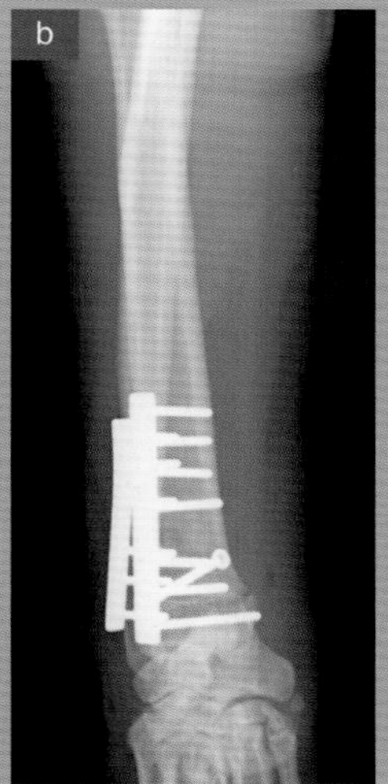

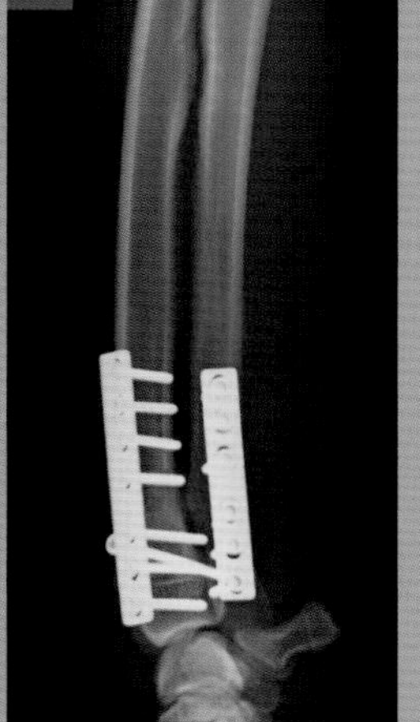

图8-68　用两个小骨板分别放置在桡骨和尺骨上固定最远端桡骨骨折（a）。后前位（b）和侧位（c）X线片。

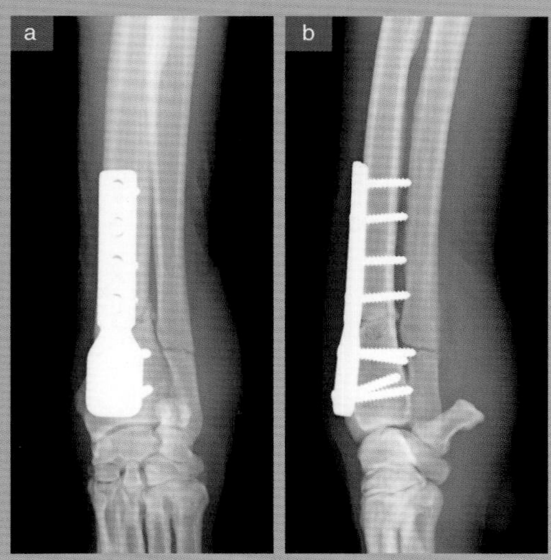

图8-69　固定桡骨远端骨折的Cobra型钢板。

状有关。将这些植入物放置在伸肌肌腱及其桡骨最远端水平边缘的下方，在这里可以将三个螺钉放置在一个较小的骨片上。传统上，用于人手部的骨板可以使用，但这些骨板太薄，有时会断裂（图8-70）。目前，有专门为兽医临床设计的T形板，具有较厚的轮廓和轻度的三棱角形状，而不是严格的T形，可提供更大的抗折弯力（图8-71）。

桡骨远端骨骺Salter-Harris骨折

Ⅰ型Salter Harris骨折在猫科动物中更为常见。骨折发生在桡骨远端生长板处（图8-72）。这些骨折应尽快治疗，以达到正确复位，特别是当骨折影响桡骨远端生长板时。

如果骨折发生几天之后，伸肌的肌腱、经常伴发的尺骨骨折和小的远端骨碎片会使复位变得相当

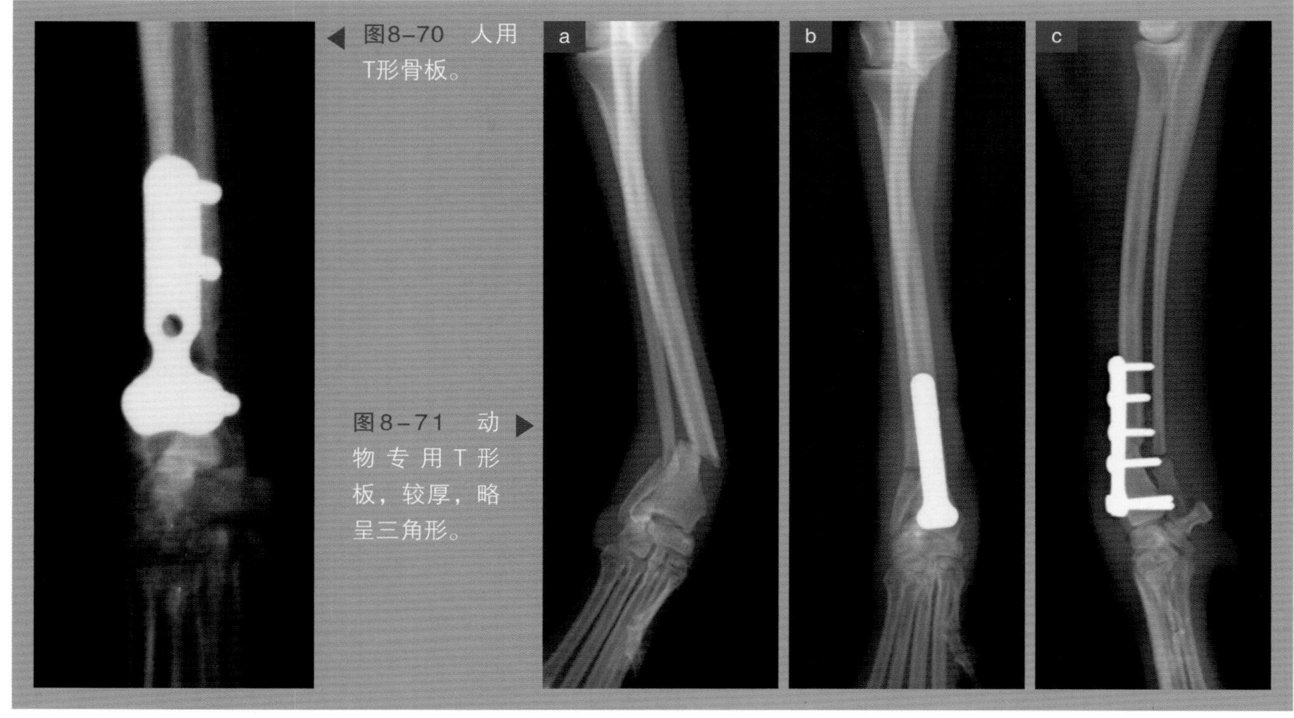

图8-70 人用T形骨板。

图8-71 动物专用T形板，较厚，略呈三角形。

复杂，而且植入物的放置也会变得复杂。

骨折一旦复位，在桡骨远端骨骺两侧向桡骨骨干插入两根交叉钢针（图8-73）。由于这种桡骨的髓腔很小，实际上小型品种犬的远端部分是不存在骨髓腔的，钢针的功能就像冲针一样。也就是说，骨板的生长以及骨在这个水平的生长会受影响。正常情况下，不会妨碍肢体的任何功能，因为桡骨近端生长板会进行替代生长，并且在负重时肘部和肩膀的屈曲角度可能会扩大。在处理尚在生长期的动物时，必须考虑创伤可能会损伤尺骨生长板，导致远端骨骺过早闭合，进而出现桡骨弯曲。对于有很大发育空间的年轻动物或大型品种动物而言，采取预防性的尺骨切除术可能会有所帮助（图8-74）。

最常见尺骨骨折的治疗

桡骨或尺骨发生骨折时，只要桡骨能充分固定，后者通常不需要处理。当只有尺骨骨干骨折时，通常不需要手术，然而，髓内针固定有助于稳定骨折（图8-75）。尽管如此，还是有一些骨折由于位置关系通常需要治疗。

鹰嘴骨折

鹰嘴的骨折通常是由撕脱造成的，因此需要正确的固定。张力带系统是治疗这类骨折最常用的系统。它们会将牵引力转化为加速愈合过程的压缩力。

为了便于手术，应将患病动物置于仰卧位，肘部弯曲90°。利用这种体位进行手术非常简单，因为可以很容易地触摸到尺骨近端骨骺。此外，骨折的复位和植入物的放置也更容易。

一旦确定骨折，就要进行复位，同时尽量使软组织损伤降到最低，并避免过度操作。如果外科医生决定逆行插入钢针，应该穿过骨折部位插入。一

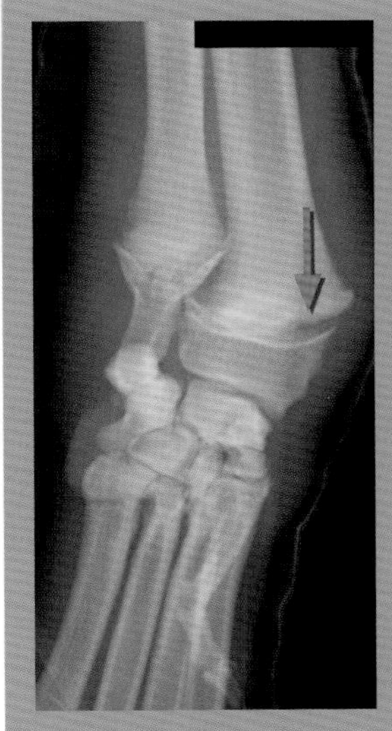

图8-72 桡骨远端骨骺Ⅰ型Salter- Harris骨折。箭头指向生长板处的骨折线。

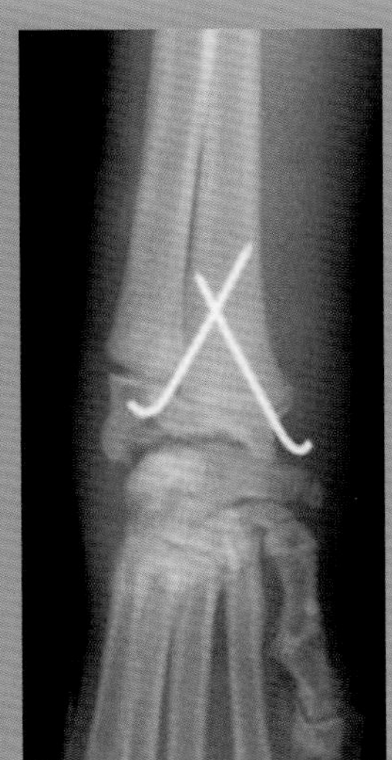

图8-73 使用冲针固定Ⅰ型Salter Harris骨折。

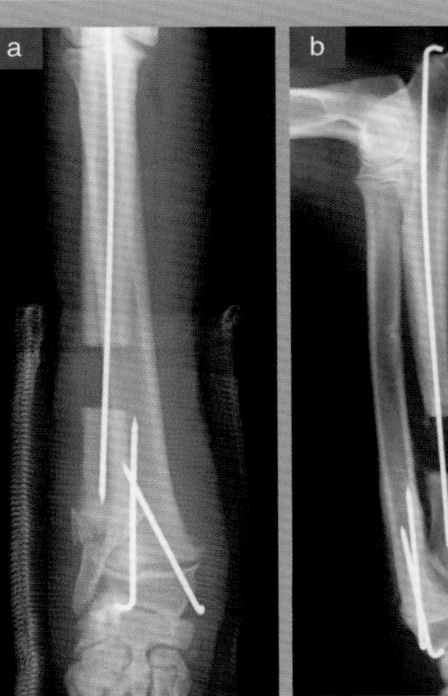

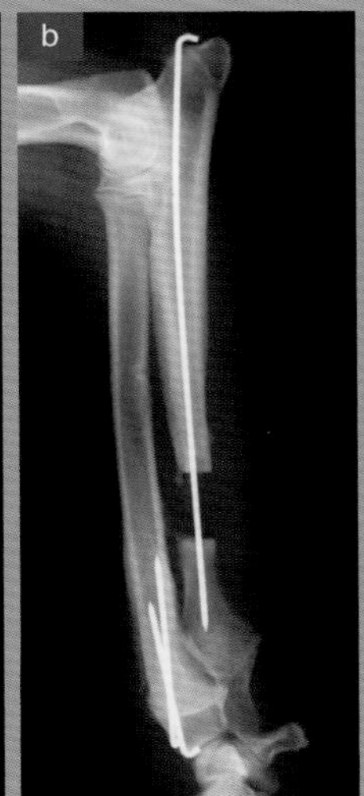

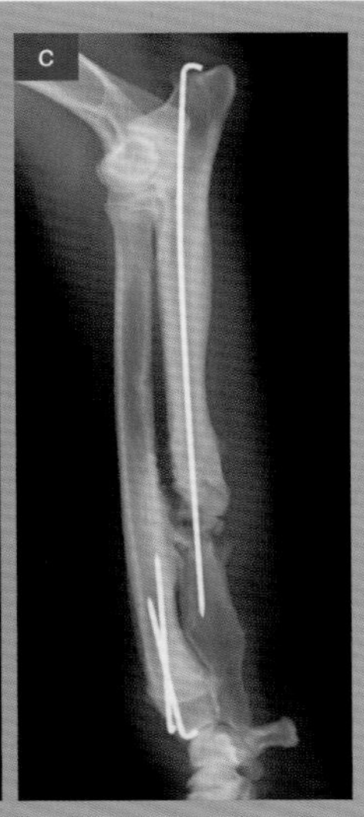

图8-74 为避免桡骨弯曲进行的预防性尺骨截骨术（a、b）及其术后进展情况（c）。

旦骨折复位，就将其插入髓腔（图8-76）。由于钢针的作用是避免骨折片段的旋转和横向位移，以及充当钢丝的附着点，因此不需要过度插入。接下来，在靠近骨折线的远端骨片上钻孔，注意在骨折边缘和尺骨后方致密骨处要留出一定的空隙。当臂三头肌收缩牵拉钢丝时，钢丝不能折断骨折平面附近的骨组织。然后，将环扎钢丝穿过钻孔，两端穿过尺骨后部的密质骨。然后将其中一端放置在与钢针重叠部分的前面，并通过牵拉两个末端收紧张力带（图8-77）。最后，折弯并剪断钢针，并将折弯的头端朝向头侧以稳定钢丝（图8-78）。最后，将伤口分层缝合。

对于超过两个骨片以上的鹰嘴骨折，当一个或多个骨片位于尺骨前部时，只用带张力带钢针固定可能不够。通过将牵引力转化为压缩力，带张力带钢针把力量主要集中在尺骨前部。该区域的任何松散都会使骨片移动，导致骨折部位不稳定。在这些特殊情况下，最好在尺骨后表面（骨的张力面）放置骨板进行固定。根据骨折的位置，应将骨板放置在靠近近端的位置（图8-79）。对于特别靠近近端的骨折，可折弯植入物以适应鹰嘴的形状，并向不同的方向插入螺钉以避免其末端相互接触（图8-80）。

另一种可能的选择是在尺骨的外侧或内侧放置骨板。这样，用成角的骨板以稳定的方式对抗臂三头肌产生的旋转力（图8-81）。

孟氏骨折

孟氏骨折是尺骨中1/3或近1/3处骨折合并桡骨头前脱位（图8-82）。

治疗可根据骨折类型使用髓内针或骨板固定尺骨骨折。如果桡骨没有骨折，应用于尺骨的骨固定系统不需要特别强大。其主要作用是防止骨折部位的塌陷，并使桡骨复位。

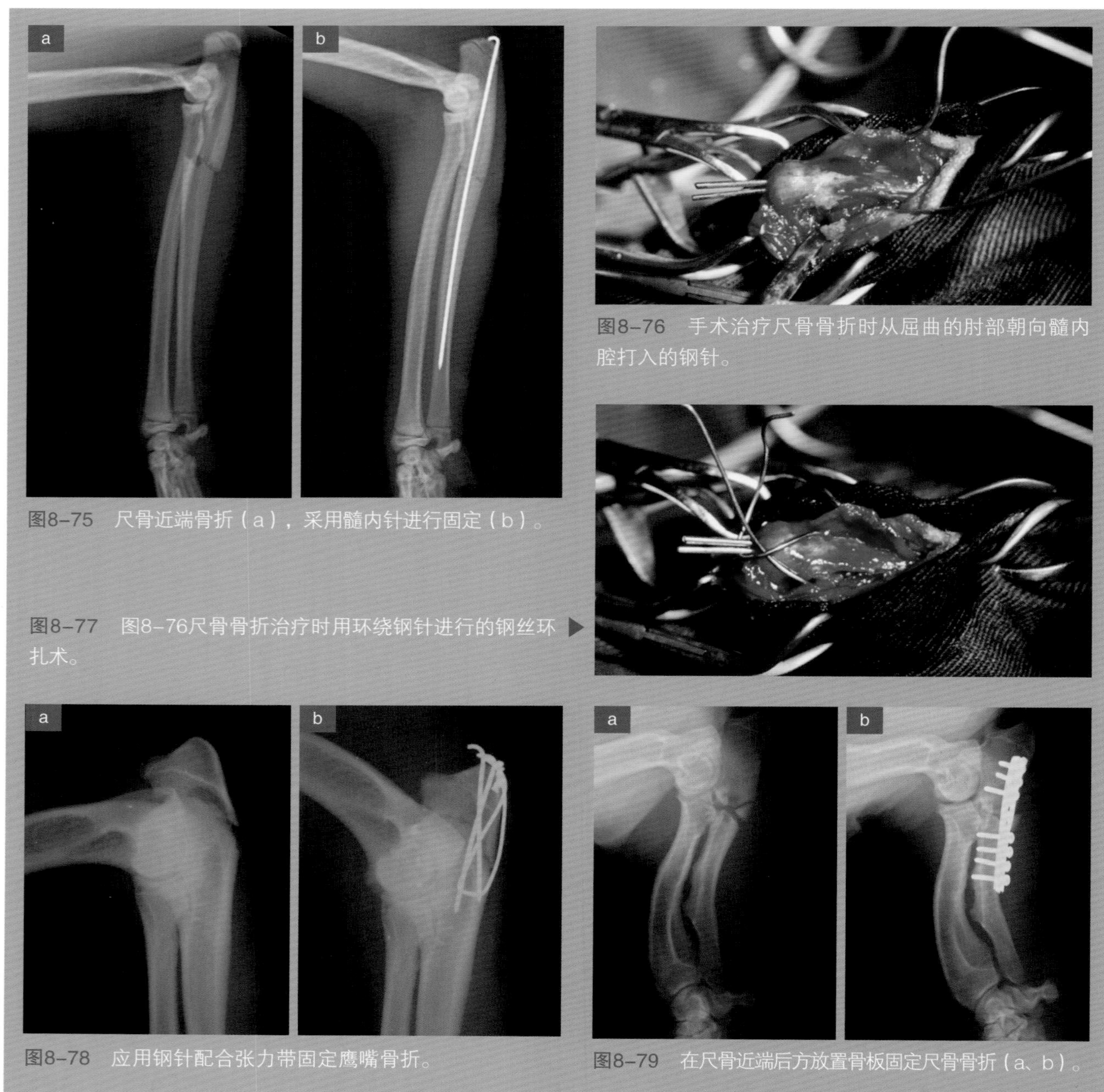

图8-75　尺骨近端骨折（a），采用髓内针进行固定（b）。

图8-76　手术治疗尺骨骨折时从屈曲的肘部朝向髓内腔打入的钢针。

图8-77　图8-76尺骨骨折治疗时用环绕钢针进行的钢丝环扎术。

图8-78　应用钢针配合张力带固定鹰嘴骨折。

图8-79　在尺骨近端后方放置骨板固定尺骨骨折（a、b）。

为了稳定桡骨前脱位，在固定后必须用人工方法替代环状韧带的功能。这条韧带环绕着桡骨头，并插入尺骨近端的两侧，允许桡骨和尺骨轻微运动。

有两个替代环状韧带的人工方法可供选择：

- 第一种方法是从尺骨向桡骨打入一颗螺钉，将两个骨固定在一起，可以避免桡骨向前移动。这种系统不推荐用于猫，因为将尺骨与桡骨牢固固定会阻碍两骨之间的生理性位移，这种位移对猫来讲是与生俱来的，因此，这种固定会使猫的手掌朝下和反掌姿势变得困难。然而，由于犬的尺骨

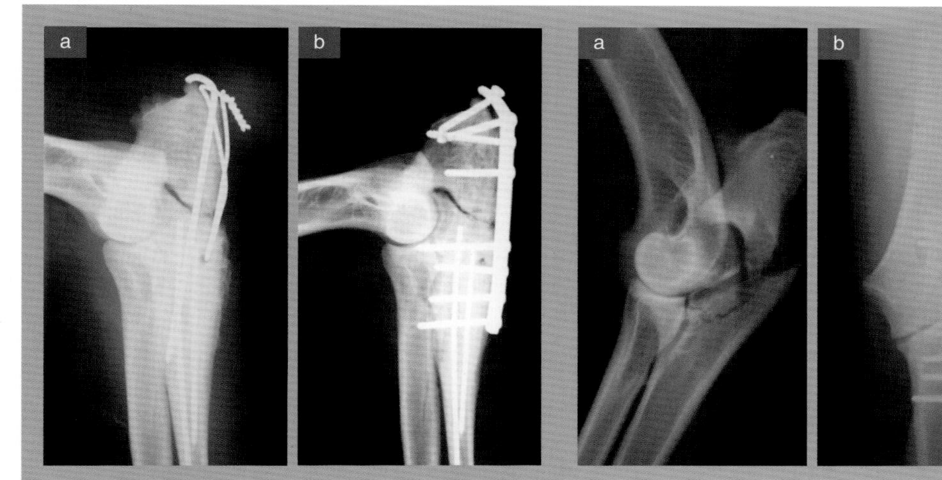

图8-80 误选了钢针配合张力带对靠近近端的尺骨骨折进行固定（a），最后在尺骨后部放置骨板进行固定补救。

图8-81 尺骨关节部多处骨折（a）。用普通中立骨板对主要骨折进行固定，同时用拉力螺钉对关节骨折进行固定（b和c）。

和桡骨之间空间非常有限，可以更好地适应这个系统，但长时间的磨损通常可能会造成植入螺钉的断裂。

- 第二种方法，也是更推荐的方法，就是正好在干骺端环状韧带所在的位置环绕桡骨和尺骨放置环扎钢丝。要做到这一点，可以使用环扎钢丝或其他非金属合成材料，但要确保在桡骨和钢丝之间不能扎住正中神经或桡神经，否则当收紧环扎时，神经会受到严重损害。必须考虑手术的目的不像处理骨折时进行的骨间加压，应该调整到允许骨与骨之间进行生理性的移动，同时保证桡骨不能向前移动的状态（图8-83）。

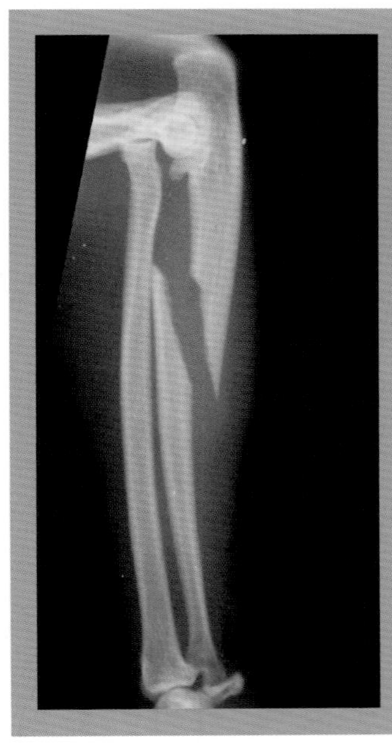

◀ 图8-82 孟氏骨折（尺骨近端1/3骨折，伴发桡骨头前脱位）。

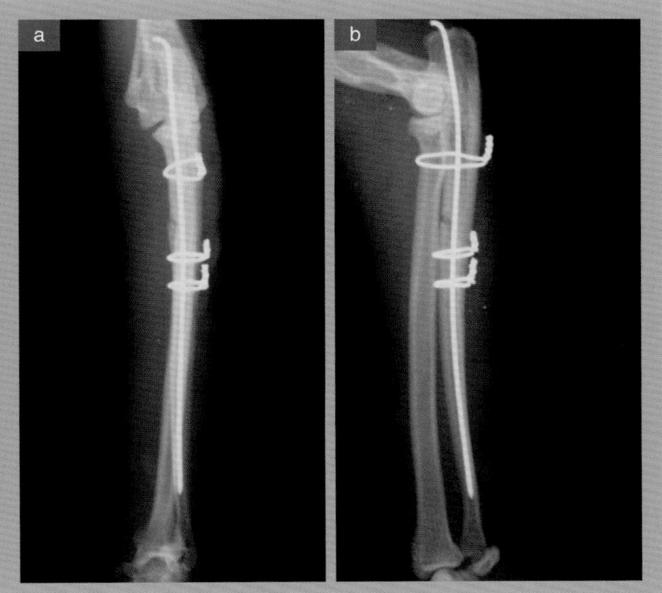

图8-83 X线片显示图8-82孟氏骨折的处理方法。利用环绕桡骨和尺骨的环扎钢丝配合两根环扎钢丝和髓内针进行治疗。后前位（a）和侧位（b）X线片。▶

腕部骨折

幸运的是，腕骨损伤并不常见。这个关节和跗关节一样，很难容忍继发性的关节变性，这种变性通常是由关节损伤所引起的。由于这个原因，腕关节损伤的最终解决方法是进行全关节或腕掌关节融合术。如果外科医生认为桡腕关节能够达到90°的活动幅度就可以保留，最好选择腕掌关节融合术（图8–84）。全关节融合术主要是将桡骨、腕骨和掌骨融为一体，以阻碍关节的活动，消除关节疼痛。

必须考虑，通过关节融合术固定后，由于关节保持着与肢体末端正常关节负重时类似的角度（接近180°），这样可以进行最佳负重，因此，腕关节可以获得最好的预后。行走时，动物更小幅度地屈曲肘关节和肩关节以补偿腕关节的屈曲缺失，但这种姿势完全不影响动物的正常活动，在运动时几乎看不到任何症状。根据重建技术恢复的可能性，首先应评估是否值得进行全关节融合术。最好的选择是先进行外科手术固定，如果失败了，可以通过关节融合术来补救，但这在很大程度上取决于动物主人的偏好。

> 很多影响腕关节的骨折都可以通过手术进行矫正。

腕关节损伤可分为三大类:

- 远端桡骨头骨折。
- 桡侧腕骨骨折。
- 桡侧腕骨脱位。

远端桡骨头骨折

这种损伤在宠物中并不常见，通常是桡侧腕骨对桡骨关节面的剧烈冲击所造成的，在肢体末端产生冲击力并通过掌骨进行传递，几乎都是由高空坠落引起的。

该病的诊断很简单。动物表现为患肢突然不能负重，并有创伤。通过X线检查可作出明确诊断

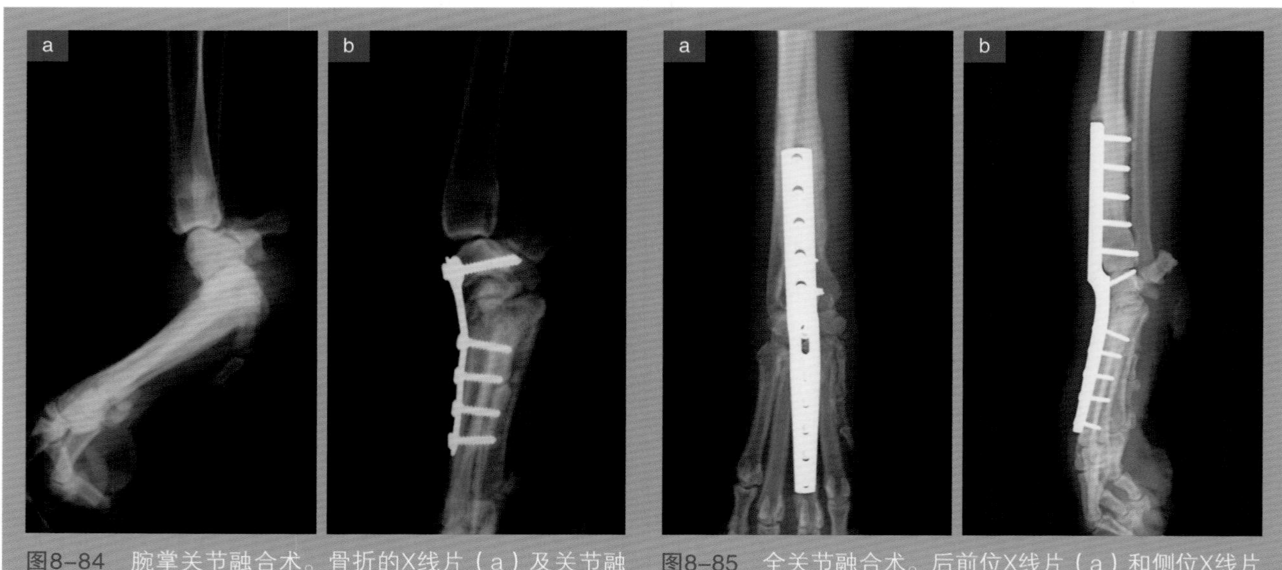

图8–84　腕掌关节融合术。骨折的X线片（a）及关节融合术治疗（b）。

图8–85　全关节融合术。后前位X线片（a）和侧位X线片（b）。

（图8–86）。重要的是，要在全身麻醉下进行检查，以便进行施压X线检查。这种检查除了能够评估骨骼病变的严重程度外，还可以确认关节韧带的完整性（图8–87）。关节韧带损伤需要进行修复性治疗，并确定是否可以考虑采用关节融合术。

当外科医生计划治疗远端桡骨头骨折时，必须考虑肢体恢复的可能性。当遇到关节骨折时，必须考虑这通常与骨间韧带损伤有关，但这些损伤很难评估而且预后较差。

远端桡骨头骨折的治疗与任何关节骨折的治疗方法相同。首先，必须将骨片完美复位以获得连续的没有缺损的关节面。否则，继发性关节退化发生的可能性就非常高。骨折片段可用拉力螺钉进行固定，或者可以用钢针固定非常小的骨折片段。

克氏针固定的最大问题是当肢体开始负重时，克氏针可能会断裂。

一旦修复了关节面，就可以对干骺端骨折进行复位和固定。对于这些病例，外科医生还面临另一问题，即缺少放置骨板的空间；通常情况下，唯一的选择就是使用钢针进行固定。

一旦完成骨的重建，并且已知最小限度的骨折固定术已经完成，必须加强所用骨折固定系统。为此，可以选用刚性绷带系统或临时性的跨关节外固定支架系统（图8–88）。选择哪种系统主要取决于已经达到的稳定性和动物的体格大小。对于大型犬，在稳定性不足的情况下，使用2～3周的跨关节外固定支架固定是一个更好的选择，因为使用绷带获得的外部稳定性通常比较小，并可能导致骨折的再次发生。

如前所述，如果干预失败或预后不良，应通过全关节融合术对关节进行永久固定。

桡侧腕骨骨折

这种类型的骨折主要发生于受到高度物理应力的动物，比如用来拉雪橇、比赛或狩猎的犬，是由于跳跃或特定的过度紧张造成的。骨折是由急性压力和剪切应变力共同作用形成的。

典型的骨折通常是桡侧腕骨前部的小碎片脱

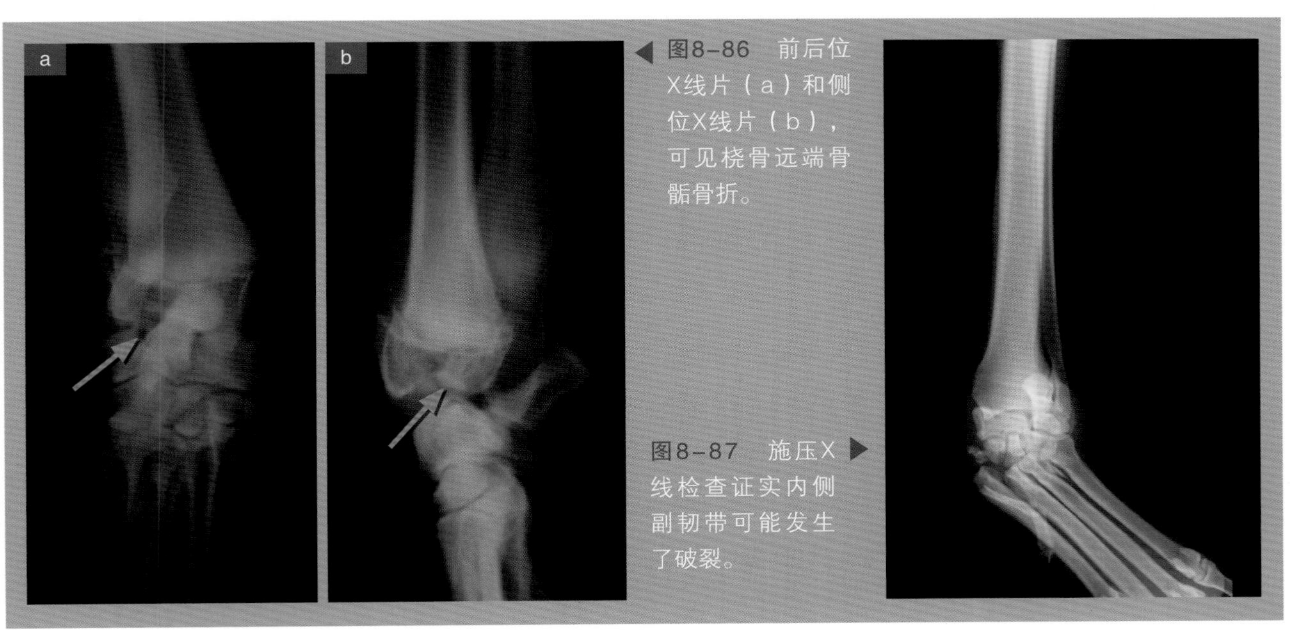

◀ 图8–86　前后位X线片（a）和侧位X线片（b），可见桡骨远端骨骺骨折。

图8–87　施压X线检查证实内侧副韧带可能发生了破裂。▶

离，这是由于受到桡骨或第二行腕骨的冲击造成的。另一种类型的典型骨折发生在远端桡骨头茎突下方的骨中部（图8–89）。

通常情况下，由于骨周围的结构使骨处于压力状态，如果创伤后时间不长，这些骨折不容易被发现。然而，几天后，由于骨折边缘发生重吸收过程，骨折会变得更加明显。因此，如果怀疑是桡侧腕骨骨折，而X线检查又不能确诊，那么几天后应再次进行X线检查。也可以在第一天就进行CT扫描，以消除外科医生可能存在的任何疑问。

桡侧腕骨骨折必须通过手术治疗。

一旦选择关节的前内侧手术入路，应确认骨折片段的大小。如果很小，只要不直接影响负重区域，就应将其移除；如果大小合适，可以用拉力螺钉对其进行固定。对于这些处理，通常使用1.5～2毫米的螺钉。

桡侧腕骨发生横骨折时，手术通路与肱骨髁骨折的手术通路类似。也就是说，必须从骨折面上制作滑行孔。然后对骨折断端进行复位并拧入拉力螺钉（图8–90）。

正确复位骨折断端以避免关节面不规则非常重要。有时，用X线检查不可能识别所有的病变（图8–91）。

一旦固定完成，应暂时固定关节。对于这种类型的骨折，使用刚性绷带比使用跨关节外固定支架更可取。由于这是一种关节骨折，只要使用骨固定系统能够达到适当的稳定性即可，过度刚性固定的效果并不理想。

若桡侧腕骨出现严重的粉碎性骨折，或经手术未能达到预期效果，则应行全腕关节融合术。

桡侧腕骨脱位

这种情况不常见，是由于患病动物从高处坠落，前肢着地所引起。这种损伤与腕关节脱位和骨

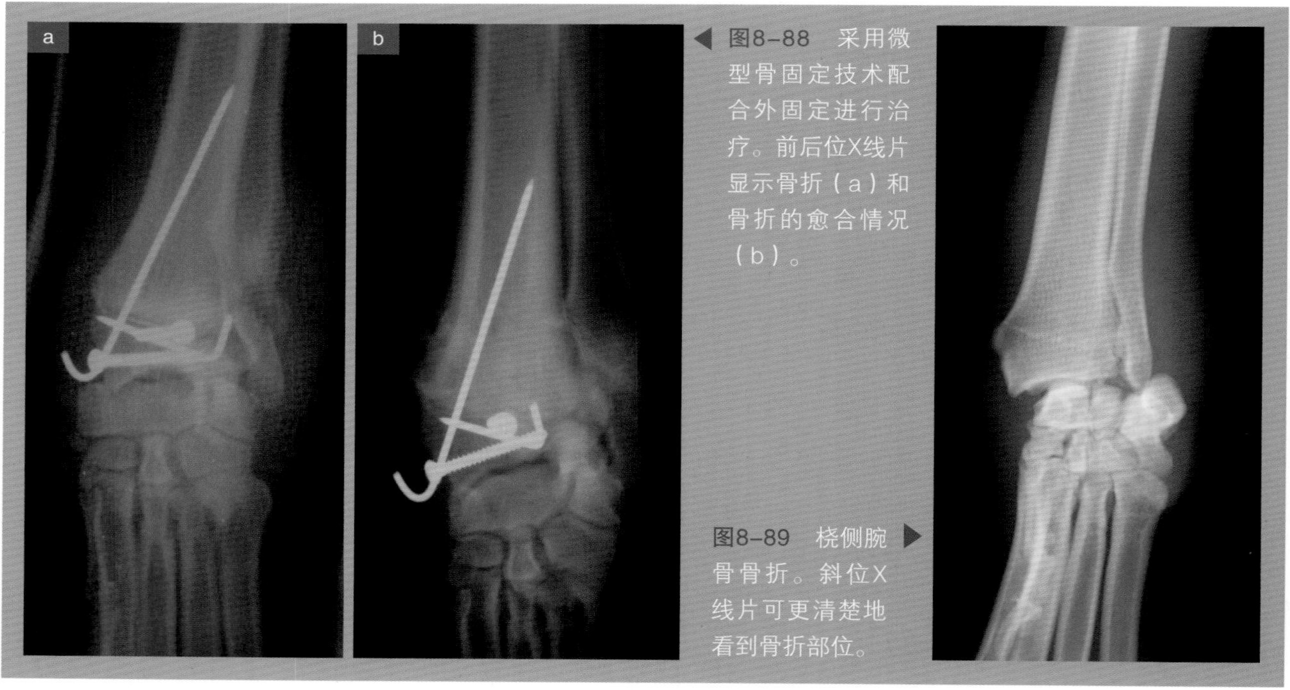

图8–88　采用微型骨固定技术配合外固定进行治疗。前后位X线片显示骨折（a）和骨折的愈合情况（b）。

图8–89　桡侧腕骨骨折。斜位X线片可更清楚地看到骨折部位。

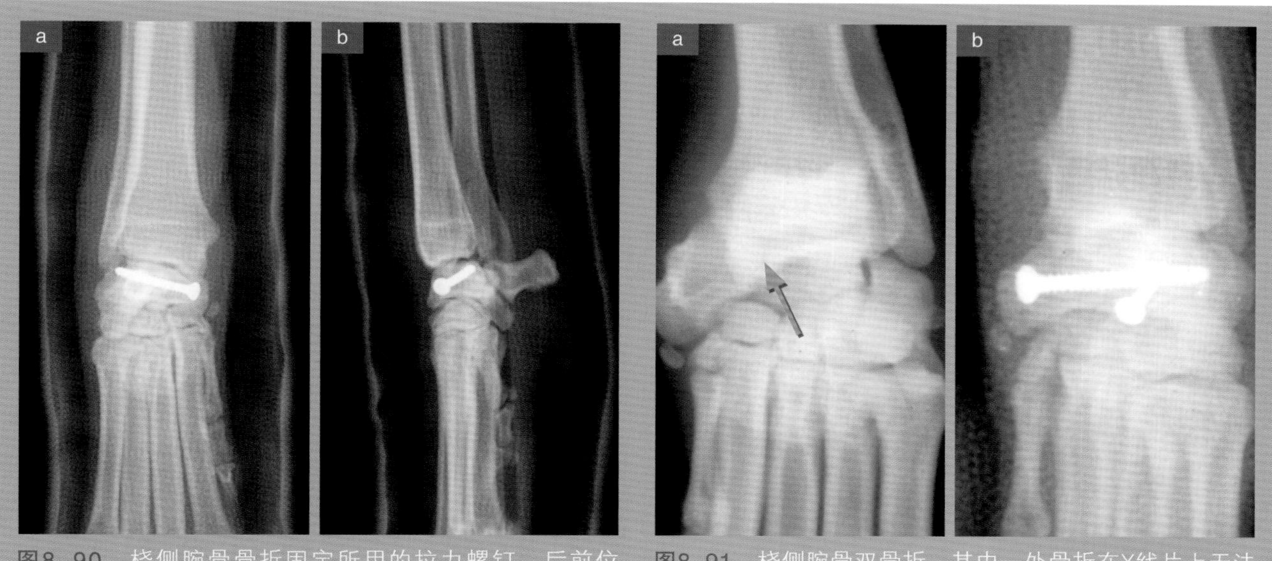

图8-90 桡侧腕骨骨折固定所用的拉力螺钉。后前位（a）和侧位X线片（b）。

图8-91 桡侧腕骨双骨折。其中一处骨折在X线片上无法识别（a）。使用拉力螺钉进行固定（b）。

折的情况类似，但是，在这些情况下，副韧带能够抵抗冲击。桡侧腕骨破坏了关节囊，并从关节腔内滑出，向内侧和掌背侧方向旋转90°。

由于很容易发现受损部发生移位，利用X线诊断非常简单（图8-92）。

对于近期发生的病例，人工复位闭合性脱位可能是可行的，但在实践中，大型犬多采用开放性整复。在这种情况下，通过前内侧通路显露腕骨，确定桡侧腕骨并将其复位至关节腔内的正常位置。重要的是要考虑可能存在腕骨骨折，以及与尺侧腕骨相连的小骨片，这些小骨片是由连接两骨的韧带撕裂所引起的骨折产生（如果骨片较小，如果不能进行固定，最好将其移除）。

一旦脱位整复完成，就要闭合关节囊。必须将桡侧腕骨固定在正常的位置以便受损软组织的愈合。在这种情况下，可以使用克氏针或螺钉穿过桡侧腕骨并将其锚定在尺侧腕骨上。这样就避免了同一块骨再次脱位。这个系统影响了桡侧腕骨和尺侧

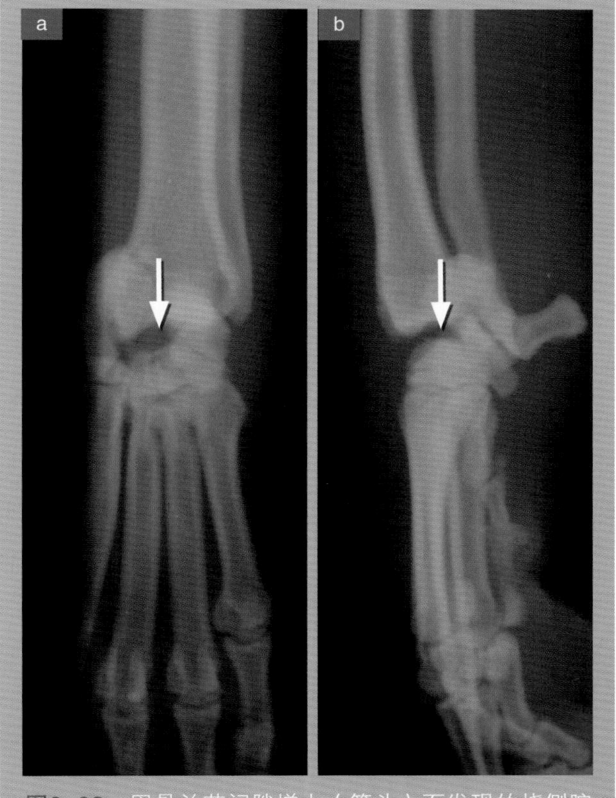

图8-92 因骨关节间隙增大（箭头）而发现的桡侧腕骨脱位。后前位（a）和侧位X线片（b）。

腕骨之间的一些生理性运动（图8-93）。另一种损伤更小且预后更好的可能方法是用刚性绷带系统或跨关节的外固定支架进行固定（图8-94）。这个系统更可靠，因为它与外固定系统相比对关节进行了更刚性的稳定，后者允许肢体存在特定的运动，随着时间的推移这种固定系统会失去它们的作用。

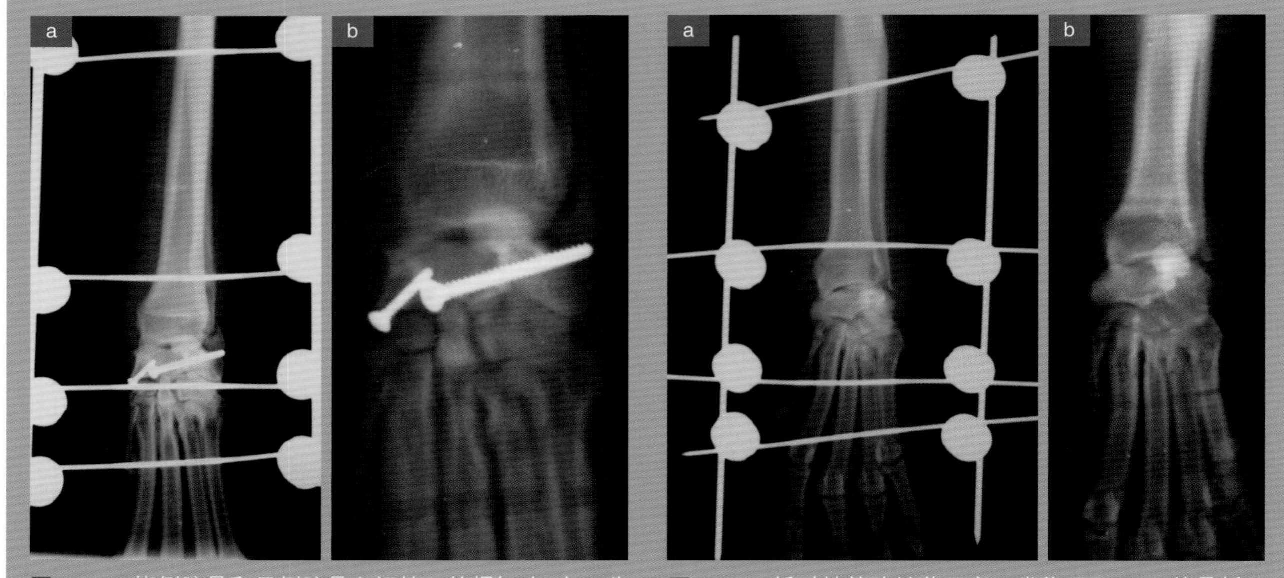

图8-93　桡侧腕骨和尺侧腕骨之间植入的螺钉（a）。此外，还观察到使用加压螺钉治疗的桡侧腕骨骨折（b）。

图8-94　暂时性的跨关节固定，类似于图8-93的骨折，未采用内固定治疗。

掌骨和跖骨骨折

由于这两个解剖部位的共同特征，它们的骨科问题将在本章一并讨论。

这两个区域都由四根细的长骨组成，其骨骺被与其形成关节的其他骨所封闭。近端骨骺与腕骨和跗骨密切接触，而远端骨骺与每个脚趾的第一节趾骨形成关节（图8–95）。尽管远端关节被封闭，但如果将髓内针放置在骨的背面，它们可以从远端关节穿出。

由于这四块骨头相互平行，并且紧密联系在一起，它们彼此之间就像一个内部的夹板一样互相连接。在近端，骨之间的活动很少，而在向远端移动时，两块中间的骨稍微向背侧移动，增加了它们之间活动的可能性。

在第一指（趾）骨关节的跖侧表面有两块籽骨，它们是屈肌肌腱的钙化物。一些大型犬也存在背侧籽骨，不要与骨折碎片相混淆（图8–96）。

掌骨骨折通常由从高处坠落造成。跖骨骨折发生率很低，通常由砸伤所致，或者当动物试图跳跃时，患肢陷入孔洞/腔洞中受伤所致（猫经常发生于从散热器上跳下时，肢体卡在散热器部件之间）。这些骨折通常发生于远端的中1/3处，这个部位的活动性较大。然而，如果力量作用于近端部位，就会产生脱位。

在掌骨骨折中，有一种近端骨骺骨折，它有其自身的特点和治疗方法，这种骨折是Ⅴ型掌骨近端骨骺骨折，如下所述。

第五掌骨近端骨骺骨折

这种骨折在中型和大型犬中比较常见，主要由从高处跳下所致。一般情况下，由于外侧副韧带的牵引，会在近端发生由外侧斜向内侧的斜骨折（图8–97）。虽然乍一看这似乎是一个无关紧要的骨折，但考虑到它的位置，它是由撕脱伤引起的骨折，如果治疗不当，会导致腕关节的不稳定；进一步发展可能会出现继发性关节退变，这种关节退变可能源于关节融合术。

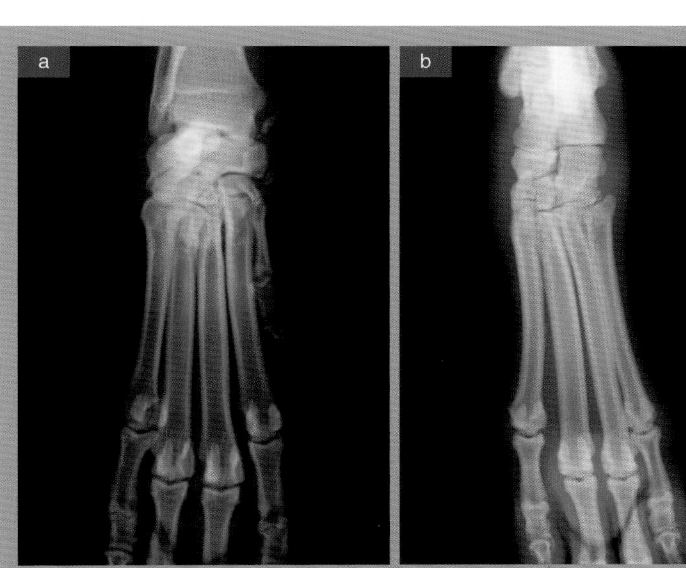

图8–95　掌骨（a）和跖骨（b）。观察它们之间解剖结构的相似性。

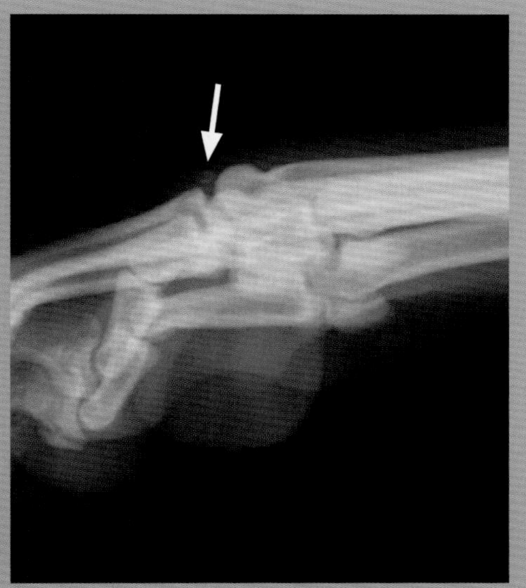

图8–96　跖趾关节背侧籽骨（箭头所示）。不应将其与骨折混淆。

可选择用于抵抗牵引力的固定系统进行治疗。最常用的系统包括钢针配合张力带钢丝或用环扎钢丝固定斜骨折。由于这种类型的骨折不易发生旋转，所以不需要插入两根钢针。

如果患病动物体格较大或承受一定的物理应力，使用迷你骨板固定系统治疗是最好的选择（图8–98）。在这种情况下，由于骨折相对稳定，每个骨折片段不必严格插入三个螺钉进行固定。

掌骨和跖骨骨干骨折

由于生物力学上的相似性，影响两个区域的骨折将在一起阐述。

当外科医生碰到这种骨折时，首先必须分析进行手术治疗还是保守治疗，是否可以提供合理的固定以确保骨折部位有足够的稳定性（图8–99）。

为确定哪种方法更好，必须考虑多方面因素。最重要的方面是骨折的数量。如前所述，考虑到每块骨对其余部分起着内部夹板作用，可以合理地推断，受伤的骨越少意味着关节骨折越稳定。至于何时应该进行手术，或者固定几块骨，没有固定的标准，这是外科医生的选择。一般来说，超过两块骨发生骨折必须进行手术治疗，当然，手术治疗总是比较安全的。还要考虑动物的年龄，因为年轻动物发生骨折愈合更快。

如果超过两个以上的掌骨或跖骨发生骨折，必须进行手术治疗。

固定掌骨和跖骨骨折可选择的方法有很多：髓内针、骨板固定系统，在某些情况下还可以选用外固定支架。

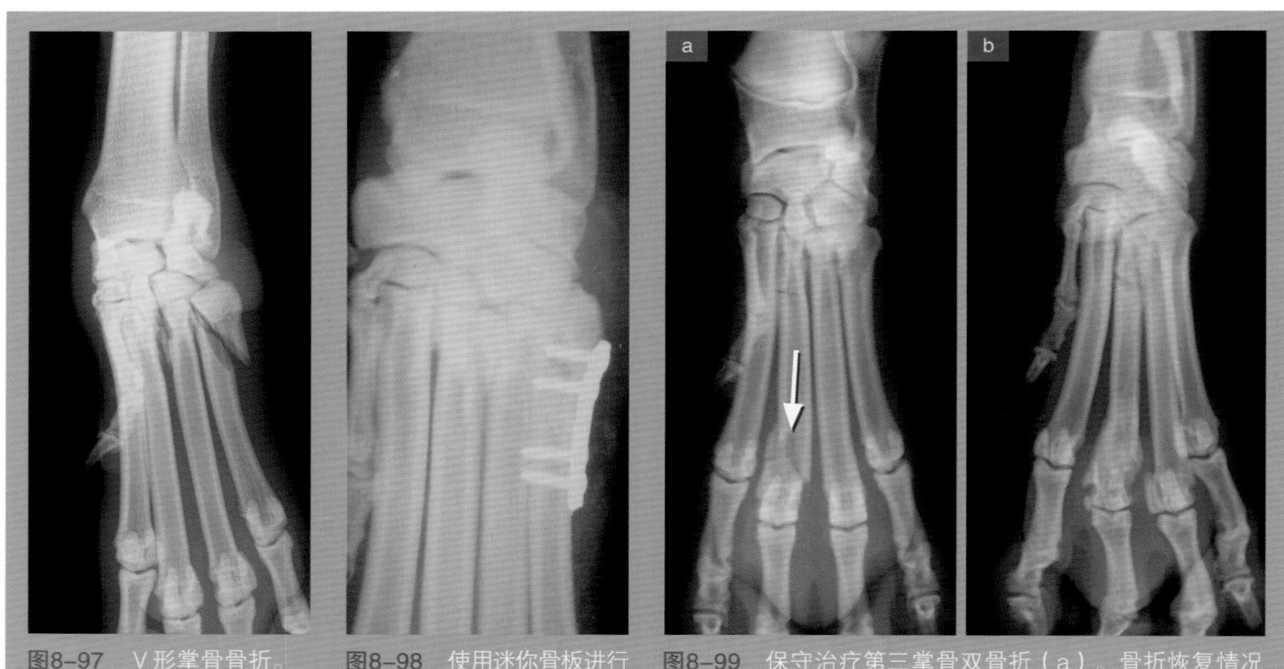

图8–97　V形掌骨骨折。

图8–98　使用迷你骨板进行图8–97中所示骨折的治疗。

图8–99　保守治疗第三掌骨双骨折（a）。骨折恢复情况（b）。

髓内针固定

髓内针有两种放置方式：将髓内针末端留在远端骨骺外，不损伤与第一节指骨形成的关节，或将整个髓内针留在髓腔内。

按照第一种方式植入髓内针有两种插入方法。首先，将髓内针逆向打入骨髓腔并从关节的背侧穿出，一旦骨折断端复位，将髓内针打入近端骨折片段的骨髓腔内。接下来，将髓内针末端折弯并剪断，尽可能减少髓内针对关节的损伤（图8–100）。在髓内针末端折弯之前，最好将它稍微拉出一点，折弯之后，再将它打回到原来的位置，从而使折弯的部分尽可能靠近骨骺。也可以用另一种方法，首先在干骺端区域钻孔，然后顺向打入髓内针。这种方法比较费力，但不会对指骨关节造成损伤。

无论选用哪种方法，在骨折愈合后都需要将植入物取出。这样就避免了对屈肌肌腱的损伤和继发性关节退化的发生。

第二种技术是将髓内针全部留在骨髓腔内进行固定。该系统适用于不是特别靠近远端的骨折。首先，将髓内针逆向打入较长骨折片段（通常是近端）的骨髓腔内。打入到尽可能远的位置时，靠近骨折线剪断钢针，留下几毫米在骨折线外。然后，对骨折断端进行复位，并将留在外面的髓内针导入另一骨折片段的骨髓腔中。在两个骨折片段中间放入止血钳，钳夹髓内针直到将其推到骨髓腔的中间位置为止（图8–101）。

该固定系统既不损伤关节，也不会伤及皮质骨，但对于非横骨折的固定不太稳定。在感染的情况下，取出种植物也很费劲和麻烦。

骨板固定

对于大型犬，或在发生粉碎性骨折时，髓内针固定可能不能完全解决问题。在这种情况下，建议使用骨板进行固定。

对于可以用髓内针固定的病例，通常情况下没有必要进行固定。很多情况下，只要能将骨的一半对齐即可提供充分的稳定性。

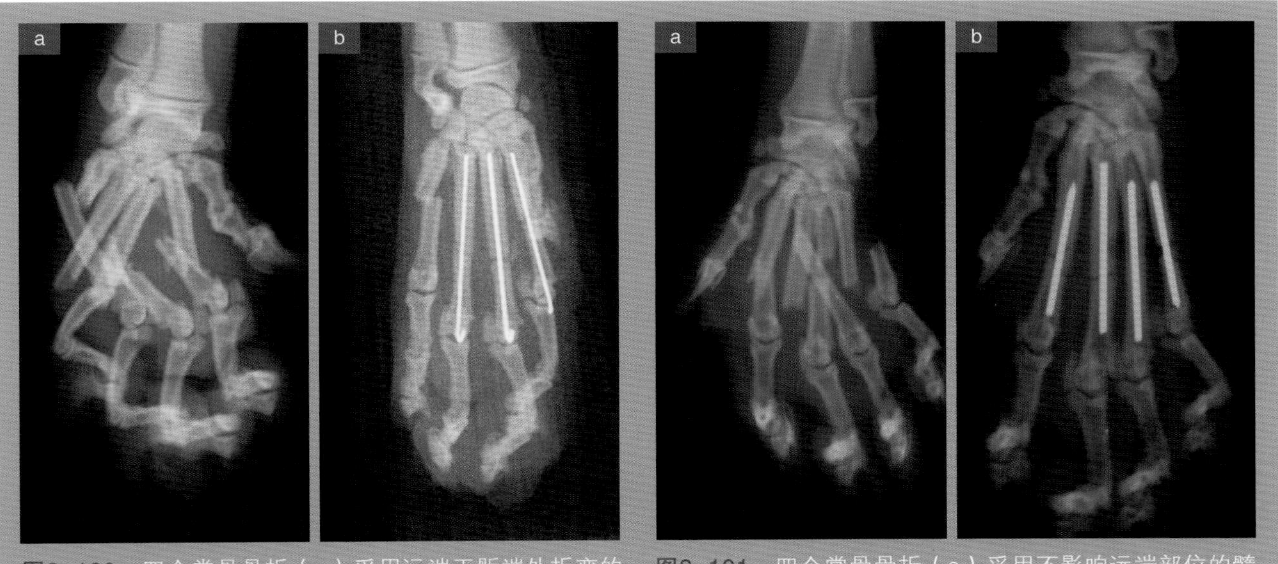

图8–100　四个掌骨骨折（a）采用远端干骺端处折弯的髓内针治疗（b）。

图8–101　四个掌骨骨折（a）采用不影响远端部位的髓内针固定治疗（b）。

掌骨和跖骨的手术通路简单。皮肤的切口范围主要取决于需要固定骨的数量。通过一个切口可以很容易地固定两块骨。如果需要植入3个或更多的植入物，建议在Ⅰ、Ⅱ掌骨/跖骨和Ⅲ、Ⅳ掌骨/跖骨之间做两个平行的切口。当试图通过一个单一切口固定三块骨时，对软组织进行过度的操作可能会引起严重的舔舐性问题。

必须注意不要损伤指伸肌肌腱，指伸肌由外侧到内侧斜向扇形分布在骨的上方。

根据掌骨和跖骨的形状，几乎不需要折弯骨板即可进行固定。考虑到在非常靠近近端或远端的部位发生骨折时每块骨所提供的稳定性，在每个主要骨折片段上放置3个螺钉并非必不可少（图8–102）。

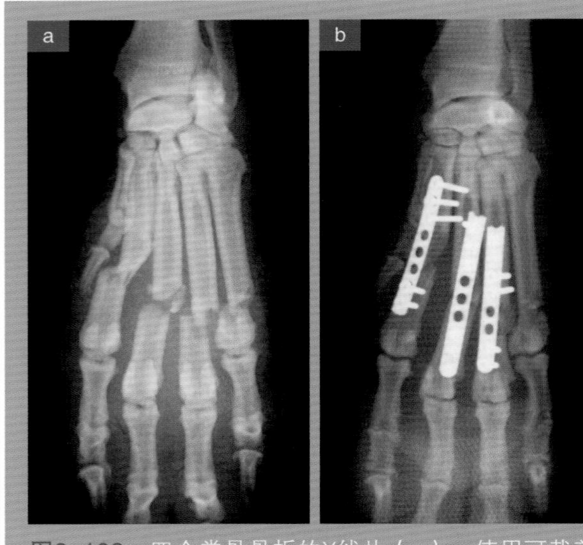

图8–102　四个掌骨骨折的X线片（a）。使用可裁剪的骨板进行治疗（b）。

根据所达到的稳定程度，通常在几周内应用一些外固定是有帮助的。

外固定支架固定

虽然该系统可以应用于几乎所有掌骨和跖骨骨折，但建议仅用于有大量软组织缺失的骨折；也就是说，上述的软组织缺失并不意味着不能使用其他固定系统，如骨板固定系统（图8–103）。然而，在这种情况下，不建议使用环扎钢丝或髓内针固定，因为这些植入物对感染的耐受性较差。

因为在解剖学上这些骨不是位于一个平面上，特别是在它们的远端部分，因此不太适合使用单面

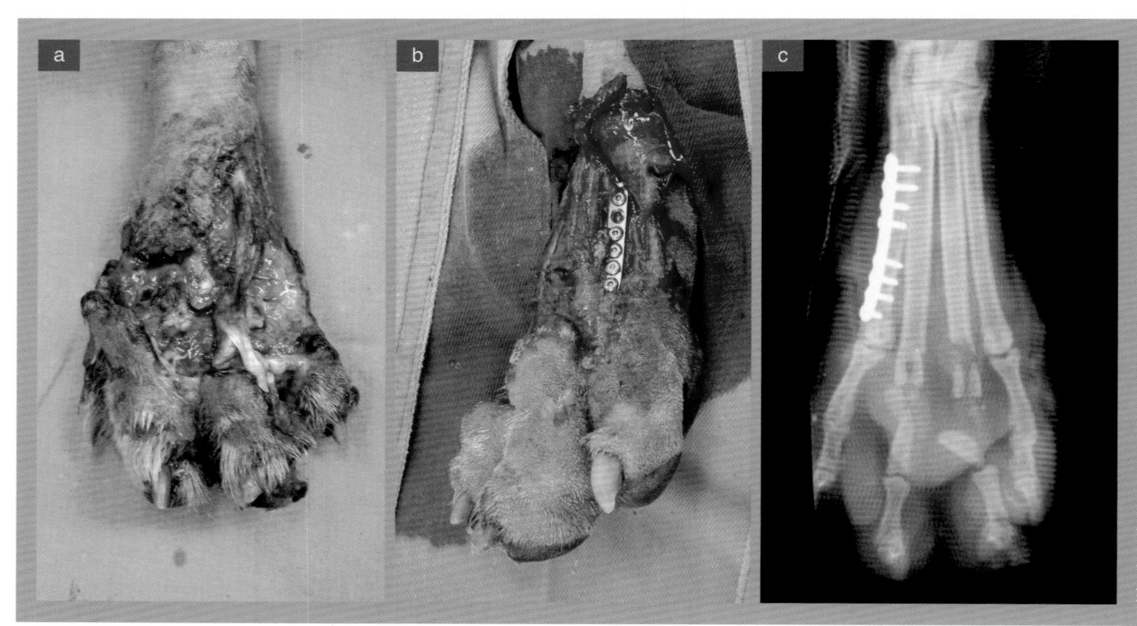

图8–103　开放性骨折（a）。使用骨板进行固定（b）。固定后可见的X线片（c）。

外固定支架。考虑到特殊的位置，而且在许多情况下需要应用不同直径的经皮钢针，因此，连接杆应该用甲基丙烯酸甲酯结构代替。丙烯酸骨水泥允许在最适当的位置和方向插入钢针，以便固定时不需要将它们保持在一个单一平面上，而且，还可以对不同直径的经皮钢针进行连接（图8–104）。

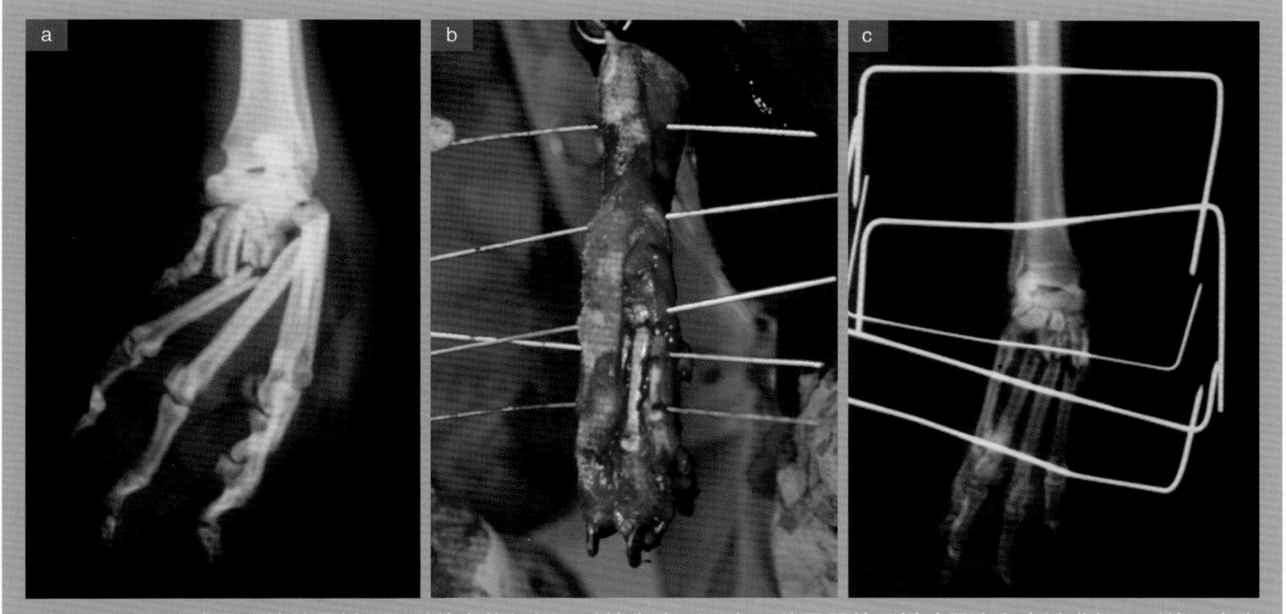

图8–104 四个掌骨开放性骨折，同时伴有软组织严重缺失（a和b）。使用甲基丙烯酸甲酯和皮瓣进行Ⅱ型外固定支架固定。观察不同直径和方向的经皮钢针（c）。

9 后肢骨折

盆骨骨折

简介

盆骨骨折在小动物临床中比较常见。根据一些报道，盆骨骨折可能占所有骨折的20%～30%。动物在行走或跑步时会产生支撑并传向脊柱的力量，髋股关节将承受这些力量。

从解剖学上讲，盆骨是由髂骨、坐骨和耻骨3块骨结合而成（图9-1）。这3块骨在髋臼处汇合。在盆骨的前方髂骨翼的位置通过关节融合与荐椎形成关节。

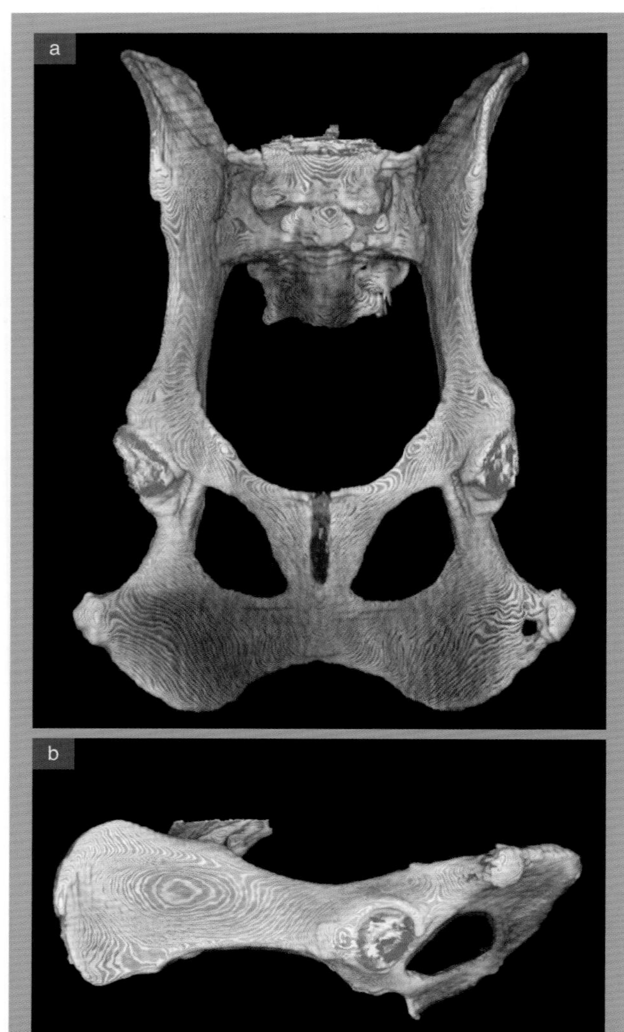

图9-1 骨盆的CT三维重建。

由于它的解剖结构，很少见到只影响一个盆骨的骨折。如果盆骨被认为是荐椎、两个髂骨和坐骨以及耻骨构成的一个框架，那么就很容易理解这个特点。当发生骨折时，框架就会变形，可能会导致至少两种不同的情况：

- 形成关节的骨至少有两块发生骨折。
- 一块骨骨折，骨的另一端与荐椎形成关节的髂骨脱位。

另一方面，由于关节周围有大的肌群，盆骨骨折很少是开放性的。然而，考虑到这些骨在盆腔周围形成一个“骨环”，必须注意其他可能伴发的损伤。事实上，盆骨骨折通常是受到强大的外力才会发生，因此要通过体检排除其他可能的损伤，比如膀胱或尿道损伤，以及肌腱附着点的断裂或由于腹直肌撕裂可能造成的腹壁疝（图9-2）。

由于脊椎与形成荐髂关节的骨有着密切的解剖关系，因此还必须确定有无脊椎骨折。当动物发生盆骨骨折时，必须对后肢的敏感性进行基本检查，同时至少对脊柱的腰椎部分进行X线检查（图9-3）。

为了正确诊断盆骨骨折，必须进行X线检查，其中包括骨盆的腹背位片（可以提供更多信息）和

盆骨骨折的特点：

- 这些骨折通常发生在不同的部位，有时伴有荐髂关节脱位。
- 由于骨盆周围有大量肌肉，开放式骨折并不常见。

当碰到盆骨骨折的诊断时，评估以下因素非常重要：

- 是否存在器官损伤（膀胱或尿道破裂）。
- 是否有腹壁疝（肌肉撕裂或附着点撕脱）。
- 是否存在神经损伤（伴有椎骨骨折）。

侧位片。在某些情况下，为了正确评估髋股关节是否受到影响，可能需要拍摄髋臼的斜位片（图9–4）。可以选择“蛙式”体位拍摄X线片，以便获得盆骨完整性的补充性评估，同时这个体位也避免了对股骨进行不必要的牵拉，降低了动物在操作时的疼痛（图9–5）。

另外，在进行完整的X线检查时，有时需要全身麻醉，以确保动物能保持正确的体位。最后，使用计算机断层扫描（CT）的评估显然可以提供所有伴发损伤的更精确的影像，但这种检查通常是没有必要的。

最常见盆骨骨折的治疗

一般来说，任何位于髋臼后段前部的骨折都应该进行整复，也就是说，那些影响髂骨和髋臼的骨折都应该进行整复。

考虑到上述力的传递，当患肢负重时，耻骨骨折和髋臼后部骨折几乎不会发生移位，这一点很容易理解。此外，盆骨中扁平骨的愈合能力很强（富含骨松质组织），再加上该区域的血供丰富以及前面提到的骨折片段移位较小，保守治疗是一种不错的选择（图9–6）。

髋臼后部骨折

影响耻骨的骨折通常不需要手术治疗，只有在骨折的任何片段对直肠或尿道造成损伤时才需要手术去除。

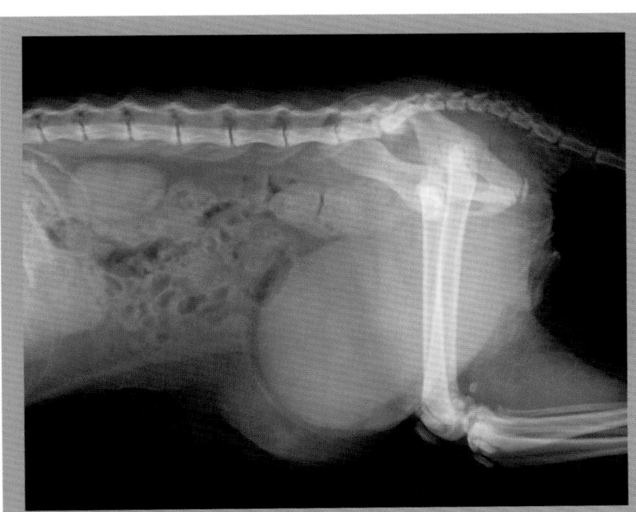

图9–2　盆骨骨折引起的膀胱疝。

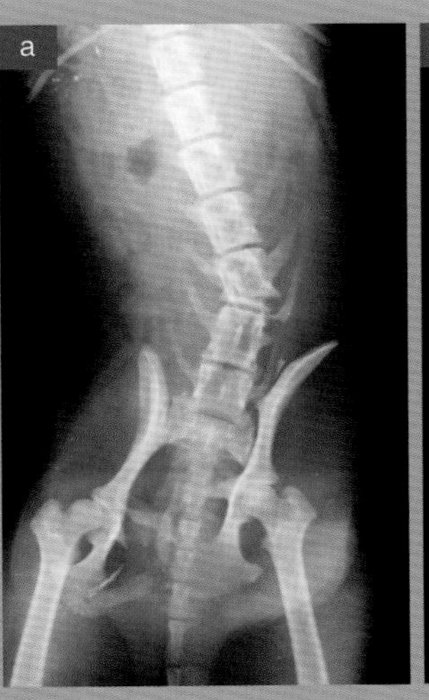

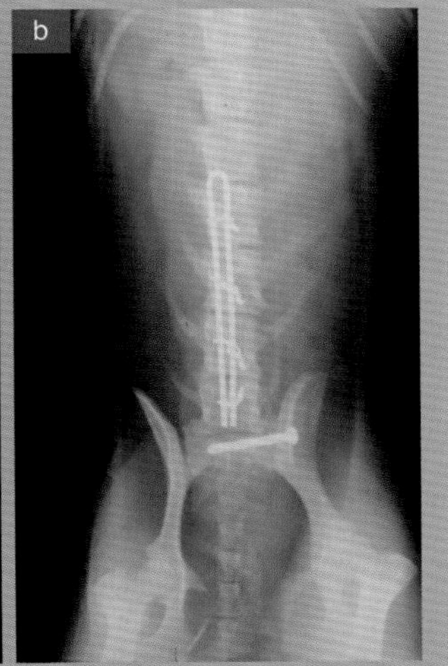

图9–3　第五腰椎骨折合并盆骨骨折（a）及术后同一骨折的修复情况（b）。

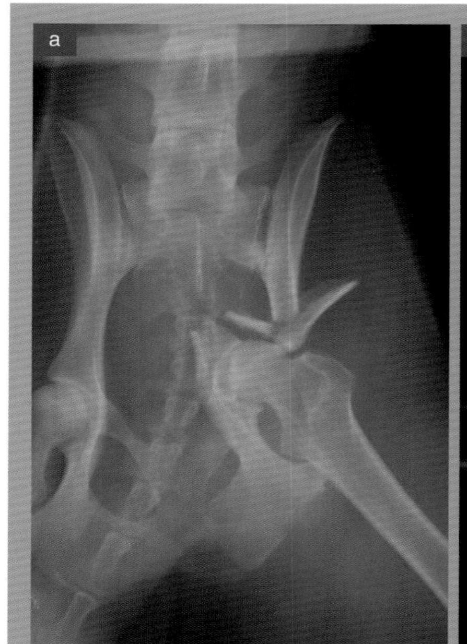

图9-4　盆骨腹背位（a）和斜位（b）X线片。请注意髋臼在腹背位片上可以看到骨折，但在斜位片上未见。

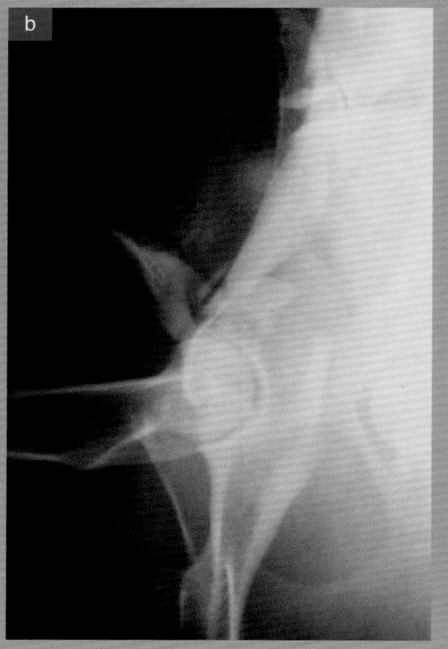

图9-5　“蛙式”体位检查对动物来说疼痛较小，并且可以对骨盆进行完整的评估。

在计划如何治疗盆骨骨折时，应考虑以下因素：

- 受骨折影响的骨骼。
- 骨折片段的移位。
- 荐髂关节和髋臼的完整性；如果完整性尚可，骨折部位在哪里。
- 动物的年龄、体型和体重。

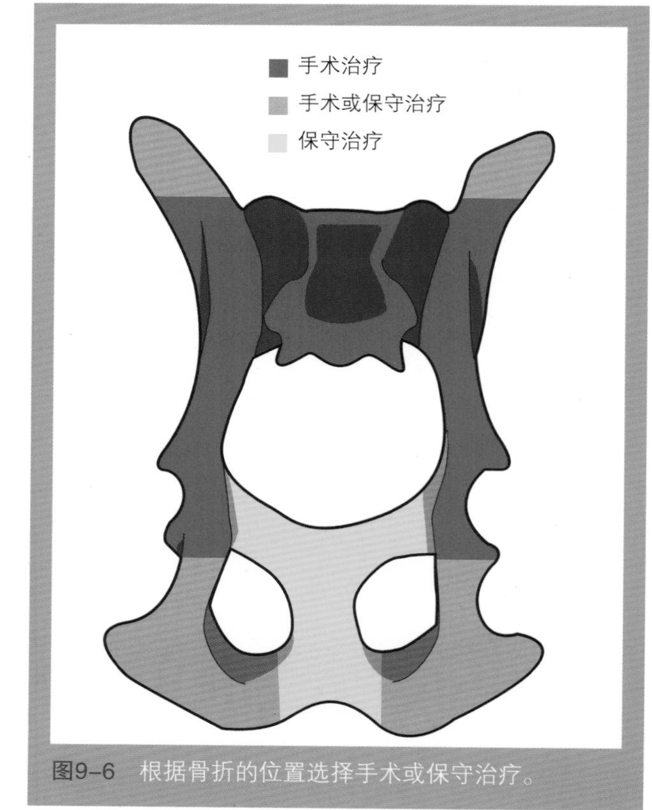

图9-6　根据骨折的位置选择手术或保守治疗。

坐骨骨折

坐骨骨折可采用手术或保守治疗。

如果骨折影响了坐骨结节，也就是半腱肌和半膜肌插入的地方，坐骨骨化可能会延迟，因为这些都是撕脱性骨折。在这种情况下，选择治疗方法时应考虑动物的年龄和体型大小以及骨折片段的移位情况。在大多数情况下，保守治疗能提供良好的功能恢复（图9-7）。

在大多数情况下，对于影响坐骨的骨折，保守治疗通常可以取得满意的结果。

由于在这个部位需要精细的手术通路和操作技巧，所以应该考虑保守治疗的便利性。如果选择手术治疗，通常用钢针进行固定。将钢针从坐骨结节打向坐骨体，同时根据每一处骨折及使用钢针固定获得的稳定性判断是否需要环扎钢丝进行加固。

影响坐骨切迹的骨折保守治疗效果良好。然而，在某些情况下，骨痂可能会压迫坐骨神经，引起暂时的不适。

对坐骨切迹骨折进行的手术治疗特别精细，因为有坐骨神经经过。

如果选择手术治疗，建议进行大转子截骨术作为手术通路，以免损伤坐骨神经。首先切开臀浅肌（图9-8），然后正好在股四头肌附着点的边界上标记截骨线（图9-9）。可用骨凿或摆锯进行截骨术，截骨方向为朝向股骨颈起点的背侧（图9-10和图9-11）。这个操作刚好可以使附着在股骨上的臀肌翻开，能接近几乎所有的髋臼边缘。为了到达切迹并同时保护坐骨神经，可以对孖肌进行肌腱切开术，然后向背侧将坐骨神经移出手术视野。

考虑到该区域骨的曲度，最理想的固定系统是用重建骨板或锁定骨板。一旦骨折固定完毕，将

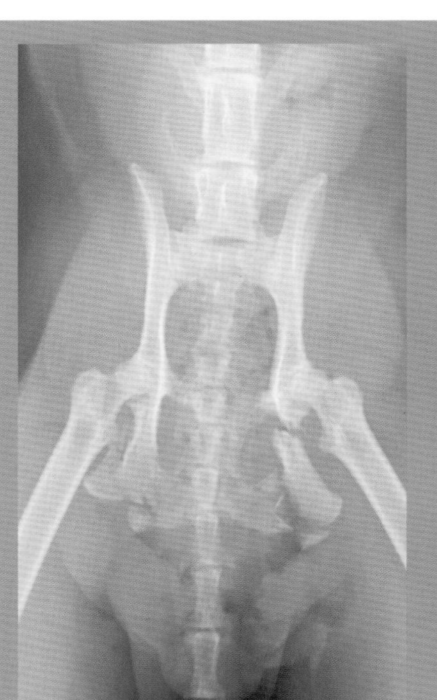

图9-7　坐骨粉碎性骨折。在这种情况下，没有必要进行手术治疗。

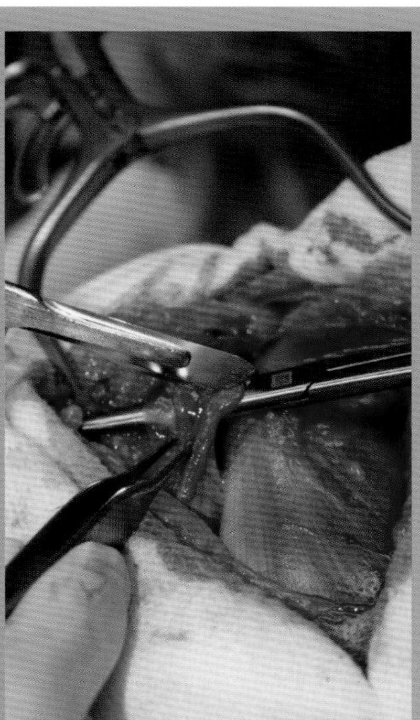

图9-8　切开臀浅肌显露坐骨切迹。

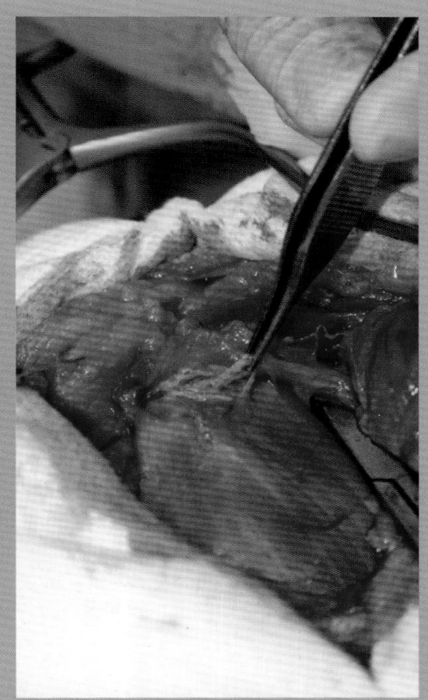

图9-9　将股四头肌附着点的边缘作为截骨术的起点，以便显露坐骨切迹。

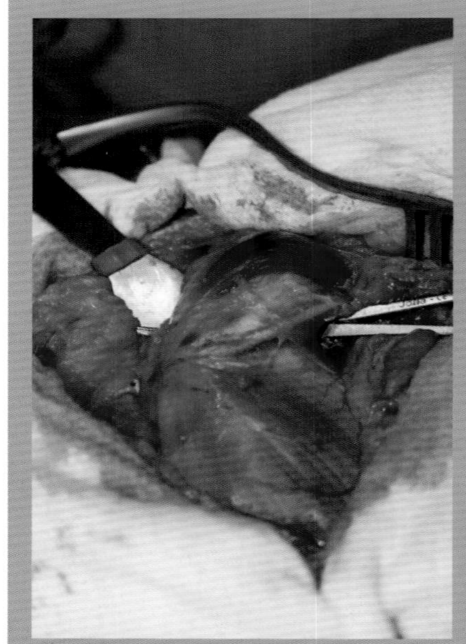
图9-10　将弯头止血钳放置在臀深肌和臀中肌下方作为截骨术的参照物。

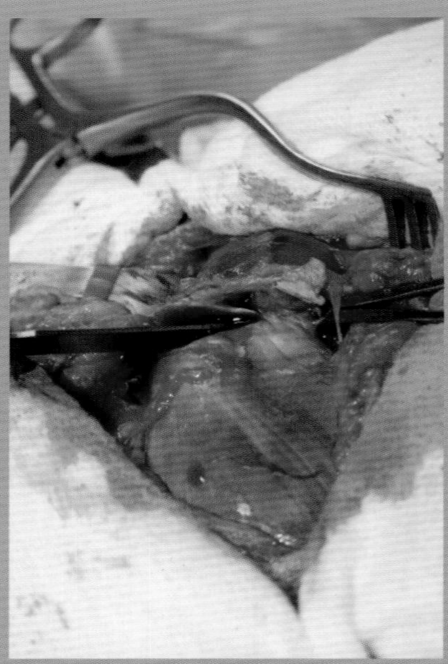
图9-11　用骨凿朝着止血钳方向进行截骨术。

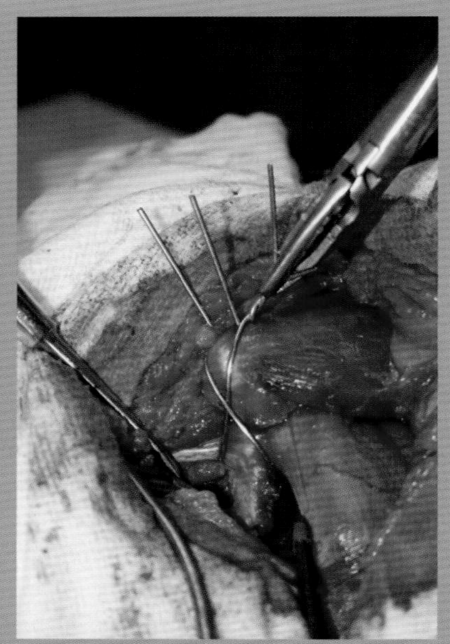
图9-12　用钢针和张力带钢丝固定坐骨骨折。

大转子复位并通过张力带钢针系统进行固定（图9-12）。

髂骨骨折

毫无疑问，髂骨是盆骨骨折最容易发生的部位。最常见的髂骨骨折是髂骨体的斜骨折，从髂骨的背侧，沿着前后方向，直到与荐髂关节的正下方（图9-13）。之前已经提到，由于解剖学原因，这种骨折会与盆骨的其他部位损伤一起发生。

由于髂骨为扁平骨，富含骨松质，愈合能力很强。此外，由于它周围有大的臀肌团块包裹，骨折时骨折片段的移位并不明显。因此，用于治疗髂骨骨折的骨固定系统不需要过于刚性。首选骨板固定系统进行髂骨骨折的治疗。也有关于其他固定技术的报道，如加压螺钉、钢针，甚至外固定支架等。

后者应该只在非常特殊的情况下使用，这些情况包括固定缺乏稳定性，以及植入物固定后需要更全面的护理。

采用孖肌肌腱切开术，可以将坐骨神经移出手术视野。

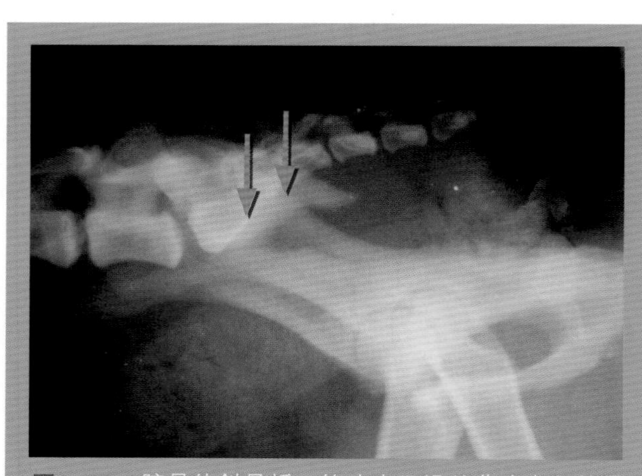
图9-13　髂骨体斜骨折。箭头表示沿着背腹方向的骨折线。

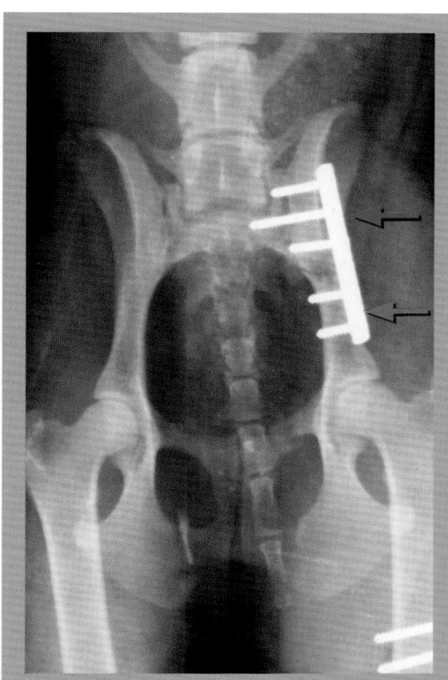

图9-14 在髂骨远端骨片上用螺钉固定骨板（红色箭头，a），近端骨片上固定荐椎的螺钉（蓝色箭头，b）。

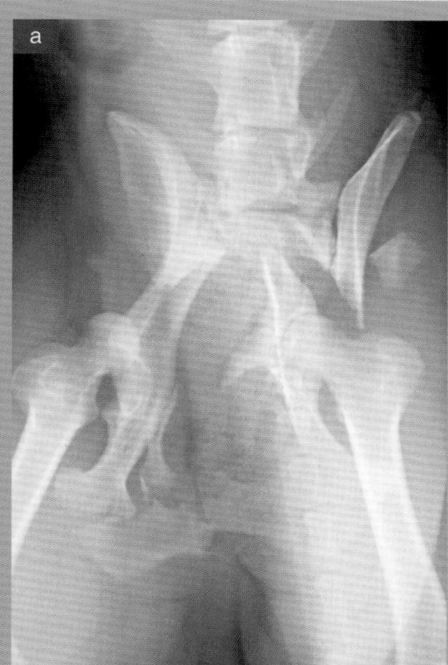

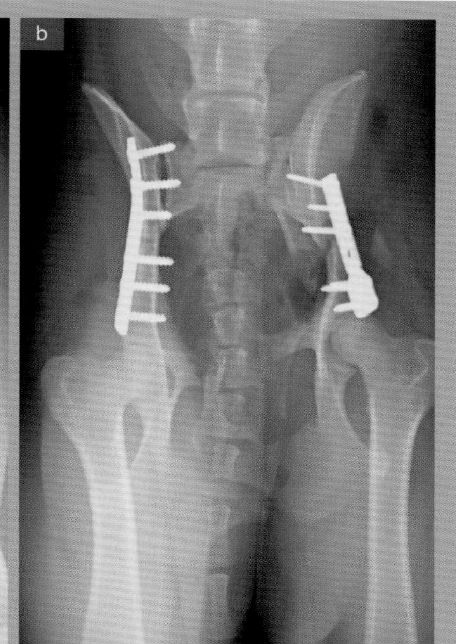

图9-15 双侧髂骨骨折术前X线片（a）。用骨板进行固定。由于远端骨片较小（b），在右侧髂骨上使用了“眼镜蛇”板。

正如之前在骨固定术和生物力学一章中提到的，应用骨板进行固定时，每个骨片上至少要植入3个螺钉。然而，对于髂骨骨折，通常没有足够的空间植入螺钉。在某些情况下，一个骨片上只能植入2个螺钉（图9-14，红色箭头，a）。在近端骨片上应植入2个以上的螺钉，因为骨片很薄，螺钉容易松动。出于这个原因以及为了更好地固定骨片，建议用一个或多个螺钉对荐椎进行固定（蓝色箭头图9-14，b）。在某些情况下，由于缺少足够的固定空间，可以使用特殊骨板继续固定（图9-15）。

骨板固定的稳定性不足通常不会引起什么问题，因为髂骨骨折的远端骨片通常会向背侧移动，这样在患肢负重时骨板承受与髂骨较大平面平行的力，因此，可以选择比匹配于动物体重更小的骨板进行固定。另一方面，主要的受力不会牵拉螺钉，这就使中和骨板平面的旋转力成为可能，而且每侧只用2个螺钉就能充分固定骨折片段。

对于不太常见的粉碎性骨折，应该使用更长的骨板覆盖盆骨患侧的整个长度。在这种情况下，重建骨板非常有用，因为将会在所有的平面上对骨板进行塑型（图9-16）。

显露髂骨的手术通路非常简单；从髂骨翼背侧缘到大转子之间做一切口。

一旦分离出皮下组织，切开阔筋膜，将切口向前延伸至阔筋膜张肌上方区域（图9-17）。

为了显露髂骨体和髂骨嵴，必须向背侧牵拉臀中肌，并用骨膜分离器分离髂骨上的附着点，向腹侧牵拉臀深肌，并用骨膜分离器分离髂骨体上的附着点。经常会发现这些肌肉因骨折已经出现了部分分离（图9-18）。尽管这样通常不会引起太大问题，如发生损伤，应尝试保持浅表臀肌神经的完整性。

后段骨片通常会向内移入盆腔。在这种情况

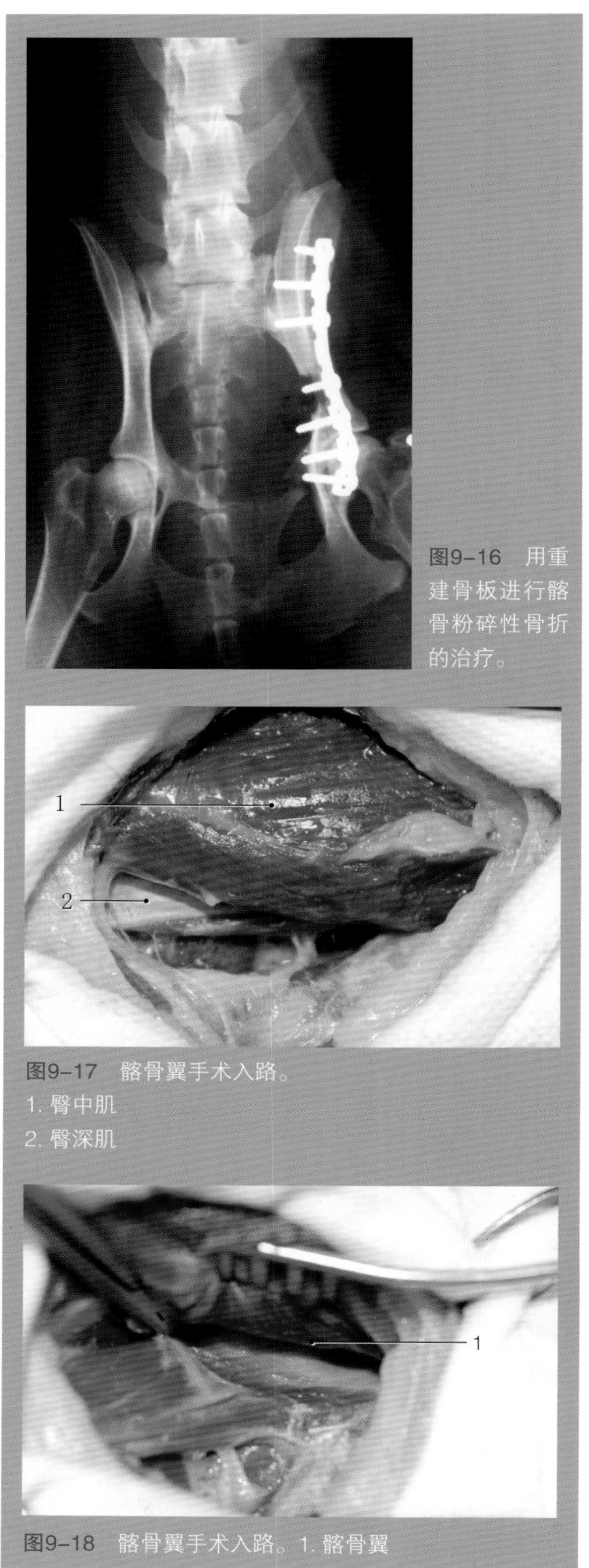

图9-16　用重建骨板进行髂骨粉碎性骨折的治疗。

图9-17　髂骨翼手术入路。
1. 臀中肌
2. 臀深肌

图9-18　髂骨翼手术入路。1. 髂骨翼

下，引入霍夫曼牵引器非常有用，牵拉后段骨片并将其移动到前段骨片上形成一个杠杆，并向外侧移动后段骨片。一旦盆腔内的骨片向外侧移动，将骨折复位钳放置在髋臼下方抓住髂骨非常重要。同时，如果向背侧方向将霍夫曼牵引器放置在髂骨嵴和髂骨体之间的过渡区域，提起臀中肌能更清楚地看到骨折部位（图9-19）。

一旦复位，这些骨折相对稳定，而后段骨片通常由于缺少耻骨的支撑而在坐骨区域有轻度塌陷。当折弯骨板时，应当考虑这种对齐不充分，以免发生错误。

一旦选择了骨板和固定位置，就要对骨板进行塑型。接下来，固定相应的螺钉。

建议首先拧入固定后段骨片的螺钉，因为这个部位密质骨较多，固定更加牢固（图9-20）。随后，拧入前段螺钉，如果骨板塑型正确，会使骨板进一步贴近骨面，这样就会抬高后段骨片，将其放置在正确位置上（图9-21）。

构成髂骨的扁平骨，尽管容易骨化，但比皮质骨的抗性差。再加上髂骨嵴较薄，使得放置在这个区域的螺钉更容易松动。为了增强它们之间的连接，应该使用自攻螺钉。如果没有这些螺钉，另一种选择是不要对钻孔进行攻丝，让螺钉自己完成攻丝。由于扁平骨缺乏硬度，可以采用这种方法进行固定。

如果不能使用自攻螺钉，建议不要用丝锥进行攻丝。让螺钉自己攻丝，可更好地进行固定。

对于盆骨的多处骨折，必须仔细观察所有的骨折线，以评估哪些确实需要手术治疗。在正确固定一个主要的骨折后，其余骨折通常进行保守治疗（图9-22）。

图9-19 右半侧盆骨斜骨折手术通路。

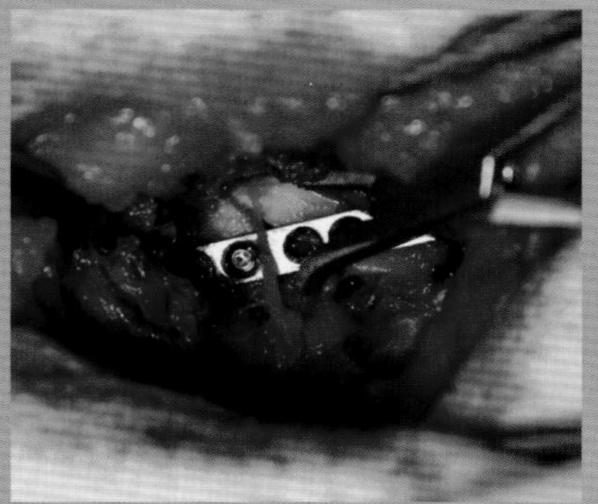

图9-20 骨折后段骨片植入的骨板。理想情况下，第一个螺钉应该植入后段骨片，以确保正确固定骨板。

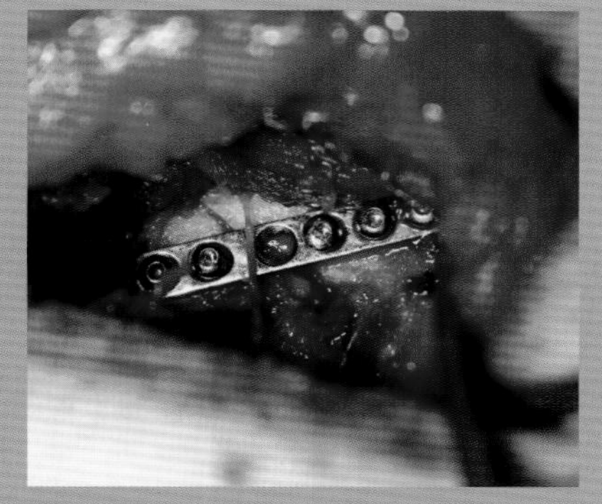

图9-21 固定后的骨折部位。将螺钉固定在前段骨片上，骨折复位得到改善。

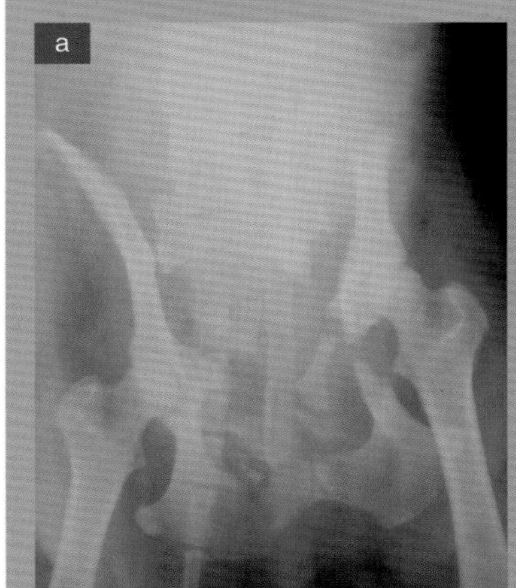

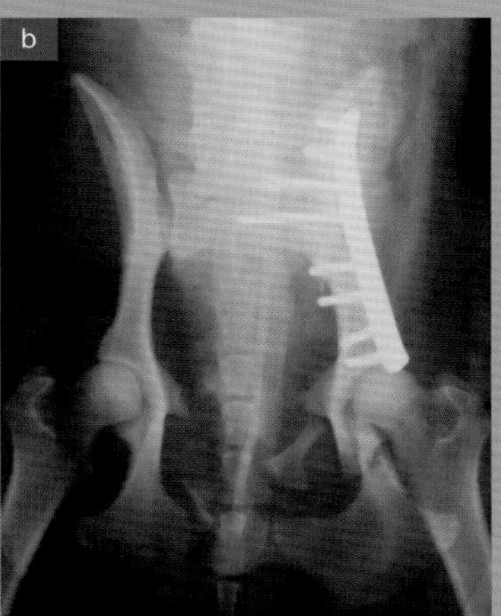

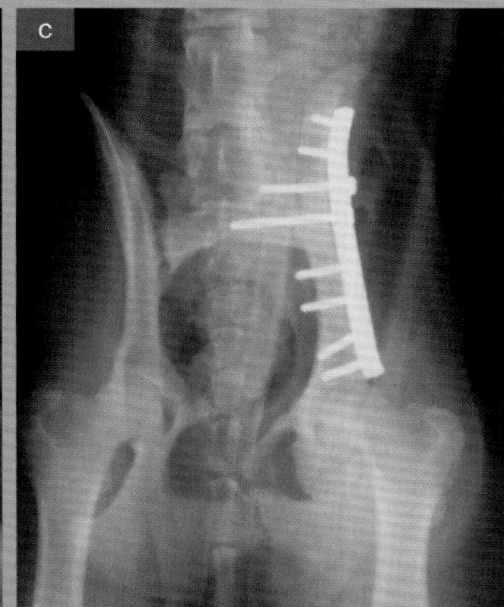

图9-22 盆骨多处骨折（a）。髂骨固定后（b）其余骨折可以采用保守治疗（c）。

髋臼骨折

与任何关节骨折一样，髋臼骨折也应列为外科急诊。按照第1章关节骨折中所述的关节手术步骤，应尽可能实现关节表面最完美的复位，以减少将来出现关节炎。

手术治疗髋臼骨折最理想的固定系统是在髋臼边缘的背侧放置骨板。如本章所述，为了正确放置骨板，通常需要对大转子进行截骨术。

髋臼骨折的复位很简单，但是要保持骨的暂时性稳定直到植入骨板通常是困难的。

最好的系统是将双点复位钳放置在髋臼的前方和后方，朝着预想的方向稳定骨片。

当定位在髋臼背缘时，植入物就像一个动态加压骨板（骨固定术和生物力学章节，图5-137，第89页）。该骨板不需要很厚，因为它需要中和的力不重要，这些力是在动物负重时因其背侧部分的骨折边缘分离而产生。固定这种骨折最主要的问题是难以实现植入物的完美塑型。由于骨折的正确复位只能在髋臼唇处进行确定，因此任何塑型的缺陷都会导致关节表面复位缺失，但这种情况通常无法察觉。

上述的塑型用重建骨板很容易完成（图9-23）。同样，有马蹄形的髋臼骨板，可使手术过程更简单（图9-24）。即便如此，已经证明锁定骨板是治疗这种类型的骨折理想的植入物（图9-25），因为使用这种骨板时，一旦骨折复位，无论螺钉拧得有多紧，螺钉都不会过度牵拉骨体，甚至于即使骨板塑型不完美，也能够维持骨折的复位。

正确的骨板塑型是髋臼骨折手术成功的关键因素。

对于关节炎耐受性较好的小型犬，当髋臼骨折影响到髋臼最后部时，可以选择保守治疗，因为股骨对于髋臼的大部分负重集中在髋臼的最前部。

髋臼缘骨折虽然并不常见，但也会发生。在这种情况下，必须确定骨折片段的大小，以确保它们足够大，能够通过手术进行固定。如果认为有可能实现手术治疗（有时只能在术中或通过CT扫描进行评估），可以使用加压螺钉进行固定（图9-26）。这种类型的骨折预后通常很差，特别是前部受损时，因为如前所述，这个部位在负重时承受的力量更强。如果骨折不能固定或植入物植入失败，应考虑行髋关节置换术或切除关节成形术。

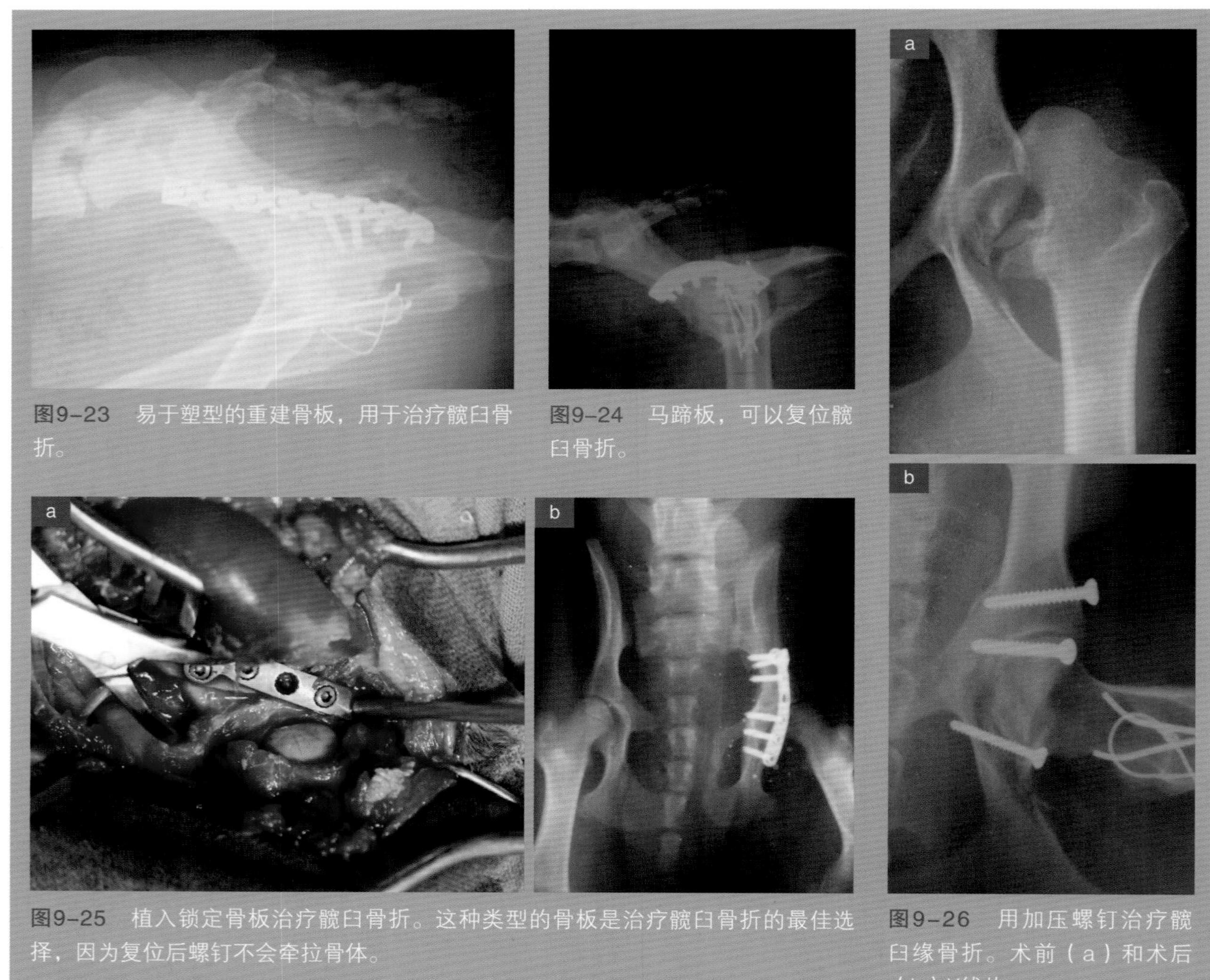

图9-23　易于塑型的重建骨板，用于治疗髋臼骨折。

图9-24　马蹄板，可以复位髋臼骨折。

图9-25　植入锁定骨板治疗髋臼骨折。这种类型的骨板是治疗髋臼骨折的最佳选择，因为复位后螺钉不会牵拉骨体。

图9-26　用加压螺钉治疗髋臼缘骨折。术前（a）和术后（b）X线片。

荐髂关节脱位

另一个与盆骨骨折相关的问题是荐髂关节脱位。尽管它是一种脱位，但这种脱位应该按照骨折进行治疗，因为它发生于不动关节，也就是说，这个关节不会活动。

荐髂关节脱位多发生于猫，在某些情况下，如果不密切关注，可能不会引起注意。通常伴有另一侧的髂骨骨折，很少发生双侧脱位。

诊断

荐髂关节脱位很容易通过盆骨的腹背位X线检查进行确诊。为了准确诊断，可将髂骨体的内侧皮质骨沿着荐椎后缘滑动，如果能够滑动即可证明脱位。后者应与对侧关节形成水平拱形（图9–27）。注意不要将这种脱位与正常的关节图像混淆，正常的关节是可以透过射线的。如果在进行X线检查时髋关节的位置摆放不完全对称，那么其中一个关节透过的射线就会比另一个关节大，这可能会导致外科医生的误判。

> 为了正确判断荐髂关节脱位，应将动物完全对称地进行盆骨的腹背位X线检查。如果不对称，关节自身的射线投射性可能会导致错误的诊断。

治疗

虽然大多数动物可以通过保守治疗得以恢复，但如果关节脱位超过50%，或者同时伴发对侧肢体的骨折，则应接受手术治疗。年轻动物发生轻度脱位时考虑其功能恢复较快且无疼痛感，可以进行保守治疗，但建议对所有其他病例均采用手术治疗。

手术过程

使用拉力螺钉从髂骨翼拧入荐椎体进行固定是最合适的手术方法，有时还需要配合使用钢针以避免沿着螺钉形成的轴心转动。

为了显露关节，动物侧卧保定，患肢在上，在髂骨翼上做一切口。可以将患肢保定在手术台上，这样更容易处理脱位并且能够拉动患肢（图9–28）。

一旦皮下组织分离完毕，就沿着髂嵴切开臀中肌附着点，并向腹侧分离。接着，切开附着在髂嵴内表面的背外侧荐尾肌和腰背最长肌附着点，并牵拉肌肉。

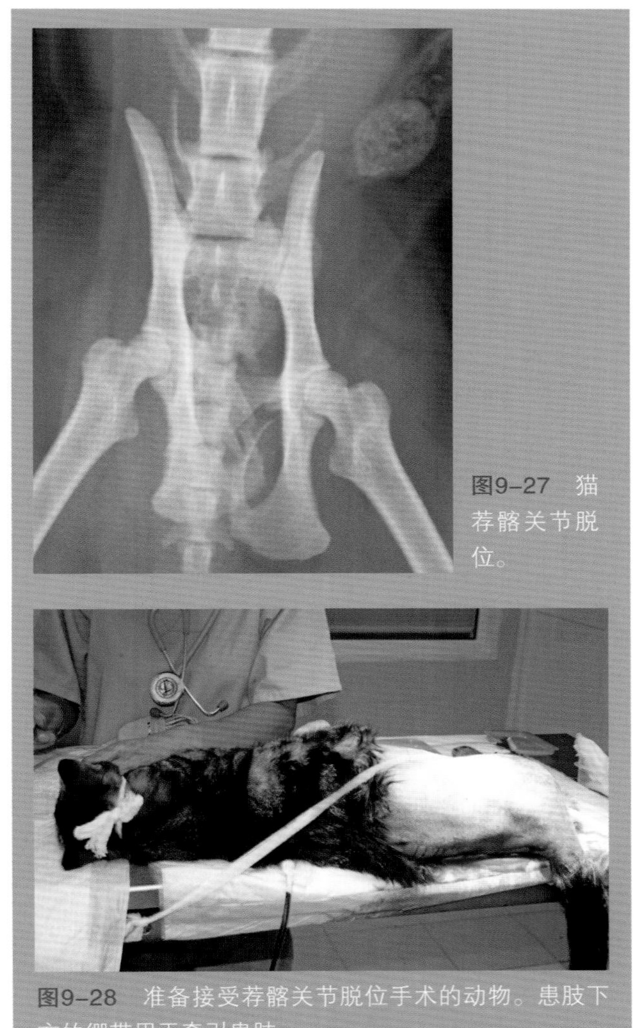

图9–27 猫荐髂关节脱位。

图9–28 准备接受荐髂关节脱位手术的动物。患肢下方的绷带用于牵引患肢。

接下来，用复位钳抓住髂骨并向荐椎腹侧翻转（图9-29）。必须小心霍夫曼牵引器的尖端，以免伤及向腹侧走向荐椎的神经末梢。

这个位置可以显露两个关节表面。很容易识别荐椎的新月形软骨表面。荐髂韧带位于"C"形软骨的中心，在此处可以选择与所选螺钉核直径相一致的钻头钻一牵引孔（图9-30）。

触诊可确定髂骨翼上的关节区；它有一个粗糙的表面，很容易通过触摸识别。

可在上述区域的中心位置由内向外用与所选螺钉螺纹直径相一致的钻头钻一滑行孔（图9-31）。

之后，测量荐椎钻孔内螺钉的长度，根据动物的大小选择一个或两个稍长的螺钉，以抵消髂骨翼的厚度。从外侧向内侧插入螺钉，穿过髂翼上的孔，然后拧紧螺钉，直到螺钉顶端从内侧表面穿出。将螺钉的尖端朝向荐椎上的钻孔并逐渐拧紧（图9-32）。这样，当螺钉进入荐椎时，螺钉头部会压迫髂骨翼，使它达到正确的位置。

对于年轻动物，或者在钻孔时发现髂骨翼非常

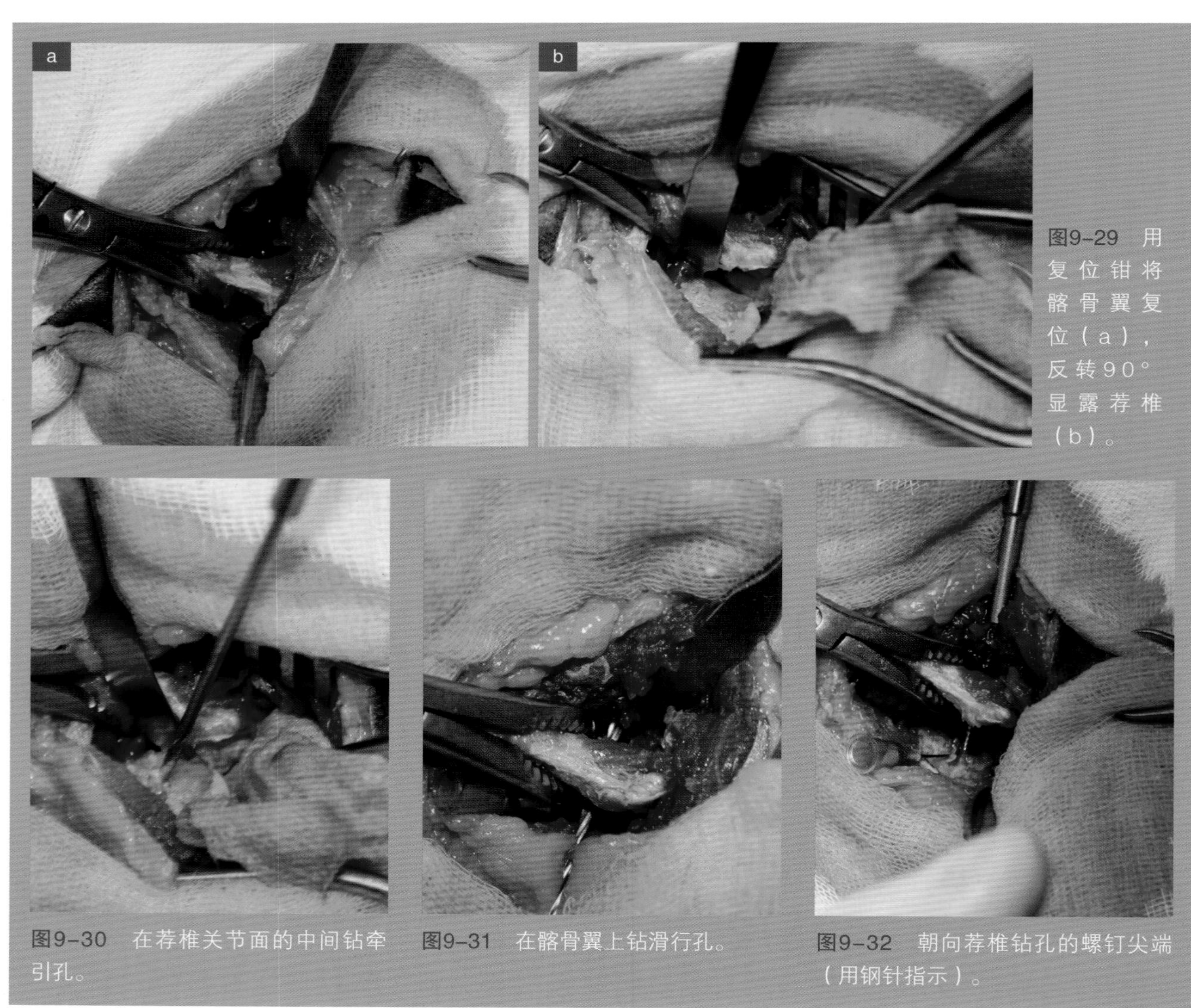

图9-29　用复位钳将髂骨翼复位（a），反转90°显露荐椎（b）。

图9-30　在荐椎关节面的中间钻牵引孔。

图9-31　在髂骨翼上钻滑行孔。

图9-32　朝向荐椎钻孔的螺钉尖端（用钢针指示）。

柔软，在螺钉头部下方放置一个螺帽可能是有用的。通过这种方式，压力分布在更大的表面上，如果螺钉头部分插入髂骨，螺钉也不会失去作用（图9–33）。根据外科医生的偏好、骨折脱位的稳定性和患病动物的大小，可以从螺钉的后方插入一根钢针甚至另一根抗旋转螺钉（图9–34）。

对于高度不稳定的脱位病例，将两侧的髂骨翼固定在一起也许有用。可以用克氏针穿过两个髂骨翼，然后将钢针的两个末端折弯。然而，最理想的技术是植入一个跨髂骨螺钉，该螺钉由一根螺纹杆组成，其末端可以拧上螺母，一旦放置成功，在两端分别放置螺母并拧紧。

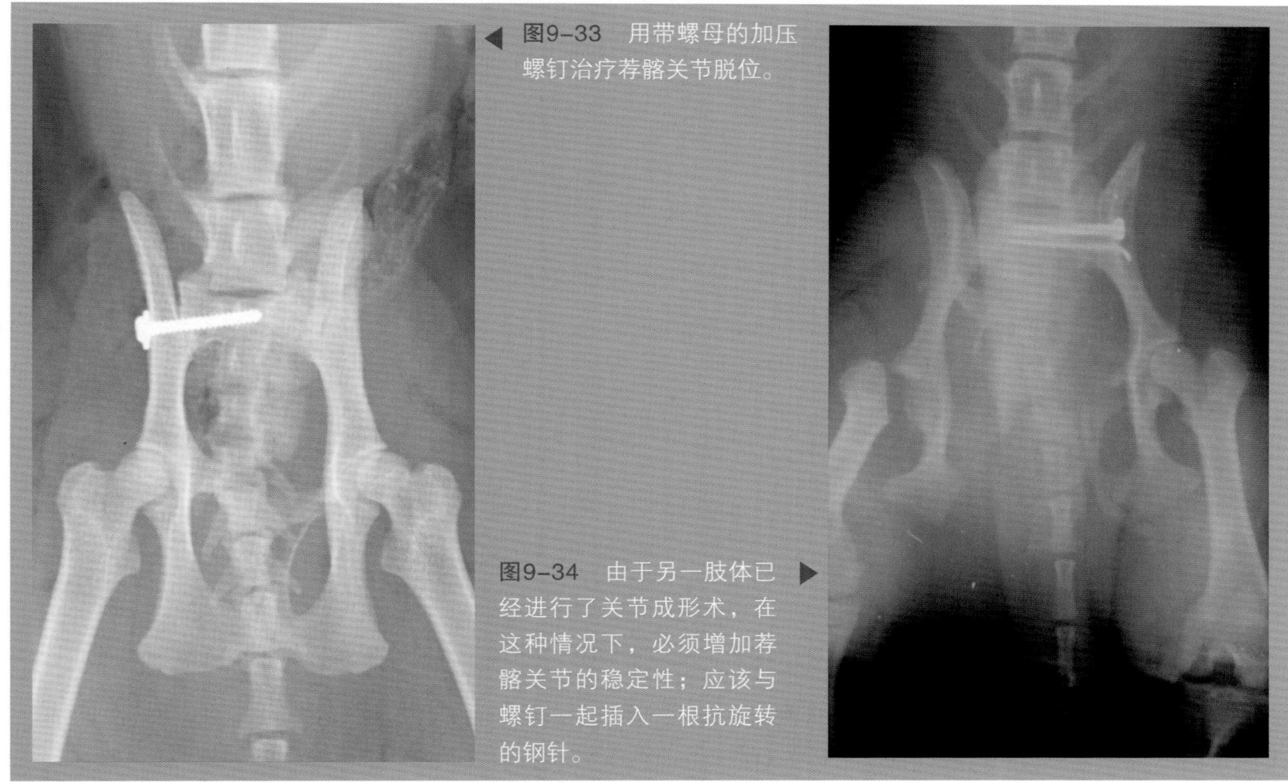

图9–33　用带螺母的加压螺钉治疗荐髂关节脱位。

图9–34　由于另一肢体已经进行了关节成形术，在这种情况下，必须增加荐髂关节的稳定性；应该与螺钉一起插入一根抗旋转的钢针。

股骨骨折

简介

据统计，股骨骨折是宠物最常见的骨折。骨折通常发生在骨的中1/3和远端1/3处。但是，动物的年龄不同，骨折的位置可能也有所不同：

- 对于年轻动物，更常见的是远端骨骺生长板骨折或股骨中1/3的螺旋形骨折。
- 成年动物的股骨骨折主要是骨干骨折。

在解释适用于股骨骨折的固定技术之前，应该回顾一下股骨的一些解剖学特点。

首先，犬和猫的股骨是不一样的。犬的股骨前外侧略有凸出（图9–35）。张力面是指犬的皮质骨最表层部分承受部分牵引力的表面（当骨的前外侧部分受到纵向压力时）。然而，猫的股骨骨干几乎是直的（图9–36）。

其次，股骨头的解剖位置（沿着股骨干的纵轴向内侧偏斜）允许使用髓内针进行固定，其中针的一端可以从转子窝伸出，而不会影响关节（图9–37）。

此外，股骨周围有大的肌群，可提供良好的骨膜血供，因此只要治疗方法得当，很少发生愈合延迟。

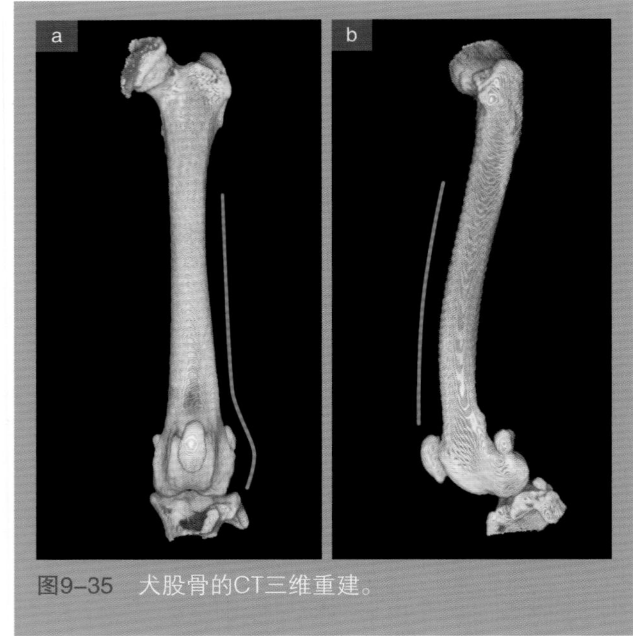

图9–35　犬股骨的CT三维重建。

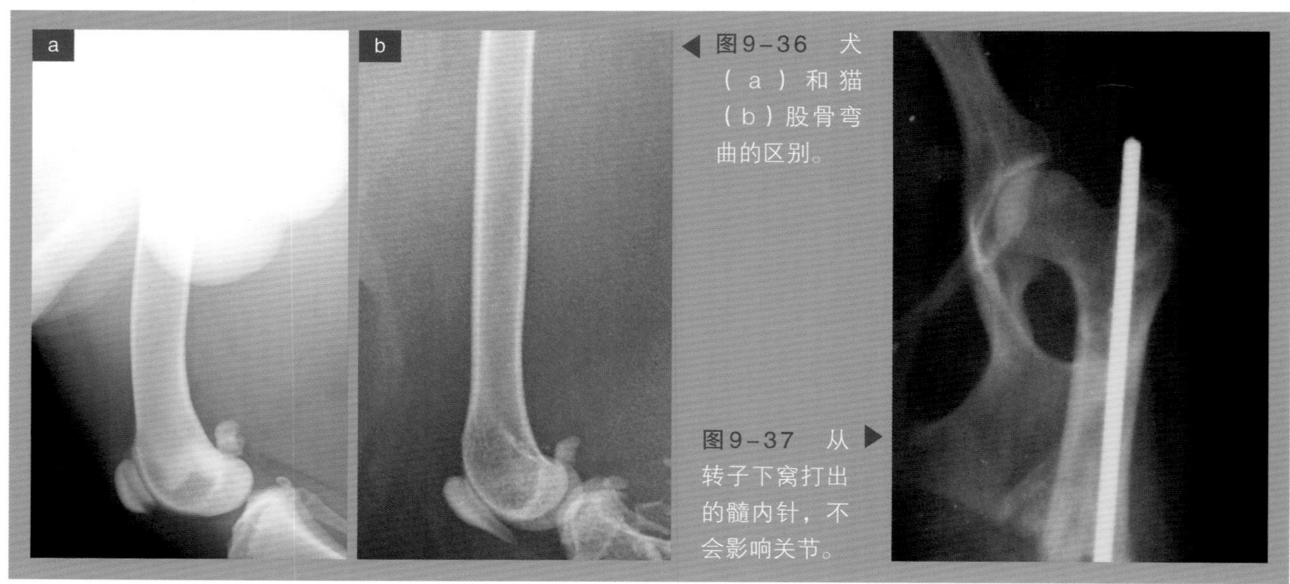

图9–36　犬（a）和猫（b）股骨弯曲的区别。

图9–37　从转子下窝打出的髓内针，不会影响关节。

最后，虽然周围神经损伤并不常见，但通常应该进行基础的神经学检查，特别是当怀疑同时发生盆骨骨折时。当膝关节伸肌系统功能丧失时，不能对反射进行评估，因此，只能检测肢体远端的敏感性。用力挤压第一、四趾的末节趾骨，以判断深部敏感性是否受到影响。

几乎所有股骨骨折的动物都表现为明显的跛行，患肢不敢负重。

固定技术

大部分骨固定技术都可以用于股骨的固定：骨板系统、髓内针固定系统，甚至必要时可以采用外固定支架固定。但是，绝对不能把外固定作为固定系统，原因在于髋关节不能制动，而且股骨周围肌肉肥厚，骨折部位的活动不可能得到充分的控制。如果选择保守治疗，最好把动物放在一个小笼子里限制活动，而不是用绷带包扎。

髓内针固定

如前面关于髓内针固定的章节所述（第34页），除了交锁髓内针之外，这种骨固定系统不能有效地稳定骨折部位的旋转或牵引–压缩运动。

虽然这种固定系统对股骨骨折的治疗并不理想，但在某些情况下，通常可以将其与环扎钢丝配合来治疗斜长螺旋形骨折和无旋转倾向的简单骨折。这些情况更常发生于发育中的动物，因为固定后可通过较快的骨愈合速度部分补偿固定后的稳定性。

此外，这种固定系统可能会引起骨干弯曲的问题。当试图用直的植入物固定弯曲的骨骼时，不可能实现完美复位，这会影响其稳定性。主要发生于远端骨折，通常发生于犬，因为这个位置的弯曲度较大（图9–38）。因此，股骨的弯曲度越大，使用该系统的禁忌证就越多。由于软骨营养不良的犬股骨远端有明显的弯曲，因此不能使用该系统治疗。尽管如此，由于猫的股骨更直，这个问题可以被忽略。

股骨的弯曲度越大，使用髓内针固定股骨骨折的禁忌证就越多。

如果最终选择髓内针固定，必须将其从近端股骨的转子下窝伸出，并将其远端锚定在干骺端或骨骺松质骨内，同时不能影响关节（图9–39）。应顺向插入钢针，使其更牢固地锚定在近端骨片中。同样重要的是，如果远端骨折片段很短，由于植入物允许骨折断端出现轻微的左右移动，这样就会缓慢地推动髓内针向近端方向移动，其各自的功能会逐渐丧失，因此很难实现骨折部位的稳定性。

为了尽可能地防止旋转运动（那些没有被该系统中和的运动），可采用以下方法进行处理：

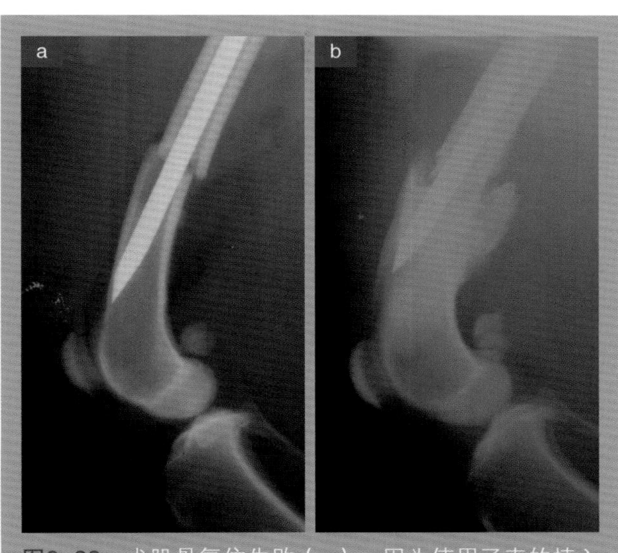

图9–38　犬股骨复位失败（a），因为使用了直的植入物固定弯曲的股骨远端骨折。同一骨折术后1个月的情况。部分钢针被推出（b）。

- 将髓内针固定系统与环扎钢丝或部分外固定支架配合使用。
- 插入多个髓内针（图9–40）。
- 将髓内针固定系统与支持骨板配合使用。这种组合用得越来越多，而且更容易使主要骨折片段对合整齐，并增加其抗折弯力（图9–41）。

外固定支架固定

由于股骨解剖结构的特殊性，外固定支架仅限于单面单侧支架，或者在非常特殊的情况下，选择混合支架系统，如在膝关节水平处的内侧使用夹钳进行连接。这种类型的外固定支架通常与迷你固定系统联合应用，用于中和旋转运动和防止主要骨片的塌陷（图9–42）。在某些情况下，它们可以暂时用于为其他植入物提供更大的稳定性，或者用于解决特殊问题（图9–43）。

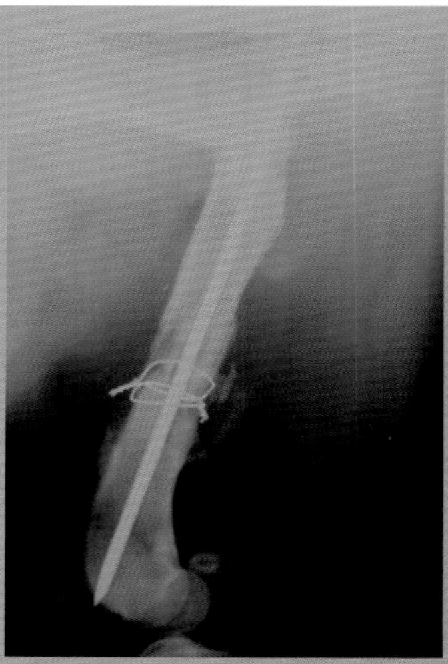

图9–39 影响关节的髓内针。

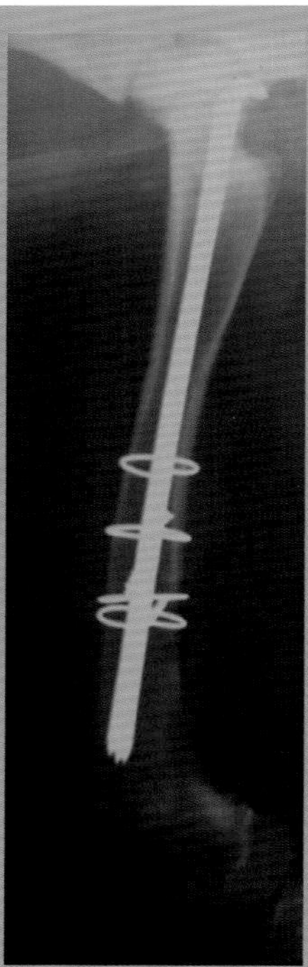

图9–40 正处于发育中的动物发生螺旋形骨折后用髓内针联合环扎钢丝进行固定。▶

最外侧的经皮钢针插入点定位非常简单：

- 最近端经皮钢针插入股骨的大转子，通过触摸很容易定位。
- 通过触诊股骨外侧髁最突出的部分插入最远端经皮钢针。钢针应朝向内侧髁打入。这样，就不存在将其插入关节腔的风险。

由于经皮钢针与股四头肌的接触可能会造成肌肉与骨的粘连，因此，在非常有必要的情况下，只能将其插入到骨干区域。

一般情况下，放置外固定支架的时间不应超过3周，以免膝关节屈曲的角度受限。

对于某些严重的粉碎性骨折，为提高固定的稳定性，可将外固定支架搭配使用或混合使用。

骨板固定

骨板固定术是治疗股骨骨折最适合的固定系统，除非骨折发生在非常靠近股骨近端或远端的位置，因为在这些地方没有足够的空间插入足量的螺钉。

因为骨板对于牵引力有着较强的抗性，如有可能，应该将骨板放置在骨的张力面。因此，当骨折发生在股骨近端1/3处时，应将骨板放置在股骨外侧面。近端发生骨折时，在大转子的位置需要折弯骨板，使得在非常小的空间内可以插入3个必要的螺钉。在这些情况下进行钻孔时，钻头应以不同的方向倾斜放置，以免螺钉之间彼此互相接触（图9–44）。

对于骨干骨折，应将骨板放在股骨的外侧面，并逐渐向前方倾斜，这主要取决于骨板放置的位置离远端有多远。由于股骨远端部分的弯曲，在许多情况下，放置直的植入物非常复杂。为解决这一问题，应将骨板放置在稍靠前的位置，

“扭转”植入物的末端，以防干扰髌骨的活动（图9–45）。

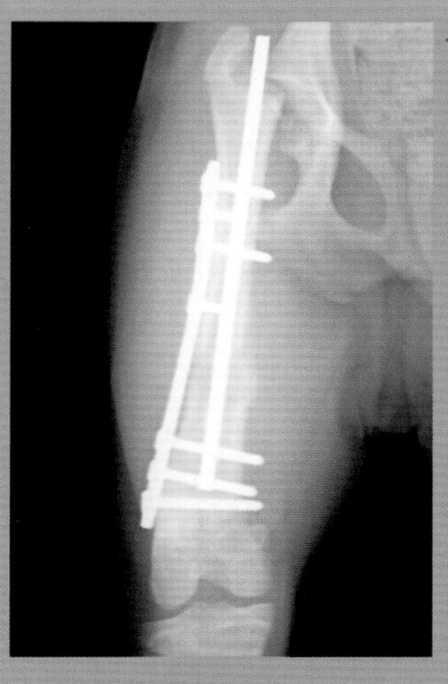

图9-41　与支持骨板联合应用的髓内针。

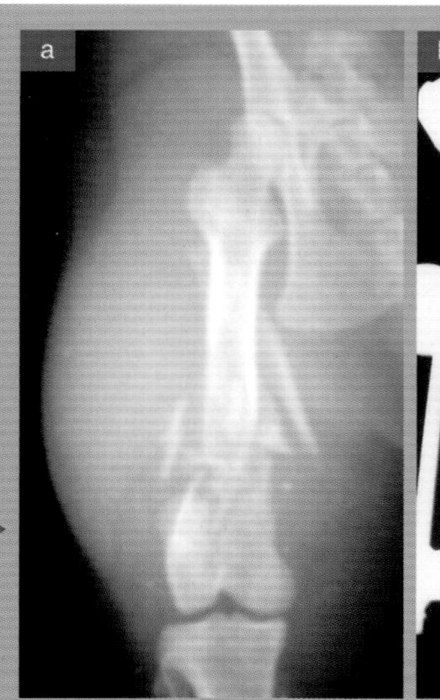

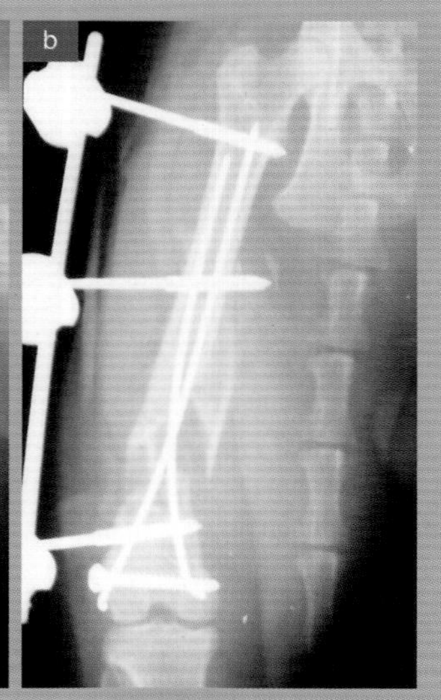

图9-42　猫股骨远端粉碎性骨折（a），用冲针和部分外固定支架治疗（b）。

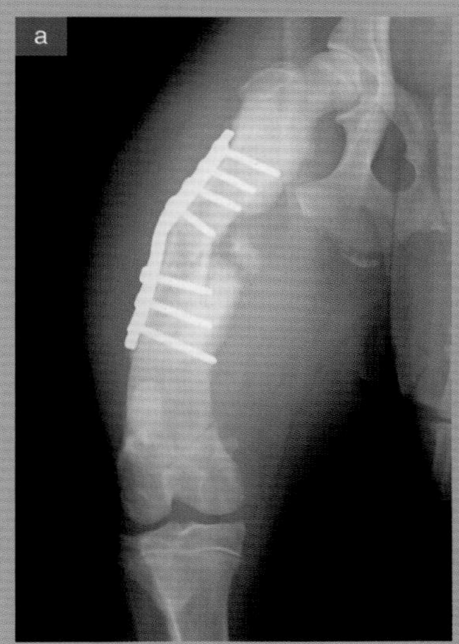

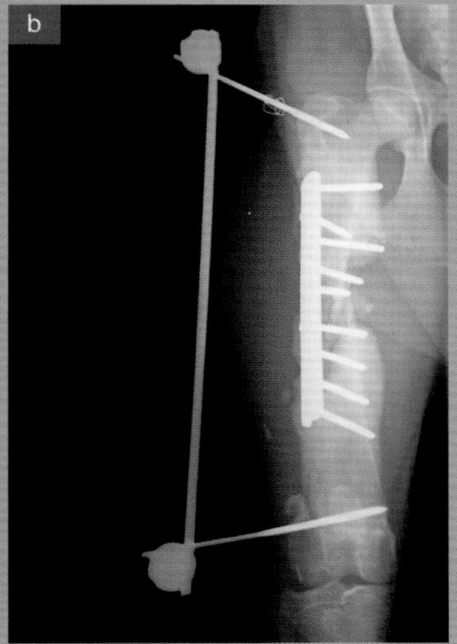

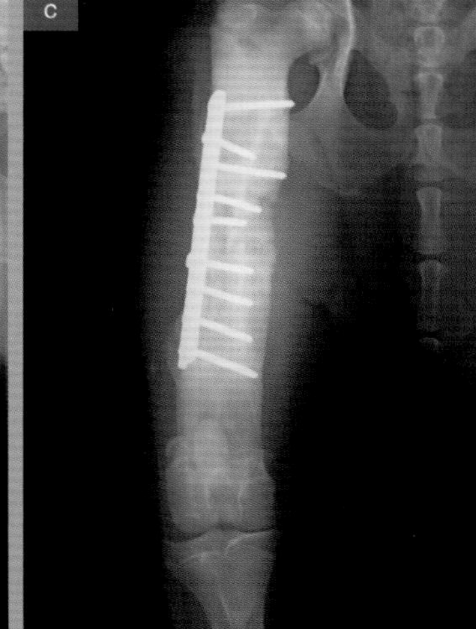

图9-43　植入物失效（a）和通过部分外固定支架进行新的暂时性加固（b）。一旦骨痂使骨折部位得到足够的稳定性，即可移除单侧固定支架（c）。

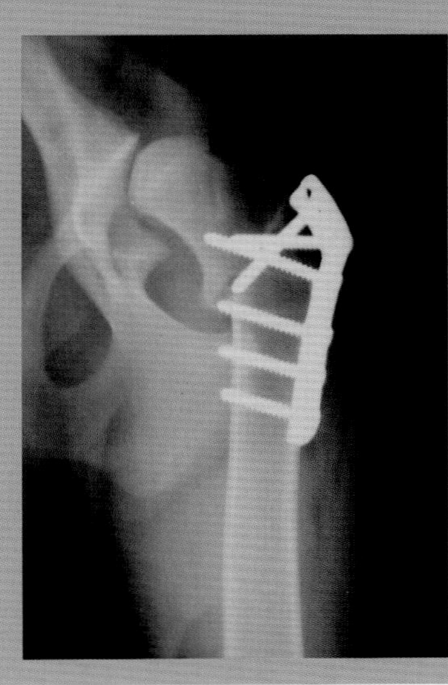

图9-44　股骨大转子上方塑型的骨板。这些螺钉的拧入方向以不让彼此之间互相接触为准。

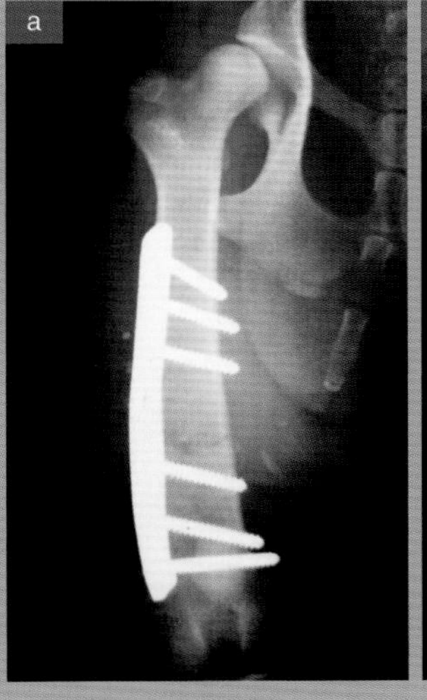

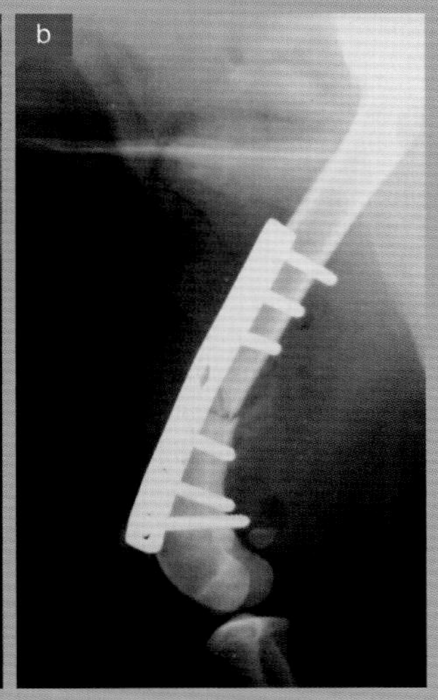

图9-45　为适应股骨远端1/3处骨折而塑型的骨板（a和b）。

为了简化这一过程，有不同设计和不同厂家生产的股骨远端固定骨板，但是它们都具有一些共同的特点：

- 骨板的最远端都向后方折弯，以适应骨的外形。
- 大多数骨板的远端较宽，以在较小的空间内植入更多的螺钉。这就意味着即使骨折部位靠近远端，也能够正确地植入骨板进行固定。

根据骨折的位置和动物的品种，可选择合适类型的骨板进行固定。

“正常”骨板也要用J形扳手沿着宽面的方向塑型骨板。当沿着这个方向折弯骨板时，板孔可能会变成卵圆形，这样最终会影响螺钉的植入，使用这种工具可防止孔的变形（图9–46）。

重建骨板的设计是可以按照上述方向进行塑型的，但不幸的是，它们不具有特别的抗性，这样就失去了这种骨板设计的意义。

手术通路

股骨骨折的手术通路通常选择在股部的外侧面。因为这个区域没有相关的血管或神经，所以这个通路很简单。一旦切开皮肤，找到阔筋膜，纵向切开阔筋膜，分开股外侧肌和股二头肌。向后牵拉股二头肌即可看到整个股骨干（图9–47）。为了完全显露大转子的最背侧部分，并能够在股骨最近端和骨折处插入植入物，必须进行臀浅肌切开术（图9–48）。一旦手术结束，常规缝合肌腱。

对于股骨非常远端的位置出现的骨折，由于放置骨板后会影响髌骨的活动，因此不能将其放置在股骨的前外侧，此时必须把骨板放在髁的外侧面。在这种情况下，更容易处理股骨，就好像要对膝关节进行切开术一样，但是通常要避免切开关节囊。显露股骨远端后，向近端分离股二头肌和股四头肌，以便接近股骨。

最常见的骨折治疗

该部分将介绍股骨最常见骨折发生时选择最佳固定系统应考虑的主要问题及其特点。

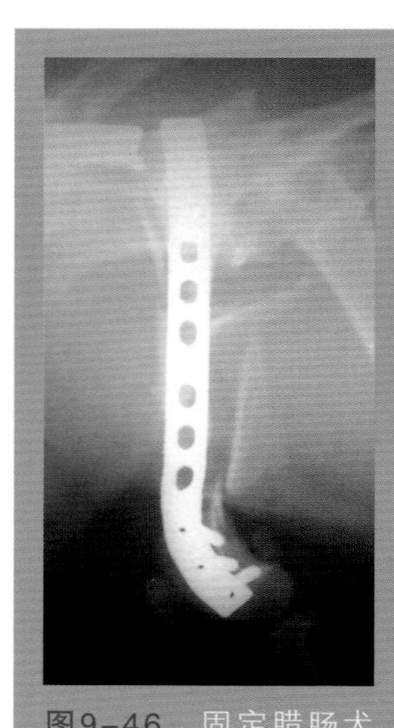

图9–46　固定腊肠犬非常靠近远端部位骨折时向宽面方向折弯塑型的骨板。

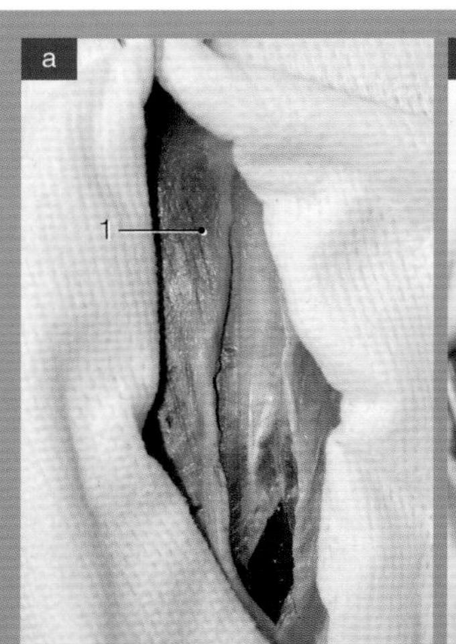

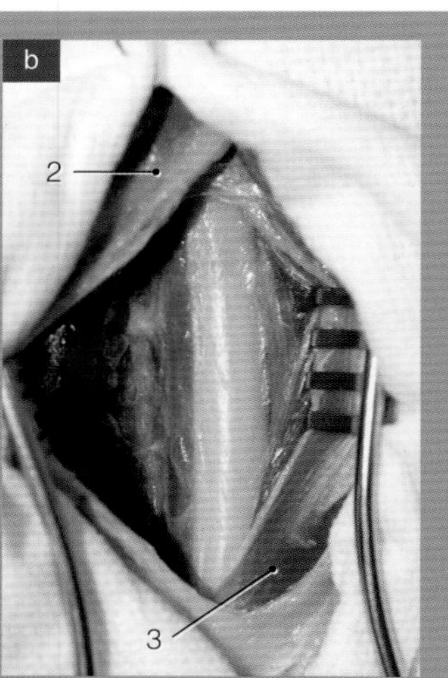

图9–47　切开阔筋膜（a），分离股四头肌和股二头肌（b），显露股骨干。1. 筋膜　2. 股二头肌　3. 股四头肌

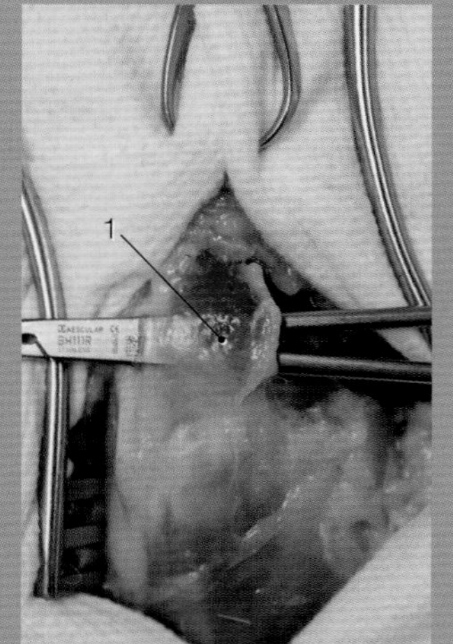

图9–48　用止血钳提起臀浅肌进行肌腱切开术。
1. 臀浅肌

近端骨骺骨折

在兽医骨外科中，股骨近端骨骺骨折并不特别常见。主要发生于年轻动物，因为此时生长板的抗性小于肌腱结构的抗性。对于成年动物，如果上述区域受到影响，髋股关节脱位或髋臼骨折比近端骨骺骨折更常见。

股骨头骨骺分离

股骨头骨骺分离是一种股骨头的Ⅰ型Salter-Harris骨折。生长板完全分离，留下关节部分通过圆韧带附着在髋臼上（图9-49）。对于年轻动物，这种骨折也可能伴有大转子的Ⅰ型Salter-Harris骨折。

通过盆骨的腹背位X线检查即可进行确诊。在某些情况下，可能需要采用“蛙式”体位X线检查或向前方推动股骨以便更好地显露损伤部位。必须记住，当向腹侧方向牵拉股骨用于复位时，骨折可能会变得不明显，或者X线检查时骨折线更小，这样就容易被忽略。

由于该骨折引起了生长板的损伤，可在股骨外侧用钢针沿垂直于生长板的方向打入生长板（图9-50）。应尽可能将其插入近端骨片，但不能损害关节。

虽然通过大转子截骨术更容易进行骨折的固定，但是也可以不用这样操作，以免发生与该技术相关的问题。为此，在进行股骨近端手术时，可将阔肌膜张肌向腹侧牵拉，将臀中肌向背侧牵拉。在阔筋膜张肌、臀深肌和股外侧肌之间形成了一个三角区，通过这个三角区可以接近股骨头。

一旦确定了关节囊（通常会有局部损伤）的位置，就可以进入关节并找到骨折线。接下来，旋转股骨，使股骨颈朝向前方。股骨头与髋臼相连的骨片留在关节内与圆韧带相连。

钢针必须沿股骨颈方向植入。为了沿着正确方向插入钢针，在骨折断端复位前应该先放置钢针，并通过触诊钢针尖端沿正确方向穿出的骨折面进行确认。钢针应该从股骨的外侧面打入，打入点在稍微偏向远端和前方接近臀浅肌附着点的位置。

> 在股骨头骨骺分离时，为了正确放置钢针，第一根钢针逆向打入。这样可确定插入点和剩余钢针打入的方向。

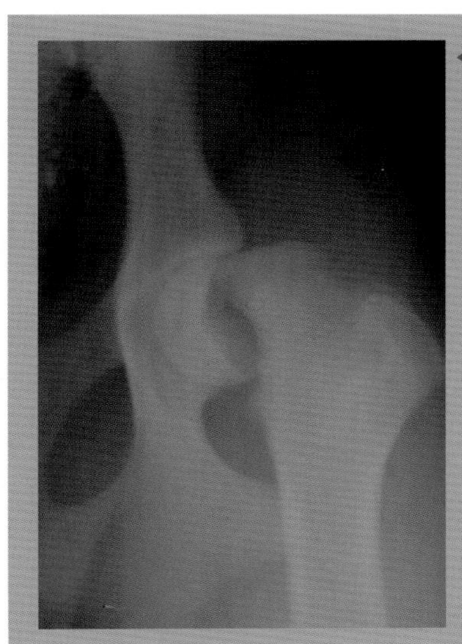

图9-49 股骨头的Ⅰ型Salter-Harris骨折。

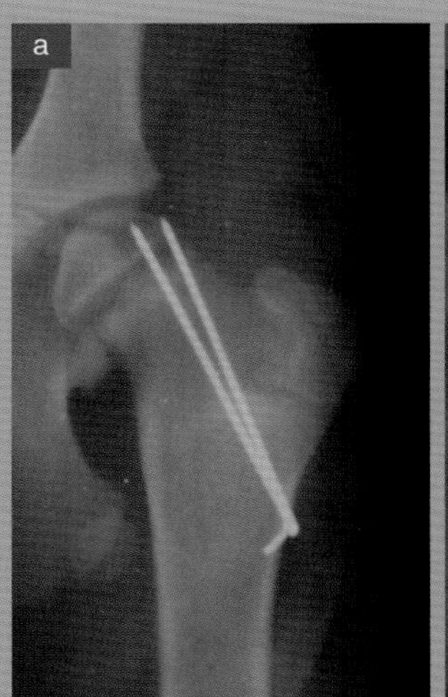

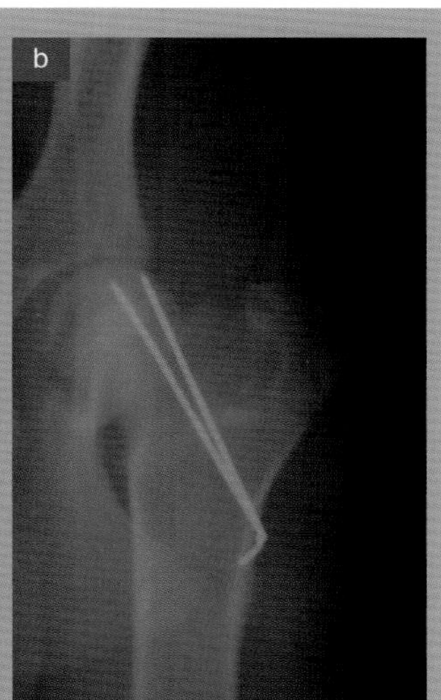

图9-50 垂直于股骨生长板从股骨外侧面插入钢针。术后（a）及术后一个月（b）的X线片。

植入物应该能够阻止旋转运动和防止骨折片段向腹侧滑行，因为肢体负重时，骨折面受到压迫，有利于骨折的愈合。为了避免骨折片段的旋转，可稍微朝向不同的方向植入2根或3根钢针。假如固定系统非常稳定，选择插入的钢针不需要太粗。

在骨折复位之前，应稍微回退钢针，隐藏钢针末端，以免使复位更加困难。

为了使骨折片段复位，必须用骨折复位钳夹住股骨的近端，并将股骨头朝向关节方向。在这个位置，向腹侧牵拉股骨以完成骨折复位的同时将会发生小的旋转运动，检查这个位置是否始终正确。如果骨折复位正确，在不移动骨折线的情况下可以移动股骨。

最后，需要将钢针的尖端插入到髋臼内的骨折片段中，而且不能从软骨表面穿出。

有两种可供选择的方法能避免这种情况发生：

- 在X线片上测量髋臼内骨折片段的厚度，从而计算可插入钢针的深度。
- 在股骨头和髋臼之间插入一种类似于茶匙的手术器械，其中央有一个狭缝，可以在不接触圆韧带的情况下引入钢针。当钢针打出时，这个器械将起到屏障作用，为了确保不会损伤关节，这个器械只需要移动1毫米就可以了。

最后，常规缝合关节囊和软组织。

大转子骨骺分离

大转子骨骺分离并不常见，通常与股骨头骨骺分离有关（图9-51）。它被归类为大转子的Ⅰ型Salter-Harris骨折，是由臀中肌和臀深肌附着点的牵拉引起的。

因此，该骨折为撕脱性骨折，要用张力带系统进行固定（图9-52）。手术本身很简单，大转子生长板发生的提前闭合不会对患肢的功能造成任何影响。对于非常年轻的动物，为了尽可能少地影响生长板的发育，并且为了美观而不是功能的原因，可以用可吸收缝合线代替上述的环扎钢丝（图9-53）。

股骨颈骨折

股骨颈骨折是成年动物特有的骨折，这与局部所受冲击力的方向有关，不会发生髋股关节脱位，所受的冲击力主要集中在股骨颈，最终造成骨折。

合适的固定方法包括垂直于骨折面放置拉力螺钉，同时联合放置平行于螺钉的钢针。应尽可能将螺钉拧入股骨头的深处，但不能到达关节面。钢针除了可以为骨折提供稳定性之外，还有一个重要功能是防止骨折片段围绕螺钉旋转。

该手术与之前描述的股骨头Ⅰ型Salter-Harris骨折的手术相似。唯一的区别是骨折部位的复位必须尽可能精确，特别是大型犬。在这种情况下，建议对大转子进行截骨，以便更好地看到复位的精准性。如果从骨折面向外侧皮质骨钻螺钉的滑行孔，手术就会更简单。如果动物体格大小允许的话，应该使用松质骨螺钉。当然，如果螺钉尖端不能很好地固定在任何皮质骨上，则必须要进行全长攻丝。

一旦植入螺钉，就要插入克氏针，复位大转子截骨部位并用张力带系统进行固定（图9-54）。

对于不可复位的骨折或植入失败病例，可能需要对股骨头和股骨颈进行切除（图9-55）。这个手术也适用于股骨头骨骺分离。

股骨干骨折

股骨干骨折是股骨发生较多的骨折。如前所述，对于这种骨折，应将骨板放在股骨前外侧，即骨的张力面。显然，使用哪种固定系统取决于骨折的类型以及动物的年龄和外科医生的偏好。治疗股骨干骨折最理想的系统是骨板系统。一般来说，加压骨板用于横骨折（图9-56），中立骨板用于多

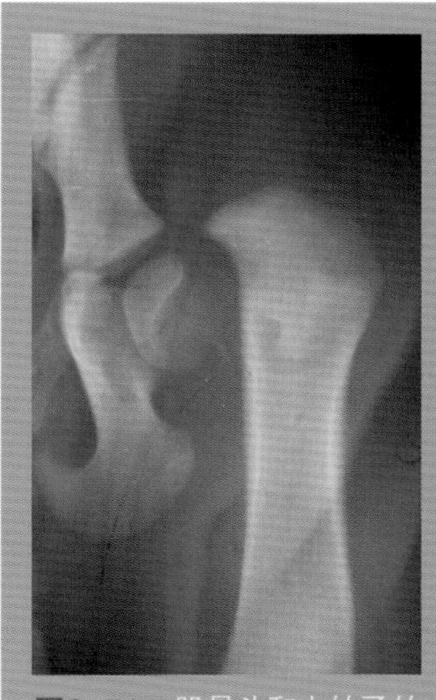

图9-51　股骨头和大转子的Ⅰ型Salter-Harris骨折。

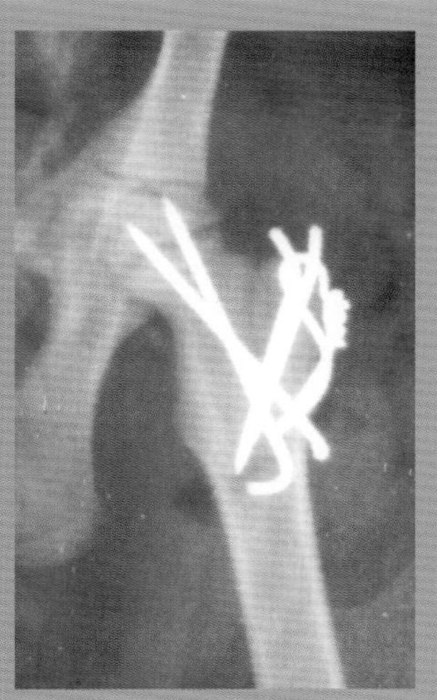

图9-52　用张力带系统固定骨股头大转子的Ⅰ型Salter-Harris骨折。

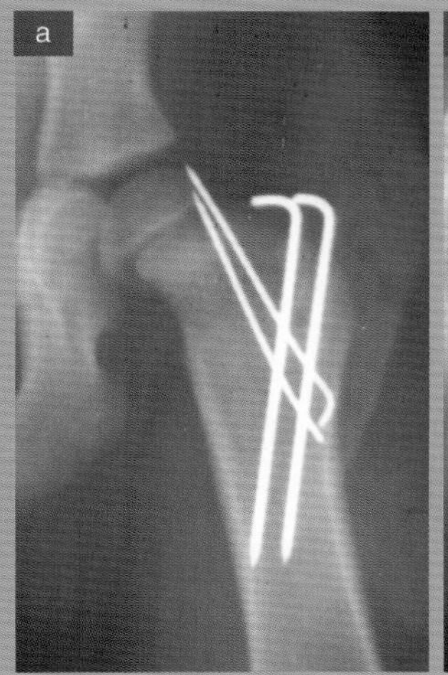

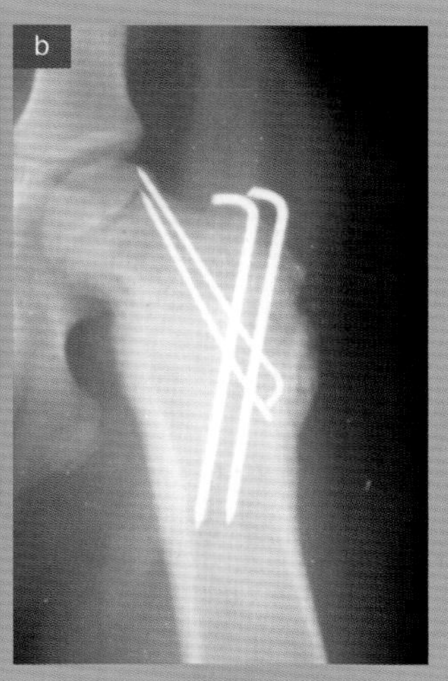

图9-53　使用可吸收缝线替代张力带钢丝和钢针固定非常年轻的患犬股骨颈骨折的术后X线片（a）和固定后的恢复情况（b）。

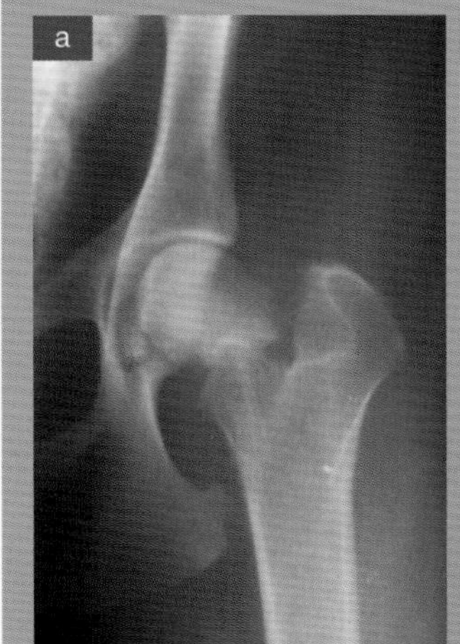

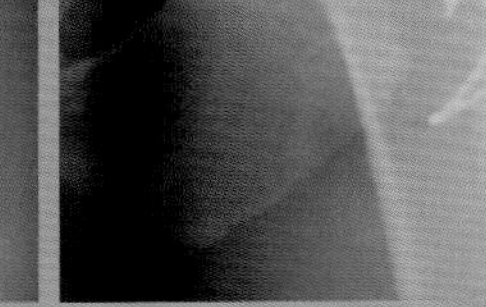

图9-54　股骨颈骨折（a）及术后X线片（b）。

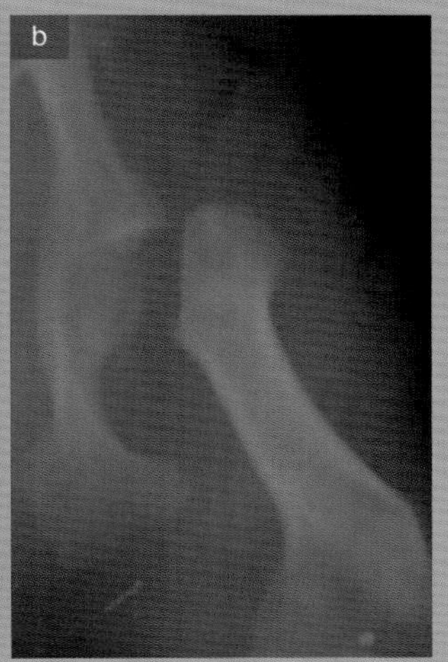

图9-55　股骨头和股骨颈的不可复位性骨折（a），通过切除股骨头和股骨颈进行治疗（b）。

处骨折（图9-57）或斜骨折，支持骨板用于无法重建或选择生物骨接合术的骨折（图9-58）。

转子下骨折

转子下骨折并不常见。发生这种骨折时，主要的问题在于近端骨片尺寸太小。如本章前面所述，可以将骨板放置在大转子的顶部，并进行折弯，这样就不需要太大的空间放置足够多的螺钉。对于骨板位置的放置，由于要略微朝尾侧方向插入骨板，刚好位于臀浅肌的附着点和解剖轨迹的上方，因此需要切开臀浅肌的肌腱（图9-59）。

股骨中1/3处骨折

考虑到股骨的特点，单独使用髓内针进行充分固定的骨折相对较少。只有年轻动物发生长斜骨折时可以使用髓内针进行固定，同时还要用环扎钢丝防止滑动。

同样，股骨远端骨折不应该用髓内针进行固定，因为植入物不能穿透远端骨骺。由于远端骨片只连着一小部分钢针，因此获得的稳定性也比较差。如果再加上股骨在这个位置存在自然弯曲的特点，就很容易理解不建议对远端骨折采用这种固定方法的原因。与肱骨骨折类似，不应该把外固定支架作为治疗股骨骨折的首选。由于解剖上的原因，无法将连接杆连接到骨的两侧，这就影响使用具有足够稳定性的支架结构。考虑到有可能把夹钳放置在膝关节的内侧面，此时，使用单侧、单平面配置或混合上述配置是唯一的选择。

另一种选择是放置两根连接杆，以达到更大的抗折弯力（图9-60）。最外面的连接杆可以在几

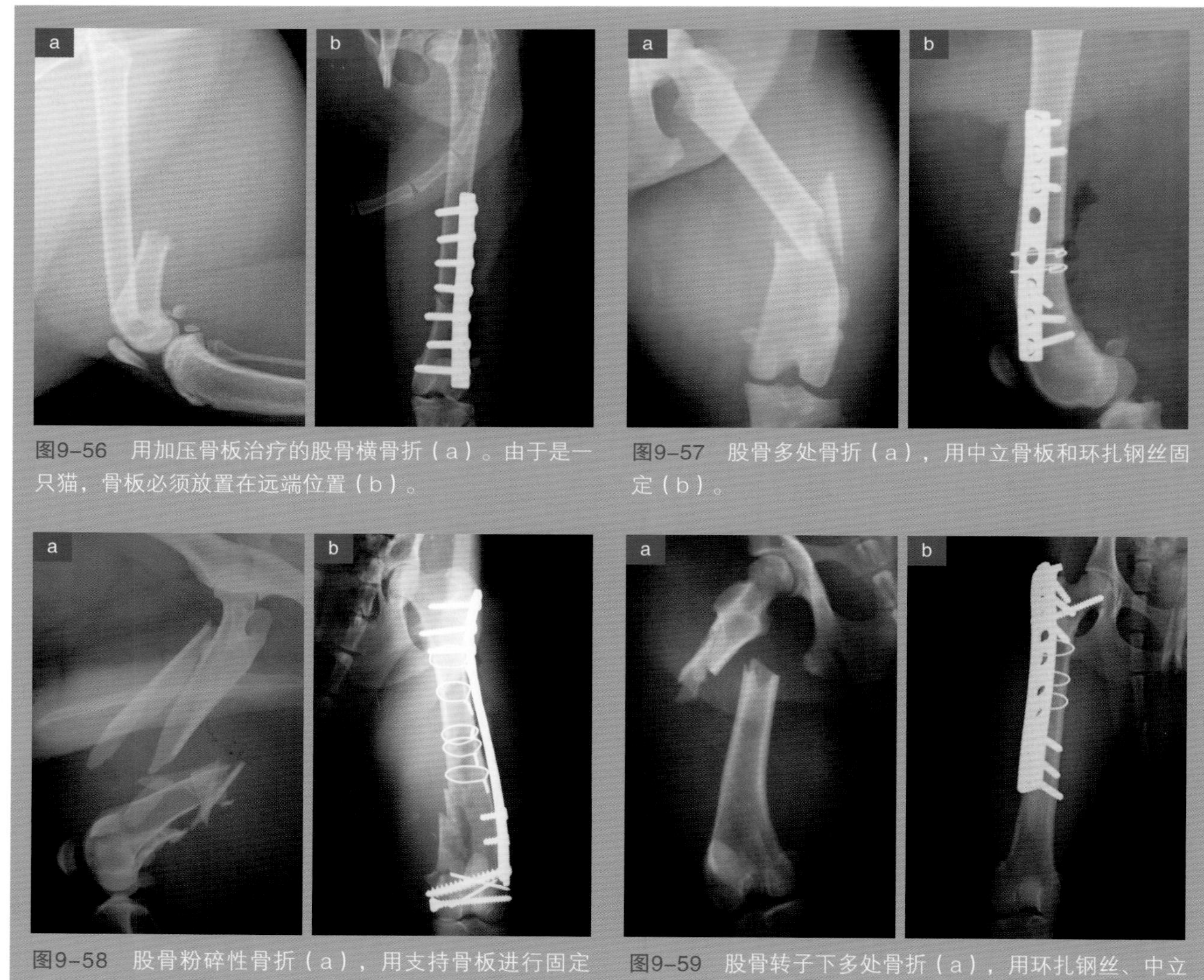

图9-56　用加压骨板治疗的股骨横骨折（a）。由于是一只猫，骨板必须放置在远端位置（b）。

图9-57　股骨多处骨折（a），用中立骨板和环扎钢丝固定（b）。

图9-58　股骨粉碎性骨折（a），用支持骨板进行固定（b）。

图9-59　股骨转子下多处骨折（a），用环扎钢丝、中立骨板和拉力螺钉治疗股骨颈骨折（b）。

周后去除，以使外固定支架更有动力。然而，如果必须使用外固定支架，最稳定的选择是使用混合式结构。只需用一根中和折弯力的髓内针配合两根经皮钢针就可以固定，从而避免了在肌肉区域放置螺钉。

在采用迷你骨固定系统或对植入物的抗性存在疑问时，可以用外固定支架提供暂时性的固定。在这些病例中，一旦发现愈合过程中出现了足量稳定的骨痂，说明第一次固定是成功的，此时可以移除外固定支架。

毫无疑问，骨板是治疗股骨骨折的理想系统。选择的植入物类型及其功能将取决于骨折的类型。

最常见的骨折是中间和远端1/3的多处骨折或粉碎性骨折。中立骨板与其他加压或支持系统联合应用不仅取决于骨片复位的可能性，还取决于外科医生的喜好（图9-61和图9-62）。骨板必须始终放置在张力面上。如果必须放置在非常靠近远端的位置，一定要避免影响髌骨的活动。

对于选择生物学技术固定的骨折病例，可以进行髓内固定术与骨板的联合应用。插入钢针有利于骨纵轴的对齐，有利于分离主要骨折片段以达到合适的骨长。

之后，只需针对“转子-股骨头”复合体形成的纵轴调整其正确位置即可。这样就可以避免旋转引起的调节不当（图9-63）。对于可复性骨折，骨折片段正确对位后会实现自动对齐。

对于远端1/3骨折的病例，应评估使用足够数量螺钉固定骨板的可能性。有一些特殊骨板可以弥补空间的不足（图9-64）。

对于正在发育的动物，在骨骺和干骺端之间使用桥接骨板会影响股骨的生长，因此不能使用。在这些病例中，如果骨折复位后仍不能充分固定，则可以使用冲针配合暂时性的外固定支架进行固定。当然，外固定支架也不能放在生长板的两侧。

大型犬或复位后骨折部位不稳定时，可以用两块骨板代替一块骨板。这样，就可以在两个植入物中放置足够数量的螺钉。另一种选择是使用锁定骨板，可以在每个骨片上使用较少的螺钉（图9-65）。

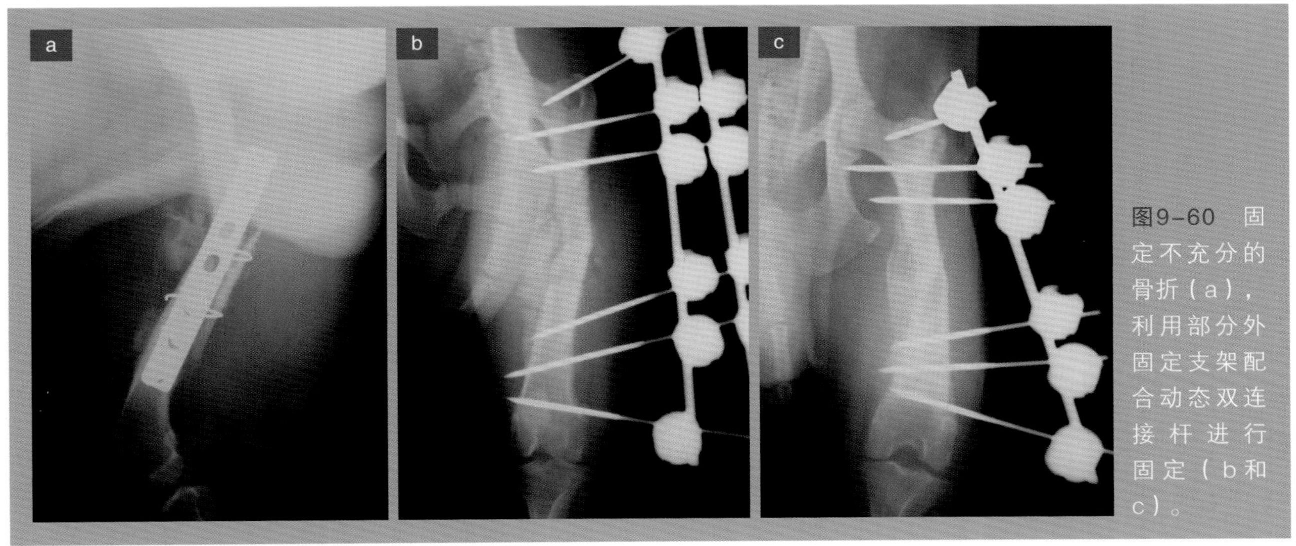

图9-60 固定不充分的骨折（a），利用部分外固定支架配合动态双连接杆进行固定（b和c）。

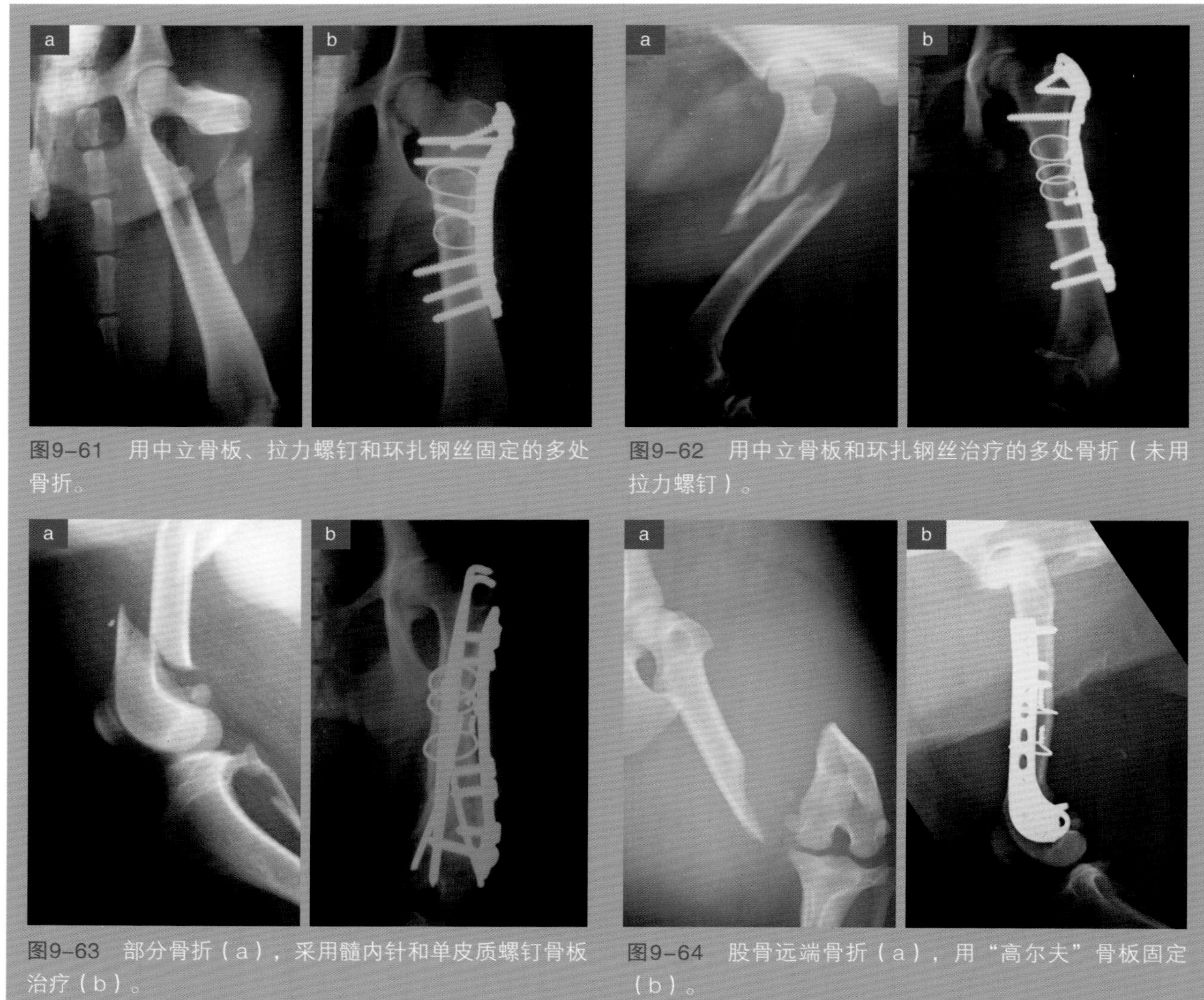

图9-61　用中立骨板、拉力螺钉和环扎钢丝固定的多处骨折。

图9-62　用中立骨板和环扎钢丝治疗的多处骨折（未用拉力螺钉）。

图9-63　部分骨折（a），采用髓内针和单皮质螺钉骨板治疗（b）。

图9-64　股骨远端骨折（a），用“高尔夫”骨板固定（b）。

远端骨骺骨折

猫比犬更常发生股骨远端骨折。通常为远端骨骺的Ⅱ型Salter–Harris骨折。

就像大多数影响生长板的骨折一样，理想的治疗方法是使用冲针以免影响骨的生长。

一般不认为这种骨折是外科急诊；但是要尽早进行手术治疗。一旦过了两三天，对于年轻动物，随着骨愈合进程的迅速开始，尤其是干骺端后侧的骨膜处愈合较快，会使骨折的复位变得复杂。

手术通路是在膝关节的前外侧做切开。一旦确定髌韧带，平行于韧带切开阔筋膜，注意不能离韧带太近，以减少术后的疼痛（图9-66）。

接着，沿阔筋膜向近端延长切口，绕着髌骨一直到需要的位置。随后，打开关节囊，向内侧移动髌骨。小心操作，并在髌骨区域留下足够的组织，以便手术时闭合关节囊。如果组织裂开，可能要发生髌骨脱位。

一旦找到骨折位置，从胫骨近端握住胫骨，屈曲膝关节并向前牵拉胫骨将骨折断端复位（图9-67）。对于不是刚发生的骨折，骨膜回缩会使

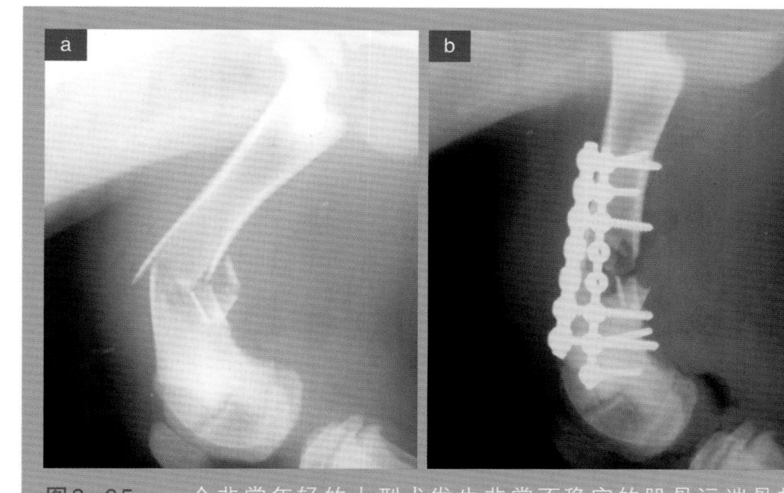

图9-65　一个非常年轻的大型犬发生非常不稳定的股骨远端骨折（a），用两个成90°角的锁定骨板固定（b）。

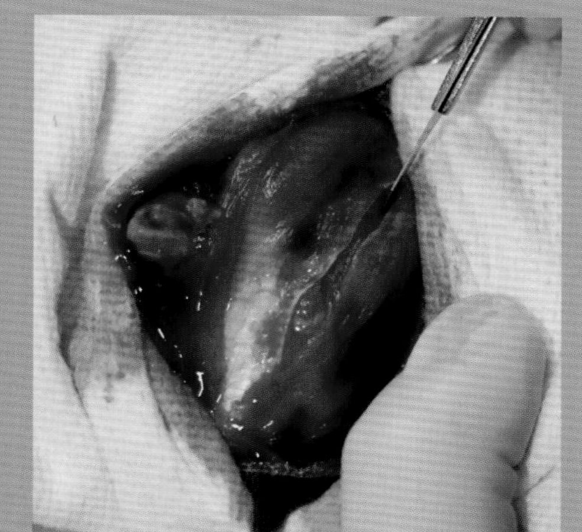

图9-66　平行于阔筋膜的髌骨旁切口，在髌韧带旁边保留安全的边缘。

复位的难度增加，甚至可能需要对几天前发生骨折处的骨膜进行彻底处理。

为了暂时稳定骨折，需要使用双点复位钳：复位钳的一端放在两股骨髁之间，另一端放在干骺端的前面（图9-68）。这样可提供足够的稳定性，直到插入克氏针。应该从股骨滑车嵴的两侧插入克氏针，并朝髓腔方向打入（图9-69）。固定完毕后，折弯并剪断克氏针末端，以免影响关节活动（图9-70）。

就固定所获得的稳定性而言，有不同的可能性：

- 在骨髓腔内插入冲针（图9-71）。这个系统几乎不影响生长板的生长，而且在钢针交叉的位置允许一定的旋转运动和骨片分离。这种装置不应用于陈旧性或不稳定骨折。
- 将钢针的末端锚定在干骺端（图9-72）。这个系统更稳定，因为它几乎不允许骨折部位有任何移动，但会影响生长板生长。不应该用于具有较高生长潜力的动物。
- 从干骺端前方朝向股骨髁平行打入两根钢针。这种固定非常稳定，而且不影响骨的生长。唯一的问题是，它需要更广泛的干预，而且必须小心操作以免损害关节面。这是最好的固定系统，特别对于具有较好生长潜力的动物（图9-73）。

在一些病例中，干骺端骨折同时伴发关节骨折，从而预后较差。这种情况对猫而言更为常见，这是从高处坠落的结果。可以按照关节骨折的固定原则进行治疗，尽可能按解剖学结构重建关节面。因此，如果骨折片段足够大，通常使用拉力螺钉进行固定（图9-74）。反之，可以使用钢针固定，尽管这样所达到的稳定性会差一点（图9-75）。

对于一些股骨远端骨骺骨折，行胫骨嵴截骨术有利于看到整个关节区域，以便正确放置植入物。通过此通路，当提起股四头肌时，很容易接触到股骨髁的所有部分（图9-76）。一旦手术完成，必须使用张力带系统固定截骨部位，以抵消股四头肌的牵引力（图9-77）。

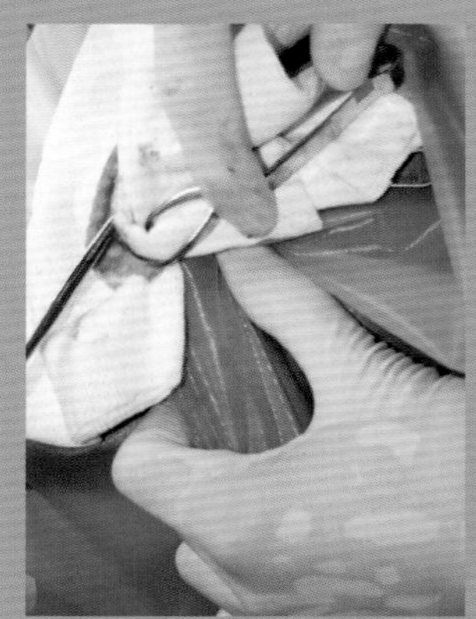
图9-67　通过向前牵拉胫骨来复位骨折。

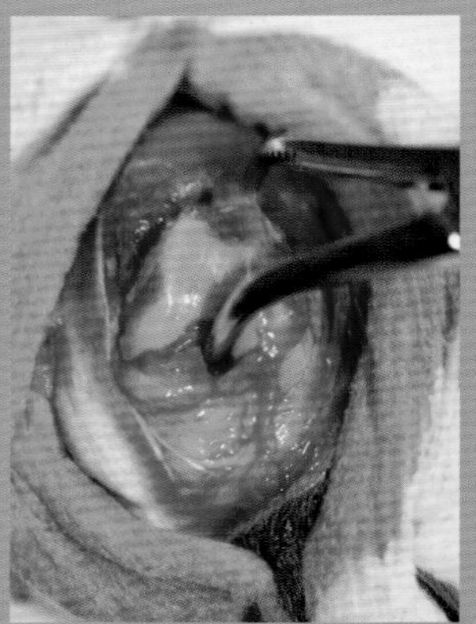
图9-68　采用双点复位钳暂时固定骨折。

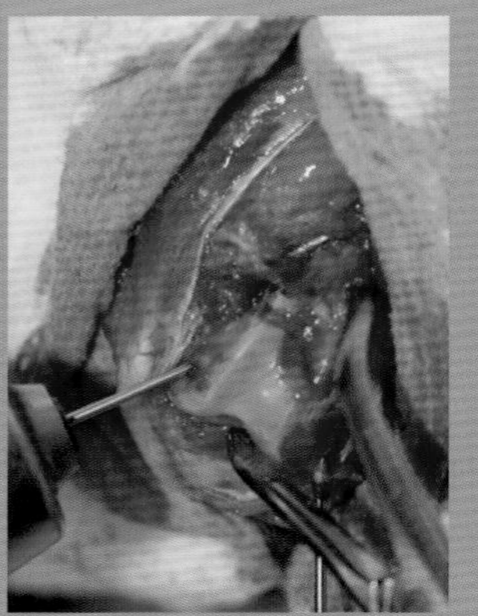
图9-69　钢针的插入。

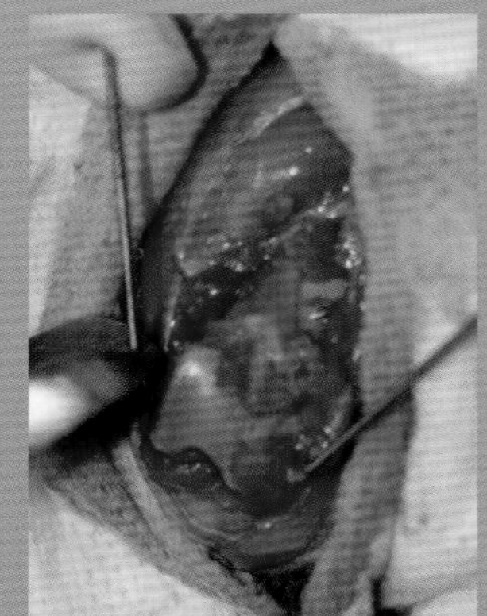
图9-70　钢针的折弯和剪断。

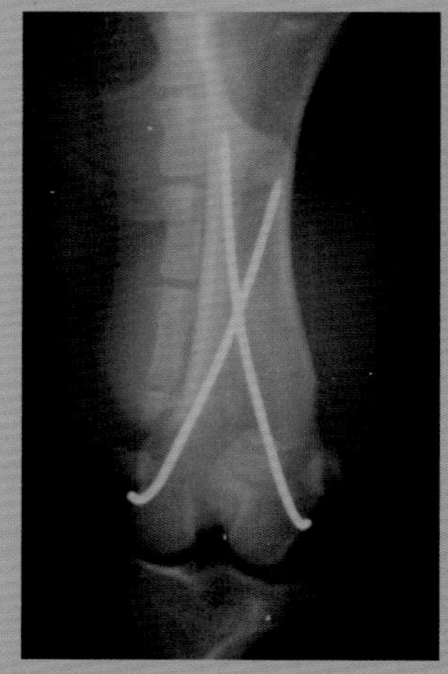
图9-71　冲针。

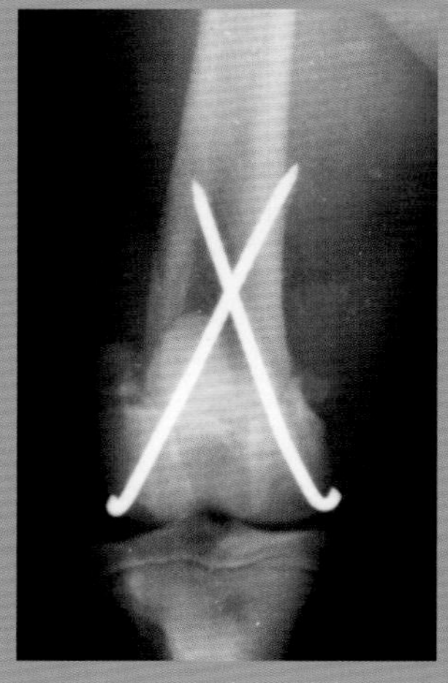
图9-72　将冲针锚定在干骺端。

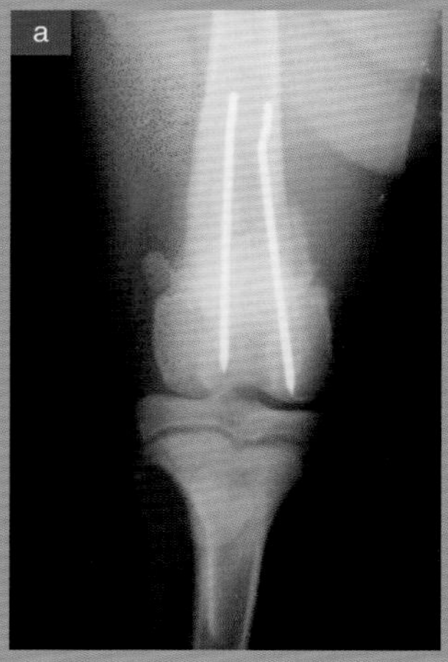

图9-73　从干骺端插入平行的钢针。前后位（a）和侧位X线片（b）。

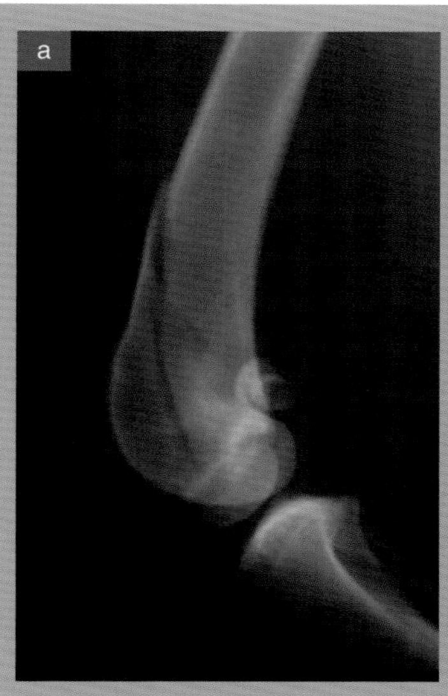

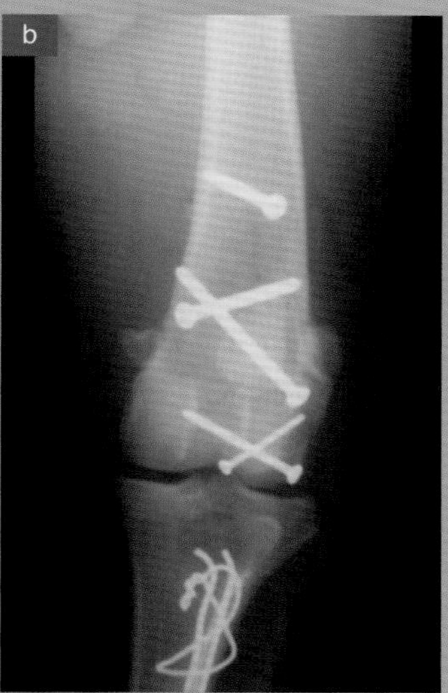

图9-74　用拉力螺钉固定的股骨远端螺旋形骨折（b）。

图9-75　用钢针和髁间螺钉固定的骨折。

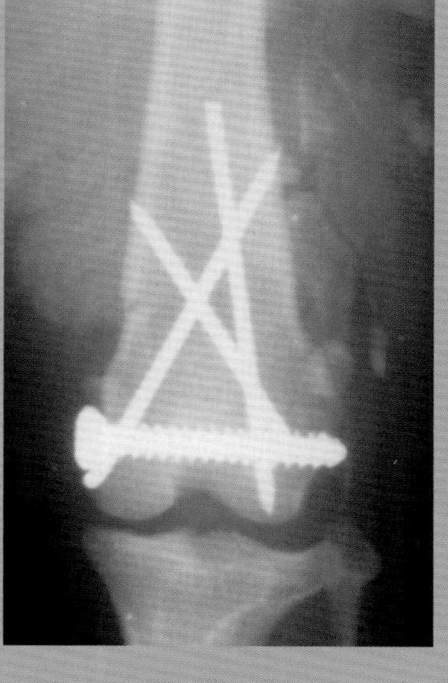

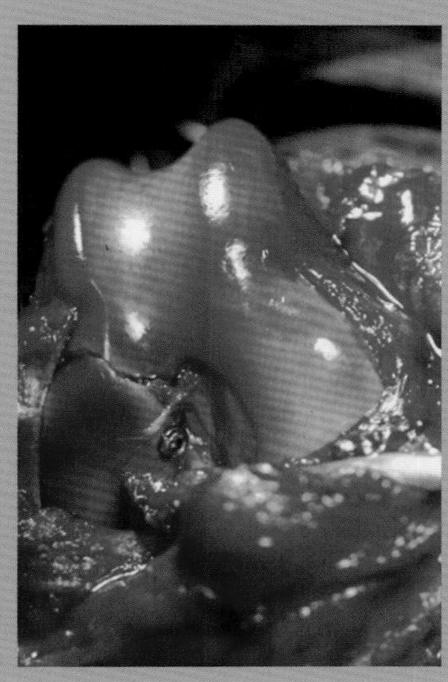

图9-76　从股骨髁内面插入拉力螺钉时采用的胫骨嵴截骨术。

图9-77　用钢针配合张力带钢丝固定截骨部位。前后位（a）和侧位X线片（b）。

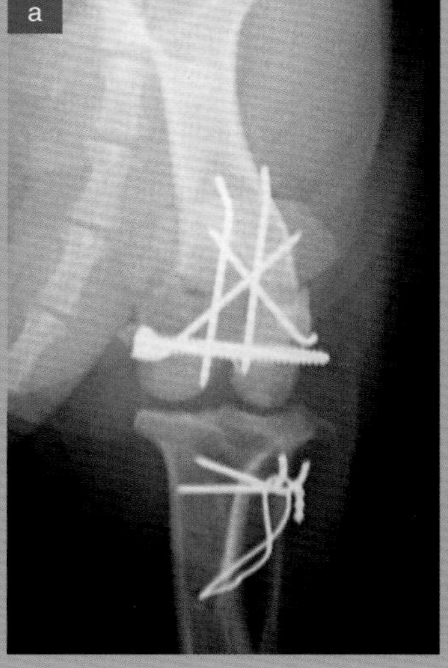

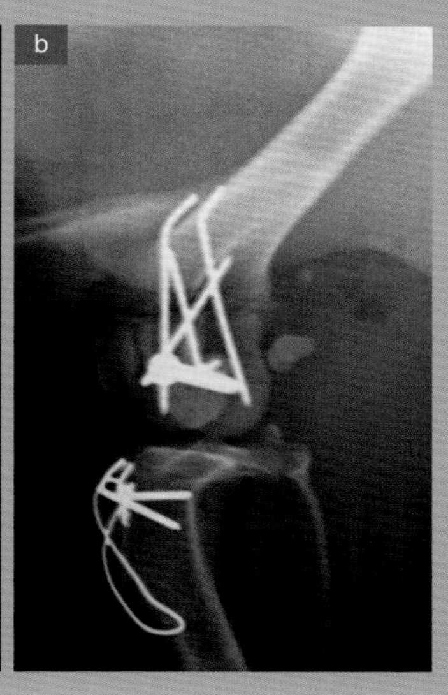

胫骨和腓骨骨折

据统计，胫骨是除肱骨外最不常发生骨折的长骨。除了一些特殊情况（正处于发育阶段的动物胫骨中间1/3斜骨折）外，胫骨骨折通常与腓骨骨折同时发生。除了在中间骨干区域稍有弯曲之外，胫骨几乎是直的（图9-78）。由于胫骨的近端骨骺较宽，这样在骨骺的外侧和内侧皮质表面形成了明显的凹陷。

胫骨的张力面在内侧。由于生物力学的原因，强调它的切面很重要，因为它的近端切面为三角形，远端1/3的切面为圆形，胫骨是唯一具有该特点的长骨（图9-79）。这种解剖学上的构造使胫骨发生多处骨折或粉碎性骨折时骨片很大，而且骨折线朝向骨的远端骨骺方向延伸。胫骨很少发生横骨折，如果发生，肯定出现在远端1/3部分，这个区域与其他的长骨一样。

当发生影响胫骨的损伤时，应通过X线仔细检查并确定任何可能使植入物选择更困难的骨折线，尤其是在准备闭合性整复与固定时应特别注意（图9-80）。

从解剖位置上看，胫骨的骨骺是封闭的：近端被股骨的关节面封闭，远端被距骨骨骺封闭。这种特性使髓内针难以插入。在某些情况下，可以将钢针从近端骨骺穿出，通常以顺向方式打入钢针，稍微向内侧皮质表面偏移，以免损伤髌韧带的后方。

由于胫骨最远端几乎没有肌肉，所以该区域的血供较差。

关于腓骨，应着重强调猫的解剖特性，猫的腓骨远端骨骺形成了跗关节表面的一部分，而犬的腓骨远端骨骺位于外侧，且与距骨嵴接触，但并不承重。

一般来说，在胫骨和腓骨骨折中，除了腓骨远端骨折必须进行固定外，只有胫骨骨折必须进行固

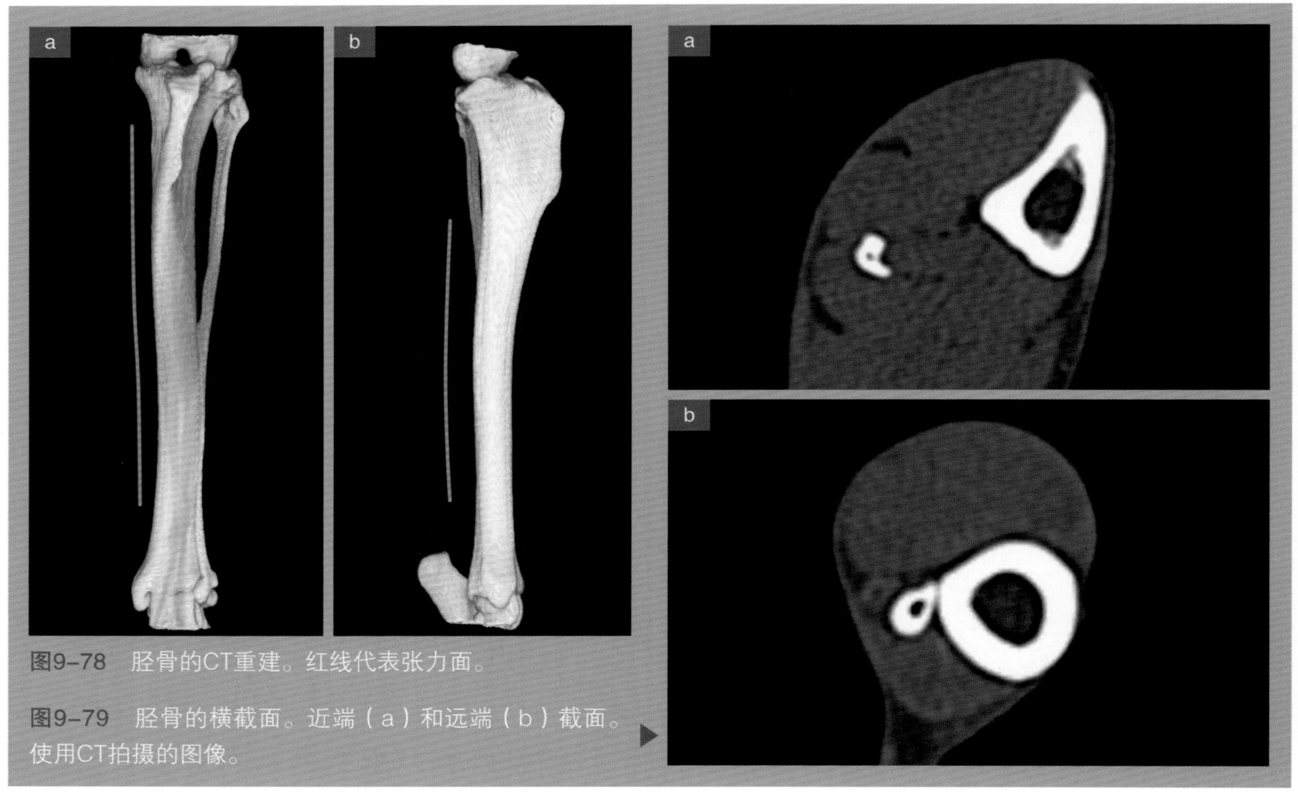

图9-78　胫骨的CT重建。红线代表张力面。

图9-79　胫骨的横截面。近端（a）和远端（b）截面。使用CT拍摄的图像。

定。这是因为远端骨骺是侧副韧带附着的部位，会影响跗关节的稳定性。

固定技术

任何固定系统都可以对胫骨骨折进行固定，包括髓内针固定在内，尽管不推荐使用这种方法。

外固定

很少数的骨折可以采用保守治疗。年轻动物发生高度稳定性骨折时，由于骨折愈合的速度能够弥补缺乏的稳定性，此时可以使用外固定。根据前面的描述，影响胫骨的稳定骨折很少见，因此保守治疗使用较少，几乎只用于发育中的动物出现没有移位的短斜骨折时。

在考虑对胫骨进行保守治疗时，需要记住的一个细节是腓骨的完整性（图9-81）。虽然这块骨头很薄，抗性很小，但它可以作为一个内部支架，显著减少骨折部位的移动，特别是在轴向负重时可防止塌陷。

有许多类型的硬质绷带可用于骨折的保守治疗，但都是基于轻质罗伯特-琼斯绷带的应用，覆盖着从跖骨到膝关节上方几厘米的范围（图9-82）。不要使用过多的填充物，因为这会使骨折部位发生一定程度的移动。然后，添加一个提供稳定性的硬质组件。有许多类型的商业夹板，但最好的系统是由玻璃纤维铸型条制成的。一个非常重要的细节是需要完美地对刚性材料末端的承重点进行衬垫，以防局部损伤（图9-83）。对于特殊的胫骨骨折，通常只需环绕跖骨前部放置一块到达跖骨最近端的夹板于胫骨前方即可。

双瓣绷带，由于其复杂性，以及与跟骨摩擦可能产生的问题，通常只在对跗骨骨折进行迷你固定系统固定时使用。

髓内针固定

考虑到胫骨平台在股骨髁实际受力时会向后方移位，从解剖学上来看不可能插入髓内针。应该将突出于胫骨近端的植入物部分从髌韧带的附着点内

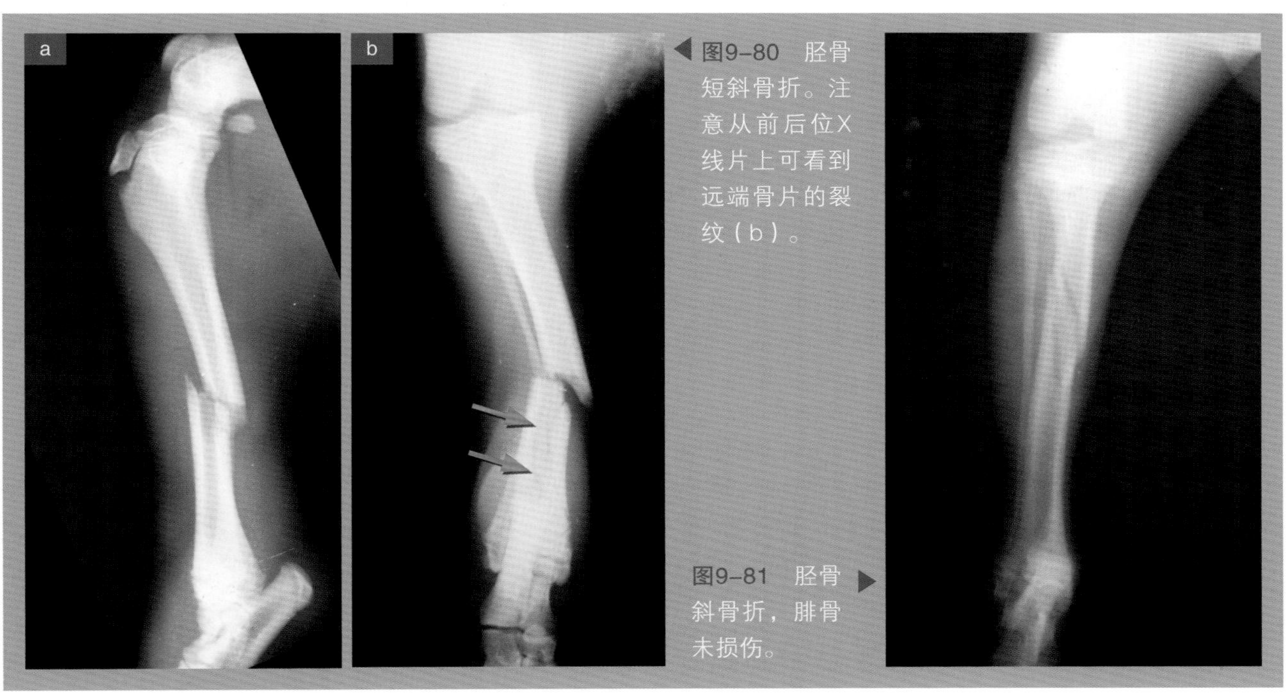

图9-80 胫骨短斜骨折。注意从前后位X线片上可看到远端骨片的裂纹（b）。

图9-81 胫骨斜骨折，腓骨未损伤。

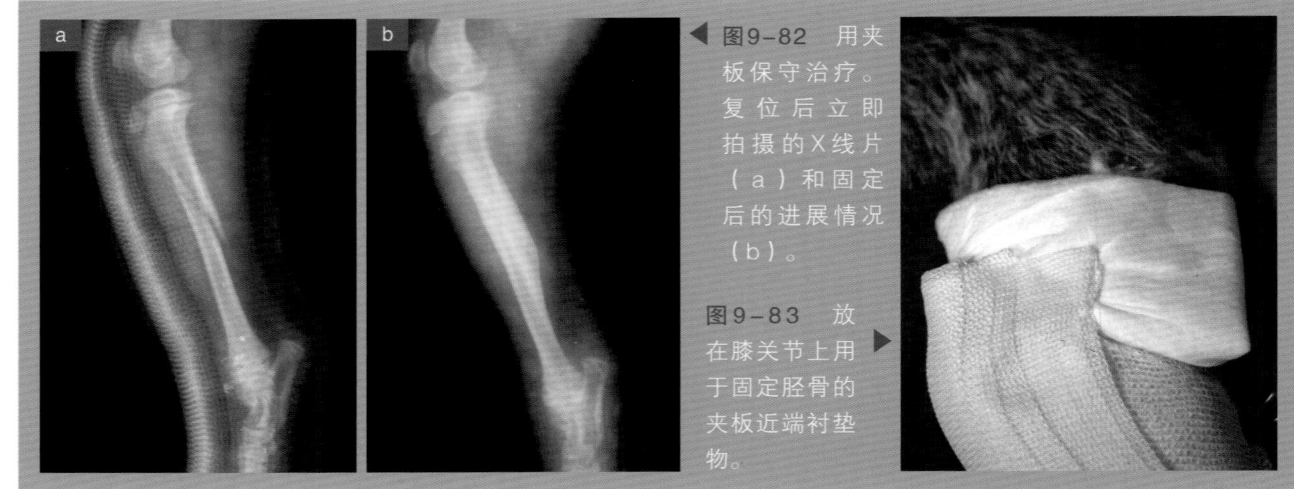

图9-82　用夹板保守治疗。复位后立即拍摄的X线片（a）和固定后的进展情况（b）。

图9-83　放在膝关节上用于固定胫骨的夹板近端衬垫物。

侧穿出。将髓内针的末端向前方折弯非常重要，这样可避免在膝关节过度伸展时与股骨接触。然而，由于多处骨折和粉碎性骨折发生率较高，再加上可能会使用其他植入物，因此这种固定系统很少单独使用。

由于微创骨板接骨术在过去几年的蓬勃发展，几乎在所有情况下，放置锁定骨板之前插入髓内针已经成为主流。

将髓内针以顺向方式插入，可用于骨片段的对齐，更有利于固定的进行。同时，它显著地增加了抗折弯力，因此，可防止螺钉的过早松动。

外固定支架固定

由于所有的外固定支架都可用于胫骨骨折，而且在安全范围内置入经皮钢针时，机体的重要结构受损的概率较低，因此胫骨骨折最适合使用外固定支架进行固定。另一方面，由于内侧皮质骨在其远端1/3处很平坦，而且周围肌肉组织很少，所以将植入物放置在预想位置非常简单。在远端1/3处插入钢针也非常简单，因为在这个水平处胫骨的内侧和外侧表面都没有覆盖任何肌肉，这便于通过触诊骨的结构引导医生进行手术。

> 只要选择合适的配置，几乎所有胫骨骨折都可以通过外固定支架进行治疗。

与其他固定系统相比，该系统的优点之一是可以在闭合性骨折中使用外固定支架。这样，在不损伤软组织的情况下，愈合会更快。像以前描述的一样，选择哪种方式固定取决于骨折的类型以及外科医生的偏好。

为了更好地定位，以及更容易和安全地插入钢针，应将动物仰卧保定，患肢从手术台边缘伸出（图9-84）。保持这个体位可进行四肢的屈曲和伸展运动，并将另一肢作为解剖参考。重要的是，如果外固定支架用于闭合性骨折，这种方法可能很有用。

首先，应将钢针插入固定支架的两端。最近端经皮钢针应放在胫骨后部，一个很重要的位置，因为这个区域的骨呈三角形（图9-85）。如果把钢针植入中心位置，就会固定在胫骨嵴上，在这个位置使用带螺纹的植入物很容易松动。然而，如果近端经皮钢针放置在更靠近胫骨后部的皮质面，由于内侧和外侧皮质表面之间存在距离，加上骨的质地更好，将很难出现植入物的松动。

最远端经皮钢针也应该按照由内向外的方向打入。为了正确对位，应朝这个方向打入。需要注意的一个问题是脚踝与距骨有重叠，因此可能会误将植入物打入关节内。不能超越的最远端界限是紧邻内踝近端凹陷的起始处。（图9–86）。

近端和远端经皮钢针放置后，根据选择的单侧或双侧固定支架分别将其与连接杆（或连接棒）连接。

连接的结构足够稳定以确保骨的正确对位。如果有必要，可通过对患肢关节进行屈伸活动与健康肢骨突起的正确位置相比较。

综上所述，用连接杆对所选外固定支架的其余外部部件进行连接支撑。

骨板固定

骨板的放置位置由骨的张力面（胫骨在内侧面）和可供选择的更简单的通路（也是内侧面）位置所决定。由于这些原因，几乎所有的骨板都适合放在胫骨的内侧面。

与放置外固定支架相似，应该平行于胫骨的后部皮质面放置骨板，这样可以将近端螺钉锚定在质地更好的骨上。

为了进行骨板固定术，应将动物侧卧保定，患肢完全自由地放在手术台上，以便进行骨的复位和处理。至于另一个肢体，建议向前背侧牵拉。在这种体位下，将股骨髁重叠在手术台上，如果骨折不能复位，可以作为参考。

胫骨的表面几乎是平的，基本不需要进行骨板塑型，除了某些发生软骨营养障碍的品种，因为它们的弯曲度更明显。只有当骨板必须放置在离骨骺非常近的部位时，才需要更明显的塑型。由于大多数影响胫骨的骨折会影响相当长的骨干，因此使用覆盖整个骨的长骨板至关重要（图9–87）。

特别重要的是要记住近端骨骺内侧表面的解剖学凹陷。在非常靠近关节的部位钻孔拧入螺钉时，钻头不应该朝向垂直于骨板的方向，因为这样可能

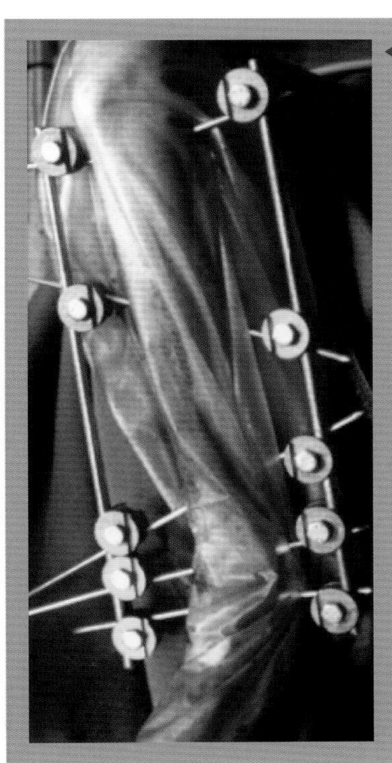

图9–84 动物仰卧保定，患肢所处位置便于复位和固定。

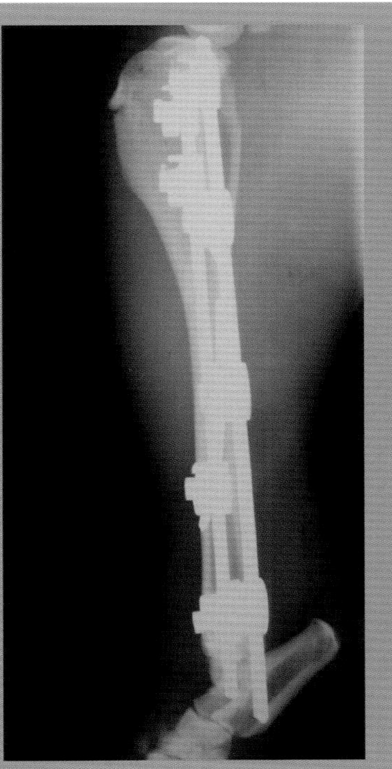

图9–85 使用Ⅱ型外固定支架固定的肢体侧位片。注意外固定支架的近端是如何放置在胫骨后部皮质面的。

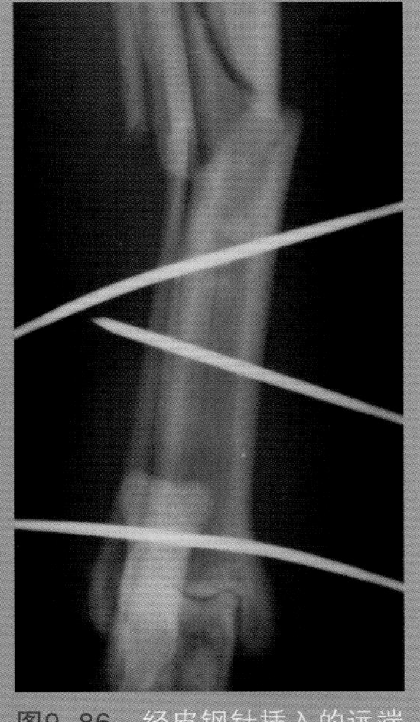

图9–86 经皮钢针插入的远端边界细节影像图。

会钻入关节。因此，为了获得正确的方向，钻头应朝向腓骨头的方向钻孔。这样，就能以平行于胫骨平台的方向拧入螺钉。

在胫骨远端放置骨板时，应该注意软组织的缺乏是造成皮肤过度紧张的原因。因此，建议使用数天罗伯特·琼斯绷带以减轻局部的张力。

手术通路

除了影响胫骨嵴和外踝的骨折外，手术通路总是在内侧进行。

暴露骨干并不困难，因为唯一需要注意的结构是隐静脉神经血管束，它斜向穿过胫骨中间1/3处（由后上方斜向前下方）。

由于它的走向与骨的三角形和圆柱形部分之间的过渡区重合，因此通常刚好位于骨折部位的上方。如果必须进入近端的干骺端，则必须切开半腱肌肌腱和缝匠肌筋膜。保留胫骨嵴上的肌肉附着点有利于后期的缝合（图9-88）。

对于影响胫骨嵴的骨折，最好选择外侧通路。对于展示动物或短毛动物，为避免术后看到疤痕，可以在内侧面做切开。

一旦找到胫骨嵴，沿外侧做一切口，显露胫骨嵴并提起胫前肌。如果需要看到胫骨平台，可向两侧扩创，必要时可一直切到侧副韧带。应注意避免损伤指总伸肌肌腱，该肌腱位于胫骨上方，由韧带连接并附着在股骨外侧髁。

最常见的胫骨骨折

近端骨骺骨折

为了解该部位骨折的特点，知道胫骨近端骨骺有两个次级骨化核很重要，第一个形成胫骨平台，第二个形成胫骨嵴（图9-89）。

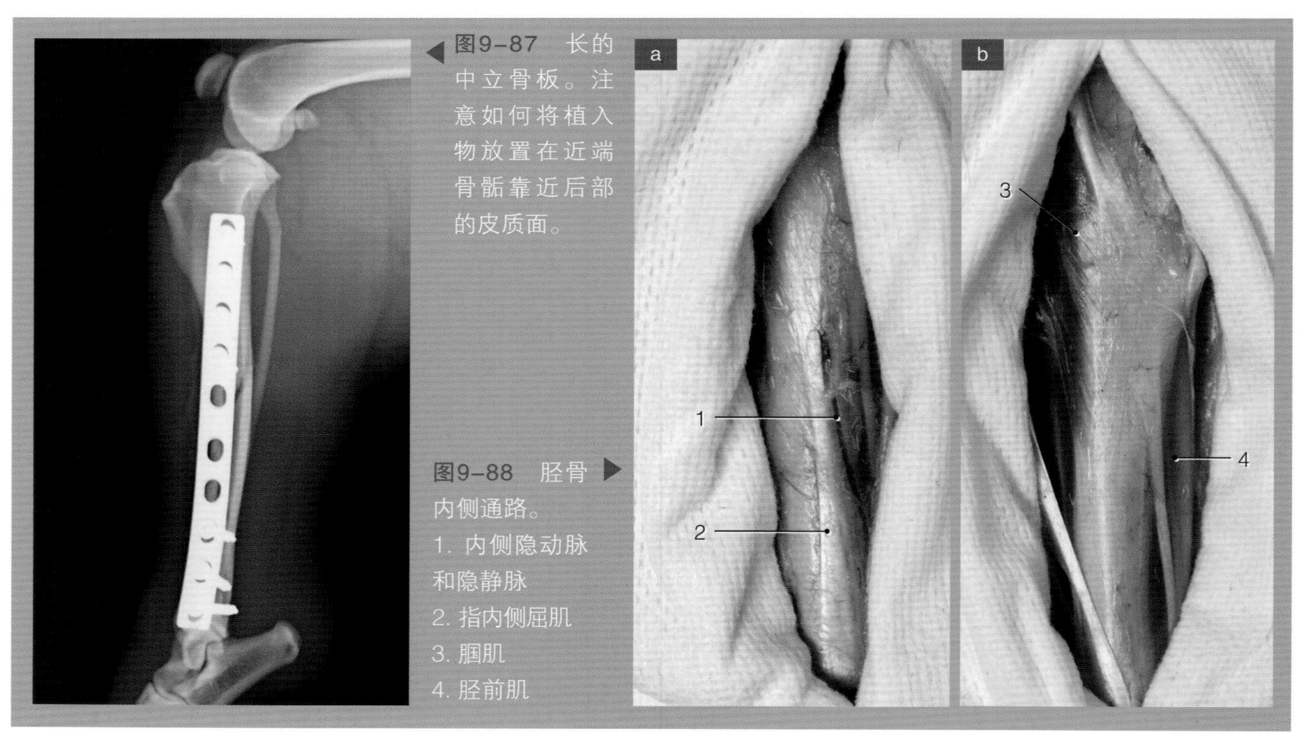

图9-87　长的中立骨板。注意如何将植入物放置在近端骨骺靠近后部的皮质面。

图9-88　胫骨内侧通路。
1. 内侧隐动脉和隐静脉
2. 指内侧屈肌
3. 腘肌
4. 胫前肌

影响这个部位的骨折通常发生于年轻动物，从而影响生长板。肌腱结构，如副韧带或髌韧带，在发育过程中比骨骺的软骨更具抵抗力。

这种类型的骨折并不常见。毫无疑问，最常见的是胫骨嵴Ⅰ型Salter-Harris骨折（图9-90）。在某些情况下，骨折可能伴有胫骨平台向后撕脱，使两个骨化核连在一起（图9-91）。在特殊情况下，两个核可能彼此分开，导致出现3条骨折线。

对于胫骨嵴撕脱病例，由于髌腱的影响，外科医生必须处理倾向于自我分离的骨折片段。患病动物表现的跛行可能有轻有重，有时甚至会被忽视。轻微的病例通常不会让医生怀疑骨折。在这些情况下，跛行持续并逐渐恶化。

通过X线检查可以发现髌骨向近端移位，同时伴发生长线的严重分离，不应该将这种分离与因年龄因素表现的正常影像图相混淆。当有疑问时，应按照同一关节屈曲角度对健康肢进行X线检查作为对比。

此类骨折的治疗包括使用克氏针固定胫骨嵴，有时可以联合张力带钢丝。

在皮肤上切开，避开最大皮肤张力的前方部分，显露髌韧带，沿胫骨嵴做一切口并提起胫前肌（图9-92）。一旦骨折复位，将钢针从髌韧带附着点的上方稍微斜向骨髓腔打入（图9-93）。接下来，在胫骨嵴骨折线远端钻孔（图9-94）。将钢丝穿过钻孔，在胫骨嵴的前方交叉，然后再经过钢针的上方。最后，在牵拉钢丝的同时拧紧钢丝，并将钢针朝向后方折弯（图9-95）。增加环扎钢丝可提供更强的抗牵引力以获得更好的稳定性，建议用于大型犬或活跃的动物（图9-96）。然而，这种类型的环扎会导致生长线过早闭合，从而导致胫骨嵴畸形。这部分骨缺少的正常发育可通过髌韧带长度的增加得到补偿，不会出现临床症状（图9-97）。

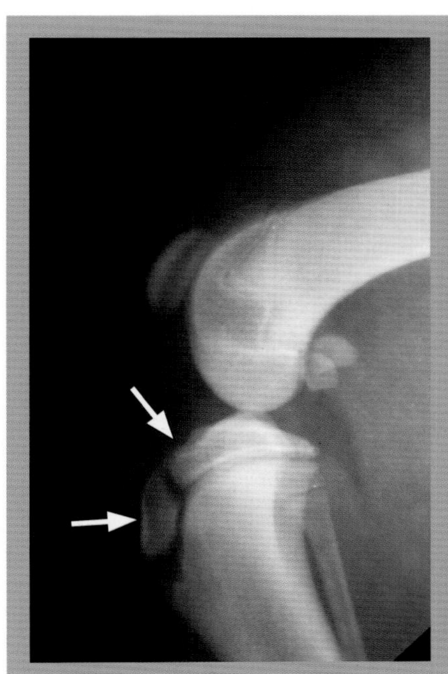

图9-89　犬的正常生长板。注意两种不同的骨化核（箭头）。

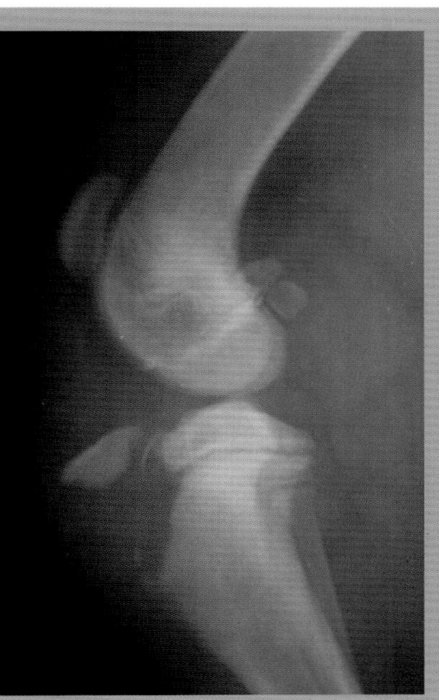

图9-90　胫骨嵴撕脱的细节影像图。

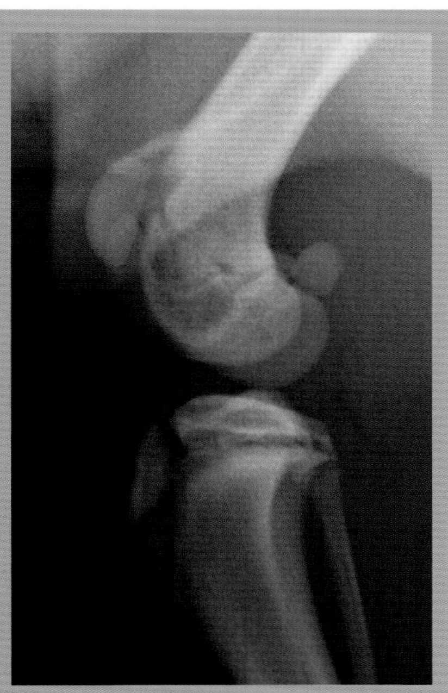

图9-91　胫骨平台和胫骨嵴向后撕脱，表现轻度移位。

对于小型动物，可以只用钢针进行固定，不用张力带钢丝。在这种情况下，钢针应平行于胫骨平台插入，以防在髌韧带的牵引下将其拔出（图9-98）。影响胫骨平台的骨折通常为Ⅰ型或Ⅱ型Salter-Harris骨折（图9-99）。这种情况通常应该进行手术治疗。采用保守治疗是错误的，因为会造成骨折断端的轻度移位。原因在于膝关节负重时的生理位置以及膝关节所承受的力导致近端骨片向后方出现进行性移位。由于这种骨折主要影响年轻动物，而且是相对比较稳定的骨折，它最终一定会愈合，但胫骨平台将会保持向后方极度倾斜。随着时间的推移，这种倾斜可能会导致前交叉韧带出现问题。

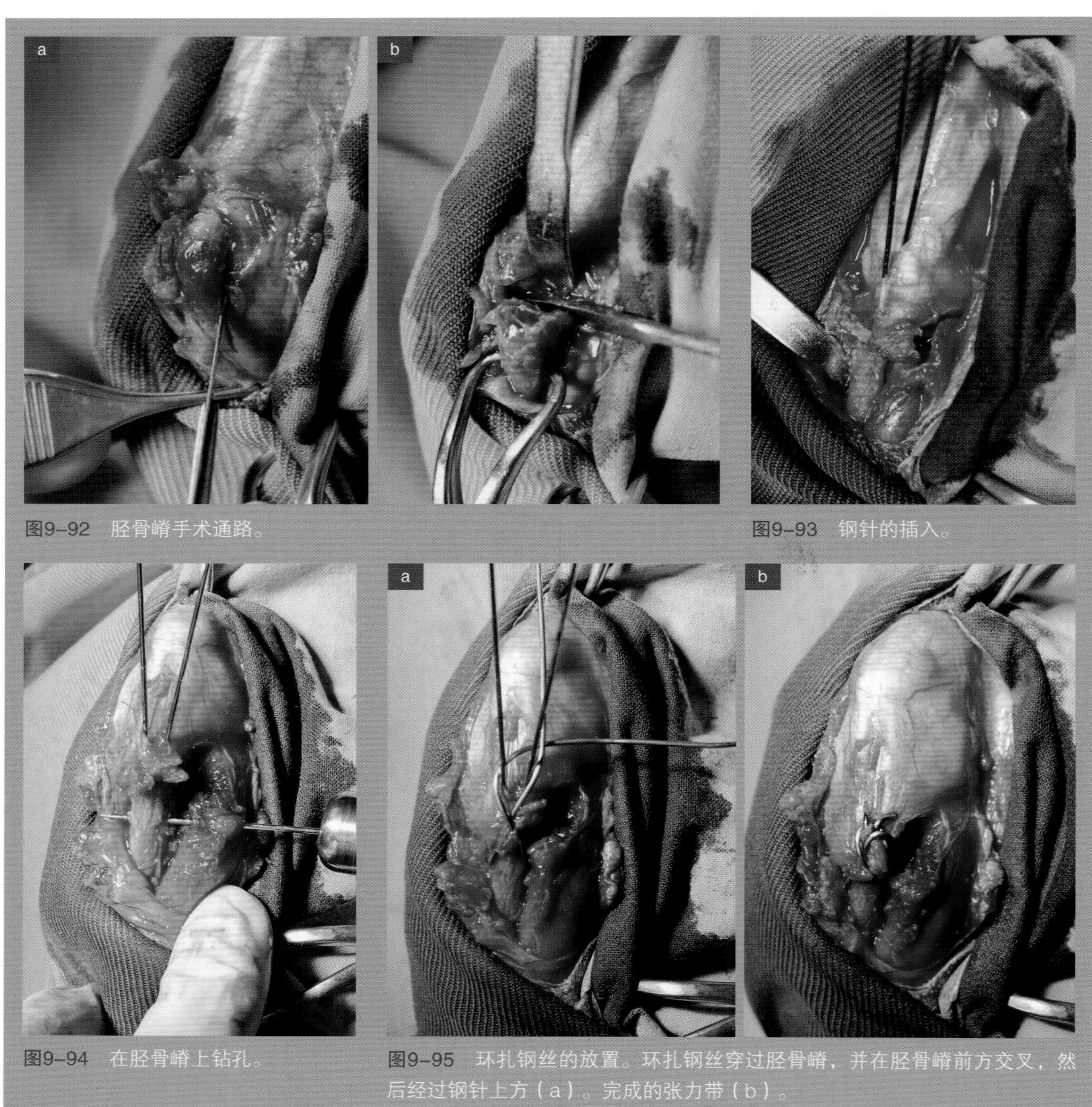

图9-92 胫骨嵴手术通路。

图9-93 钢针的插入。

图9-94 在胫骨嵴上钻孔。

图9-95 环扎钢丝的放置。环扎钢丝穿过胫骨嵴，并在胫骨嵴前方交叉，然后经过钢针上方（a）。完成的张力带（b）。

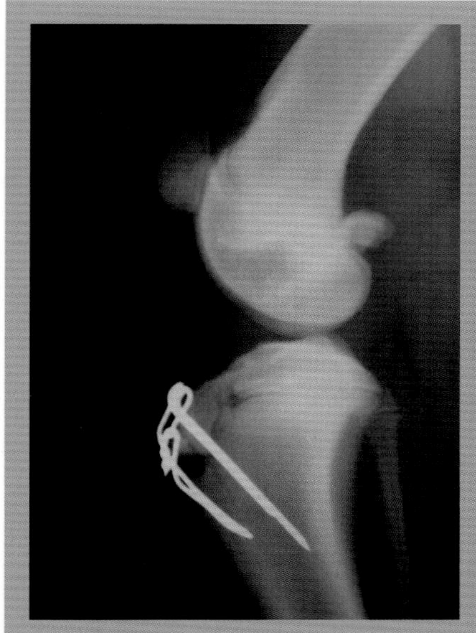
图9-96　胫骨撕脱伤处理后的X线片。

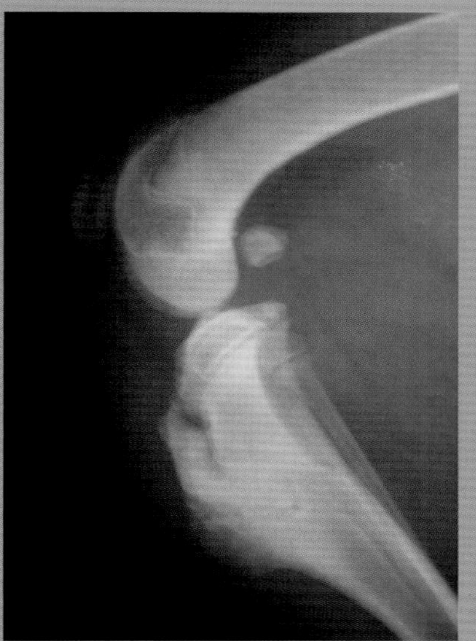
图9-97　植入物对生长板的影响。注意，虽然胫骨嵴已经影响了它的生长，但髌骨仍处于正常的解剖位置。

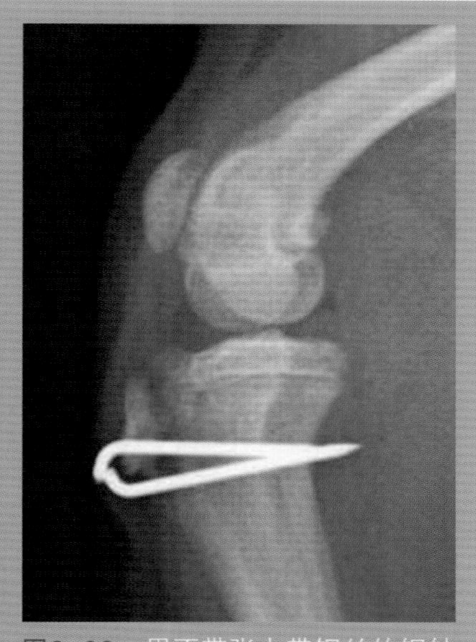
图9-98　用不带张力带钢丝的钢针进行固定。钢针平行于胫骨平台插入。

这种骨折的治疗是从胫骨平台的两侧插入钢针进行固定。钢针可以插入关节，但是，从逻辑上讲，它们应该永远也不会影响膝关节的活动。通常情况下，使用带张力带的钢针进行固定是必要的，尽管它取决于骨折的类型（图9-100）。

干骺端骨折在兽医临床上并不常见。对于肌肉结实的小型犬偶尔也会发生倒U形的骨折（图9-101）。由于近端骨片较小，处理的方法与前面描述的胫骨平台骨折相同。

胫骨干骨折

所有胫骨干骨折均可采用外固定支架或骨板进行固定。这取决于骨折的类型以及外科医生的偏好。

一般来说，使用骨板进行固定更好，因为术后的护理更简单，而且发生的事故更少。然而，鉴于这种骨经常发生严重的粉碎性骨折，伴有大的和小的骨碎片，这种情况很容易撕裂皮肤导致开放性骨折，考虑到胫骨能完美地适应外固定支架，此时通常会选择这种固定系统。

在不同的章节中多次提到外固定支架的最大优点之一是它可以应用于闭合性骨折。另一方面，因

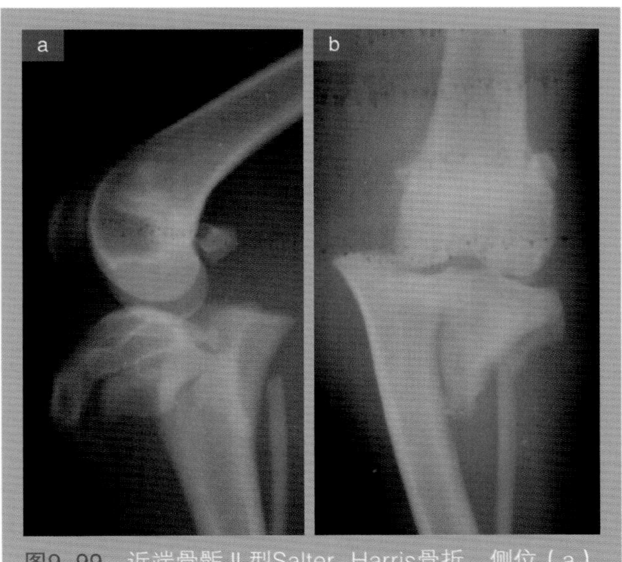

图9-99　近端骨骺Ⅱ型Salter-Harris骨折。侧位（a）和前后位X线片（b）。

为胫骨是长骨，便于定位钢针插入的参考点位。然而，评估远端骨片中经常出现的骨裂非常重要，因为如果存在骨裂，而且根据它们的位置，当在闭合性骨折中插入经皮钢针时会存在进一步骨折的风险。

当存在疑问时，应该打开骨折部位，利用拉力系统保护骨裂，并用骨板系统进行固定。另一种可能是，如果存在裂缝，可用拉力螺钉对其进行施压（图9-102）。

胫骨可接受各种类型的外固定支架，因此应根据动物的年龄、骨折的位置和类型来选择理想的支架系统。

一般来说，年龄、体重和活动性越大，需要的结构越坚固（Ⅱ型和Ⅲ型）。相反，如果是年轻动物，可以选择较简单的结构（Ⅰ型）。骨折的稳定性很大程度上取决于一个基本细节，就是腓骨是否受到影响（图9-103），特别对于骨折部位塌陷

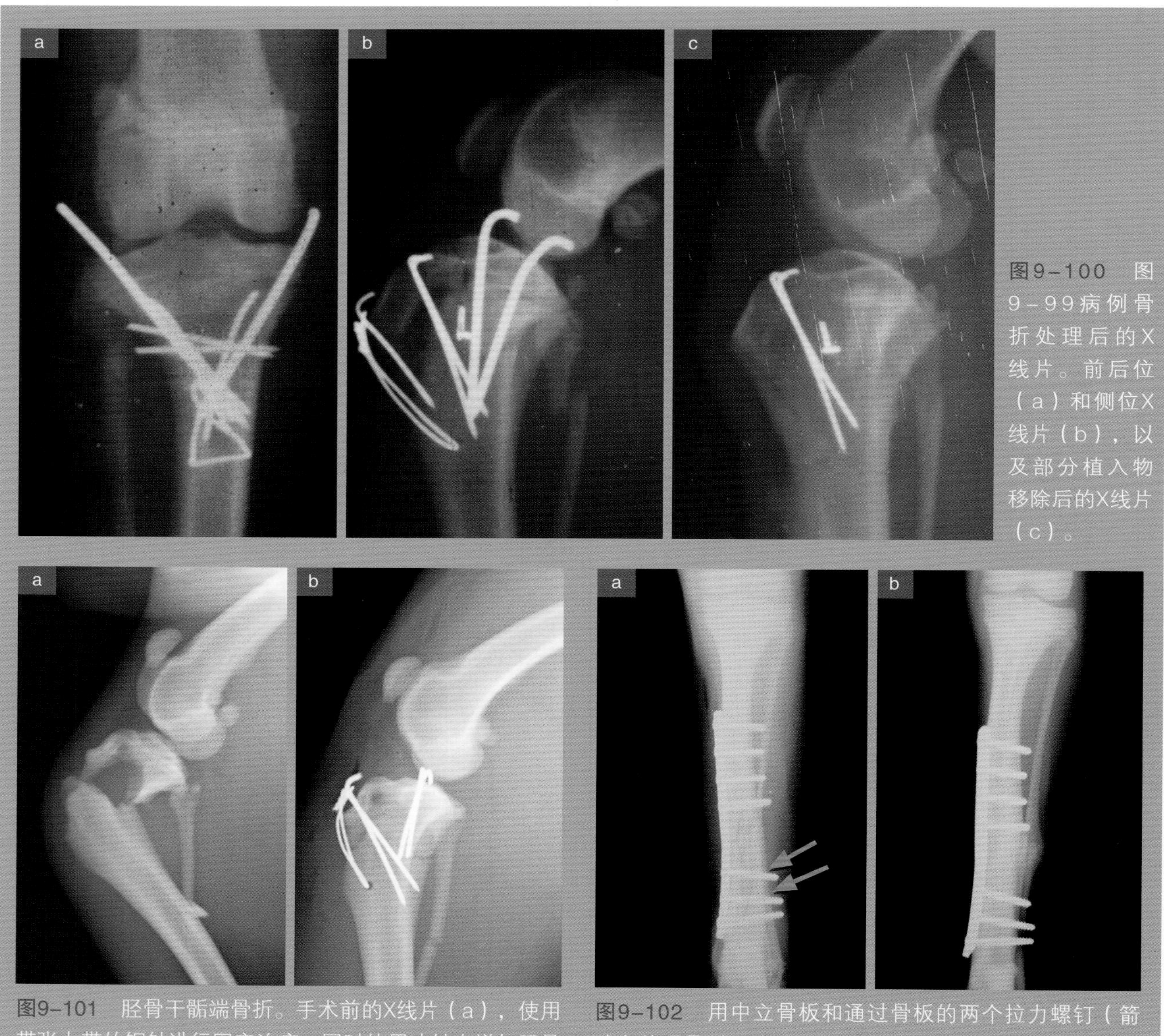

图9-100 图9-99病例骨折处理后的X线片。前后位（a）和侧位X线片（b），以及部分植入物移除后的X线片（c）。

图9-101 胫骨干骺端骨折。手术前的X线片（a），使用带张力带的钢针进行固定治疗，同时使用冲针来增加胫骨平台的稳定性（b）。

图9-102 用中立骨板和通过骨板的两个拉力螺钉（箭头）处理骨裂。处理后的X线片（a）和骨折愈合后的X线片（b）。

的病例。

胫骨骨折对骨板固定的耐受性很好。由于胫骨短骨折不常见，很少应用加压骨板。与此相反，随着粉碎性骨折发生频率的升高以及近年来实施生物骨接合术的趋势，这就解释了为什么支持骨板是最常用的骨板（图9-104）。

胫骨是进行微创骨板接骨术比其他骨更容易的地方。

由于胫骨远端1/3处呈圆柱形，该区域的胫骨表现更有特点，多发斜骨折，可使用加压骨板系统进行固定（图9-105）。优先选择使用拉力螺钉代替环扎钢丝。由于腓骨的最远端1/3完全附着在胫骨的外侧面，应用环扎变得更加困难（图9-106和图9-107）。

当用骨板或外固定支架固定非常靠近远端的骨折时，必须记住，内踝与距骨有重叠，因此放置植入物时有打入关节的风险。标记最远端打入钢针或螺钉的参考点是内踝和胫骨之间过渡区的最凹陷处（图9-108）。

远端骨骺骨折

这种骨折并不常见，通常会影响生长板。胫骨远端通常发生Ⅰ型Salter-Harris骨折，有时也发生Ⅱ型Salter-Harris骨折（图9-109）。

从两侧的脚踝垂直于生长板打入两根钢针进行固定，尽可能减少对生长板的影响（图9-110）。

从内踝插入钢针很简单。但是从外踝插入钢针时必须更加倾斜，因为外踝是腓骨的一部分，注意不要穿透关节。

内踝也可发生骨折。骨折会造成跗关节极不稳定，因为它是内侧副韧带的附着点。

这种骨折应被认为是撕脱性骨折，因为当肢体负重时，脚踝会受到牵引力的作用。在某些情况下，应采取应力X线检查，以使骨折更明显（图9-111）。

处理方式包括插入几根带张力带的钢针（图9-112）。由于骨折片段较小，暂时固定关节也可能有用，特别是当它与其他骨折同时发生时。在某些情况下，建议放置临时的跨关节外固定支架。

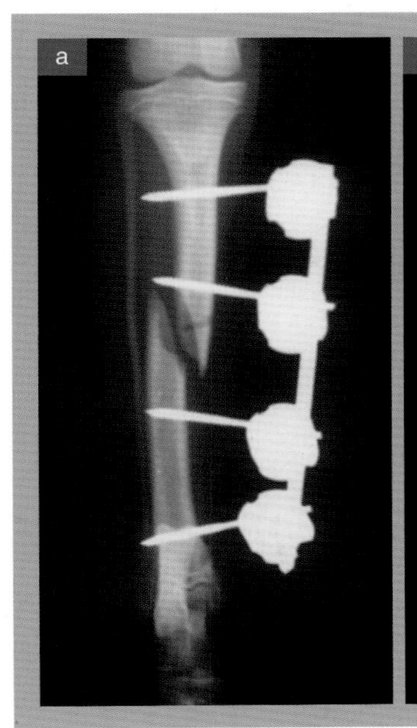

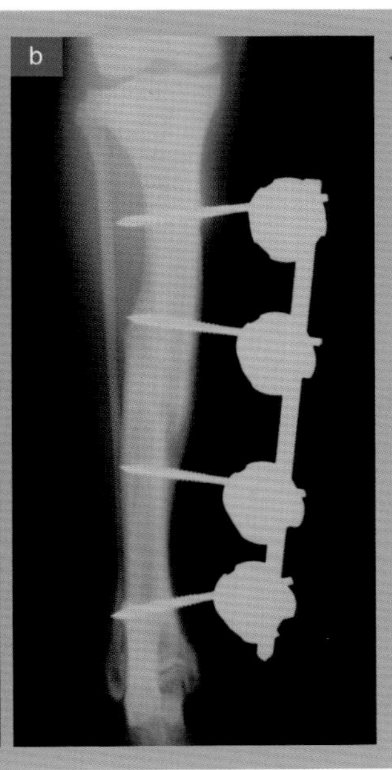

图9-103　采用部分外固定支架治疗腓骨未受损的胫骨骨折。固定后的X线片。注意腓骨的完整性（a），尽管骨片之间有分离，但骨折愈合良好（b）。

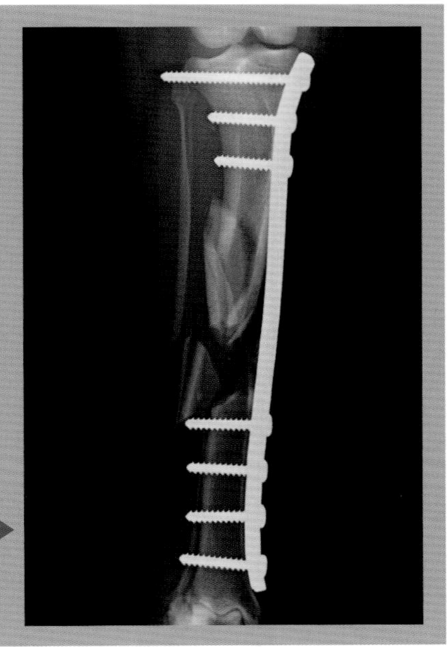

图9-104　用支持骨板治疗粉碎性骨折。

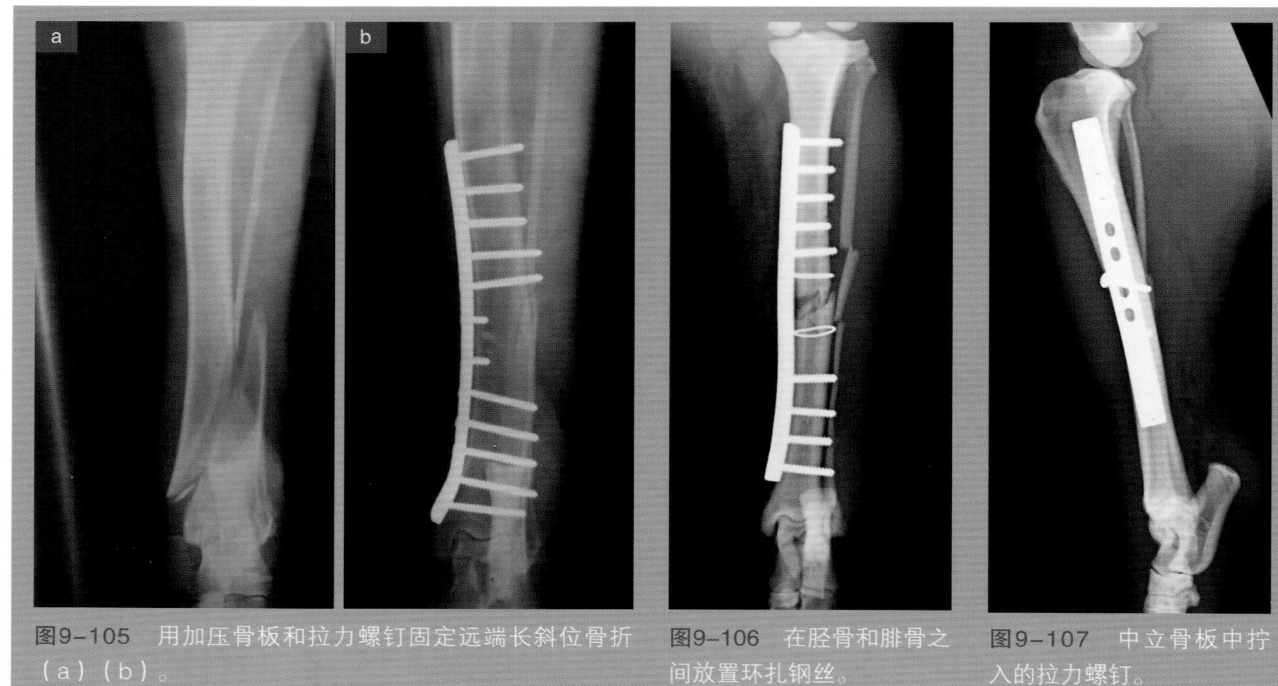

图9-105　用加压骨板和拉力螺钉固定远端长斜位骨折（a）（b）。

图9-106　在胫骨和腓骨之间放置环扎钢丝。

图9-107　中立骨板中拧入的拉力螺钉。

最常见的腓骨骨折

考虑到腓骨承受的重量很小，骨折后一般不需要固定，但发生远端外踝骨折时需要手术治疗。

诊断可通过标准的X线检查进行。然而，在前后位X线检查中，由于跟骨与腓骨远端重叠，很难正确检查它的完整性。如有疑问，可采用“地平线”X线检查，即将跖骨垂直于X线检查台。这样可以进行更精细的检查（图9-113）。在其他情况下，评估骨折的外延性可能需要进行CT扫描（图9-114）。如果骨折发生在长的和短的侧副韧带附着点上，必须进行治疗，因为这些韧带会影响关节的稳定性。

尽管外踝骨折通过手术达到的稳定性低于内踝，但治疗主要还是外踝的固定（图9-115），因此，建议对关节进行暂时的外固定治疗（图9-116）。

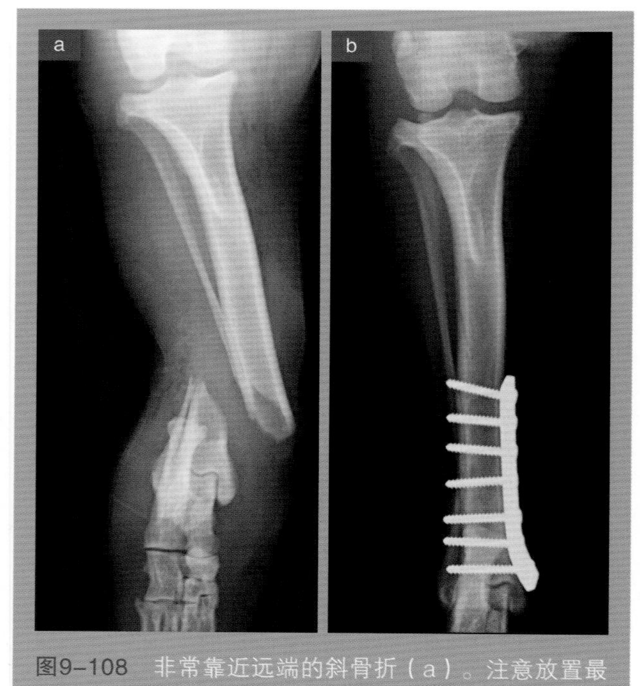

图9-108　非常靠近远端的斜骨折（a）。注意放置最远端螺钉的极限位置（b）。

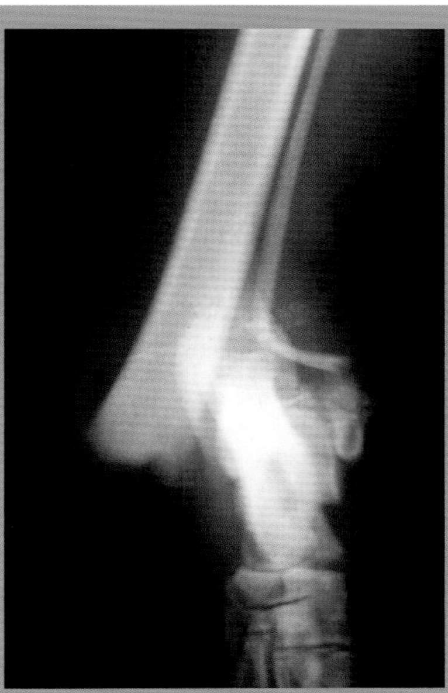

图9-109　胫骨远端骨骺 I 型 Salter-Harris 骨折。

图9-110　插入钢针固定后的X线片（a），植入物移除后的X线片（b）。

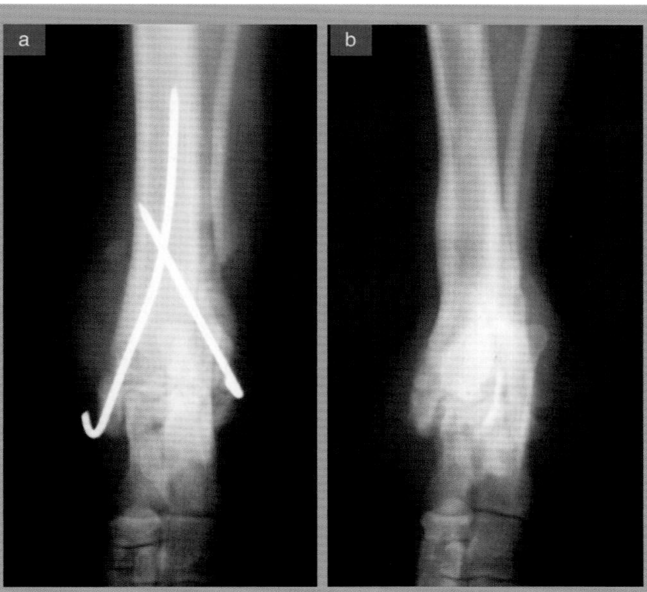

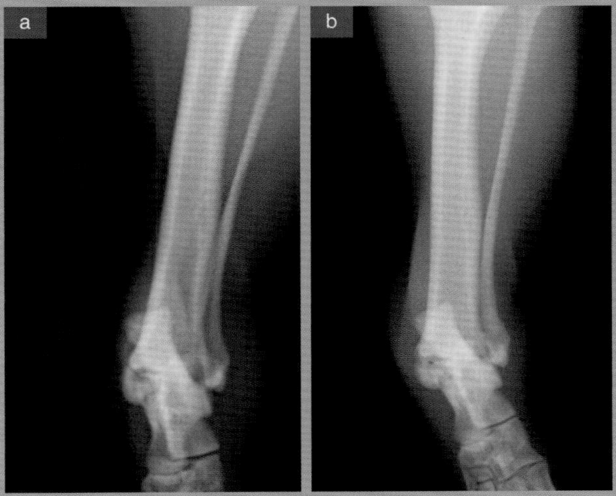

图9-111　采用正常摆位进行的内踝骨折X线检查（a）和通过应力位进行的X线检查，可见骨折（b）。

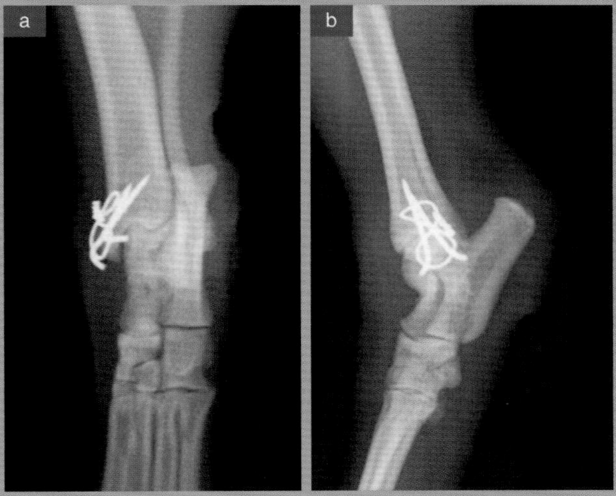

图9-112　使用钢针和张力带钢丝固定内踝骨折。斜位片（a）和内外侧位片（b）。

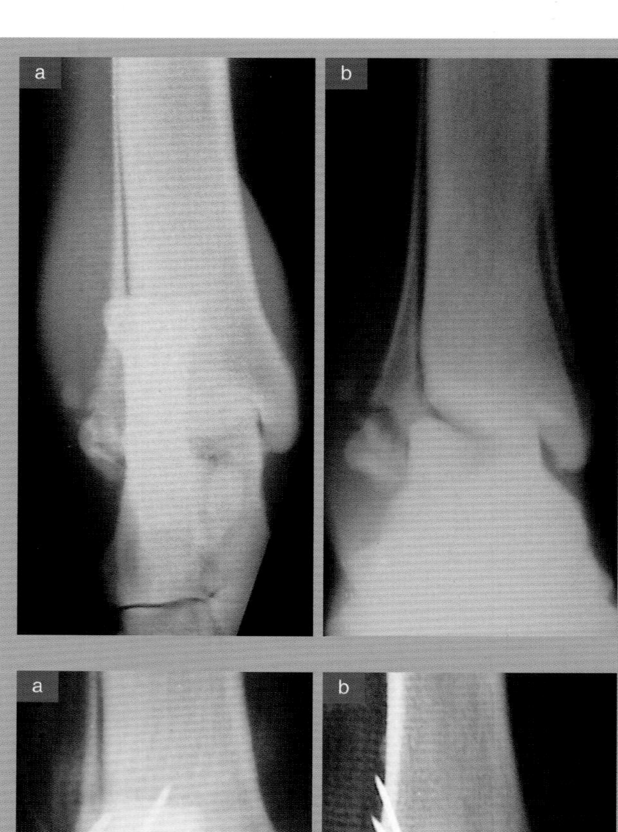

图9-113 腓骨骨折的正常位（a）和地平线位（b）X线片。注意在第二张X线片中能看到骨折更多的细节。

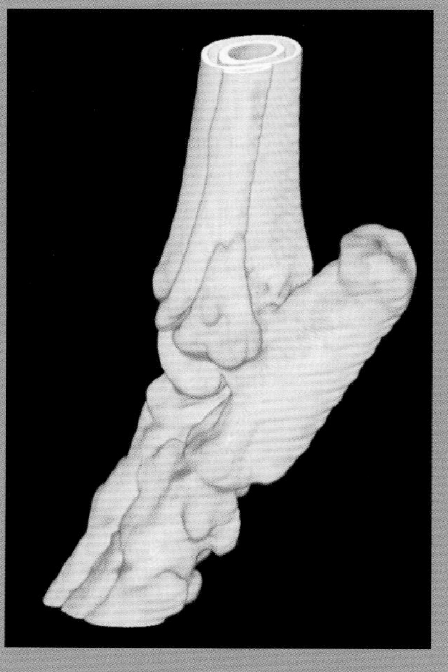

图9-114 腓骨远端外踝纵骨折。使用CT重建。

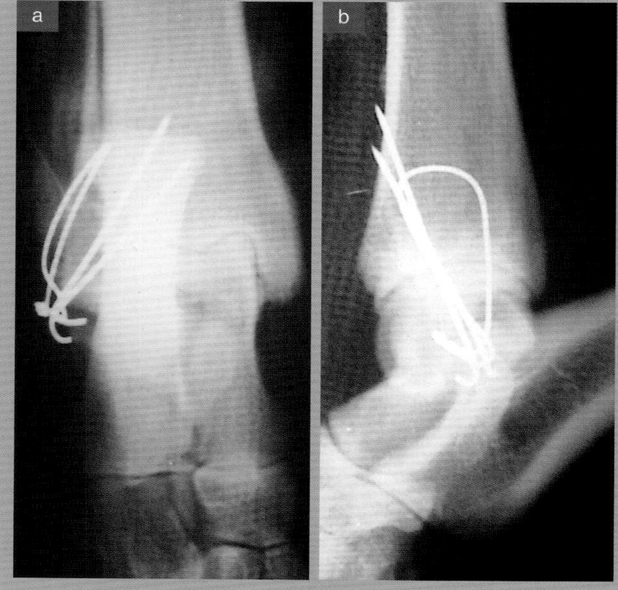

图9-115 踝骨骨折用张力带钢丝配合钢针治疗。前后位（a）及内外侧位X线片（b）。

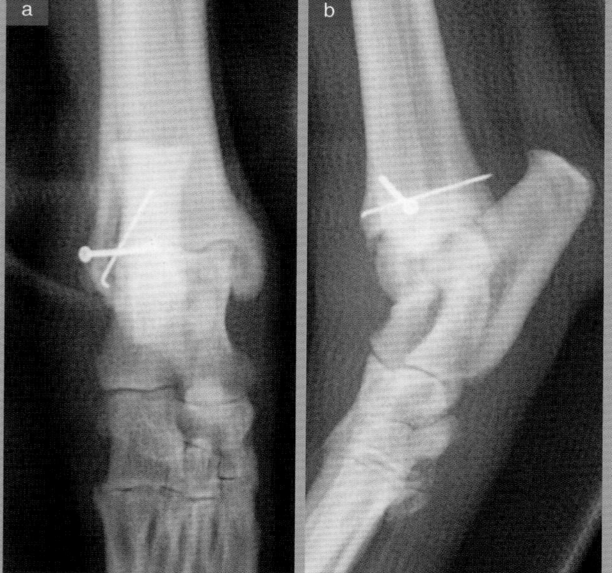

图9-116 用拉力螺钉和钢针治疗腓骨的纵骨折。用双瓣夹板进行暂时固定。。前后位（a）及内外侧位X线片（b）。

跗骨骨折

跗骨骨折在兽医临床上并不常见。继发性的关节退行性病变过程，如关节炎，会引起该关节产生明显的临床症状，因为涉及的骨之间存在完全的解剖学适应性。这就是为什么经常需要根据病变位置进行全跖关节或跗跖关节融合术。关节融合术是患病动物的第一选择，或者是继发性关节退行性病变动物不能得到处理时的第二选择。也就是说，两种手术的美学和功能结果有很大的不同。

跗骨涉及两个关节，一个胫跗关节，它参与了几乎所有的跗骨关节活动，另一个是跗跖关节，它和跗间关节几乎不参与任何活动。后者基本上起到减震器的作用，以适应地形的不稳定。

对于跗骨骨折的处理，采用永久性跗跖关节融合术是最好的选择，因为几乎不会对动物的步态造成影响，而且操作简单。进行关节融合术有不同的方法，但推荐使用骨板进行固定，固定的部位是从跟骨到第五跖骨（图9-117）。在跟骨远端发生骨折时，可采用第二种方法，即在跗骨和跖骨之间应用带张力带钢丝的骨板和螺钉进行关节融合术（图9-118）。

然而，在胫跗关节进行关节融合术与上述手术的结果差别很大。尽管该手术可以解决临床实际问题，但会导致肢体的活动受限，因此在手术前应告知动物主人存在的这些问题。康复后动物的跗关节不能弯曲，因此走路时有一定程度的外展，坐下时也会表现出异常的姿势。这种手术技术比前一种手术要复杂得多，应该在通过其他手术不能很好处理时考虑选择。

> 跗跖关节融合术的功能效果明显优于全跖关节融合术，而且更容易操作。

该技术包括清除软骨面并用骨板固定（图9-119）。虽然跗骨的张力面在跖侧，由于该区域不能放置骨板，因此设计了可以放置在关节内侧面的成角骨板（图9-120）。尽管还有其他手术方法

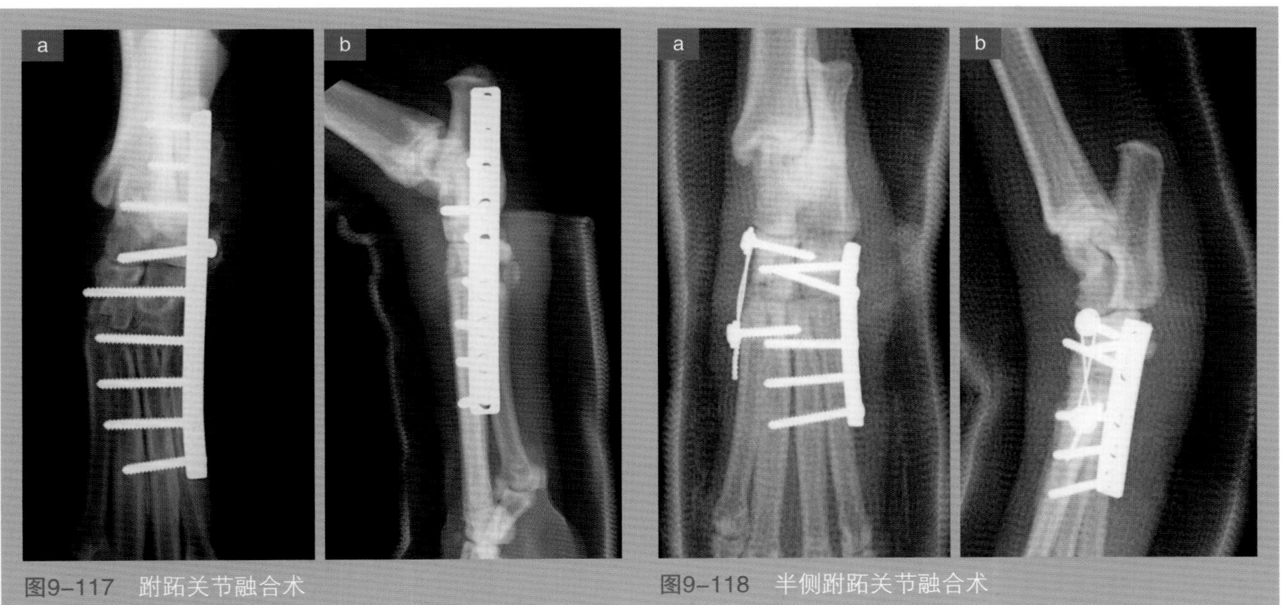

图9-117　跗跖关节融合术

图9-118　半侧跗跖关节融合术

可以选择，如把骨板放在前侧，或使用外固定支架固定，但放在内侧面能够取得良好的固定效果。

胫骨远端骨骺发生的骨折主要是踝骨折。处理方法已在前一节（第203页）中描述。

跟骨骨折

在影响跗关节的骨折中，最常见的可能是跟骨骨折（图9–121），是由腓肠肌肌腱的突然牵拉所引起。动物的典型表现为患肢不敢负重、跛行或跖行（译者注：跖行是一种前肢腕掌指或后肢跗跖趾都着地的行走方式）。跗关节的伸肌系统没有功能。

治疗包括复位和稳定跟骨以中和腓肠肌的牵引力，也就是说，由于跟骨骨折是撕脱性骨折，通常使用带张力带的钢针进行固定。

手术选择外侧通路。显露骨折断端，然后进行复位。最好顺向插入两根髓内针，主要不能伤及指总屈肌肌腱。该肌腱沿跟骨沟分布，由支持带固定，最好是由外向内朝着该肌腱插入髓内针（图9–122）。

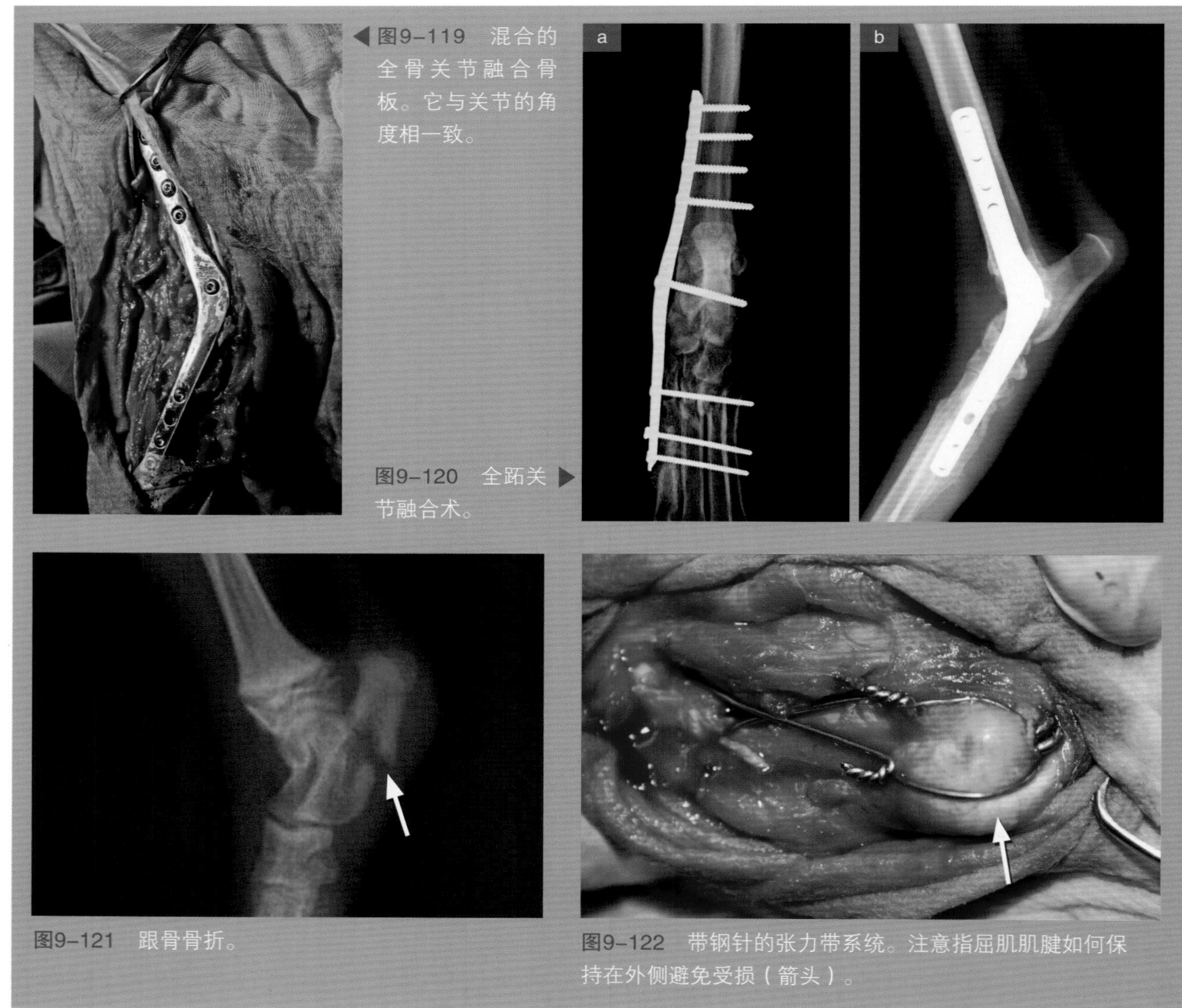

◀图9–119　混合的全骨关节融合骨板。它与关节的角度相一致。

图9–120　全跖关节融合术。▶

图9–121　跟骨骨折。

图9–122　带钢针的张力带系统。注意指屈肌肌腱如何保持在外侧避免受损（箭头）。

钢针应该插入的深度取决于骨折发生的程度。对于年轻动物，Ⅰ型Salter–Harris骨折可发生在近端生长板水平。在这些情况下，钢针不需要插入太深。

当处理跗关节中央区域的骨折时，尤其是年轻动物，最好在近端骨片上钢针的上方钻第二个孔，以免影响动物的生长。这也可以防止指屈肌肌腱发生医源性损伤（图9–123）。

当跟骨基部发生骨折时，考虑到远端骨折片段较小，建议将钢针部分插入第四跗骨内。这样跟骨与这块骨头的关节就没有了相关的功能，形成了死关节。但通过这种方式可以获得非常好的稳定性。

对于一些大型犬，可以用骨板固定，用骨板覆盖整个骨长度治疗骨折。

最后，对于严重的粉碎性骨折或远端骨片段上没有足够空间的骨折，应采用前面所述的技术进行跗跖关节融合术。

距骨骨折

胫骨承受的所有力量全部集中在距骨上。距骨与胫骨远端骨骺密切的解剖关系使其更容易发生退行性变化。

距骨骨折通常是由于跳跃或运动时后肢插入地面的孔洞中而产生的。距骨骨折动物表现为非常明显的跛行，尽管几天后，患肢可能会负重。由于引起骨折所需要的强度较大，因此通常会存在其他相关的损伤。

距骨骨折通常会导致滑车嵴出现一个或多个碎片撕脱，或者甚至发生中央区域的骨折（图9–124）。这两种骨折的预后都很差，应该考虑对整个跗关节进行永久性的关节融合术。

如果选择手术治疗，最好使用拉力螺钉进行固定。为了进入骨折区，通常需要做对应侧的踝截骨术（图9–125）。这样，提起副韧带就可看到整个

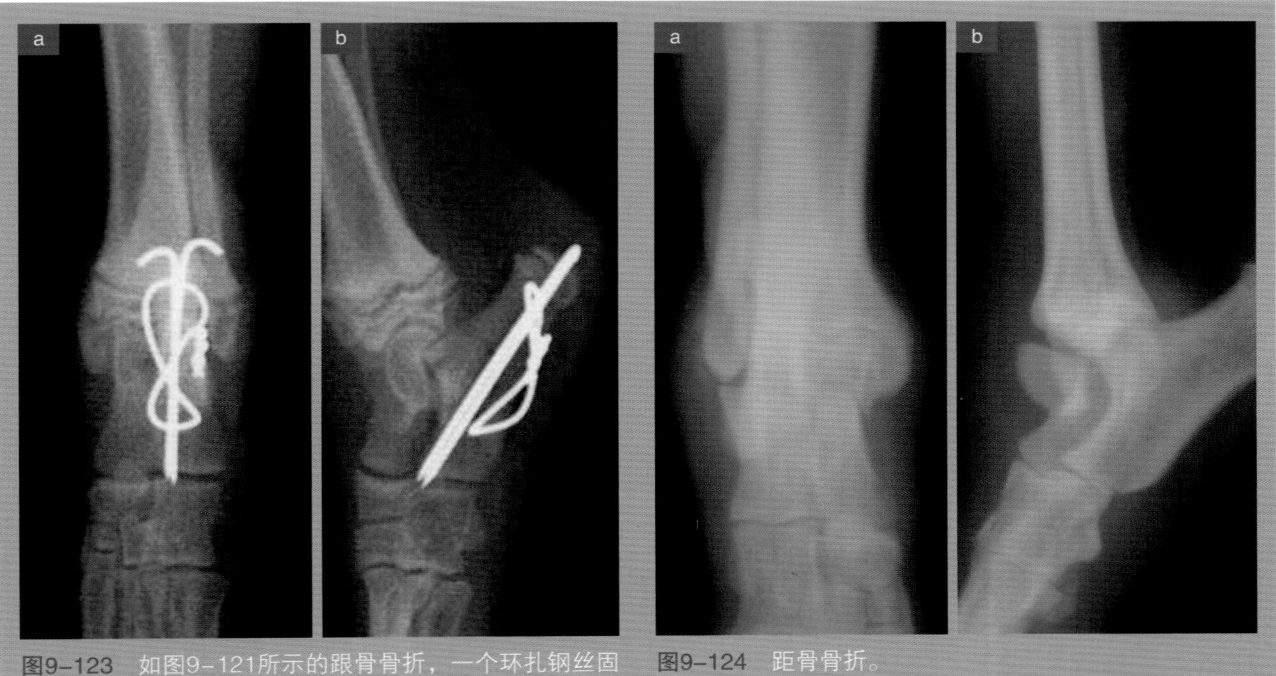

图9–123　如图9–121所示的跟骨骨折，一个环扎钢丝固定在两个钻孔内。

图9–124　距骨骨折。

滑车嵴。一旦手术完成，用带张力带的钢针固定截骨部位（图9–126）。

由于内固定系统对小的骨折片段固定后的稳定性降低，术后最好用暂时的外固定增加稳定性（图9–127）。如果内固定没有达到预期的效果，最后一种选择是进行全骨关节融合术。

如果固定失败，可以进行全骨关节融合术。

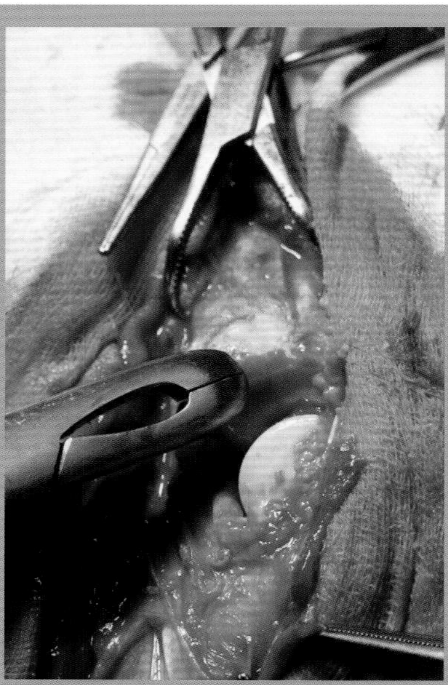

图9–125 通过内踝截骨术进行的内侧通路。

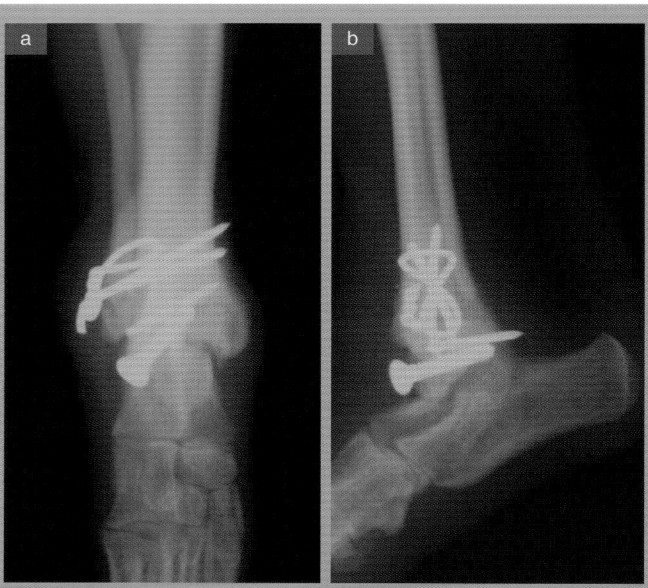

图9–126 距骨外侧嵴骨折。

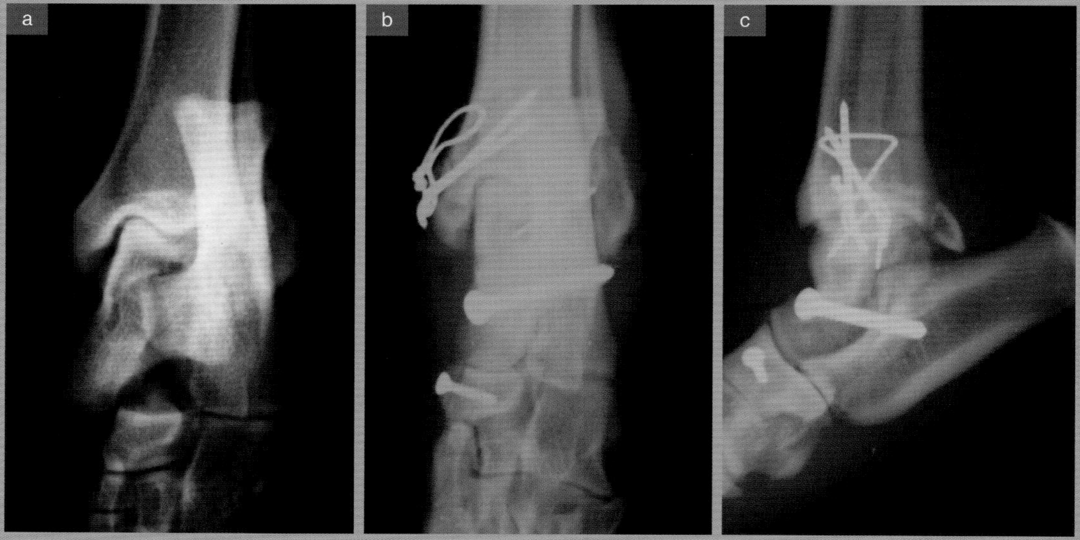

图9–127 用迷你骨固定系统治疗距骨和中央跗骨骨折。

不常见的骨折临床病例

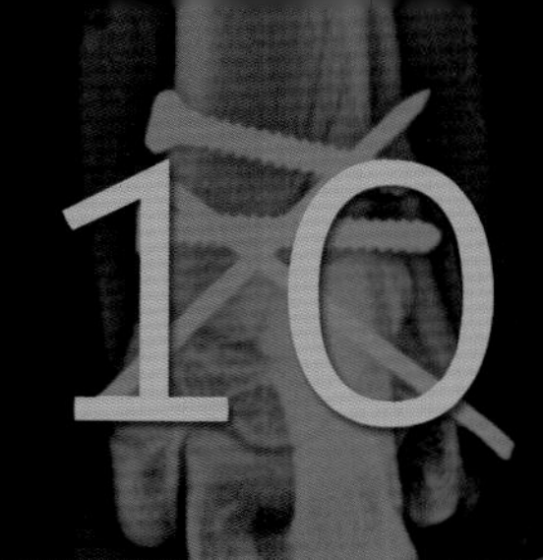

病例 1　胫骨外侧蜗 Ⅲ 型Slater-Harris骨折

作者：Andrés Somaza（Somaza-Pérez兽医诊所）

病历档案

- 品种：美国斯塔福梗。
- 年龄：9个月。
- 诊断：胫骨外侧嵴 Ⅲ 型 Slater-Harris骨折

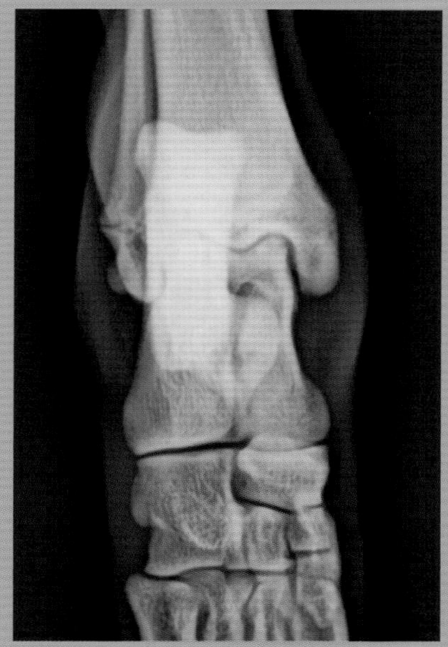

图1　跗骨的前后位X线片。

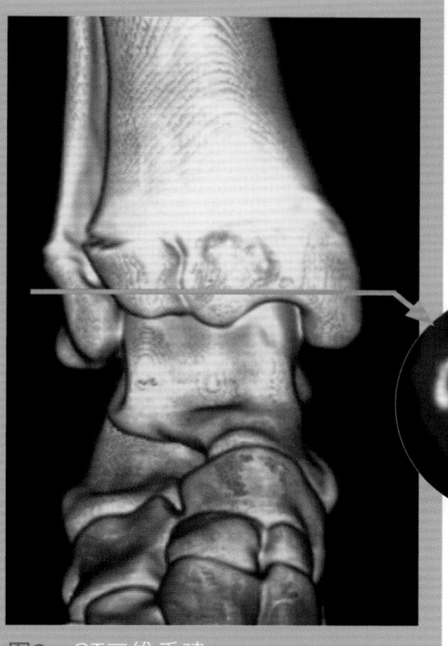

图2　CT三维重建。

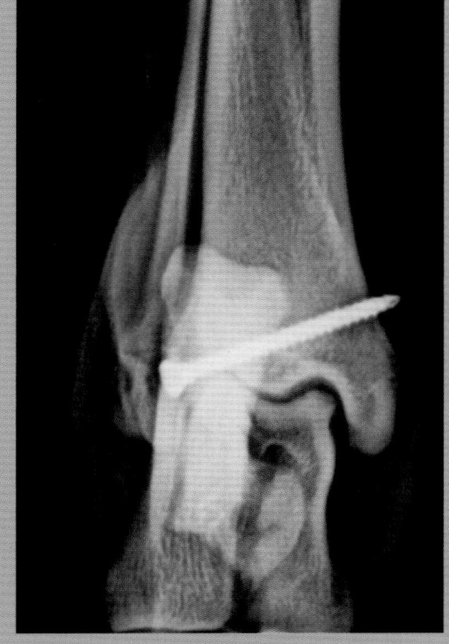

图3　术后前后位X线片。注意螺钉的方向。

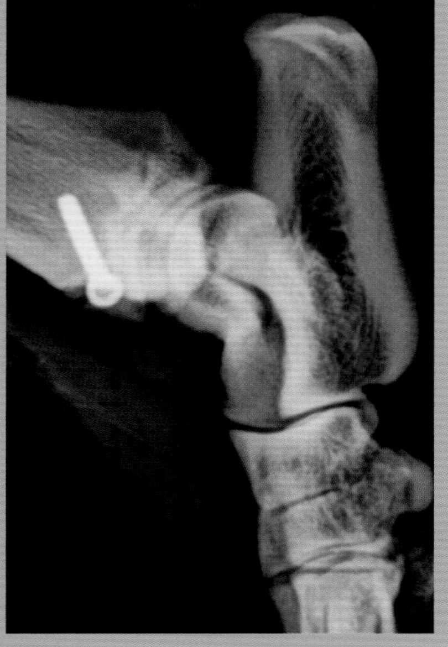

图4　术后内外侧位X线片。

治疗

2.0拉力螺钉。腓骨远端骨骺前外侧通路。拧入螺钉时没有过度处理骨片，完美复位关节面。

采用固定方法的理由

关节内骨折应该通过加压系统确保关节面的完美复位，尽快恢复关节功能。

病例2　胫骨远端骨骺Ⅱ型Slater-Harris骨折

作者：Andres Somaza（Somaza-perez兽医诊所）

病历档案

- 品种：兀鹫。
- 年龄：7个月。
- 诊断：胫骨远端骨骺Ⅱ型Salter-Harris骨折。

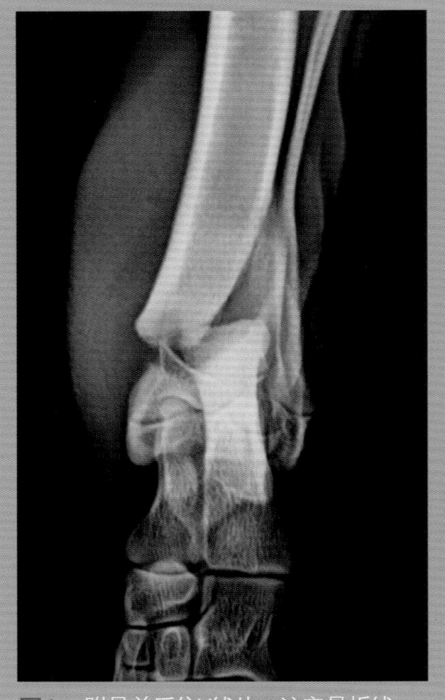

图1　跗骨前后位X线片。注意骨折线。

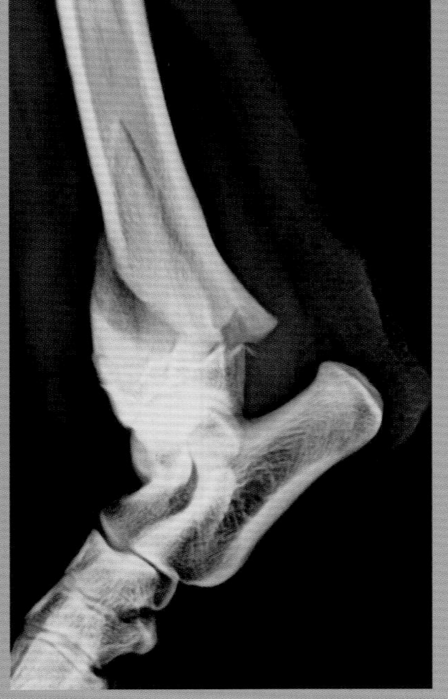

图2　内外侧位X线片。

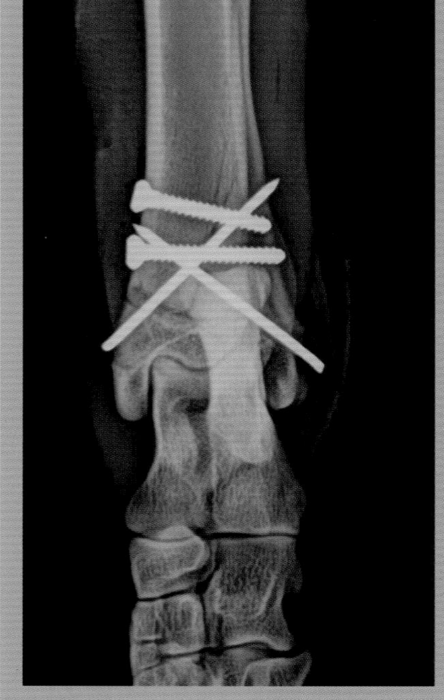

图3　术后前后位X线片。注意固定在小骨片上的螺钉尖端。

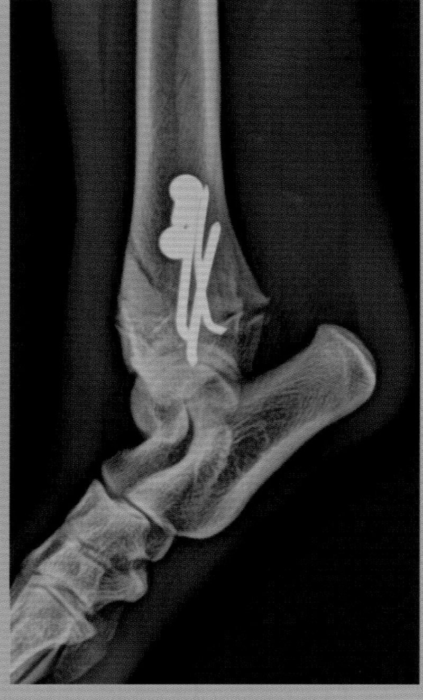

图4　内外侧位X线片。

治疗

2.7拉力螺钉和固定于干骺端的冲针。通过内侧手术通路拧入螺钉，并插入一根钢针。对侧钢针采用小切口插入。最好将螺钉的尖端固定在较小的骨片中。

选择固定方法的理由

由于是斜骨折，可以使用拉力螺钉配合两根钢针增加骨折的稳定性。由于动物年龄大，生长潜力有限，将针固定在干骺端来提供骨折稳定性是没有问题的。

病例3 肘突前部斜骨折

作者：Andres Somaza（Somaza-perez兽医诊所）

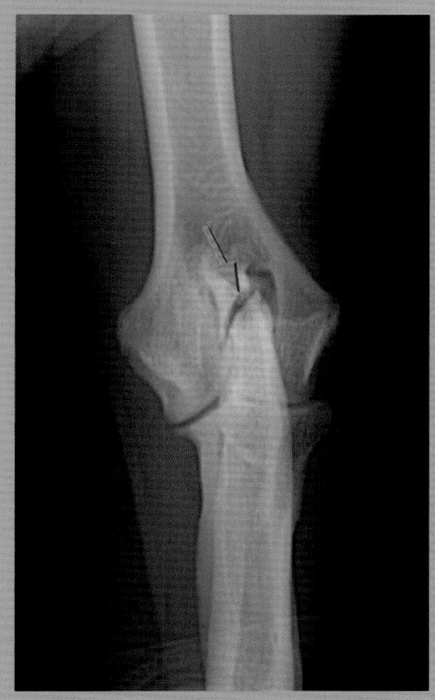

图1 肘部前后位X线片。注意肘突前部的骨折。

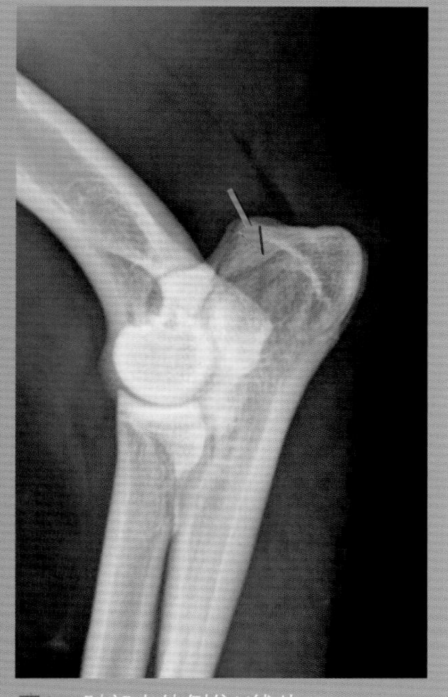

图2 肘部内外侧位X线片。

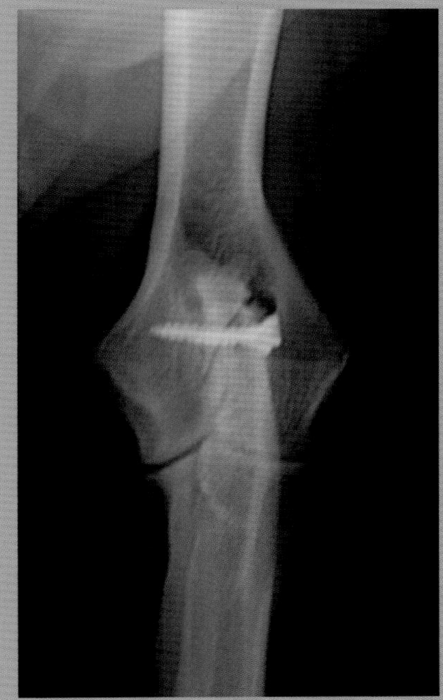

图3 肘部前后位X线片。注意螺钉的横向位置。

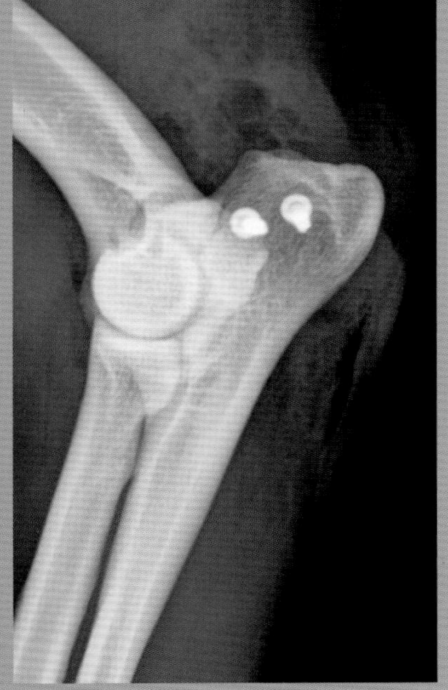

图4 肘部内外侧位X线片。

病历档案

- 品种：可卡犬。
- 年龄：9.5岁。
- 诊断：肘突前部斜骨折

治疗

采用外侧手术通路拧入拉力螺钉，牵引孔在较小的骨片侧。

选择固定方法的理由

由于这是一个斜骨折，应该通过对骨折线的加压促进愈合。由于骨折片段位于三头肌肌腱附着点的前方位置，不受任何牵引力的影响，因此使用两个螺钉已经足够。

病例4 髋臼和髂骨体骨折

作者：Angel Rubio（Indautxu兽医中心）

病历档案

- 品种：德国牧羊犬。
- 年龄：7岁。
- 诊断：髋臼和髂骨体骨折。

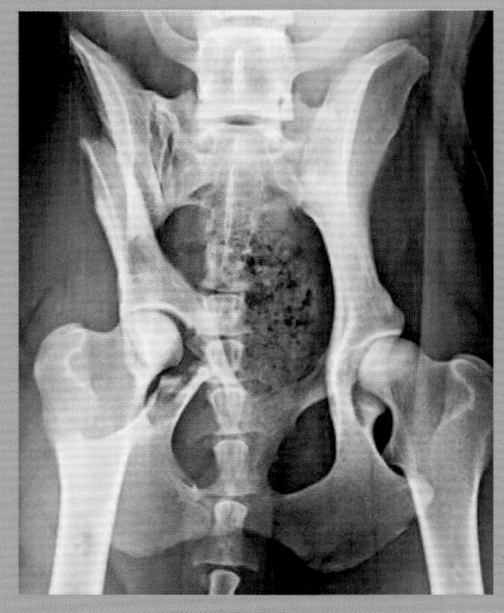

图1　盆骨腹背位X线片。髂骨体和髋臼骨折。

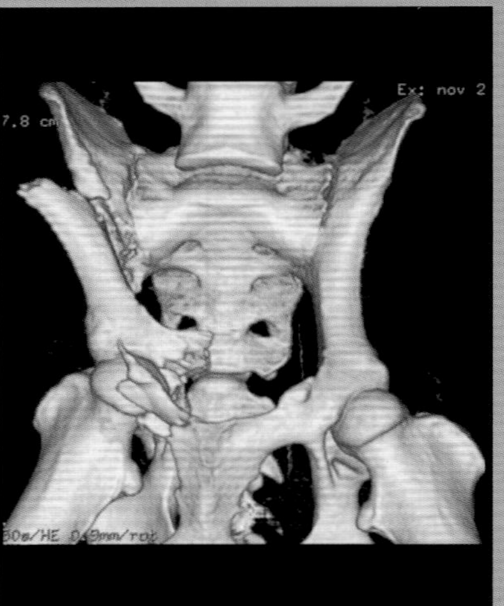

图2　盆骨三维CT扫描重建。

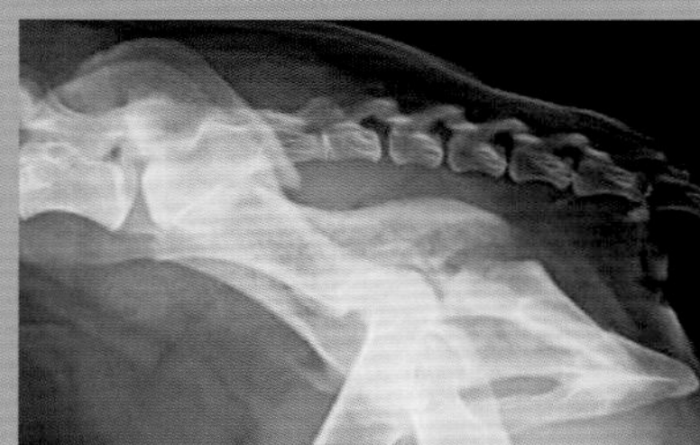

图3　盆骨侧位X线片。

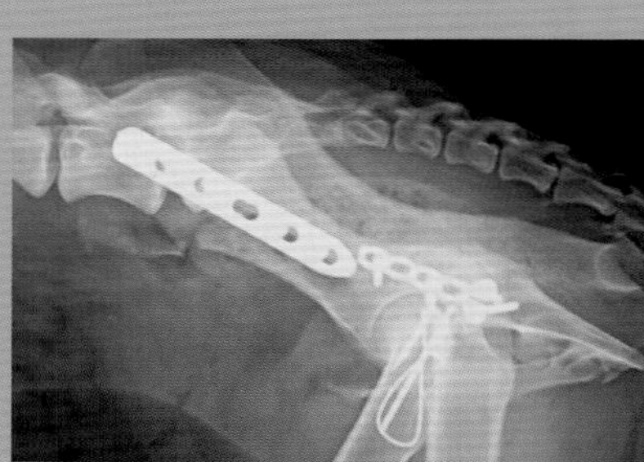

图5　术后侧位X线片。

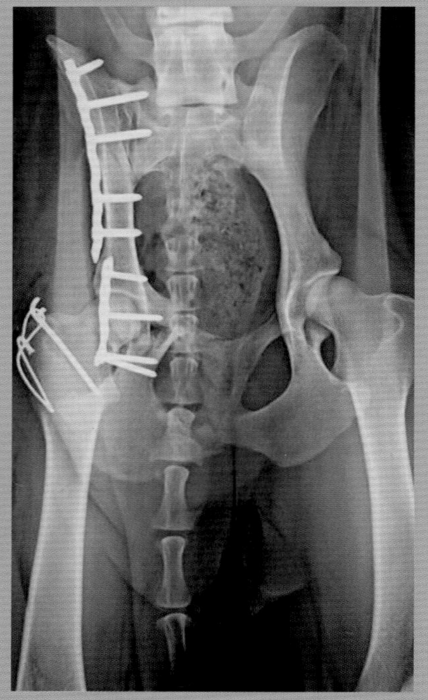

图4　术后腹背位X线片。

治疗

通过外侧手术通路进行大转子截骨术。3.5髂骨锁定骨板和髋臼2.7T形骨板。带张力带的钢针用于大转子截骨处固定。

选择固定方法的理由

锁定钢板是治疗髋臼骨折的理想方法，尤其是对于影响髋臼的骨折。在髋臼骨折中，即使骨板的形状与骨不完全吻合，当螺钉拧紧时，复位也不会发生改变。

病例5 下颌骨折

作者：Angel Rubio（Indautxu兽医中心）

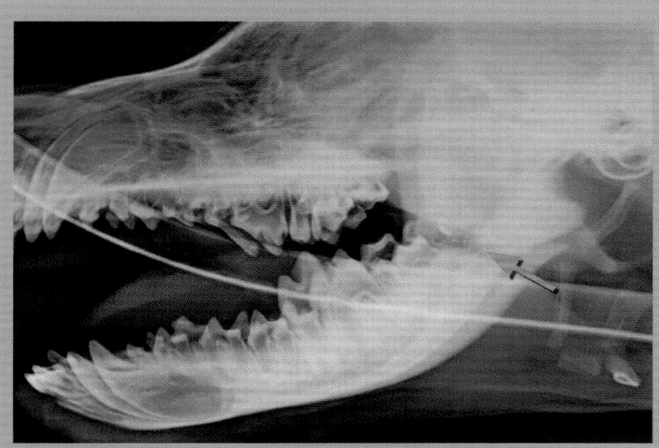

图1 颅骨侧位X线片。下颌支横骨折。

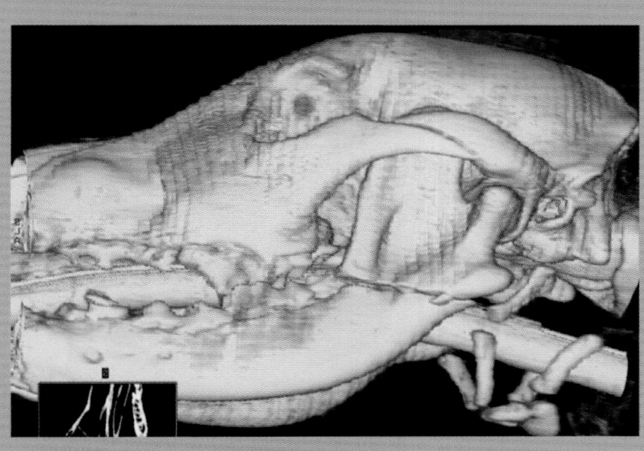

图2 颅骨的CT扫描重建。

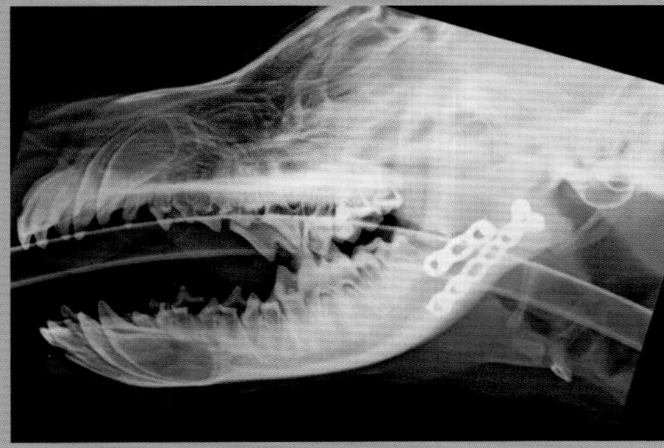

图3 术后侧位X线片。

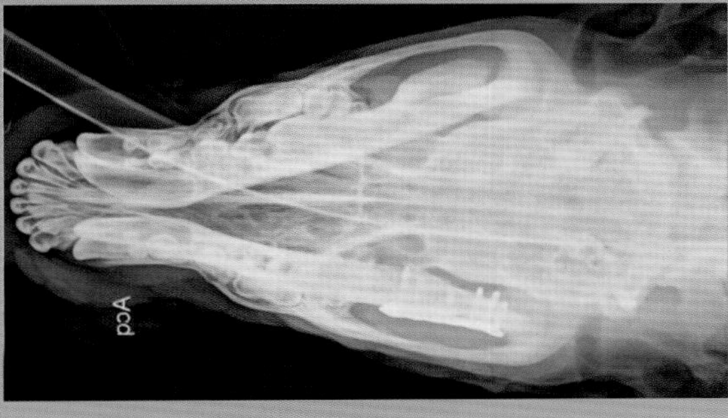

图4 术后背腹位X线片。

病历档案

- 品种：德国牧羊犬。
- 年龄：1.5岁。
- 诊断：下颌骨折。

治疗

T形锁定骨板和2.4LCP。

通过外侧手术通路切开下颌骨上的皮肤，部分提起咬肌。

选择固定方法的理由

下颌支的后部较薄，拧入的螺钉很容易松动。使用T形锁定骨板有可能牢牢地将螺钉锚定在一个小骨片上。LCP板可提供抗旋转的稳定性。

病例6 肩胛盂结节骨折

作者：Angel Rubio（Indautxu兽医中心）

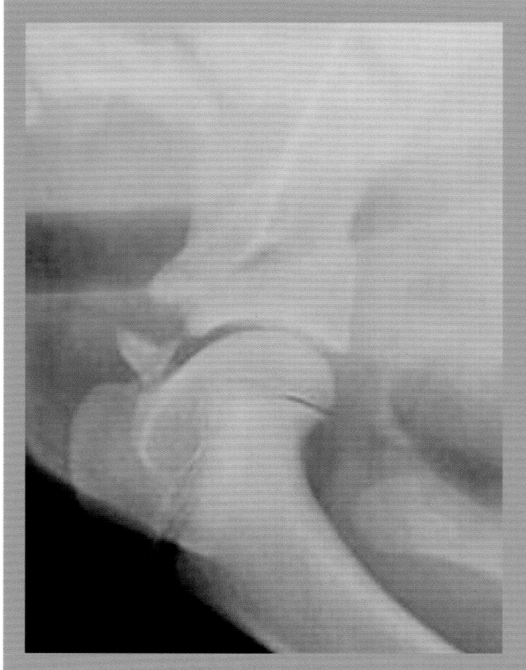
图1 盂肱关节内外侧位X线片。

病历档案

- 品种：拉布拉多寻回犬。
- 年龄：6个月。
- 诊断：肩胛盂结节骨折。

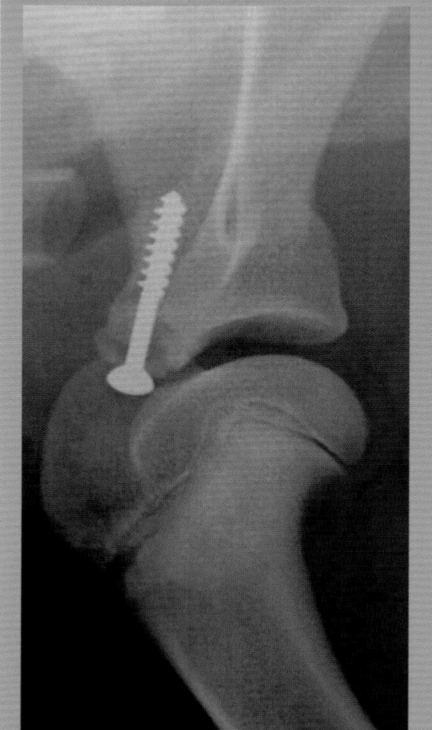
图2 术后内外侧位X线片。

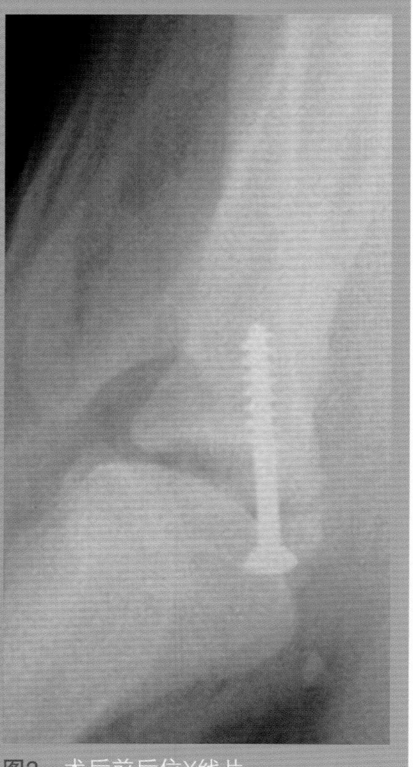
图3 术后前后位X线片。

治疗

前外侧手术通路。插入一个4.0带有50%螺纹的松质骨拉力螺钉代替带张力带的钢针进行固定（常规技术）。

选择固定方法的理由

由于肱二头肌肌腱的附着，骨折片段所受的牵引力可被拉力螺钉抵消。松质螺钉的选择是基于这个部位骨比较弱，另外，螺钉不能穿过皮质骨表面。

病例7 孟氏骨折

作者：Javier Tabar（Raspeig兽医院）

病历档案

- 品种：小猎犬。
- 年龄：4岁。
- 诊断：孟氏骨折。

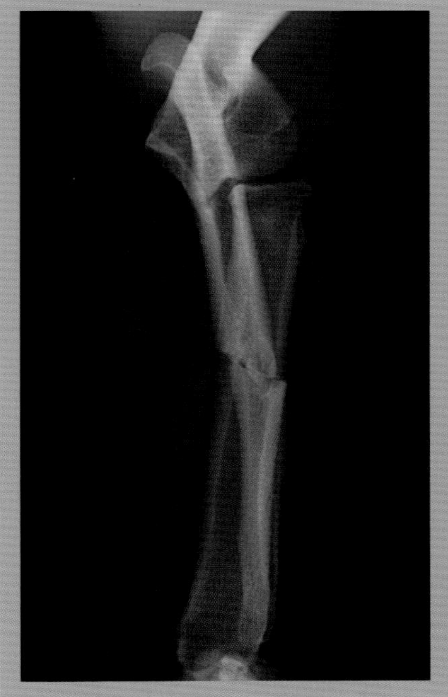

图1 前臂前后位X线片。

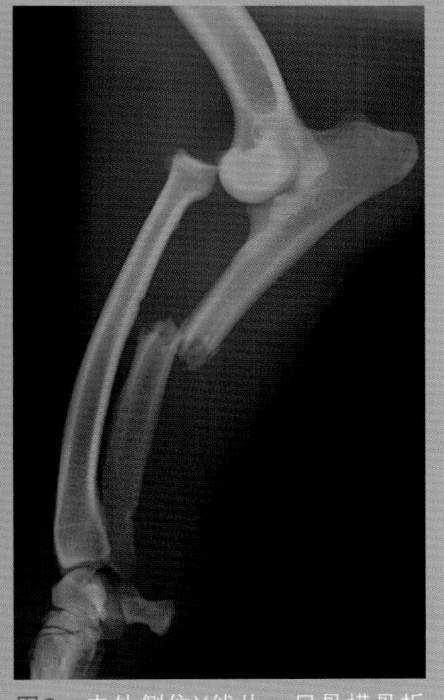

图2 内外侧位X线片。尺骨横骨折和桡骨头前方脱位。

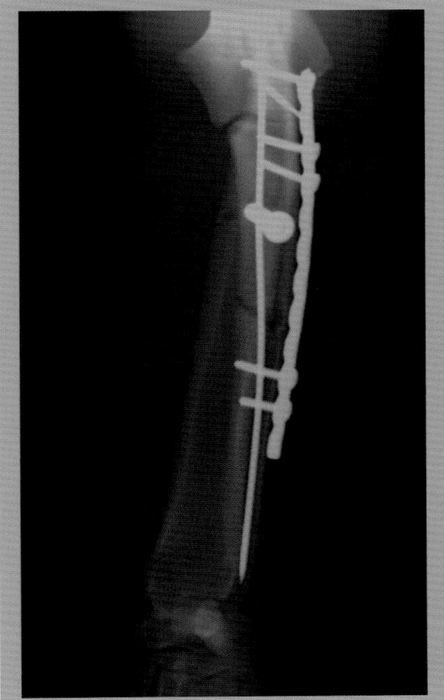

图3 术后前后位X线片。

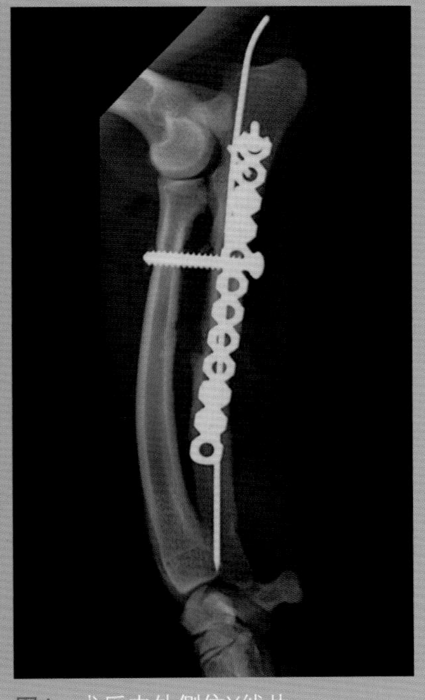

图4 术后内外侧位X线片。

治疗

用3.5拉力螺钉将桡尺骨连在一起，同时通过尺骨后方手术通路用支持骨板和髓内针固定尺骨骨折。

选择固定方法的理由

使用拉力螺钉可以防止桡骨自身向前方再发生脱位。髓内针用于保持尺骨的纵轴对齐，重建骨板为系统提供稳定性。

病例8　股骨外侧髁骨折

作者：Javier Tabar（Raspeig兽医院）

病历档案

- 品种：德国牧羊犬。
- 年龄：1.5岁。
- 诊断：股骨外侧髁骨折。

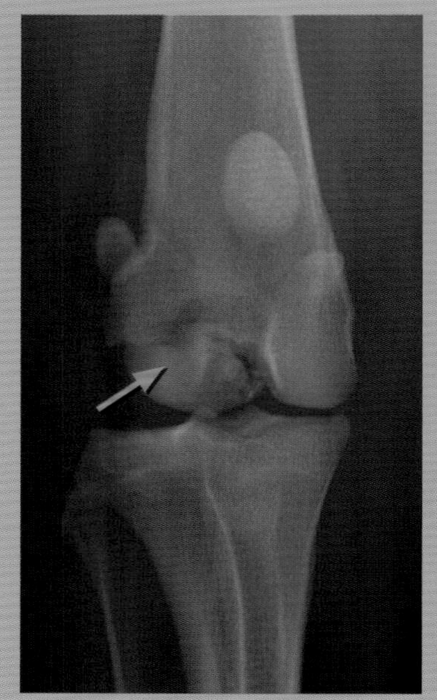

图1　膝关节前后位X线片。注意髁的骨片（箭头所指）。

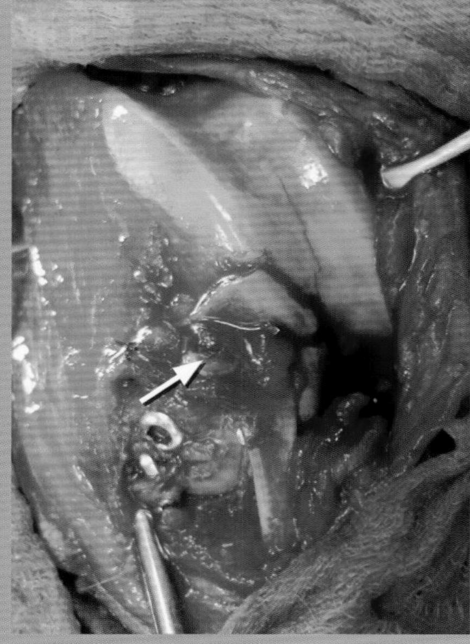

图2　术中图像显示螺钉的放置不影响关节的活动。注意髁的骨片（箭头所指）。

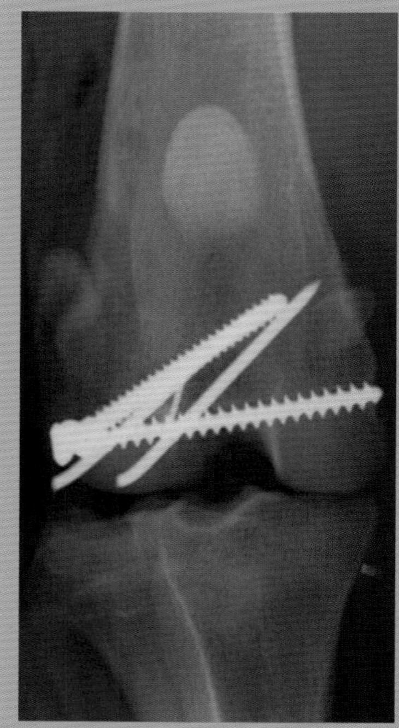

图3　术后前后位X线片。

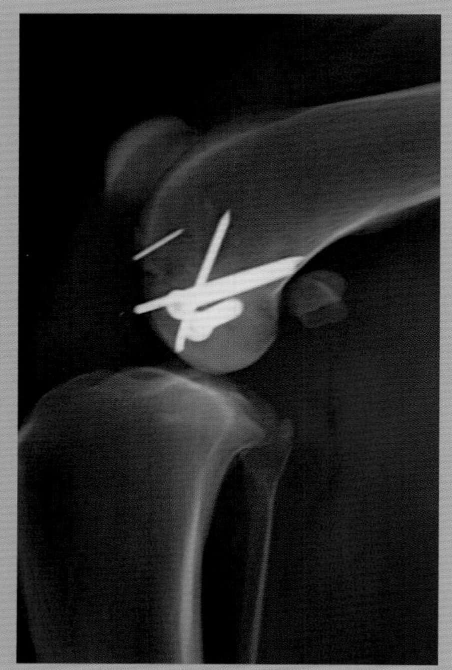

图4　术后内外侧位X线片。

治疗

膝关节前外侧手术通路。3.5髁间松质骨拉力螺钉与3.5皮质骨定位螺钉联合使用，并用3根克氏针实现抗旋转的功能。

选择固定方法的理由

拉力螺钉可使骨折面缩小，定位螺钉主要防止碎片的旋转和近端移位。钢针与定位螺钉一起联用，固定松动的骨碎片。

病例9 肱骨髁上粉碎性骨折

作者：Javier Tabar（Raspeig兽医院）

病历档案

- 品种：沙皮犬。
- 年龄：3岁。
- 诊断：肱骨髁上粉碎性骨折。

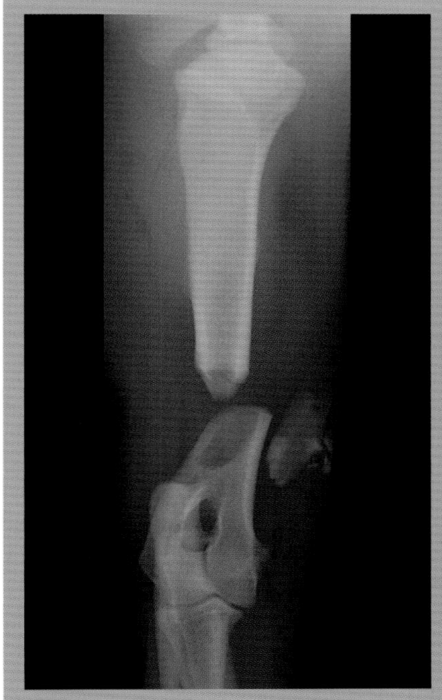

图1 肱骨前后位X线片。

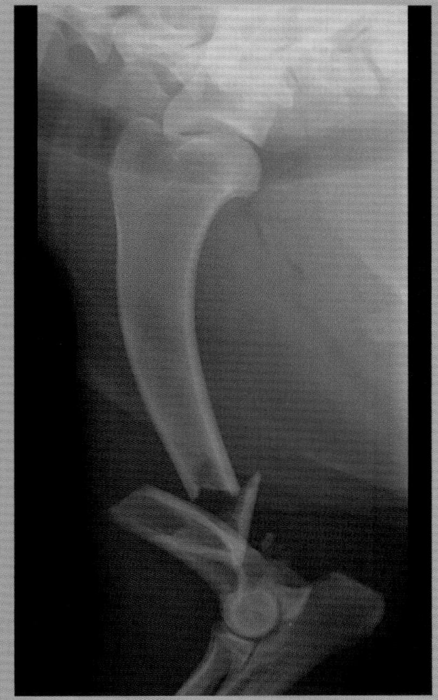

图2 肱骨内外侧位X线片。

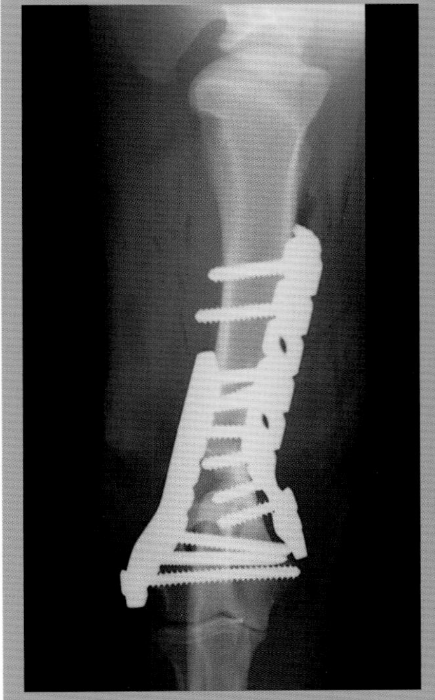

图3 术后前后位X线片。

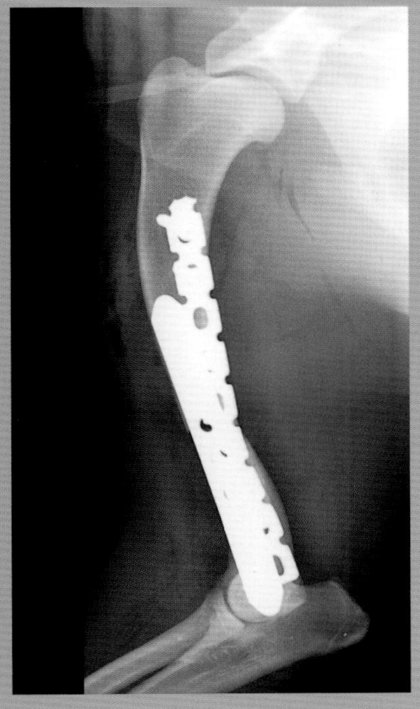

图4 术后内外侧位X线片。

治疗

两个手术通路：先内侧，后外侧。内侧放置3.5锁定骨板，外侧放置3.5重建骨板。

选择固定方法的理由

这种骨折很不稳定，再加上远端骨碎片很小，因此可以在骨的两侧各使用一个骨板。锁定骨板用于远端骨片的正确定位，而重建钢板具有更强的可塑性，可更好地适应肱骨外侧结构。

病例10 股骨髁上极远端骨折

作者：Juan Pablo Zaera（ULPGC–宠物医院）

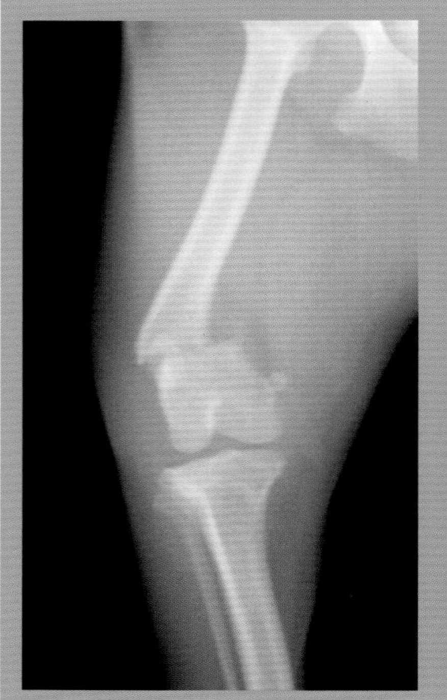
图1 股骨前后位X线片。

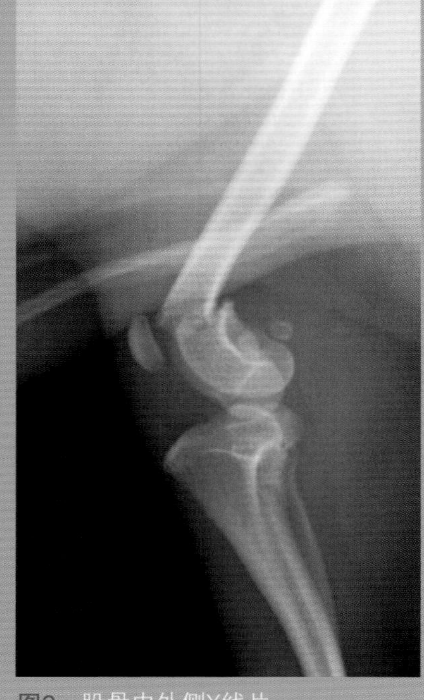
图2 股骨内外侧X线片。

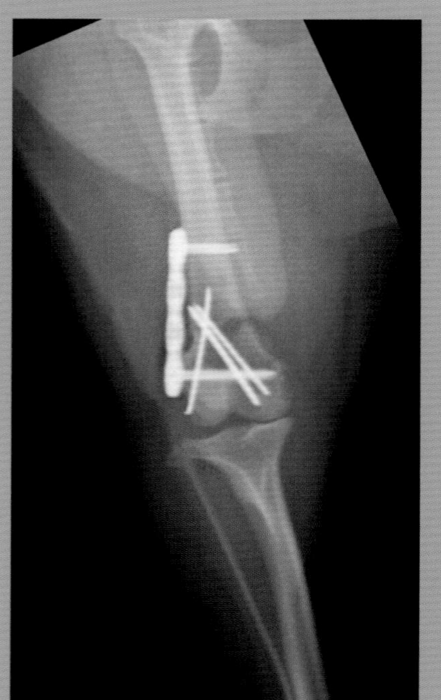
图3 股骨前后位X线片。

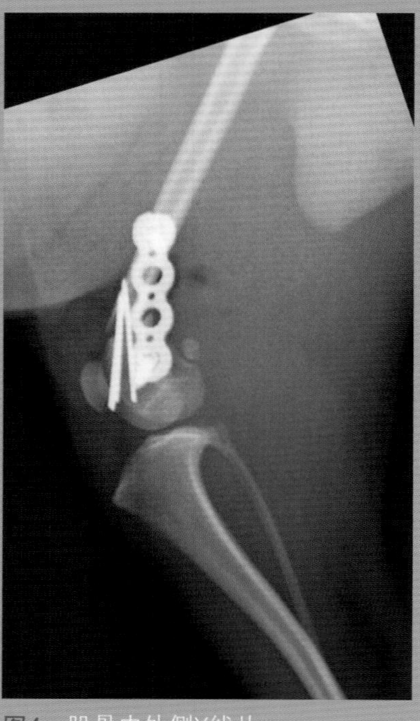
图4 股骨内外侧X线片。

病历档案

- 品种：约克夏。
- 年龄：10岁。
- 诊断：股骨髁上极远端骨折。

治疗

膝关节内侧手术通路。通过放置3根0.8毫米克氏针和1个2.0锁定骨板（用2个螺钉固定）来复位骨折并进行固定。

选择固定方法的理由

髁上骨折可采用冲针或股骨远端骨板进行固定。在这种情况下，选择了冲针和骨板进行固定，主要因为动物个体小而且骨片也很小，再加上股骨远端1/3存在明显的弯曲。使用钢针可防止骨折部位的侧向移位，而在每个骨片上用一个锁定螺钉锁住骨板就相当于一个Ⅰ型外固定支架，可防止骨的旋转和塌陷。

病例11 额骨和鼻骨骨折

作者：Juan Pablo Zaera（ULPGC宠物医院）

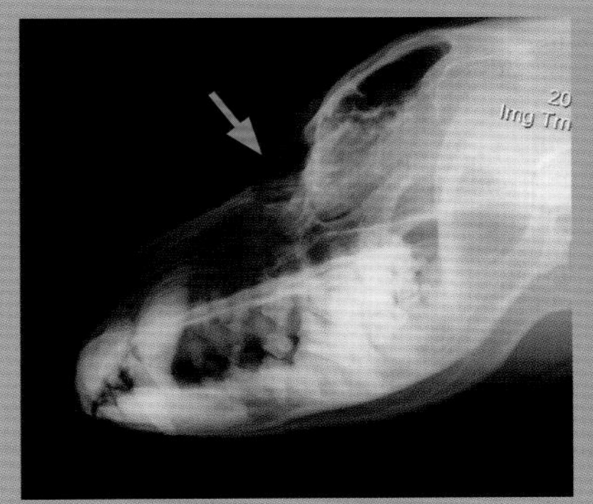

图1 颅骨侧位X线片。

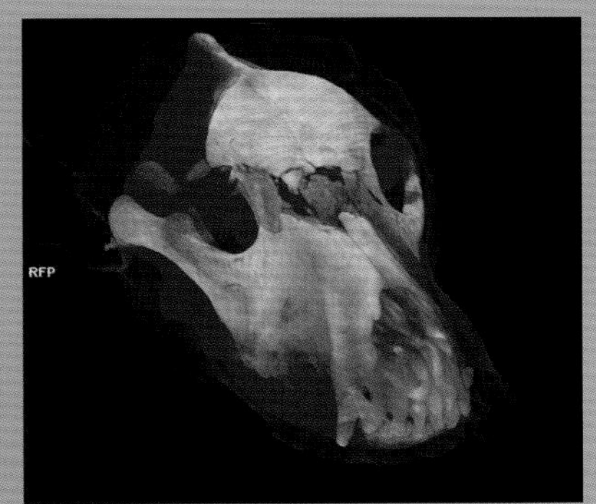

图2 颅骨CT三维重建。

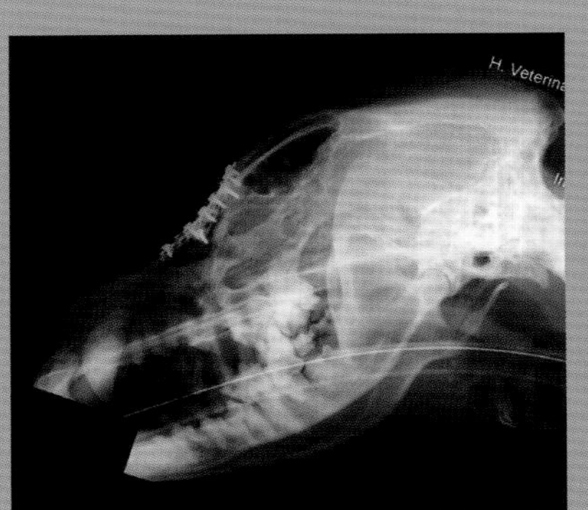

图3 颅骨侧位X线片显示骨板的位置。

图4 颅骨背腹位X线片。

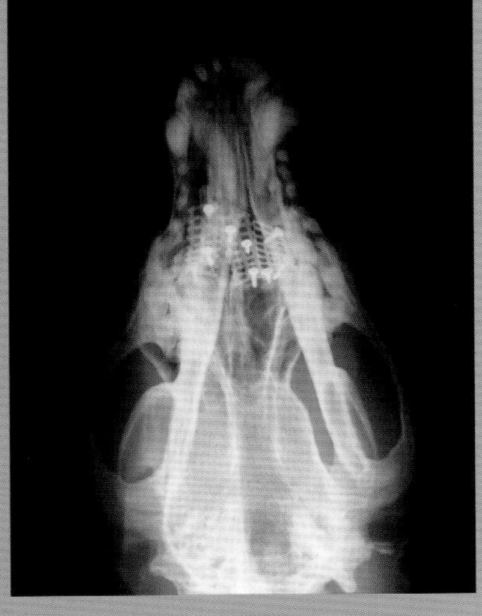

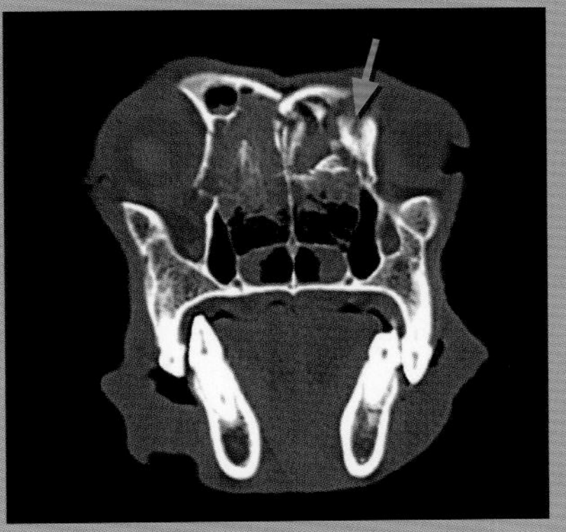

图5 CT扫描图像。骨折处的矢状面。注意额骨的凹陷（箭头）。

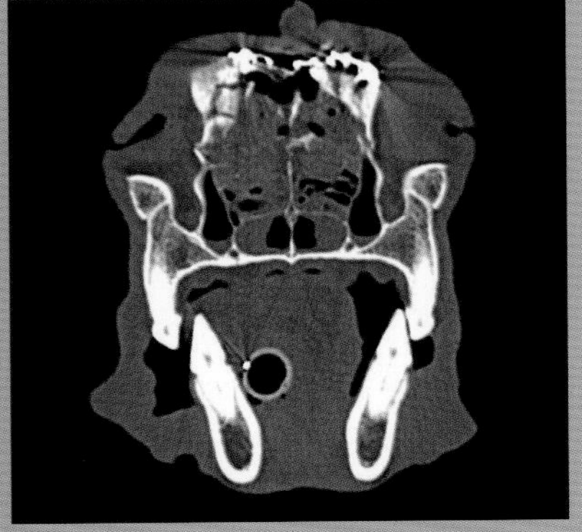

图6 CT扫描图像。植入物放置部位的矢状面。注意受损骨的解剖形态几乎完全恢复。

病历档案

- 品种：德国牧羊犬。
- 年龄：7岁。
- 诊断：额骨和鼻骨骨折。

治疗

前侧手术通路。提起较大的骨碎片并用3块可裁切骨板和2.0螺钉进行固定。

选择固定方法的理由

由于与鼻腔相通，骨折的治疗势在必行。可裁剪骨板是最好的植入物，因为它们很薄，可以从各个方向塑型，提供最佳的审美效果。

病例12 胸骨柄骨折

作者：Juan Pablo Zaera（ULPGC宠物医院）

病历档案

- 品种：指示犬。
- 年龄：3岁。
- 诊断：胸骨柄骨折。

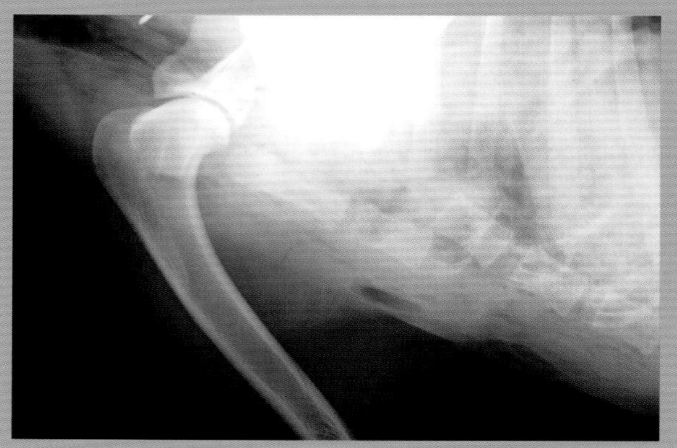

图1　胸部侧位X线片显示胸骨骨折。

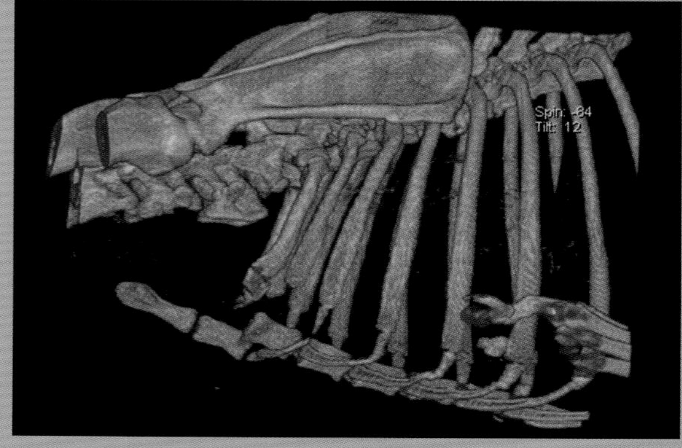

图2　胸腔CT三维重建。注意是第二和第三胸骨之间的骨折。

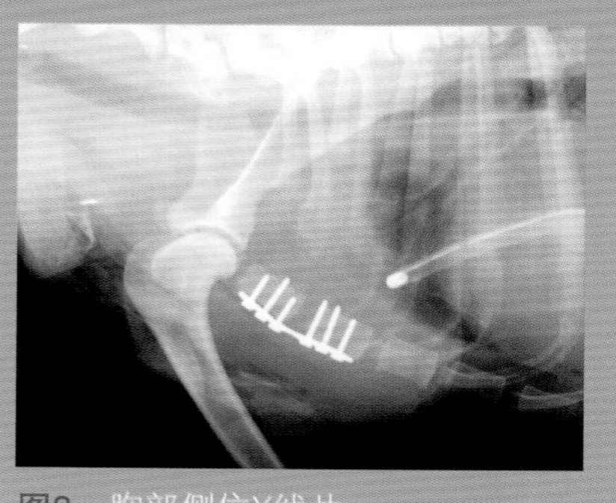

图3　胸部侧位X线片。

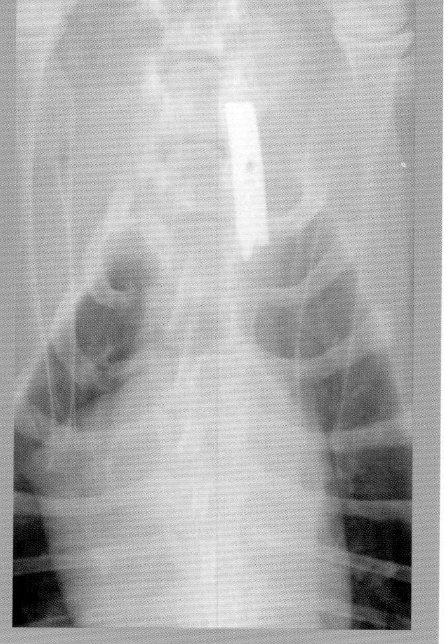

图4　胸部腹背位X线片。

治疗

在骨折突出部位做皮肤切口。使用2.7可调节骨板进行骨折复位和固定。放置胸导管。

选择固定方法的理由

胸骨骨折通常不需要手术治疗。如果骨片损伤了肺实质或影响了呼吸功能，就需要对其进行固定。

病例13 尺骨近端1/3处粉碎性骨折

作者：Juan Pablo Zaera（ULPGC宠物医院）

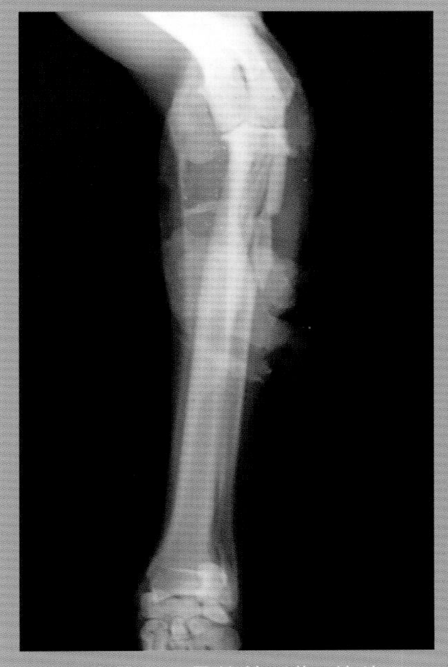

图1 桡骨和尺骨的前后位X线片。

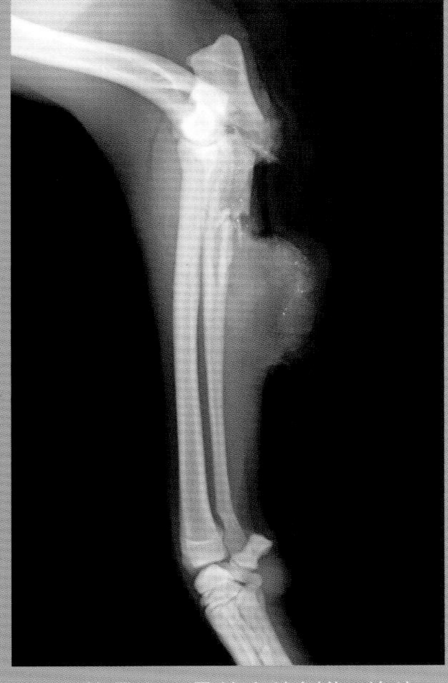

图2 桡骨和尺骨的内外侧位X线片。注意软组织的撕裂。

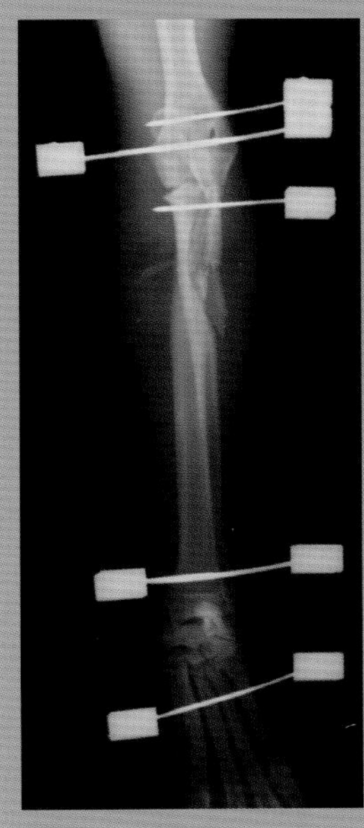

图3 桡骨和尺骨的前后位X线片显示外固定支架系统的位置以及最后一根钢针在掌骨上的固定。

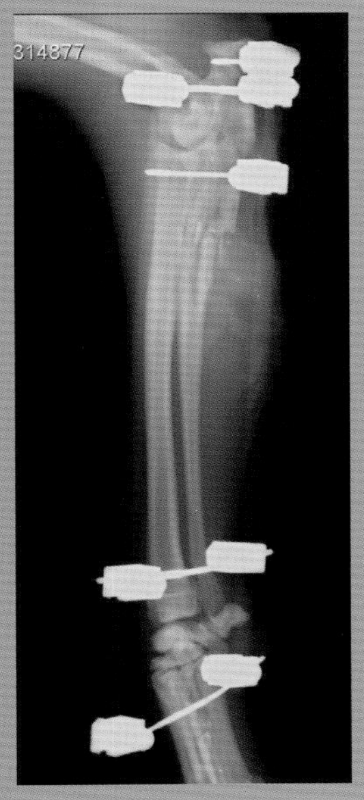

图4 桡骨和尺骨的内外侧位X线片。

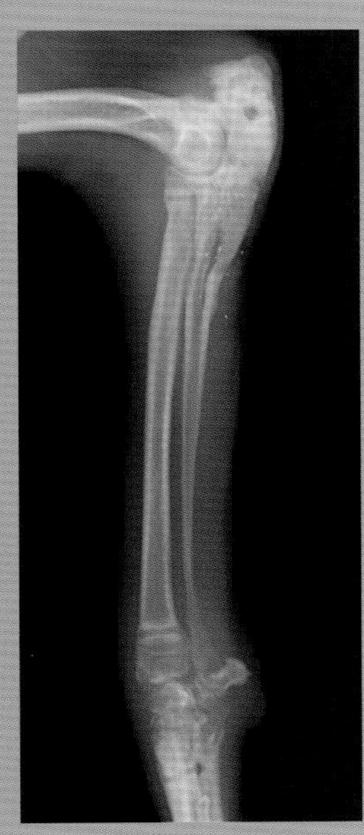

图5 术后3个月移除植入物后桡骨及尺骨的内外侧位X线片。

病历档案

- **品种**：古老犬。
- **年龄**：2岁。
- **诊断**：被动物咬伤造成的粉碎性骨折，尺骨近端1/3处有大量软组织缺失。

治疗

采用后方手术通路。从骨折部位去除坏死组织，缝合其余屈肌，并通过在腕骨水平放置单面、双侧、跨关节的外固定支架进行骨折固定。

选择固定方法的理由

鹰嘴骨折会受到牵引力的作用，因此经常用带张力带钢丝的钢针或骨板进行固定。在本病例中，由于远端软组织大量缺失，且尺骨较薄，故选择将外固定支架系统锚定在远端桡骨上。当将最后一根经皮钢针固定在掌骨上时，避免伸展腕关节，这样可使受损前臂的屈肌系统近端愈合。

病例14 肱骨远端1/3粉碎性骨折

作者：Juan Pablo Zaera（ULPGC宠物医院）

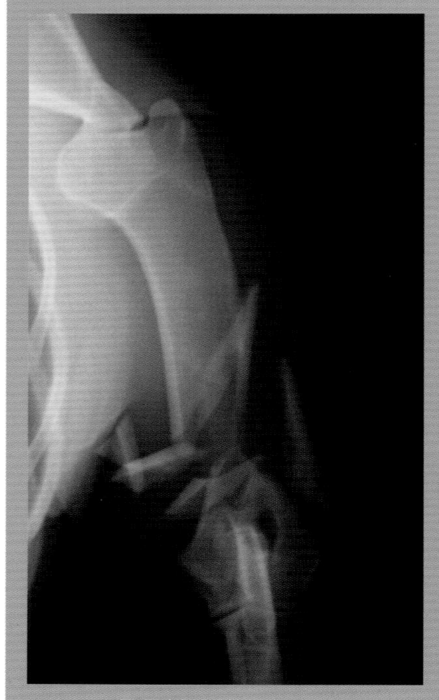
图1 肱骨骨折的前后位X线片。

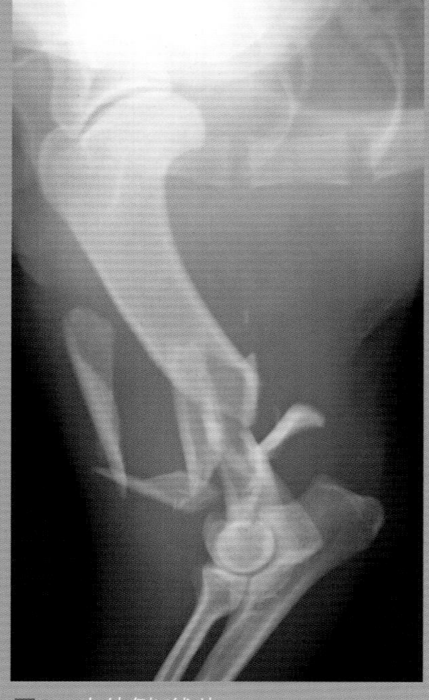
图2 内外侧X线片。

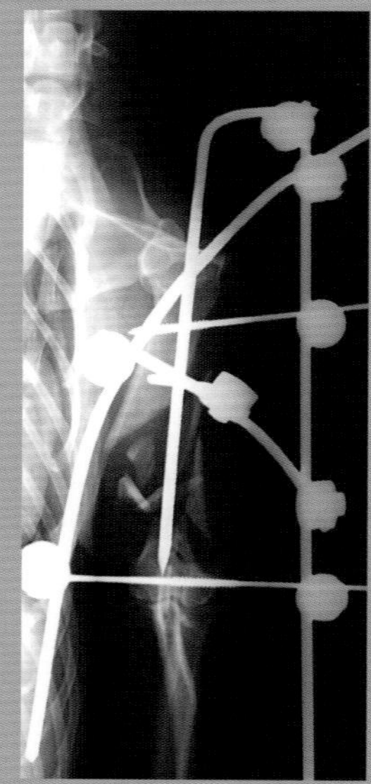
图3 肱骨前后位X线片。注意折弯连接杆的位置。

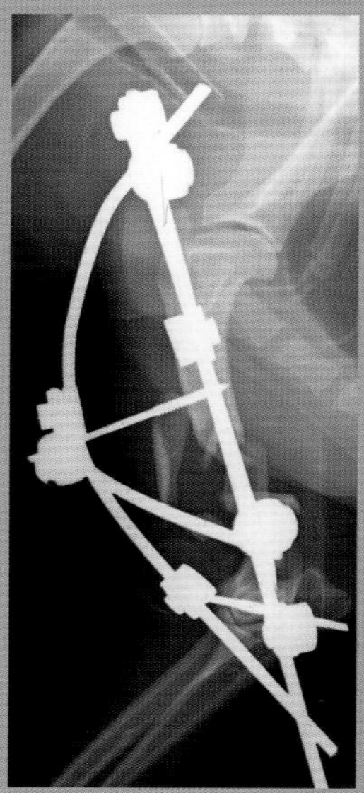
图4 内外侧X线片。

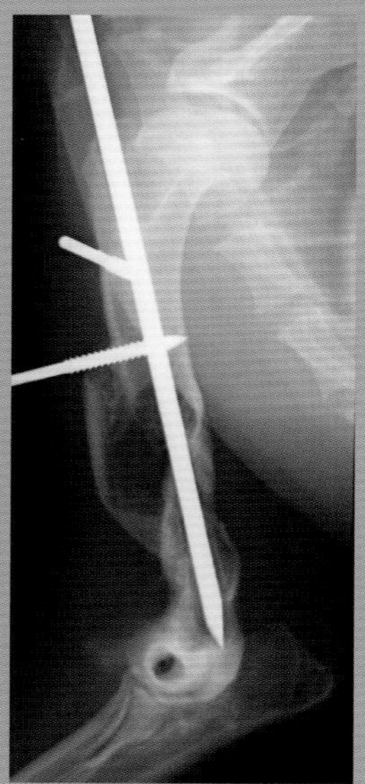
图5 术后四个月植入物部分去除后的肱骨内外侧X线片。

病历档案

- 品种：水犬。
- 年龄：3岁。
- 诊断：肱骨远端1/3粉碎性骨折。

治疗

闭合放置混合外固定支架的连接配置。

选择固定方法的理由

影响肱骨的骨折通常使用骨板进行固定。在这种情况下，随着骨折发生时间的推移，严重的粉碎性骨折使骨板固定变得更加困难。因此，选择闭合性骨折外固定支架系统可以保持已经开始愈合的状况。由于在肱骨远端可以放置双侧外固定支架，这样就可以放置一个向前折弯的连接杆，以提供良好的抗旋转力。

病例15 距骨骨折和胫腓骨开放性粉碎性骨折

作者：Juan Pablo Zaera（ULPGC宠物医院）

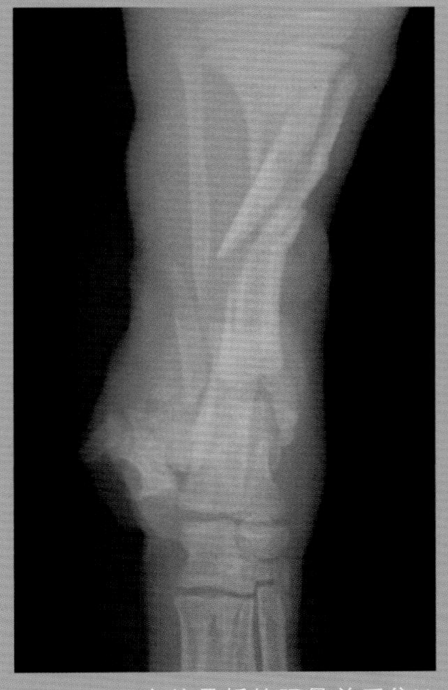

图1 显示多处骨折的胫骨前后位X线片。

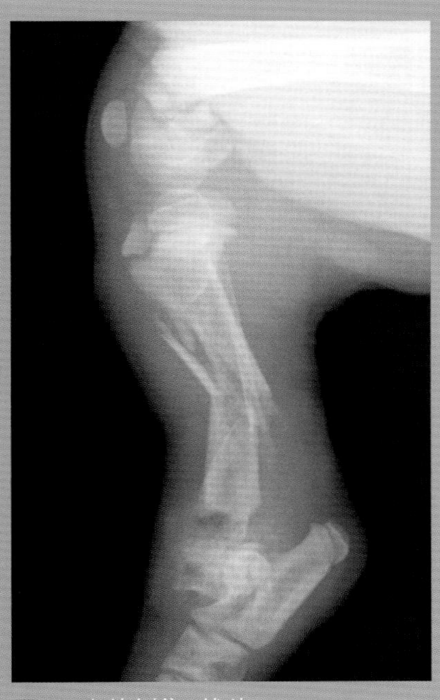

图2 内外侧位X线片。

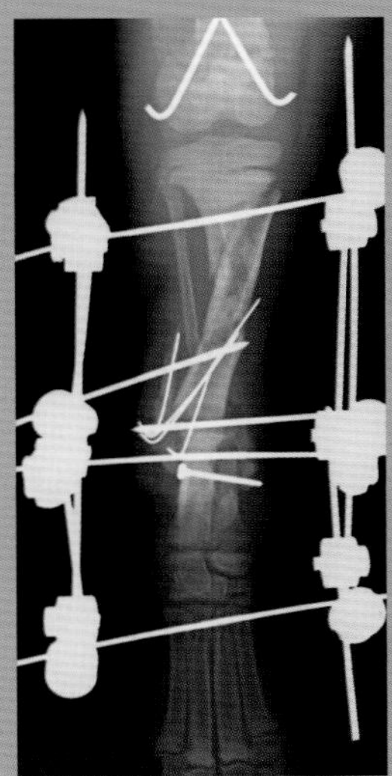

图3 前后位X线片。注意冲针和拉力螺钉的位置，以及外固定支架系统的不同锚定点。

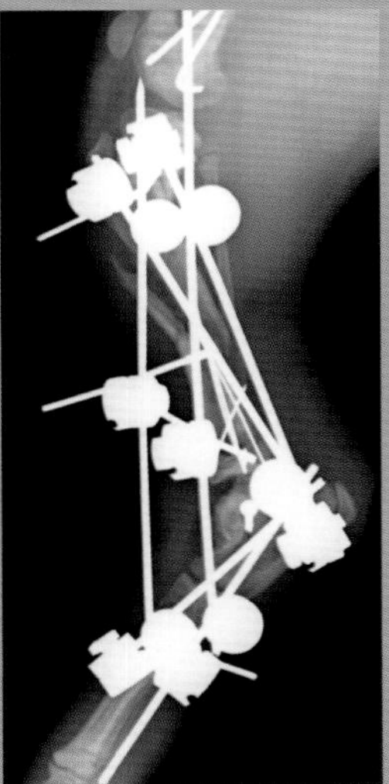

图4 内外侧位X线片。

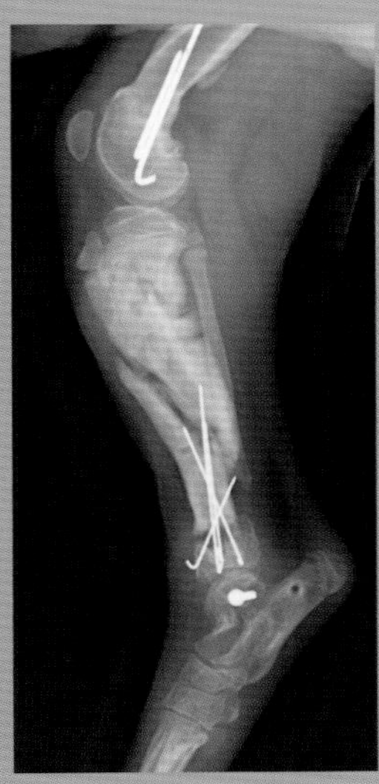

图5 固定四周并去除外固定支架后的内外侧位X线片。

病历档案

- 品种：杂交犬。
- 年龄：3.5个月。
- 诊断：胫腓骨开放性粉碎性骨折和距骨骨折。

治疗

采用胫骨内侧手术通路。用2.7加压螺钉复位和固定距骨骨折。在中间骨片上用冲针对胫骨远端骨骺骨折和外踝骨折进行复位和固定。利用锚定在跟骨和跖骨近端的三维跨关节外固定支架对胫骨进行对位和固定。

选择固定方法的理由

动物的年龄小对骨折的愈合至关重要。当骨折处于开放状态时，对跗关节进行广泛清洗后，使用拉力螺钉固定距骨骨折。冲针可以稳定小骨片而不侵入关节。由于胫骨远端缺乏空间，用跨关节的固定器支架可以对所有涉及的部分进行固定。